普通高等教育“十三五”规划教材
高等学校规划教材

# 软件工程——方法与实践

## （第3版）

许家珆　主编

许家珆　白忠建　吴　磊　许　卡　编著

電子工業出版社
Publishing House of Electronics Industry
北京·BEIJING

## 内 容 简 介

本书第 3 版在继承第 2 版特点的基础上做了较大修改，内容涵盖了 IEEE 新发布的软件工程知识体系指南 SWEBOK V3.0 版的知识域，删除了较陈旧的内容，新增了如云计算模型、敏捷开发测试等国内外软件工程发展的新技术。在系统介绍软件工程基础知识的基础上，重点介绍了软件需求和软件设计两个重要开发阶段，并将面向对象的方法及 UML 统一建模技术贯穿于各章，对面向对象的分析、设计、测试的方法做了详细介绍。同时还对 CMM 软件成熟度模型、风险管理及团队建设等先进的软件管理技术进行了介绍。

本书内容注重科学性、先进性，强调实践性，理论紧密联系实际是本书的一大特色；本书不仅提供了丰富的软件开发实例和素材，还用一章专门讨论了如何进行综合性、设计型的软件工程课程设计。

本书可作为高等院校计算机、软件工程及信息类专业本科生及研究生“软件工程”课程的教材，也可作为广大工程技术人员和科研人员的参考书。



**图书在版编目（CIP）数据**

软件工程：方法与实践 / 许家珆主编. —3 版. —北京：电子工业出版社，2019.1
ISBN 978-7-121-35099-3

Ⅰ. ①软…　Ⅱ. ①许…　Ⅲ. ①软件工程－高等学校－教材　Ⅳ. ①TP311.5

中国版本图书馆 CIP 数据核字（2018）第 218738 号

责任编辑：韩同平　　特约编辑：李佩乾
印　　刷：涿州市京南印刷厂
装　　订：涿州市京南印刷厂
出版发行：电子工业出版社
　　　　　北京市海淀区万寿路 173 信箱　邮编　100036
开　　本：787×1092　1/16　印张：18.25　字数：584 千字
版　　次：2007 年 9 月第 1 版
　　　　　2019 年 1 月第 3 版
印　　次：2023 年 2 月第 7 次印刷
定　　价：65.90 元

凡所购买电子工业出版社图书有缺损问题，请向购买书店调换。若书店售缺，请与本社发行部联系，联系及邮购电话：（010）88254888，88258888。

质量投诉请发邮件至 zlts@phei.com.cn，盗版侵权举报请发邮件至 dbqq@phei.com.cn。

本书咨询联系方式：（010）88254525，hantp@phei.com.cn。

# 第3版前言

随着互联网技术的应用和发展，网络软件及安全性已成为全球关注的热点，尤其近年继云计算、物联网后出现的大数据热潮，其潜在的巨大价值受到各界的广泛关注。软件工程作为研究、应用工程化方法创造、构建和维护高质量软件的学科，在大数据时代对培养软件工程人才起着不可替代的作用。

本书第3版在继承第2版特点的基础上，根据IEEE最新发布的、被称为软件工程发展史里程碑的软件工程知识体系指南SWEBOK V3，以及近年国内外软件工程技术的新发展，对内容和结构都做了较大的调整和修改。删除了较陈旧的内容，新增了如云计算模型，敏捷开发及测试等软件工程新技术。第3版的主要特点为：

**1．内容丰富、具有先进性。**本版的内容涵盖了SWEBOK V3的15个知识域，保证了内容的科学性和先进性。在系统介绍软件工程的基本知识的基础上，以软件建模思想为主线，重点对软件需求工程和软件设计这两个软件开发的重要阶段的内容重新进行了修订。

**2．注重实践、案例导向。**本书特别注重理论与实践相结合，在系统介绍软件工程基本理论的同时，不仅提供了丰富的软件开发案例，还引入了“Learning by doing”这一行之有效的先进教学理念，专题介绍与课堂教学同步进行的综合性、设计型的软件工程课程设计，让学生在“做中学”，在软件项目的开发实践中学习、深化、应用软件工程理论。

**3．提供了丰富的优质教学资源。**本课程是教育部-微软“软件工程精品课程”、教育部新世纪网络课程、四川省精品课程，四川省精品资源共享课程。教学资源包括高质量的“软件工程”电子课件、中英文两个版本的“软件工程网络课程”、电子教材、案例分析、资料查阅、在线讨论及“网上课程设计平台”等，为课程的学习提供了丰富的多媒体网络教学资源。

第3版的结构也以便于学习、掌握UML建模技术为指导思想进行了较大的调整。全书共分10章，第1章系统介绍软件工程的基本概念，第2章介绍UML统一建模语言和应用及RUP统一过程。第3、4章讨论了需求和设计这两个软件开发重要阶段的任务和原则，并对需求获取、需求分析建模、软件体系结构的常用模式、用户界面设计等关键技术进行了详细的讨论。第5、6章讨论软件构造和实现，以及测试技术。第7、8章介绍了软件维护及软件项目管理，第9章对CMM软件能力成熟度模型及应用进行了讨论。第10章详细介绍了开设软件工程课程设计的目的、要求、设计步骤，并介绍了可视化建模工具Rational Rose的使用，还提供了多个采用UML面向对象建模的软件开发实例。

教学过程中，可先只学习第2章的部分基础，在后续章节的学习中再进一步学习、研究和应用UML建模技术。

许家珆教授编写第1、3、6章，并负责全书统稿，白忠建副教授编写第4、5、8章、吴磊副教授编写第7、9、10章，许卡高工编写第2章。

电子科技大学黄迪明教授、四川大学彭德中教授认真审阅了全书，并提出了十分宝贵的修改意见，在此表示诚挚的感谢。本书在编写过程中，得到了许多教师和学生的鼓励和支持，对本书的编写提出了许多有益的意见和建议，在此对所有支持和帮助本书编写的人们表示衷心的感谢。

由于作者水平有限，诚恳希望广大读者批评指正！

作者 Email：jiayixu@uestc.edu.cn

课程网站：http://222.197.183.243/se/web/soft/default.aspx

作　者

于电子科技大学

# 目　录

# 第 1 章　软件工程概述

## 1.1　软件工程的产生和发展

软件工程（Software Engineering）是在克服 20 世纪 60 年代末国际上所出现的“软件危机”的过程中逐渐形成与发展的。自 1968 年北大西洋公约组织（NATO）所举行的软件可靠性学术会议上为克服软件危机，正式提出“软件工程”的概念以来，软件工程在理论和实践两方面都取得了长足的进步。

软件工程是一门指导计算机软件系统开发和维护的工程学科，是一门新兴的边缘学科，它涉及计算机科学、管理学、数学等多个学科，其研究范围广，不仅包括软件系统的开发方法和技术、管理技术，还包括软件工具、环境及软件开发的规范。

软件是信息化的核心。国民经济、国防建设、社会发展及人民生活都离不开软件。软件产业关系到国家经济发展和文化安全，体现了一个国家的综合实力，是决定 21 世纪国际竞争地位的战略性产业。尤其是随着互联网技术的迅速发展，软件工程对促进信息产业发展和信息化建设的作用凸现。

因此，大力推广应用软件工程的开发技术及管理技术，提高软件工程的应用水平，对促进我国软件产业与国际接轨，推动软件产业的迅速发展将起着十分重要的作用。

### 1.1.1　软件危机与软件工程

#### 1. 软件危机

20 世纪 60 年代末期，随着软件的规模越来越大，复杂度不断增加，软件需求量也不断增大，而当时生产作坊式的软件开发模式及技术已不能满足软件发展的需要。

软件开发过程是一种高密集度的脑力劳动，需要投入大量的人力、物力和财力；由于软件开发的模式及技术不能适应软件发展的需要，致使大量质量低劣的软件产品涌向市场，有的甚至在开发过程中就夭折了。国外在开发一些大型软件系统时，遇到了许多困难，有的系统最终彻底失败了；有的系统则比原计划推迟了好多年，而费用大大超过了预算；或者系统功能不符合用户的需求；也无法进行修改维护。典型的例子有：

IBM 公司的 OS/360，共约 100 万条指令，花费了 5000 个人年，经费达数亿美元，而结果却令人沮丧，错误多达 2000 个以上，系统根本无法正常运行。OS/360 系统的负责人 Brooks 这样描述开发过程的困难和混乱：“像巨兽在泥潭中做垂死挣扎，挣扎得越猛，泥浆就沾得越多，最后没有一个野兽能够逃脱淹没在泥潭中的命运……”。

1967 年苏联“联盟一号”载人宇宙飞船，由于其软件忽略一个小数点的错误，导致返航时打不开降落伞，当进入大气层时因摩擦力太大而烧毁，造成机毁人亡的巨大损失。

还有，可以称为 20 世纪世界上最精心设计，并花费了巨额投资的美国阿波罗登月飞行计划的软件，也仍然没有避免出错。例如，阿波罗 8 号太空飞船由于计算机软件的一个错误，造成存储器的一部分信息丢失；阿波罗 14 号在飞行的 10 天中，出现了 18 个软件错误。

### 2．软件危机的表现

软件危机，反映在软件可靠性没有保障、软件维护工作量大、费用不断上升、进度无法预测、成本增长无法控制、程序人员无限度地增加等各个方面，以至于形成人们难以控制软件开发的局面。

软件危机主要表现在两个方面：

① 软件产品质量低劣，甚至在开发过程中就夭折。

② 软件生产效率低，不能满足需要。

### 3．软件工程的概念

软件危机所造成的严重后果已使世界各国的软件产业危机四伏，面临崩溃，克服软件危机刻不容缓。

1968 年，在北大西洋公约组织所召开的可靠性会议上，首次提出了“软件工程”的概念，即借鉴工程化的方法来开发软件。自该会议以来，世界各国的软件工作者为克服软件危机进行了许多开创性的工作，在软件工程的理论研究和工程实践两个方面都取得了长足的进步，缓解了软件危机。但距离彻底克服软件危机这个软件工程的最终目标，任重道远，还需要软件工作者付出长期艰苦的努力。

从“软件工程”的概念提出至今，软件工程的发展已经历了四个重要阶段：

（1）第一代软件工程

20 世纪 60 年代末所出现的“软件危机”，其表现为软件生产效率低，大量质量低劣的软件涌入市场，甚至在软件开发过程中夭折，使软件产业濒临瘫痪。

为克服“软件危机”，在著名的 NATO 软件可靠性会议上第一次提出了“软件工程”的术语以来，将软件开发纳入了工程化的轨道，基本形成了软件工程的概念、框架、技术和方法。这一阶段又称为传统的软件工程。

（2）第二代软件工程

20 世纪 80 年代中期，以 Smalltalk 为代表的面向对象的程序设计语言相继推出，面向对象的方法与技术得到发展；从 20 世纪 90 年代起，研究的重点从程序设计语言逐渐转移到面向对象的分析与设计，演化为一种完整的软件开发方法和系统的技术体系。20 世纪 90 年代以来，出现了许多面向对象的开发方法的流派，面向对象的方法逐渐成为软件开发的主流方法。所以这一阶段又称为对象工程。

（3）第三代软件工程

随着软件规模和复杂度的不断增大，开发人员也随之增多，开发周期也相应延长，加之软件是知识密集型的逻辑思维产品，这些都增加了软件工程管理的难度。人们在软件开发的实践过程中认识到：提高软件生产效率，保证软件质量的关键是对“软件过程”的控制和管理，即是对软件开发和维护中的管理和支持能力。提出了对软件项目管理的计划、组织、成本估算、质量保证、软件配置管理等技术与策略，逐步形成了软件过程工程。

（4）第四代软件工程

20 世纪 90 年代起至今，基于组件（Component）的开发方法取得重要进展，软件系统的开发可通过使用现存的可复用组件组装完成，而无须从头开始构造，以此达到提高效率和质量，降低成本的目的。软件复用技术及组件技术的发展，对克服软件危机提供了一条有效途径，将这一阶段称为组件工程。

### 1.1.2 软件工程的定义及基本原则

#### 1. 软件工程的定义

自 1968 年提出软件工程这个术语以来，软件工程一直以来都缺乏统一的定义，很多学者、组织机构都分别给出了自己认可的定义。

例如，1983 年，IEEE（国际电气与电子工程师协会）所下的定义是：软件工程是开发、运行、维护和修复软件的系统方法。1990 年，IEEE 又将定义更改为：对软件开发、运作、维护的系统化的、有规范的、可定量的方法之应用，即是对软件的工程化应用。

ISO 9000 对软件工程过程的定义是：软件工程过程是输入转化为输出的一组彼此相关的资源和活动。

BarryBoehm 则定义为：运用现代科学技术知识来设计并构造计算机程序及为开发、运行和维护这些程序所必需的相关文件资料。

对于软件工程的各种各样的定义，它们的基本思想都是强调在软件开发过程中应用工程化原则的重要性。

从软件工程的定义可见，软件工程是一门指导软件开发的工程学科，它以计算机理论及其他相关学科的理论为指导，采用工程化的概念、原理、技术和方法进行软件的开发和维护，把经实践证明的科学的管理措施与最先进的技术方法结合起来。即软件工程研究的目标是“以较少的投资获取高质量的软件”。

#### 2. 软件工程的基本原则

软件工程的基本原则是随着软件工程的发展而变化的。过去软件工程的基本原则是抽象、模块化、清晰的结构、精确的设计规格说明。但今天的认识已经发生了很大的变化，软件工程 4 条基本原则是：

① 必须认识软件需求的变动性，以便采取适当措施来保证产品能最好地满足用户要求。在软件设计中，通常要考虑模块化、抽象与信息隐蔽、局部化、一致性等原则。

② 稳妥的设计方法将大大方便软件开发，以达到软件工程的目标。软件工具与环境对软件设计的支持来说，颇为重要。

③ 软件工程项目的质量与经济开销取决于对它所提出的支撑质量与效用。

④ 只有在强调对软件过程进行有效管理的情况下，才能实现有效的软件工程。

### 1.1.3 软件工程研究的内容

软件工程是一门新兴的边缘学科，涉及的学科多，研究的范围广。归结起来软件工程研究的主要内容有以下几方面：方法与技术、工具及环境、管理技术、标准与规范。

① 软件开发方法，主要讨论软件开发的各种方法及其工作模型，它包括多方面的任务，如软件系统需求分析、总体设计，以及如何构建良好的软件结构、数据结构及算法设计等，包括具体实现的技术。

② 软件工具为软件工程方法提供支持，研究计算机辅助软件工程，建立软件工程环境。

③ 软件工程管理，是指对软件工程全过程的控制和管理，包括计划安排、成本估算、项目管理、软件质量管理等。

④ 软件工程标准化与规范化，使得各项工作有章可循，以保证软件生产效率和软件质量

的提高。软件工程标准可分为4个层次：国际标准、行业标准、企业规范和项目规范。

此外，按照ACM和IEEE-CS发布的软件工程知识体系（SWEBOK）定义的软件工程学科的内涵，软件工程研究的内容由10个知识域构成。

（1）软件需求（Software Requirements）。软件需求涉及需求抽取、需求分析、建立需求规格说明和确认等活动，还涉及建模、经济与时间可行性分析。

（2）软件设计（Software Design）。设计是软件工程最核心的内容。其主要活动有软件体系结构设计、软件详细设计。涉及软件体系结构、组件、接口，以及系统或组件的其他特征，还涉及软件设计质量分析和评估、软件设计的符号、软件设计策略和方法等。

（3）软件构造（Software Construction）。通过编码、单元测试、集成测试、调试、确认等活动，生成可用的、符合设计功能的软件。并要求控制和降低程序复杂性。

（4）软件测试（Software Testing）。测试是软件生存周期的重要部分，涉及测试的标准、测试技术、测试度量和测试过程。

（5）软件维护（Software Maintenance）。软件产品交付后，需要改正软件的缺陷，提高软件性能或其他属性，使软件产品适应新的环境。软件维护是软件进化的继续。基于服务的软件维护越来越受到重视。

（6）软件配置管理（Software Configuration Management）。为了系统地控制配置变更，维护整个系统生命周期中配置的一致性和可追踪性，必须按时间管理软件的不同配置，包括配置管理过程的管理、软件配置鉴别、配置管理控制、配置管理状态记录、配置管理审计、软件发布和交付管理等。

（7）软件工程管理（Software Engineering Management）。运用管理活动，如计划、协调、度量、监控、控制和报告，确保软件开发和维护是系统的、规范的、可度量的。它涉及基础设施管理、项目管理、度量和控制计划三个层次。

（8）软件工程过程（Software Engineering Process）。软件工程过程关注软件过程的定义、实现、评估、测量、管理、变更、改进，以及过程和产品的度量。

（9）软件工程工具和方法（Software Engineering Tools and Methods）。软件开发工具是以计算机为基础辅助软件生存周期过程的。软件工具的种类很多，如：需求工具、设计工具、构造工具、测试工具、维护工具、配置管理工具、工程管理工具、工程过程工具、软件质量工具等。

软件工程方法支持软件工程活动，典型的有结构化方法、面向数据方法、面向对象方法、原型化方法及基于数学的形式化方法等。

（10）软件质量（Software Quality）。软件质量管理贯穿整个软件生存周期，涉及软件质量需求、软件质量度量、软件属性检测、软件质量管理技术和过程等。

必须要强调的是，随着人们对软件系统研究的逐渐深入，软件工程所研究的内容也在不断更新和发展。

## 1.2 软件与软件过程

软件工程是在软件生产中采用工程化的方法，并采用一系列科学的、现代化的方法和技术来开发软件的。这种工程化的思想贯穿软件开发和维护的全过程。

为了进一步学习有关软件工程的方法和技术，先介绍软件、软件生存期及软件工程过程这几个重要的概念。

### 1.2.1 软件的概念和特点

#### 1．软件及其特点

“软件就是程序，开发软件就是编写程序”是一个错误观点，这种错误观点的长期存在，影响了软件工程的正常发展。

事实上，正如 Boehm 指出的：软件是程序，以及开发、使用和维护程序所需的所有文档。它是由应用程序、系统程序、面向用户的文档及面向开发者的文档四部分构成的。

软件的特点如下。

① 软件是一种逻辑实体，不是具体的物理实体。

② 软件产品的生产主要是研制过程。

③ 软件具有“复杂性”，其开发和运行常受到计算机系统的限制。

④ 软件成本昂贵，其开发方式目前尚未完全摆脱手工生产方式。

⑤ 软件不存在磨损和老化问题，但存在退化问题。

图 1.1 是硬件失效率的“U 形”曲线（浴盆曲线），说明硬件随着使用时间的增加，失效率急剧上升。

图 1.2 所描述的软件失效率曲线，它没有“U 形”曲线的右半翼，表明软件随着使用时间的增加，失效率降低；因为软件不存在磨损和老化问题，但存在退化问题。

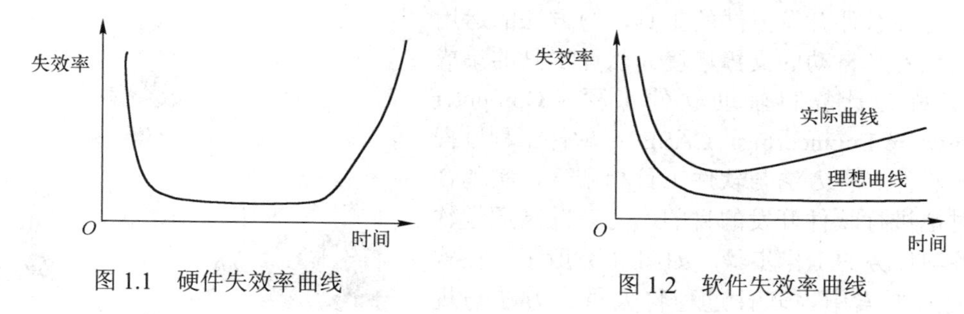


图 1.1　硬件失效率曲线　　图 1.2　软件失效率曲线

#### 2．软件生存期

软件生存期（Life Cycle），又称生命周期（SDLD），是指一个从用户需求开始，经过开发、交付使用，在使用中不断地增补修订，直至软件报废的全过程。

软件生命周期分为以下阶段：

① 可行性研究和项目开发计划。该阶段必须要回答的问题是“软件系统要解决的问题是什么”。

② 需求分析。该阶段的任务是，通过分析准确地确定“软件系统必须做什么”，即软件系统必须具备哪些功能。

③ 概要设计。也称总体设计。主要任务是确定软件体系结构，划分子系统模块及确定模块之间的关系。并确定系统的数据结构和进行界面设计。

④ 详细设计。即对每个模块完成的功能、算法进行具体描述，要把功能描述变为精确的、结构化的过程描述。

⑤ 软件构造。该阶段把每个模块的控制结构转换成计算机可接受的程序代码，即编写以某特定程序设计语言表示的“源代码”。

⑥ 测试。是保证软件质量的重要手段，其主要方式是在设计测试用例的基础上检验软件

的各个组成部分。测试分为模块测试、组装测试、确认测试等。

⑦ 维护。软件维护是软件生存期中时间最长的阶段。已交付的软件投入正式使用后，便进入软件维护阶段，它可以持续几年甚至几十年。

特别要指出的是：实际的软件开发过程，是一个充满迭代和反复的过程，上述阶段①到⑥，通常会相互重叠，反复进行，才可能完成软件的开发。

### 1.2.2 软件工程过程及产品

软件工程过程是指在软件工具的支持下，所进行的一系列软件工程活动。通常包括以下 4 类基本过程：

① 软件规格说明：规定软件的功能及其运行环境。

② 软件开发：产生满足规格说明的软件。

③ 软件确认：确认软件能够完成客户提出的要求。

④ 软件演进：为满足客户的变更要求，软件必须在使用的过程中演进。

软件工程过程具有可理解性、可见性（过程的进展和结果可见）、可靠性、可支持性（易于使用 CASE 工具支持）、可维护性、可接受性（为软件工程师接受）、开发效率和健壮性（抵御外部意外错误的能力）等特性。

软件工程有方法、工具和过程三个要素。软件工程方法研究软件开发“如何做”；软件工具是研究支撑软件开发方法的工具，为方法的运用提供自动或者半自动的支撑环境。软件工具的集成环境，又称为计算机辅助软件工程（Computer Aided Software Engineering，CASE）；软件工程过程则是指将软件工程方法与软件工具相结合，实现合理、及时地进行软件开发的目的，为开发高质量软件规定各项任务的工作步骤。如图 1.3 所示，在软件工程的三要素中，软件过程将人员、方法与规范、工具和管理有机结合，形成一个能有效控制软件开发质量的运行机制。

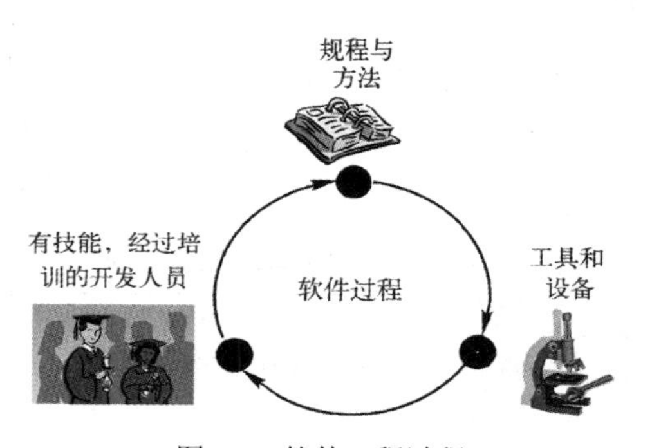


图 1.3 软件工程过程

## 1.3 软件过程模型

软件过程模型也称为软件生存期模型或软件开发模型，是描述软件过程中各种活动如何执行的模型。它确立了软件开发和演绎中各阶段的次序限制以及各阶段活动的准则，确立开发过程所遵守的规定和限制，便于各种活动的协调以及各种人员的有效通信，有利于活动重用和活动管理。为了描述软件生存期的活动，提出了多种生存期模型，如瀑布模型、循环模型、螺旋模型、喷泉模型、智能模型等。

目前常见的软件过程模型如下。

### 1.3.1 瀑布模型

瀑布模型是经典的软件开发模型，是 1970 年由 W.Royce 提出的最早的软件开发模型。如图 1.4 所示，瀑布模型将软件开发活动中的各项活动规定为依线性顺序连接的若干阶段，形如瀑布流水，最终得到软件系统或软件产品。换句话说，它将软件开发过程划分成若干个互相区别而又彼此联系的阶段，每个阶段中的工作都以上一个阶段工作的结果为依据，同时作为下一个阶段的工作基础。每个阶段的任务完成之后，产生相应的文档。该模型适合于需求很明确的软件项目开发。

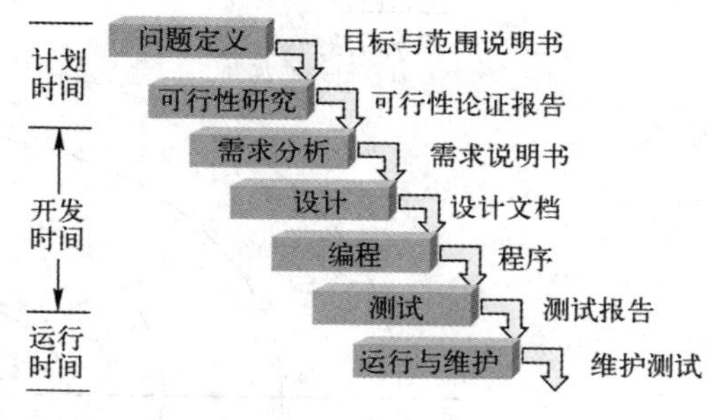

图 1.4　瀑布模型

在软件工程的第一阶段，瀑布模型得到了广泛的应用，它简单易用，在消除非结构化软件，降低软件的复杂性，促进软件开发工程化方面起了很大的作用。但在软件开发实践中也逐渐暴露出它的缺点。由于瀑布模型是一种理想的线性开发模式，它将一个充满回溯的软件开发过程硬性分割为几个阶段，无法解决软件需求不明确或者变动的问题。这些缺点对软件开发带来了严重影响，由于需求不明确，会导致开发的软件不符合用户的需求而夭折。

### 1.3.2　增量模型

增量模型是一种非整体开发的模型。根据增量的方式和形式的不同，分为基于瀑布模型的渐增模型和基于原型的快速原型模型。一般的增量模型如图 1.5 所示。该模型具有较大的灵活性，适合于软件需求不明确、设计方案有一定风险的软件项目。

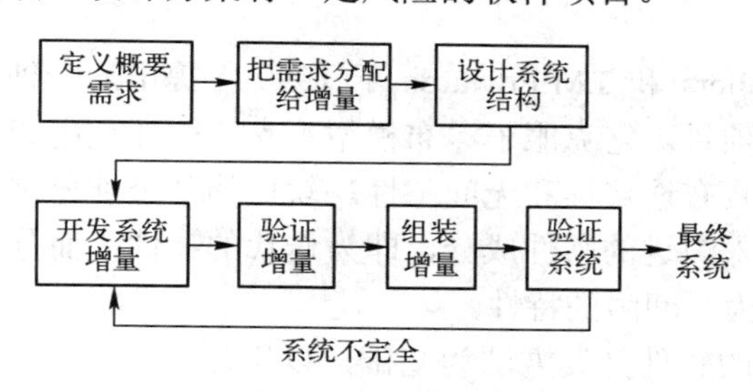

图 1.5　增量模型

增量模型和瀑布模型之间的本质区别是：瀑布模型属于整体开发模型，它规定在开始下一个阶段的工作之前，必须完成前一阶段的所有细节。而增量模型属于非整体开发模型，它推迟某些阶段或所有阶段中的细节，从而较早地产生工作软件。

### 1.3.3　螺旋模型

对于大型软件，只开发一个原型往往达不到要求。螺旋模型将瀑布模型和增量模型结合起来，并加入了风险分析。它是由 TRW 公司的 B.Boehm 于 1988 年提出的。该模型将开发过程划分为制定计划、风险分析、实施工程和客户评估 4 类活动。如图 1.6 所示，沿着螺旋线每转一圈，表示开发出一个更完善的新的软件版本。如果开发风险过大，开发机构和客户无法接受，项目有可能就此中止；多数情况下，会沿着螺旋线继续下去，自内向外逐步延伸，最终得到满意的软件产品。

螺旋模型将开发过程分为几个螺旋周期，每个螺旋周期可分为 4 个工作步骤：

① 制定计划：确定目标、方案和限制条件；

② 风险分析：评估方案、标识风险和解决风险；

③ 实施工程：开发确认产品；

④ 客户评估：计划下一周期工作。

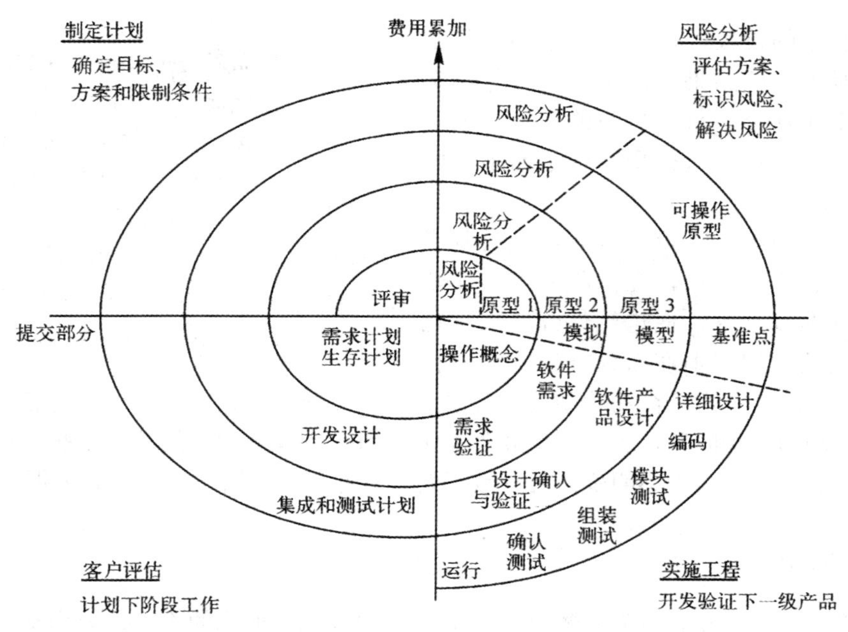


图 1.6　螺旋模型

## 1.3.4　喷泉模型

喷泉模型是由 B.H.Sollers 和 J.M.Edwards 于 1990 年提出的一种新的开发模型，主要用于采用对象技术的软件开发项目。它克服了瀑布模型不支持软件重用和多项开发活动集成的局限性。喷泉模型使开发过程具有迭代性和无间隙性。软件的某个部分常常被重复工作多次，相关对象在每次迭代中随之加入渐进的软件成分，即为迭代的特性；而分析和设计活动等各项活动之间没有明显的边界，即为无间隙的特性。

喷泉模型以面向对象的软件开发方法为基础，以用户需求作为喷泉模型的源泉。如图 1.7 所示，喷泉模型有如下特点：

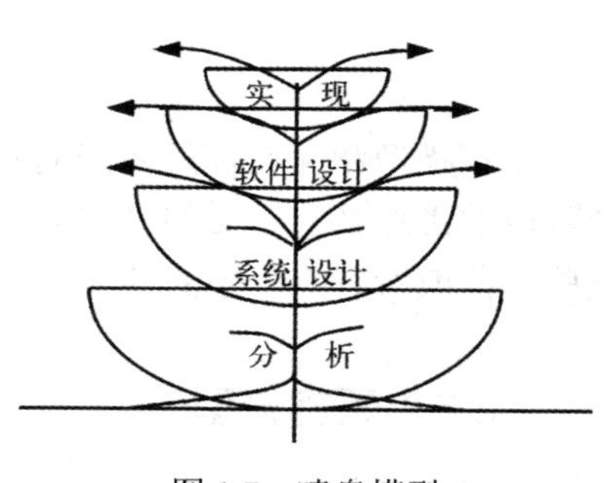


图 1.7　喷泉模型

① 喷泉模型规定软件开发过程有 4 个阶段，即分析、系统设计、软件设计和实现。

② 喷泉模型的各阶段相互重叠，它反映了软件过程并行性的特点。

③ 喷泉模型以分析为基础，资源消耗成塔形，在分析阶段消耗的资源最多。

④ 喷泉模型反映了软件过程迭代性的自然特性，从高层返回低层无资源消耗。

⑤ 喷泉模型强调增量开发，它依据分析一点，设计一点的原则，并不要求一个阶段的彻底完成，整个过程是一个迭代的逐步提炼的过程。

⑥ 喷泉模型是对象驱动的过程，对象是所有活动作用的实体，也是项目管理的基本内容。

⑦ 喷泉模型在实现时，由于活动不同，可分为系统实现和对象实现，这既反映了全系统的开发过程，也反映了对象族的开发和重用过程。

## 1.3.5　原型模型

原型是软件开发过程中，软件的一个早期可运行的版本，它反映了软件系统的部分重要特性。原型模型反映了快速建立软件原型的过程。如图 1.8 所示，它是一个循环的模型，通常分为以下 4 步：

① 快速分析。快速确定软件系统的基本要求，确定原型所要体现的主要特征（界面、总体结构、功能、性能）。

② 构造原型。在快速分析的基础上，根据系统的基本规格说明，忽略细节，只考虑主要特征，快速构造一个可运行的系统。

③ 运行和评价原型。用户试用原型并与开发者之间频繁交流，发现问题，目的是验证原型的正确性。

④ 修改与改进。根据所发现的问题，对原型进行修改、增删和完善。

这 4 步按箭头顺序反复执行，直到用户对生成的原型评价满意为止。

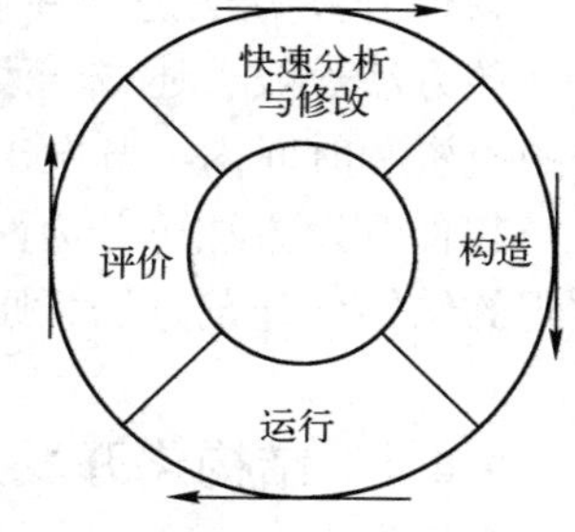


图 1.8　速成原型模型

### 1.3.6　智能模型

智能模型也称为基于知识的软件开发模型，是知识工程与软件工程在开发模型上结合的产物，以瀑布模型与专家系统的综合应用为基础建立的模型，该模型通过应用系统的知识和规则帮助设计者认识一个特定的软件的需求和设计，这些专家系统已成为开发过程的伙伴，并指导开发过程。

从图 1.9 中可以清楚地看到，智能模型与其他模型不同，它的维护并不在程序一级上进行，这样就把问题的复杂性大大降低了。

智能模型的主要优点有：

① 通过领域的专家系统，可使需求说明更加完整、准确和无二义性。

② 通过软件工程的专家系统，提供一个设计库支持，在开发过程中成为设计者的助手。

③ 通过软件工程知识和特定应用领域的知识和规则的应用来提供开发的帮助。

但是，要建立适合于软件设计的专家系统，或建立一个既适合软件工程又适合应用领域的知识库都是非常困难的。目前，在软件开发中正在应用 AI 技术，并已取得了局部进展；例如在 CASE 工具系统中使用专家系统，又如使用专家系统实现测试自动化。

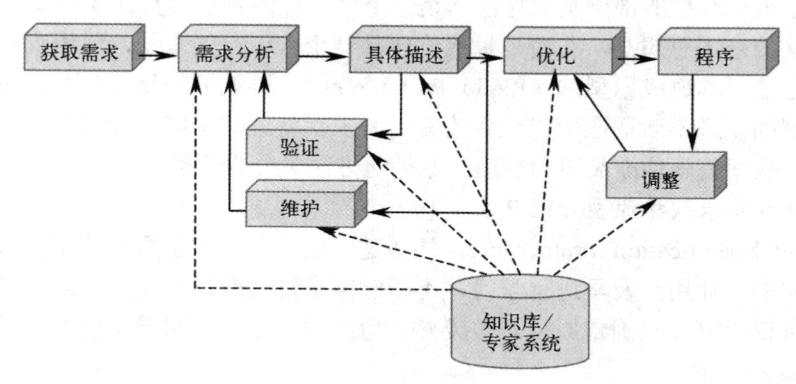


图 1.9　智能模型

## 1.4　软件开发方法

为了克服软件危机，从 20 世纪 60 年代末开始，各国的软件工作者一直在进行软件开发方法的研究与实践，并取得了一系列研究成果，对软件产业的发展起着不可估量的作用。

软件工程的内容包括技术和管理两方面，且二者紧密结合。通常把在软件生命期中所使用的一整套技术的集合称为方法学（Methodology）或范型（Paradigm）。

软件开发方法是一种使用早已定义好的技术集及符号表示习惯来组织软件生产过程的方法，该方法一般表述成一系列的步骤，每一步骤都与相应的技术和符号相关。其目标是要在规定的投资和时间内，开发出符合用户需求的、高质量的软件，为此需要有成功的开发方法。

软件开发方法可分为两大类：面向过程的开发方法和面向对象的开发方法。本节将对面向过程的结构化开发方法、原型化开发方法、面向对象的开发方法及敏捷开发进行简介。

### 1.4.1 结构化开发方法

结构化开发方法（Structured Developing Method）是一种面向数据流的开发方法，它的基本原则是功能的分解与抽象。该方法提出了一组提高软件结构合理性的准则，如分解和抽象、模块的独立性、信息隐蔽等。它是现有的软件开发方法中最成熟、应用最广泛的方法，该方法的主要特点是快速，自然和方便。

结构化方法的指导思想是“自顶向下、逐步求精”。

结构化开发方法由三部分构成，按照推出的先后次序有：20 世纪 70 年代初推出的结构化程序设计方法——SP（Structured Program）法；20 世纪 70 年代中推出的结构化设计方法——SD（Structured Design）法；20 世纪 70 年代末推出的结构化分析方法——SA（Structured Analysis）法。SA、SD、SP 法相互衔接，形成了一整套开发方法。若将 SA 和 SD 法结合起来，又称为结构化分析与设计技术（SADT 技术）。

结构化方法的工作模型——瀑布模型（Waterfall Model），从 20 世纪 80 年代开始，逐渐发现其不足：软件开发过程是个充满回溯的过程，而瀑布模型却将其硬性分割为独立的几个阶段，不能从本质上反映软件开发过程本身的规律。此外，过分强调复审，并不能完全避免较为频繁的变动。尽管如此，瀑布模型仍然是早期开发软件产品的一个行之有效的工程模型。

### 1.4.2 原型化开发方法

原型反映了最终系统的部分重要特性，是一个可运行的版本，其开发基本模型如图 1.8 所示。原型化方法的基本思想是，花费少量代价建立一个可运行的系统，使用户及早获得学习的机会。原型化方法又称速成原型法（Rapid Prototyping），强调的是软件开发人员与用户的不断交互，通过原型的演进不断适应用户任务改变的需求，将维护和修改阶段的工作尽早进行，使用户验收提前，从而使软件产品更加适用。原型化方法又分为两类：

（1）快速建立需求规格原型（RSP 法）

RSP（Rapid Specification Prototyping）法所建立的原型反映了系统的主要特征，所建立的原型是需求说明书，让用户及早进行学习，不断对需求进行改进和完善，以获得更加精确的需求说明书；需求说明书一旦确定原型即被废弃，后续的工作仍按照瀑布模型开发，所以也称为废弃（Throw Away）型。

（2）快速建立渐进原型（RCP 法）

RCP（Rapid Cyclic Prototyping）法采用循环渐进的开发方式，对系统模型做连续精化，将系统需要具备的性质逐步添加上去，直至所有性质全部满足。此时的原型模型也就是最终的产品，所以也称为追加（Add On）型。

速成原型法适合于开发探索型、实验型与进化型一类的软件系统。速成原型法的工作流程如图 1.10 所示，它是一个多次循环的过程。

在实际的软件开发过程中，通常不可能一次成功，而是一个充满反复和迭代的过程。因此，速成原型法特别适合于开发探索型、实验型与进化型一类的软件系统。而原型法的思想也符合实际的软件开发过程。

通常有三类原型：用户界面原型，功能原型，性能原型。

按照功能又可分为界面原型、功能原型和性能原型。

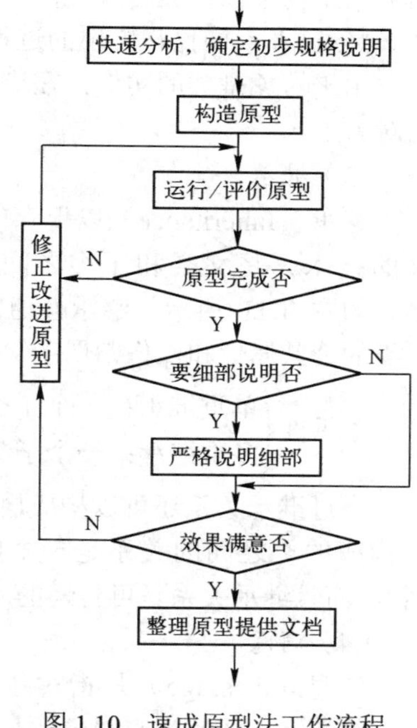


图 1.10　速成原型法工作流程

### 1.4.3　面向对象的开发方法

面向对象的开发（Object-Oriented Software Development，OOSD）方法是 20 世纪 80 年代推出的一种全新的软件开发方法，非常实用而强有力，被誉为 20 世纪 90 年代软件的核心技术之一。

其基本思想是：对问题领域进行自然的分割，以更接近人类通常思维的方式建立问题领域的模型，以便对客观的信息实体进行结构和行为的模拟，从而使设计的软件更直接地表现问题的求解过程。

Coad 和 Yourdon 给出一个面向对象的定义：

面向对象 = 对象 + 类 + 继承 + 消息

如果一个软件系统是按照这样四个概念来设计和实现的，则可以认为这个软件系统是面向对象的。一个面向对象的软件的每一个组成部分都是对象，计算是通过对象和对象之间的通信来执行的。

面向对象的开发方法以对象作为最基本的元素，是分析和解决问题的核心。对象与类是讨论面向对象方法的最基本、最重要的概念。

（1）对象（Object）

对象是对客观事物或概念的抽象表述，对象不仅能表示具体的实体，也能表示抽象的规则、计划或事件。通常有以下一些对象类型：

① 有形的实体：在现实世界中的实体都是对象，如飞机、车辆、机器、桌子、房子等。

② 作用：指人或组织，如教师、学生、医生、政府机关、公司、部门等所起的作用。

③ 事件：指在某个特定时间内所发生的事，如学习、演出、开会、办公、事故等。

④ 性能说明：如对产品的性能指标的说明。例如计算机主板的速度、型号、性能说明等。

每个对象都存在一定的状态（State）、内部标识（Identity）。可以给对象定义一组操作（Operation），对象通过其运算所展示的特定行为称为对象行为（Behavior）；对象本身的性质称为属性（Attribute）；对象将它自身的属性及运算“包装起来”，称为封装（Encapsulation）。因此，对象是一个封装数据属性和操作行为的实体。数据描述了对象的状态，操作可操纵私有数据，改变对象的状态。当其他对象向该对象发出消息，该对象响应时，其操作才得以实现。在对象内的操作通常叫做方法。

（2）类（Class）

类又称对象类（Object Class），是一组具有相同数据结构和相同操作的对象的集合。类是对象的模板。在一个类中，每个对象都是类的实例（Instance），它们都可以使用类中提供的函数。例如，小轿车是一个类，红旗牌小轿车、东风牌小轿车都是它的一个对象。类具有属性，用数据结构来描述类的属性；类具有操作，它是对象行为的抽象，用操作名和实现该操作的方法（Method），即操作实现的过程来描述。

由于对象是类的实例，在进行系统分析和设计时，通常把注意力集中在类上，而不是具体的对象上。

（3）继承

继承（Inheritance）以现存的定义作为基础，建立新定义的技术，是父类和子类之间共享数据结构和方法的机制。如图 1.11 所示，继承性通常表示父类与子类的关系。子类的公共属性和操作归属于父类，并为每个子类共享，子类继承了父类的特性。

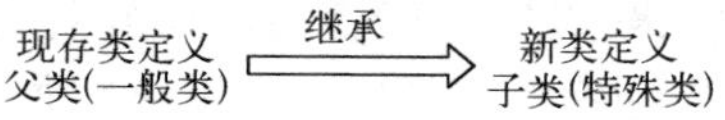

现存类定义 父类(一般类) ——继承——> 新类定义 子类(特殊类)

图 1.11　继承性

继承性：
- 单重继承：一个子类只有一个父类，即子类只继承一个父类的数据结构和方法
- 多重继承：一个子类可有多个父类，继承多个父类的数据结构和方法

通过继承关系还可以构成层次关系。单重继承构成的类之间的层次关系是一棵树，多重继承构成的类之间的关系是一个网格（如果将所有无子类的类，都看成还有一个公共子类的话）。而且继承关系是可传递的。

（4）消息

消息（message）是指对象之间在交互中所传送的通信信息。一个消息应该包含以下信息：消息名、接收消息对象的标识、服务标识、消息和方法、输入信息、回答信息等。消息使对象之间互相联系，协同工作，实现系统的各种服务。

通常一个对象向另一个对象发送信息请求某项服务，接收对象响应该消息，激发所要求的服务操作，并将操作结果返回给请求服务的对象，这种通信机制叫做消息传递。发送消息的对象不需要知道接收消息的对象如何对请求予以响应。

OOSD 由 OOA（面向对象的分析）、OOD（面向对象的设计）和 OOP（面向对象的程序设计）三部分组成。

（1）OOA（Object Oriented Analysis）法

OOA 就是要解决“做什么”的问题。它的基本任务就是要建立以下三种模型：

对象模型（信息模型）——定义构成系统的类和对象，它们的属性与操作。

状态模型（动态模型）——描述任何时刻对象的联系及其联系的改变，即时序。常用状态图，事件追踪图描述。

处理模型（函数模型）——描述系统内部数据的传送处理。

显然，在以上三种模型中，最重要的是对象模型。如何建立这三种模型，将在第 2 章中介绍。

（2）OOD（Object Oriented Design）法

在需求分析的基础上，进一步解决“如何做”的问题。OOD 法也分为概要设计和详细设计。

其中面向对象的分析（OOA）与面向对象的设计（OOD）是面向对象开发方法的关键。

由于面向对象的方法以对象为核心，强调模拟现实世界中的概念而不是算法，尽量用符合人类认识世界的思维方式来渐进地分析、解决问题，对软件开发过程所有阶段进行综合考虑，能有效地降低软件开发的复杂度，使软件的易复用性和易扩充性都得到了提高，而且能更好地适应需求的变化，提高软件质量。

### 1.4.4　敏捷软件的开发

#### 1. 敏捷软件开发的基本概念

敏捷软件开发又称敏捷开发，是以用户的需求进化为核心，采用迭代、循序渐进的方法进行软件开发。20 世纪 90 年代，软件危机得到一定程度的缓解，但随着软件项目规模和复杂度的增加，需求常常发生变化，时有软件不能如期交付的情况发生。为了按时交付软件，开发人员只好经常加班加点赶进度，而大量的文档资料也加重了他们的负担。

激烈的市场竞争也要求推出快速、高质量开发软件的方法，因此敏捷软件开发方法便应运而生。2001 年 2 月部分软件工作者在美国犹他州成立了“敏捷软件开发联盟”（Agile software development），简称 Agile 联盟，发表了敏捷软件开发宣言，表述了与会者对软件开发的核心价值观：

（1）人和交互　　　　胜过　过程和工具
（2）可运行的软件　　胜过　面面俱到的文档
（3）与客户协作　　　胜过　合同谈判
（4）对变更及时处理　胜过　遵循计划

可以看出，敏捷开发更强调与客户的协作、人与人之间的交互与团队的协作，更重视不断向用户提交可运行的软件，而不把过多的精力放在编写详尽的文档上。尤其强调对软件需求变化的快速应变能力。

在这些价值观的指导下，提出了敏捷软件开发必须遵守的 12 条原则：

（1）最重要的是要尽早和不断提交有价值的软件以满足客户需求。

（2）欢迎需求的变化，即使是在开发的后期，敏捷过程也能利用变化来为客户提升竞争优势。

（3）几周或几个月，经常提交可运行的软件，时间间隔越短越好。

（4）在整个项目过程中，业务人员和开发人员必须每天在一起工作。

（5）围绕有工作激情的人建立的项目组，给予他们所需的环境和支持，并对他们能够完成任务予以充分信任。

（6）项目组内最有效、效率最高的信息传递方式是面对面的交流。

（7）可运行的软件是度量项目进度的首要标准。

（8）敏捷过程提倡可持续开发，项目责任人、开发者和用户应保持长期稳定的开发速度。

（9）不断追求优秀的技术和优良的设计，有助于提高敏捷性。

（10）简单化是有效降低工作量的艺术。

（11）最好的架构、需求和设计源于自我组织的团队。

（12）团队要定期进行反省，讨论如何能够更有效地工作，并对工作进行相应调整。

### 2. XP 方法简介

按照敏捷软件开发的思想和原则，推出了许多具体的实践方法，如：XP、Scrum、Crystal、Methods、FDD 等。

其中 XP 方法是最具代表性的敏捷开发方法，又称极限编程（Extreme Programming，XP）。它是由 kent Beck 于 1999 年提出来的。极限编程以用户需求作为软件开发的最终目标，是一种以实践为基础的软件工程过程。极限编程强调测试，是一种测试驱动的开发方法，强调代码质量和及早发现问题，以适应环境和需求的变化。

（1）核心价值观

XP 方法的核心价值观为：沟通（Communication）、简单（Simplicity）、反馈（Feedback）和勇气（Courage）。

沟通——是项目成功的关键，只有开发人员与用户、开发人员之间频繁而有效的面对面信息交流，充分理解用户需求，就能够保证软件开发的质量和效率。

简单——为了保证高效的开发，在满足用户需求的前提下，软件开发全过程及过程中的产品都应该尽量简单。

反馈——及时、准确的信息反馈，能够及时发现开发工作中的问题和偏差并及时纠正。

勇气——采用敏捷开发这种新的开发方法，就是一种挑战，是需要勇气的；在开发过程中需要团队密切协作，既要相信别人也要相信自己一定能够完成，这需要勇气。另外，如只有十分需要的文档才写，即使写也要简单明了，这也需要勇气。

（2）XP 方法的最佳实践

在其核心价值观的指导下，XP 方法提出 12 项最佳实践：

① 规划策略（The Planning Game）。通过结合使用业务优先级和技术评估来快速制定计划，确定下一个版本的范围。

② 小型发布（Small Release）。将一个简单系统迅速投入生产，以很短的周期发布新版本，供用户评估使用。

③ 系统隐喻（System Metaphor）。用合适的比喻传达信息，通过隐喻来描述系统如何运作、新的功能以何种方式加入系统，通常包含了一些可以参照和比较的类和设计模式。

④ 简单设计（Simple Design）。任何时候都应当将系统设计为尽可能简单。不必要的复杂性一旦被发现就马上去掉。

⑤ 测试（Testing）。程序员不断地进行单元测试，在这些测试能够准确无误地运行的情况下，开发才可以继续。客户编写测试来证明系统各功能都已经完成。

⑥ 重构（Refactoring）。程序员重新构造系统以去除重复、改善沟通、简化或提高系统柔性。

⑦ 结对编程（Pair programming）。所有的生产代码都是由两个程序员在同一台机器上编写的，这样能够随时交流，及时发现和解决问题。

⑧ 代码集体所有（Collective code ownership）。任何人在任何时候都可以在系统中的任何位置更改任何代码。

⑨ 持续集成（Continuous Integration）。每天多次集成和生成系统，每次都完成一项任务。

⑩ 每周工作 40 小时（40-hour Week）。一般情况下，一周工作不超过 40 小时。不要连续两个星期都加班。

⑪ 现场客户（On-site Customer）。在团队中加入一位真正的、起作用的用户，他将全职负责回答问题。

⑫ 编码标准（Code Standards）。程序员依照强调通过代码沟通的规则来编写所有代码。

这 12 项最佳实践，就是强调开发者之间、开发者与用户之间的充分交流、密切协作，快速、高效地不断测试、集成和推出系统。

（3）XP 方法的开发过程

XP 使用面向对象方法作为推荐的开发范型。XP 包含了策划、设计、编码和测试 4 个框架活动的规则和实践。图 1.12 描述了 XP 开发过程，并指出与各框架活动相关的关键概念和任务。特别要说明，XP 开发过程的主要特点是一个不断迭代的过程。

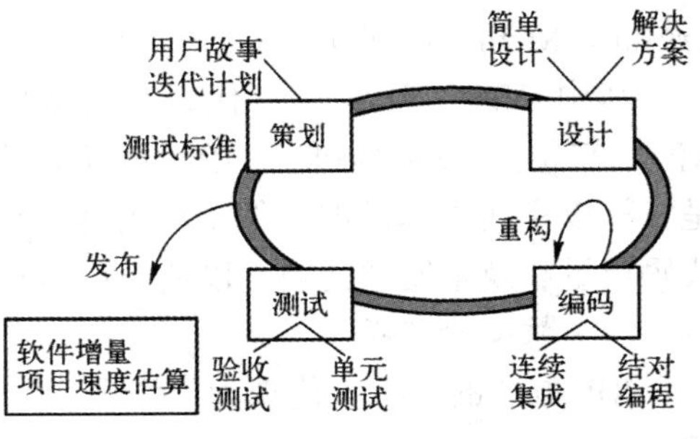

图 1.12　XP 编程过程

（4）敏捷开发的原则

① 快速迭代。在敏捷开发中，软件项目在构建初期被分成多个子项目，各个子项目的成果都经过测试，具备可视、可集成和可运行使用的特征。也就是把一个大项目分为多个相互联

系，但也可独立运行的小项目，并分别完成，在此过程中软件一直处于可使用状态。

相对于那种半年一次的大版本发布来说，小版本的需求、开发和测试更加简单快速。

② 让测试人员和开发者参与需求讨论。需求讨论以小组的形式展开最有效率。且必须要包括测试人员和开发者，这样可以更加轻松定义可测试的需求，将需求分组并确定优先级。同时，该种方式也可以充分利用团队成员间的互补特性。如此确定的需求往往比开需求讨论大会的形式效率更高，大家更活跃，参与感更强。

③ 编写可测试的需求文档。开始就要用“用户故事”（User Story）的方法来编写需求文档。这种方法可以让我们将注意力放在需求上，而不是解决方法和实施技术上。过早地提及技术实施方案，会降低对需求的注意力。

④ 多沟通，尽量减少文档。任何项目中，沟通都是一个常见的问题。好的沟通，是敏捷开发的先决条件。在圈子里面混得越久，越会强调良好高效的沟通的重要性。

团队要确保日常的交流，面对面沟通比邮件强得多。

⑤ 做好产品原型。建议使用草图和模型来阐明用户界面。并不是所有人都可以理解一份复杂的文档，但人人都会看图。

⑥ 及早考虑测试。及早地考虑测试在敏捷开发中很重要。传统的软件开发，测试用例很晚才开始写，这导致过晚发现需求中存在的问题，使得改进成本过高。较早地开始编写测试用例，当需求完成时，可以接受的测试用例也基本一块完成了。

## 1.5 软件工具与集成化开发环境

软件工具是用于辅助软件开发、运行、维护、管理等活动的软件系统，使用功能强大、方便适用的软件开发工具可以降低软件开发和维护的成本，提高软件生产效率，改善软件产品的质量，所以软件工具是软件工程研究的重要内容之一。

在软件开发过程中，软件工程师和管理人员按照软件工程的方法和原则，借助于软件工具进行开发、维护、管理软件产品的过程，称为计算机辅助软件工程（Computer-Aided Software Engineering，简称 CASE）。CASE 的实质是为软件开发提供一组优化集成的且节省大量人力的软件开发工具，其目的是实现软件生存周期各环节的自动化并使之成为一个整体。

### 1.5.1 软件工具的发展过程

CASE 发展经历了两个阶段：

**1. 依赖于软件生命周期各阶段的分散工具**

在软件工程的早期应用的是孤立的单个软件开发工具，支持软件开发过程中的某一项特定活动，这类工具通常有不同的用户界面和数据存储格式，它们之间彼此独立，不能或很难进行通信和数据的共享与交换，不能有效支持软件开发的全部过程。

**2. 软件开发环境**

另一类软件工具是集成化的 CASE 环境，是在克服孤立软件工具缺陷的过程中发展起来的，它将在软件开发过程不同阶段所使用的工具进行集成，使其具有一致的用户界面和可共享的信息数据库。

CASE 工具在发展过程中逐渐形成了能够支持软件生存周期各阶段的工具，称为软件开发环境（Software Development Environment，SDE），也称为软件工程环境（Software Engineering

Environment)，是包括方法、工具和管理等多种技术在内的综合系统。是为支持系统软件和应用软件的工程化开发和维护而使用的一组软件。良好的软件开发环境能够简化软件开发过程，提高软件开发质量。SDE 应具备以下特点：

① 紧密性：各种工具紧密配合工作；

② 坚定性：环境可自我保护，不受用户和系统影响，可实现非预见性的环境恢复；

③ 可适应性：适应用户要求，环境中的工具可修改、增加、减少；

④ 可移植性：指工具可移植。

如图 1.13 所示，典型的软件工程环境可具有三级结构：核心级，包括核心工具组、数据库、通信工具、运行支持、功能、与硬件无关的移植接口等；基本级，包括环境的用户工具，编译、编辑程序，作业控制语言的解释程序等；应用级，通常指应用软件的开发工具。

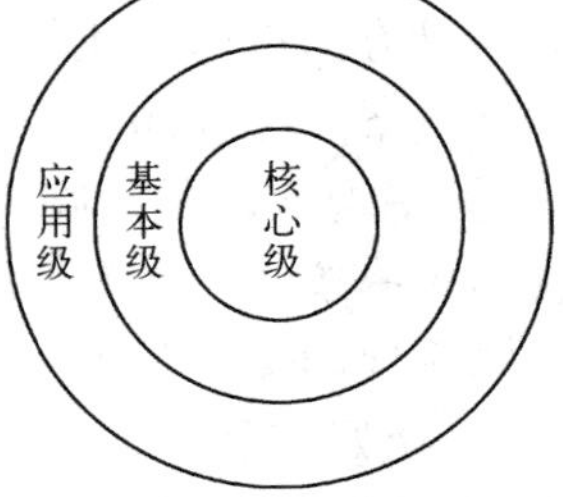

应用级 基本级 核心级

图 1.13 典型的软件工程环境

## 1.5.2 软件工具

软件工具可按不同方式进行分类，如按软件开发模型及开发方法分类，按功能及结构特点分类，按开发阶段分类等。下面按照软件工程过程，介绍用于软件开发的工具，软件维护的工具和软件管理与支持的工具。

### 1. 软件开发工具

软件开发工具按照软件开发阶段分为以下几种。

（1）分析工具

分析工具用于辅助软件开发人员完成软件系统需求分析的活动，包括根据需求的定义，生成准确而完整、清晰、一致的功能规范。软件分析工具包括三种类型：基于自然语言或图形描述的需求分析工具；基于形式化需求定义语言的工具和其他需求分析工具。

典型的有 Rational 公司的 Analyst Studio 成套的需求分析工具软件，是用于应用问题分析和系统定义的一组相对完备的工具集，适合于团队联合开发使用。

（2）设计工具

设计工具是用于帮助软件开发人员完成软件系统的设计活动的软件系统，根据需求阶段获得的功能规范，生成与之对应的软件设计规范。通常，软件设计工具包括基于图形描述、语言描述的设计工具；基于形式化描述的设计工具；面向对象的设计工具三种类型。

典型的有 Enterprise Architect，是一个基于 UML 的 Visual CASE 工具，主要用于设计、编写、构建和管理以目标为导向的软件系统。

（3）编码工具

编码工具主要包括：编辑程序、汇编程序、编译程序和调试程序等。这些编码工具可以是彼此独立的应用程序，也可以是一个集成的程序开发环境，集成了源代码的编辑程序、编译程序和链接程序，以及用于源代码排错的调试程序和可供发布产品的发布程序。

典型的集成程序开发环境有 Microsoft 公司的 Visual C++、Visual Basic 和 Borland 公司的 Delphi、C++ Builder 等。

（4）调试工具

调试工具也称排错工具，用于及时发现和排除程序代码中的错误和缺陷，调试工具又分为源代码调试程序和调试程序生成程序两类。

源代码调试程序用于了解程序的执行状态和查询相关数据信息，发现和排除程序代码中存在的错误和缺陷。一般由执行控制程序、执行状态查询程序和跟踪包组成。

执行控制程序用于断点定义、断点撤销、单步执行、断点执行、条件执行等功能。执行状态查询程序用于了解程序执行过程中 CPU、寄存器、堆栈、变量等数据结构中存储的数据与信息。跟踪包则用于跟踪程序执行过程中所经历的事件序列。

调试程序生成程序是一种通用的调试工具，能针对给定的程序设计语言，生成相应的源代码调试程序。

### 2. 软件维护工具

软件维护的主要任务是在软件产品投入运行以后，纠正软件开发过程中未发现的错误，改进和完善软件的功能和性能，以适应用户新的需求，延长软件产品的使用寿命。主要的软件维护工具包括：

（1）版本控制工具

版本控制工具对在软件开发过程中所产生的不同版本进行存储、更新、恢复和管理。

典型代表有 UNIX 操作系统的 SCCS（源代码控制系统）。SCCS 为一个源代码文件的所有版本建立一棵版本树，每一个版本都是该版本树的一个节点。SCCS 完整存储该文件的第一个版本，而后续的其他版本则只存储它与以前版本的不同之处。SCCS 通过版本树维护管理各个版本的更新历史，可恢复到以前的任何一个版本。

（2）文档管理工具

软件开发过程中所产生的大量文档，其编写通常花费开发工作量的 20%到 30%。文档管理工具用于对软件文档进行分析、组织、维护和管理，这对提高软件开发的质量和效率具有重要意义。

（3）开发信息库工具

开发信息库工具用于记录保存项目开发的相关信息，如每个对象的开发与修改信息；维护对象和与之相关信息间的关系，记录对象的开发人员、新版本对象中发生的改动、对象中存在的错误、对该对象进行测试时使用的测试用例、测试结果之间的关系等；还记录用来生成此软件产品的所有开发工具的版本信息、所采用的程序设计语言和应用程序开发接口。

（4）逆向工程工具

软件的逆向工程是指对已有的软件进行分析，获取比源代码更高级的表现形式，如提取出数据结构、体系结构、程序总体设计等各种有用的软件开发信息。早期的逆向工程工具有反汇编工具、反编译工具等。现在的逆向工程工具能够分析高级程序设计语言的源程序，恢复程序的控制结构、流程图、PAD 图等更高级的抽象信息，为软件的理解和维护提供方便。

（5）再工程工具

所谓再工程是指在通过逆向工程获得软件设计等信息的基础上，利用这些信息修改或重构软件系统，增加新的功能和改进性能。

再工程工具用来辅助软件开发人员重构一个功能和性能更为完善的软件系统。目前，再工程工具的使用主要集中在代码重构、程序结构重构和数据结构重构等方面。

### 3. 软件管理与支持工具

软件产品的管理与支持是软件能否开发成功的关键。软件管理与支持工具用于确保软件产品的质量和软件产品的开发效率。这类工具主要包括：

（1）软件评价工具

软件评价工具对于实现软件产品的质量控制，确保软件产品的正确性、可靠性具有十分重要的意义。软件评价工具根据某个软件质量模型，例如 ISO 软件质量度量模型、McCall 软件度量模型，对软件产品的质量、复杂性加以度量，并形成该软件产品的质量评价报告。

（2）软件配置管理工具

在软件产品的开发过程中，变动和修改是不可避免的。在对软件产品进行修改前，必须进行相应的分析论证，确保修改的质量和正确性，并在修改后加以记录。软件配置管理工具可对软件配置项进行标示、版本控制、审计和状态统计等，使对各配置项的访问、修改易于实现，简化审计过程、改进状态统计、减少软件错误、提高软件质量。

（3）软件项目管理工具

软件项目管理工具是对软件产品的开发活动进行有效的管理。包括软件项目所涉及的人员、费用、进度和质量四个方面的有效管理。如其中重要的成本估算工具，是根据某估算模型，例如 Halstead 模型、Putnam 模型、COCOMO 模型等，对软件项目的成本进行估算。

（4）风险分析工具

风险管理对于一个大型项目是极为重要的。风险分析工具可以通过提供对风险标示和分析的详细指南，使得项目管理者能够有效地对在软件项目开发过程出现的风险进行控制和规避。

### 1.5.3 集成化 CASE 环境

集成化 CASE 环境是将多个 CASE 工具结合起来，使得各种软件开发信息能够在不同 CASE 工具之间、不同开发阶段之间，以及不同开发人员之间顺畅传递。按照集成度的高低可分为以下几种层次：

（1）具有信息传递的软件工具集

工具间是完全独立的，它们之间有着不同的用户界面和信息的存储格式。如图 1.14 所示，它们借助于操作系统的文件服务和数据交换服务使得工具 A 的输出文件能够被导入到工具 B 中，借助于此种方式实现不同工具之间的数据交换和共享，集成度较低。

随着开发工具的数量增加，每种开发工具使用不同的文件格式进行信息的存储，文件格式之间转换将变得非常复杂，并且反复进行格式转换可能导致文件信息的一致性和完整性遭到破坏。

（2）具有公共界面的软件工具集

如图 1.15 所示，这些软件工具集为使用者提供了一致的公共用户界面和操作方式，如相同的菜单、工具按钮、快捷方式等，为软件开发人员提供了极大的便利。但软件工具之间的数据交换仍然沿用了在不同格式的文件导入/导出的方式，严重影响了它们之间数据交换的效率和数据的完全性与完整性。

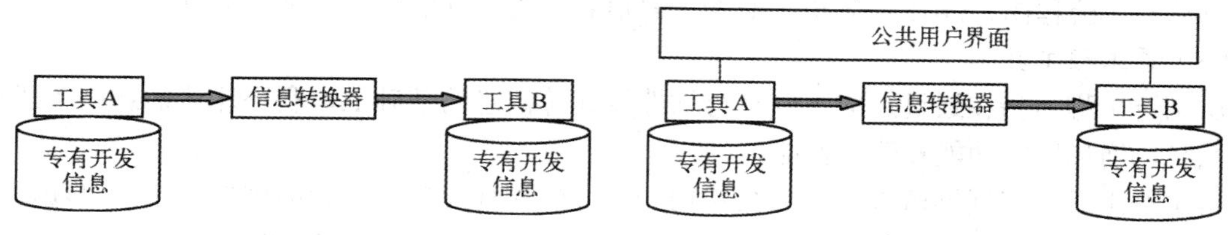


图 1.14　具有信息传递的软件工具

图 1.15　具有公共界面的软件工具集

（3）信息共享的软件工具集

工具集之间不仅具有一致的用户界面和操作方式，而且对不同工具的开发信息进行统一的存储和管理。如图 1.16 所示，这种信息共享的集成方式从根本上解决了在不同的软件工具之间进行信息交换的问题，提高了工具之间的继承度。同时在不同的软件工具之间具有共同的信息存储的标准。

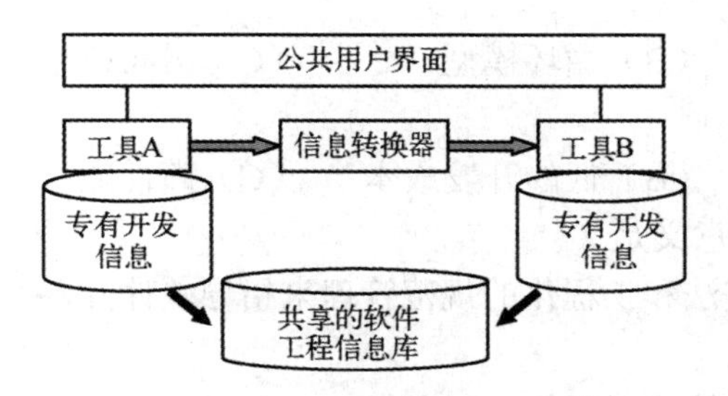


图 1.16　信息共享的软件工具集

## 小　　结

本章为读者阅读本书进行必要的知识准备；介绍了软件工程的基本概念；软件危机与软件工程的产生与发展，软件生存周期，软件过程。对典型的软件过程模型进行了介绍，包括瀑布模型、循环模型、螺旋模型、喷泉模型及智能模型。本书的重点是讨论面向对象的开发方法及采用 UML 统一建模语言建立系统模型，本章仅结合软件过程模型对结构化开发方法、原型化开发方法和面向对象的开发方法，以及敏捷开发方法的基本概念和 XP 极限编程进行了简介。

最后，对于软件工具及集成化开发环境进行了介绍。尤其是 CASE 集成环境是集成化程度最高的软件开发工具，它把各种软件工具有机地集成在一起，做到了界面集成、数据集成、控制集成。其特征是支持软件开发的各个阶段，强调各种工具在各开发阶段中的特殊作用，各种软件开发工具涵盖了整个开发过程。

## 习　题　1

**一、选择题**

1．软件的主要特性是（　　）。

（A）无形　　（B）高成本

（C）包括程序和文档　　（D）可独立构成计算机系统

2．软件工程三要素是（　　）。

（A）技术、方法和工具　　（B）方法、工具和过程

（C）方法、对象和类　　（D）过程、模型、方法

3．软件危机的主要表现是（　　）。

（A）软件成本太高　　（B）软件产品的质量低劣

（C）软件开发人员明显不足　　（D）软件生产率低下

4．软件工程的主要目标是（　　）。

（A）软件需求　　（B）软件设计

（C）风险分析　　（D）软件实现

5．包含风险分析的软件工程模型是（　　）。

（A）螺旋模型　　（B）瀑布模型

（C）增量模型　　（D）喷泉模型

6．下面属于面向对象开发方法的有（　　）。

（A）Booch　　（B）UML　　（C）Coad　　（D）OMT

7．软件开发方法的主要工作模型有（　　）。

（A）螺旋模型　　（B）循环模型　　（C）瀑布模型　　（D）专家模型

8．软件工程的目标有（　　）。

（A）易于维护　　（B）低的开发成本　　（C）高性能　　（D）短的开发期

9．软件工程的目的和意义是（　　）。

（A）应用科学的方法和工程化的规范管理来指导软件开发

（B）克服软件危机

（C）做好软件开发的培训工作

（D）以较低的成本开发出高质量的软件

## 二、判断题

1．软件就是程序，编写软件就是编写程序。（　　）

2．瀑布模型的最大优点是将软件开发的各个阶段划分得十分清晰。（　　）

3．结构化方法的工作模型是使用螺旋模型进行开发。（　　）

4．结构化方法和 OO 方法都是一种面向过程的软件开发方法。（　　）

5．原型化开发方法包括生成原型和实现原型两个步骤。（　　）

6．面向对象的开发方法包括面向对象的分析、面向对象的设计和面向对象的程序设计。（　　）

7．软件危机的主要表现是软件的需求量迅速增加，软件价格上升。（　　）

8．软件工具的作用是延长软件产品的寿命。（　　）

9．软件工程过程应该以软件设计为中心，关键是编写程序。（　　）

10．RCP 法与 RSP 法的主要区别是，前者采用循环渐进的开发方式，原型将成为最终的产品，而后者将被废弃。（　　）

## 三、简答题

1．软件产品的特性是什么？

2．软件发展有几个阶段？各有何特征？

3．什么是软件危机？其产生的原因是什么？

4．什么是软件过程？有哪些主要的软件过程模型？它们各有哪些特点？

5．有哪些主要的软件开发方法？

6．软件生命期各阶段的主要任务是什么？

7．原型化方法的核心是什么？它具有哪些特点？

8．面向对象的开发方法为什么逐渐成为软件开发的主流方法？

9．什么是软件开发环境？它对软件开发过程有何意义？

10．敏捷软件开发的核心思想是什么？以 XP 方法为例进行说明。

11．软件开发工具的集成可以分成哪几个层次？

12．集成化的 CASE 环境相对于彼此独立的软件开发工具有哪些明显的优势？

# 第 2 章　面向对象方法与 UML 建模语言

由于面向对象的开发（Object-Oriented Software Development，OOSD）方法，能够提供更加清晰的需求分析和设计，是指导软件开发活动的系统方法，所以面向对象的方法已成为当今软件开发的主流方法。本章将从建模的观点讨论 OOSD 的一些重要概念，UML 统一建模语言及其应用。

## 2.1　面向对象方法概述

### 2.1.1　面向对象方法的特点

#### 1．传统软件工程方法的主要问题

自 20 世纪 70 年代末以来，传统的软件工程方法对克服“软件危机”，促进软件产业的发展起到了重要作用；自顶而下的分析和设计方法、软件项目的工程化管理、软件工具和开发环境及软件质量保障体系都有力地推动了软件能力的提高。

但随着软件形式化方法及新型软件的开发，传统的软件工程方法的局限性逐渐暴露出来，存在的主要问题有：

（1）传统的软件开发方法无法实现从问题空间到解空间的直接映射

传统方法的求解过程如图 2.1 所示，在对问题空间进行分析的基础上，建立问题空间的逻辑模型，再通过一系列复杂的转换和运算，构造计算机系统，获得解空间。但由于问题空间与解空间的模型、描述方式的不同，它们之间存在着复杂的转换过程。

图 2.1　传统的软件开发方法的求解过程

（2）传统软件开发方法无法实现高效的软件复用

传统的软件工程方法是面向过程的，将数据和处理过程（操作）分离，不仅增加了软件开发的难度，也难于支持软件复用。

（3）传统软件开发方法难以实现从分析到设计的直接过渡

分析和设计是软件开发的两个最重要的阶段。通常传统的软件开发方法在这两个阶段所建立的模型完全不同。例如结构化方法，主要的分析模型是分层的 DFD 图，而设计阶段的模型则是软件结构图（SC），从分析模型到设计模型要经过复杂的变换过程。

#### 2．面向对象方法的主要特点

面向对象的方法则是将软件系统看做一系列离散的解空间对象的集合，并使问题空间的对象与解空间对象尽量一致，如图 2.2 所示。这些解空间对象相互之间通过发送消息而相互作

用，从而获得问题空间的解。由于问题空间与解空间的结构、描述的模型十分一致，降低了软件系统开发的复杂度，使系统易于理解和维护。

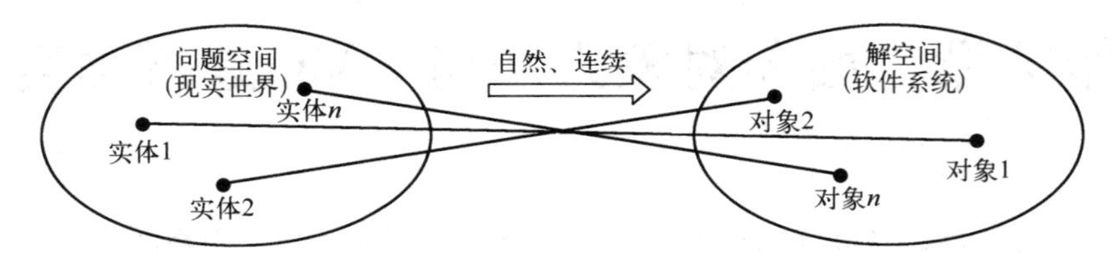


图 2.2　面向对象方法的直接转换

面向对象的方法具有以下主要特点:

（1）按照人类习惯的思维方法，对软件开发过程所有阶段进行综合考虑

传统的程序设计技术以算法为核心，数据和过程相互独立，这种数据和代码分离的结构，反映了计算机的观点，但却忽视了数据和操作之间的内在联系，所以用传统方法设计的软件系统其解空间与问题空间不一致。

而面向对象的方法以对象为核心，强调模拟现实世界中的概念而不是算法，尽量用符合人类认识世界的思维方式来渐进地分析、解决问题，使问题空间与解空间具有一致性，对软件开发过程所有阶段进行综合考虑，有效地降低软件开发的复杂度，提高软件质量。

（2）软件生存期各阶段所使用的方法、技术具有高度的连续性

面向对象的方法使用喷泉模型作为其工作模型，软件生存期各阶段没有明显的界限，开发过程回溯重叠，使用相同的描述方法和模型，使得软件生存期各阶段所使用的方法、技术具有高度的连续性。

（3）软件开发各个阶段有机集成，有利于系统的稳定性

将 OOA（Object-Oriented Analysis）、OOD（Object-Oriented Design）、OOP（Object-Oriented Program）有机地集成在一起，使开发过程始终围绕着建立问题领域的对象（类）模型进行，而各阶段解决的问题又各有侧重。由于是以对象为中心构造软件系统，当系统功能需求改变时不会引起系统结构的变化，使软件系统具有好的稳定性和可适应性。

（4）具有良好的重用性

面向对象的技术在利用可重用的软件成分构造新软件系统上具有很大的灵活性。由于对象所具有的封装性和信息隐蔽，使得对象的内部实现与外界隔离，具有较强的独立性，因此，对象类提供了较理想的可重用的软件成分。而对象类的继承机制使得面向对象的技术实现可重用性更加方便、自然和准确。

### 2.1.2　几种典型的面向对象方法

从 20 世纪 80 年代初期开始，众多的方法学家都在尝试用不同的方法进行软件分析和设计。20 世纪 80 年代末，形成了以 Smalltal 语言为代表的第一代面向对象的方法。到了 20 世纪 90 年代中期，出现了第二代面向对象方法，此时，面向对象的方法已经成为软件分析和设计的主流方法。具有代表性的有：

（1）Booch 方法

G.Booch 于 1991 年推出了 OOA&OOD 法，1994 年又发表了第 2 版。Booch 方法的开发模型包括静态模型和动态模型，静态模型分为逻辑模型和物理模型，描述了系统的构成和结构，

动态模型包括状态图和时序图。

该方法对每一步都做了详细的描述，描述手段丰富、灵活。不仅建立了开发方法，而且还提出了对设计人员的技术要求，不同开发阶段的人力资源配置。Booch 方法的基本模型包括类图与对象图。

（2）Coad/Yourdon 方法

Coda/Yourdon 方法由 P.Coda 和 E.Yourdon 于 1990 年推出，该方法主要由 OOA 和 OOD 构成，特别强调 OOA 和 OOD 采用完全一致的概念和表示法，使分析和设计之间不需要表示法的转换。该方法的特点是：表示简练、易学，对于对象、结构、服务的认定较系统、完整，可操作性强。

（3）对象模型技术

由 J.umbaugh 和他的 4 位合作者于 1991 年推出的面向对象的方法学，又称为对象模型技术（Object Model Technology，OMT）。作为一种软件工程方法学，它支持整个软件生存周期，覆盖了问题构成、分析、设计和实现等阶段。

OMT 方法充分体现了建模的思想，其核心问题就是建立三类模型：对象模型、动态模型和函数模型，这三类模型分别描述了系统的静态结构、控制结构和数值转换函数作用。OMT 为每一类模型提供了图形表示。

（4）OOSE 方法

面向对象软件工程（Object-Oriented Software Engineering，OOSE）方法是 1992 年 Jacobson 在其出版的专著《面向对象的软件工程》中提出的。OOSE 方法采用以下 5 类模型来建立目标系统：需求模型（Requirements Model，RM）、分析模型（Analysis Model，AM）、设计模型（Design Model，DM）、实现模型（Implementation Model，IM）和测试模型（Testing Model，TM）。

OOSE 对面向对象方法的发展和进步有两大贡献，一是提出了用例（Use Case）这个重要概念，用 Use Case 定义需求，提供了很好的需求分析策略和描述手段，弥补了以前的面向对象需求中的缺陷。二是定义了交互图，交互图对一组相互协作的对象，在完成一个 Use Case 时执行的操作及它们之间传递的消息和时间顺序做了更精确的描述。

## 2.2 UML 概述

软件工程领域在 1995 年至 1997 年取得了前所未有的进展，其成果超过软件工程领域 1995 年以前 15 年的成就总和。其中最重要的、具有划时代重大意义的成果之一就是统一建模语言（Unified Modeling Language，UML）的推出。

UML 是软件界第一个统一的可视化的、通用（General）的建模语言，已成为国际软件界广泛承认的标准，应用领域很广泛，可用于商业建模（Business Modeling）、软件开发建模的各个阶段，也可用于其他类型的系统。具有创建系统的静态结构和动态行为等多种结构模型的能力，具有可扩展性和通用性，适合于多种、多变结构的建模。

UML 的价值在于它综合并体现了世界上面向对象方法实践的最好经验，支持用例驱动（Use-Case Driven），以架构为中心（Architecture-Centric），以及递增（Incremental）和迭代（Iterative）地进行软件开发。因此，在世界范围内，至少在今后若干年内，UML 将是面向对象技术领域内占主导地位的标准建模语言。

### 2.2.1 UML 的基本概念

#### 1．UML 的形成

为推动面向对象方法的发展，1994 年 10 月 J.Rumbaugh 和 G.Booch 共同合作把他们的 OMT 和 Booch 方法统一起来，于 1995 年推出一个称为 UM（Unified Method）的“统一方法”0.8 版。随后，Ivar Jacobson 加入，并采用他的用例（User Case）思想，于 1996 年推出“统一建模语言”0.9 版。

1997 年 1 月，UML 版本 1.0 被正式提交给国际对象管理组织（Object Management Group，OMG），作为软件建模语言标准的候选。其后的半年多时间里，一些重要的软件开发商和系统集成商如 IBM、Microsoft、HP 等 700 多家公司都成为了“UML 伙伴”。

1997 年 11 月 7 日，UML1.1 版被 OMG 正式批准为基于面向对象的技术的标准建模语言。UML 的形成过程如图 2.3 所示。

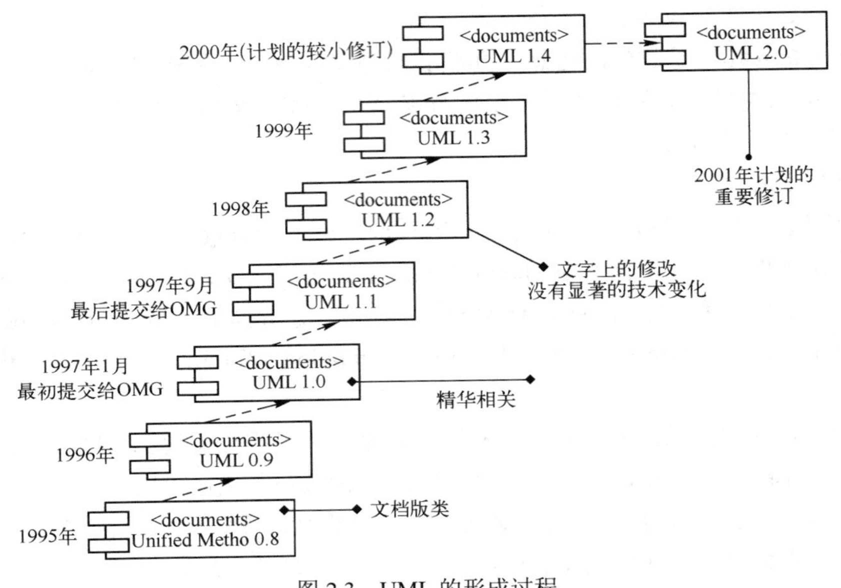


图 2.3　UML 的形成过程

#### 2．UML 的特点

① 统一标准。UML 统一了面向对象的主要流派 Booch、OMT 和 OOSE 等方法中的基本概念，已成为对象组织 OMG 的正式标准，并提供了标准的面向对象的模型元素的定义和表示。统一了标准，有利于面向对象方法的应用和发展。

② 面向对象。UML 还吸取了面向对象技术领域中其他流派的长处。UML 符号表示考虑了各种方法的图形表示，删掉了大量易引起混乱的、多余的和极少使用的符号，也添加了一些新符号，可以说是集面向对象技术的众家之长。

③ 可视化、表示能力强。系统的逻辑模型或实现模型都能用 UML 的可视化模型清晰地表示，对系统描述能力强，模型蕴涵的信息丰富，可用于复杂软件系统的建模。

④ 独立于过程。UML 是系统建模语言，独立于开发过程。

⑤ 易掌握、易用。由于 UML 的概念明确，建模表示法简洁明了，图形结构清晰，易于掌握和使用。

### 3. UML 建模

模型是一个系统的完整的抽象，是人们对某个领域特定问题的求解及解决方案，对它们的理解和认识都蕴涵在模型中。在各种工程问题中，建模已成为工程实践的重要组成部分。例如，在建筑行业，要修建一幢大楼前，先要按照一定比例建立该大楼的模型，使建筑师和用户对未来大楼的外形、特性等有了感性认识，便于进一步地修改、完善、评价或审批该建筑方案。

软件开发过程中建模的必要性为：

① 鉴于软件系统的复杂性和规模的不断增大，需要建立不同的模型对系统的各个层次进行描述。软件模型一般包括数学模型、描述模型和图形模型。

② 由于 UML 以图形模型为主，模型的直观性及丰富的信息描述，便于开发人员与用户的交流。

③ 模型为以后的系统维护和升级提供了文档。

UML 是一种标准的图形化（可视化）的建模型语言，UML 的核心是建立系统的各类模型。通常，开发一个计算机软件系统是为了解决某个领域的特定问题，问题的求解过程，就是从领域问题到计算机系统的映射过程。图 2.4 描述了软件项目开发的建模过程。

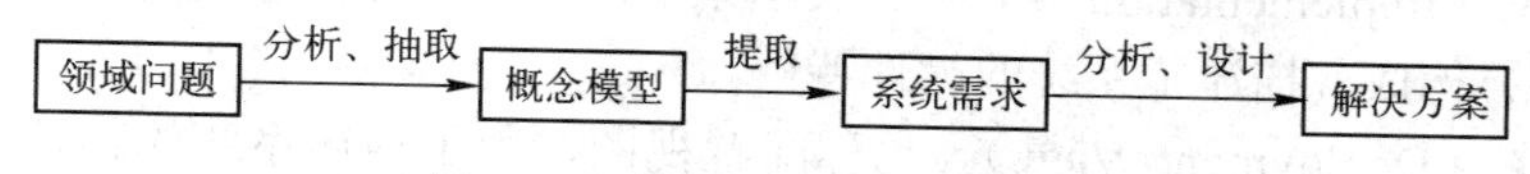


图 2.4　软件项目开发的建模过程

### 4. UML 的主要内容

UML 由 UML 语义和 UML 表示法两部分构成。

（1）UML 语义

UML 语义通过元模型来精确定义。元模型为 UML 的所有元素在语法和语义上提供了简单、一致、通用的定义性说明，使开发者能在语义上取得一致，消除了因人而异的表达方法所造成的影响。

UML 支持各种类型的语义，如布尔、表达式、列表、阶、名字、坐标、字符串和时间等，还允许用户自定义类型。

（2）UML 表示法

UML 表示法定义了图形符号的表示，这些图形符号和文字所表达的是应用级的模型，在语义上它是 UML 元模型的实例。

UML 表示法由通用表示和图形表示两部分组成。通用表示包括：

① 字符串：表示有关模型的信息。

② 名字：表示模型元素。

③ 标号：赋予图形符号的字符串。

④ 特定字串：赋予图形符号的特性。

⑤ 类型表达式：声明属性变量及参数。

⑥ 定制：是一种用已有的模型元素来定义新模型元素的机制。

## 2.2.2 UML 的图形表示

### 1. UML 的构成

UML 建模语言的描述方式以标准的图形表示为主，是由视图（Views）、图（Diagrams）、模型元素（Model Elements）和通用机制（General Mechanism）构成的层次关系。

（1）视图

一个系统应从不同的角度进行描述。视图就是从不同的视角观察和建立的系统模型图。一个视图由多个图构成，图不是一个图表（Graph），而是在某一个抽象层上对系统的抽象表示。

描述一个系统需要定义一定数量的视图，每个视图表示系统的一个特殊的方面或者系统的某个特性，多个视图才能建立一个完整的系统模型图。图2.5描述了常用的UML视图。

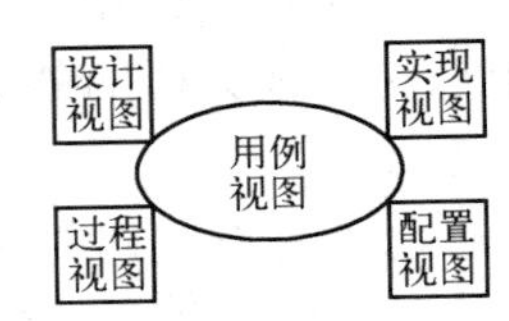

图2.5　UML视图

① 用例视图（Use case View）。从使用者的角度描述系统的外部特性及系统应具备的功能等。用例视图是其他视图的核心和基础，直接影响到其他视图的建立和描述。

② 设计视图（Design View）。用于描述系统设计特征，系统内部的结构，包括结构模型视图和行为模型视图，前者描述系统的静态结构，包括类图、对象图，后者描述系统的动态行为，包括交互图、状态图和活动图。

③ 过程视图（Process View）。表示系统内部的控制机制，并发特征。常用类图描述过程结构，用交互图描述过程行为。

④ 实现视图（Implementation View）。表示系统的实现特征，常用组件图表示，由一些独立的组件（文件）构成，描述了系统的软件特性。

⑤ 部署视图（Deployment View）。也称配置视图，用于描述系统的物理部署特征，系统的物理架构。

根据系统的应用领域和特性，还可以建立其他视图。

（2）图

图用来描述一个视图的内容，是构成视图的成分。UML语言定义了几种不同的图，包括用例图、类图、对象图、包图、状态图、活动图、顺序图、合作图及组件图、部署图，将它们有机结合起来就可以描述系统的所有视图。在UML建模语言中又把这几种图分为5类：

① 用例图（Use Case Diagram）。从用户角度描述系统应该具备的功能，并指出各功能的操作者。

② 静态图（Static Diagram）。表示系统的静态结构。包括类图、对象图、包图。

③ 行为图（Behavior Diagram）。描述系统的动态模型和组成对象间的交互关系。包括状态图、活动图。

④ 交互图（Interactive Diagram）。描述对象间的交互关系。包括顺序图、合作图。

⑤ 实现图（Implementation Diagram）。描述系统的物理实现和物理配置。包括组件图和部署图。

（3）模型元素

模型元素代表面向对象中的类、对象、关系和消息等概念，是构成图的最基本的元素。无论在哪类图中使用，它总是具有相同的含义和相同的符号表示。模型元素是UML建模的最基本的成分。

（4）通用机制

用于表示其他信息，如注释、模型元素的语义等。另外，为了适应用户的需求，它还提供了扩展机制（Extensibility Mechanisms），包括构造型（Stereotype）、标记值（Tagged Value）和约束（Constraint）等。使用UML语言能够适应一个特殊的方法（或过程），或扩充至一个组织或用户。

例如，注释用于对UML语言的元素或实体进行说明、解释和描述。通常用自然语言进行注释。在 UML 的各种模型图中，常需要对元素或实体进行注释。

注释由注释体和注释连接组成。注释体的图符是一个右上角翻下的矩形，其中标注要注释的内容。注释连接用虚线表示，它把注释体与被注释的元素连接起来。如图 2.6 所示，“这是一个类”为注释体，对类“人员”进行注释。

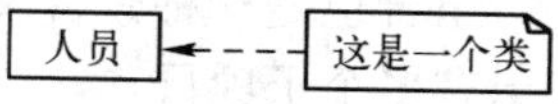

人员 ←--- 这是一个类

图 2.6　注释

### 2. 通用模型元素

可以在图中使用的概念、对象等统称为模型元素。一个模型元素可以在多个不同的图中使用，所以又称为通用模型元素。模型元素是 UML 构建各种模型的基本单位。通用模型元素分为两类：

① 基元素。是指已由 UML 定义的模型元素，如类、节点、组件、注释、关联、依赖和泛化等。

② 构造型元素。是在基元素的基础上构造的新模型元素，通常是由基元素增加新的定义而构成的，也允许用户自定义。构造型元素用括在双尖括号<< >>中的字符串表示。

目前 UML 提供了 40 多个预定义的构造型元素，如<<include>>、<<extend>>等。

模型元素在图中用其相应的图形符号表示。常用的模型元素符号如图 2.7 所示，图中给出了类、对象、节点、包和组件等部分常用的模型元素的符号图例。利用模型元素可以把图形直观地表示出来，一个元素（符号）遵循一定的规则，可存在于多个不同类型的图中。

特别要说明的是，模型元素与模型元素之间的连接关系也是模型元素。常见的连接关系有关联（Association）、泛化（Generalization）、依赖（Dependency）和聚合（Aggregation）等，其中聚合是关联的一种特殊形式。这些连接关系的图形符号如图 2.8 所示。

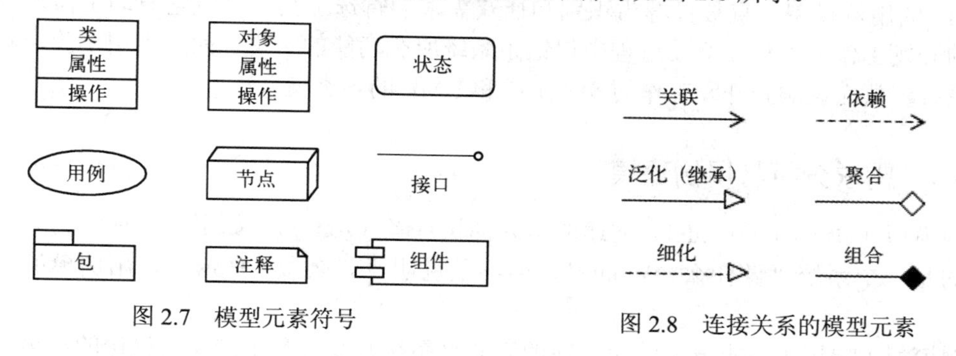


图 2.7　模型元素符号　　图 2.8　连接关系的模型元素

① 关联：是一种最常见的连接关系，用于连接（Connect）模型元素或链接（Link）实例。

② 依赖：表示一个元素以某种方式依赖于另一个元素。依赖关系描述的是两个模型元素（类、组合、用例等）之间的语义上的连接关系，其中一个模型元素是独立的，另一个模型元素是非独立的（或依赖的），它依赖于独立的模型元素。如图 2.9 所示，类 A 依赖于类 B，其依赖关系为<<友元>>（Friend），友元是依赖关系变体（Varieties）的一种，是预定义的构造型元素，允许一个元素访问另一个元素，不管被访问的元素是否具有可见性。

③ 泛化：表示一般与特殊的关系，即“一般”元素是“特殊”关系的泛化。常用于描述父类与子类之间的继承关系，如图 2.10 所示。

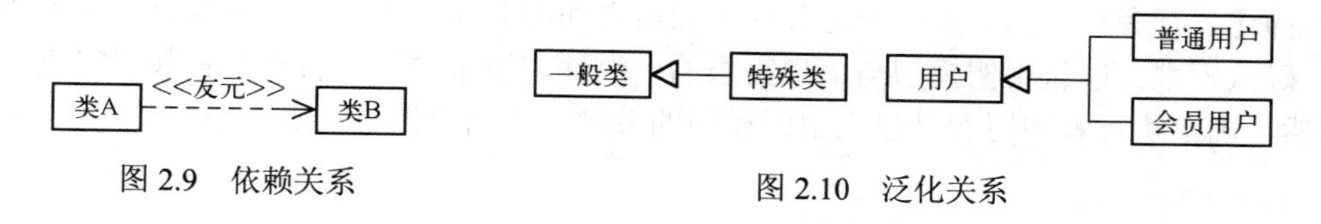


图 2.9　依赖关系　　图 2.10　泛化关系

④ 聚合：表示整体与部分的关系。即由部分元素构成整体。如图 2.11 所示，类 A 是整体类，类 B 是部分类。

组合也是一种聚合关系，它的“整体”与“部分”之间的关系比一般聚合更加紧密。“*”表示有多个子项目。

⑤ 细化：是依赖关系的一个变体，描述两个不同语义层次上的元素之间的关系。细化与类的抽象层次有密切的关系。人们在构造模型时不可能一下就把模型完整、准确地构造出来，而是要经过逐步细化的过程，要经过逐步求精的过程。图 2.12 表示类 B 是类 A 细化的结果。

图 2.11　聚合关系　　图 2.12　细化

## 2.3　建立用例模型

1992 年由 Jacobson 提出了 Use case 的概念及可视化的表示方法——Use case 图，受到了 IT 界的欢迎，被广泛应用到面向对象的系统分析中。用例驱动的系统分析与设计方法已成为面向对象的系统分析与设计方法的主流。

用例建模技术，是从用户的角度来描述系统功能需求的，在宏观上给出模型的总体轮廓。通过对典型用例的分析，使开发者能够与用户进行充分交流，有效地了解和获取用户需求，分析确定系统的需求。

UML 的用例模型一直被推荐为识别和捕获需求的首选工具。同时它驱动了需求分析之后各阶段的开发工作，不仅在开发过程中保证了系统所有功能的实现，而且被用于验证和检测所开发的系统，从而影响到开发工作的各个阶段和 UML 的各类模型。

### 2.3.1　需求分析与用例建模

用例模型（Use case model）描述的是外部执行者（Actor），如用户所理解的系统功能。它描述的是一个系统“做什么（What）”，而不是说明“怎么做（How）”，用例模型不关心系统设计。

用例模型主要用于需求分析阶段，它的建立是系统开发者和用户反复讨论的结果，表明了开发者和用户对需求规格达成的共识。用例模型由若干个用例图构成，在 UML 中构成用例图的主要元素是用例和执行者及它们之间的联系。

建立系统用例模型的过程就是对系统进行需求分析的过程。图 2.13 描述了用例建模的过程。

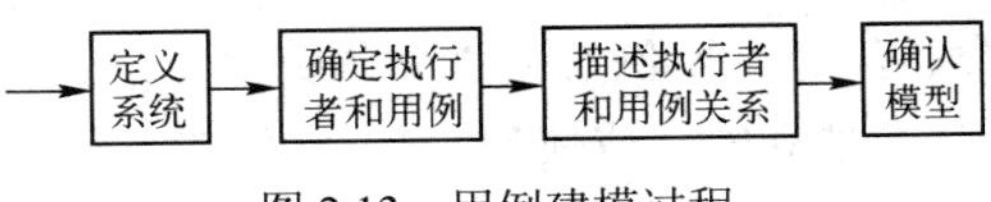

图 2.13　用例建模过程

① 定义系统。确定系统范围；获取、分析系统需求。

② 确定执行者和用例。执行者通常是使用系统功能的外部用户或系统，用例是一个子系统或系统的一个独立、完整功能。

③ 描述执行者和用例关系。确定各模型元素之间的关联、包含、扩展及泛化等关系。

④ 确认模型。确认用例模型与用户需求的一致性，通常由用户与开发者共同完成。

显然，确定执行者和用例是建立用例模型的关键，下面将做进一步介绍。

### 2.3.2 确定执行者和用例

用例图中包含执行者、用例和连接三种模型元素，如图 2.14 所示。执行者是指用户在系统中所扮演的角色，执行者也称为角色。执行者在用例图中是用人形图形来表示的，但执行者未必是人。例如，执行者也可以是一个外界系统，该外界系统可能需要从当前系统中获取信息，与当前系统进行交互。

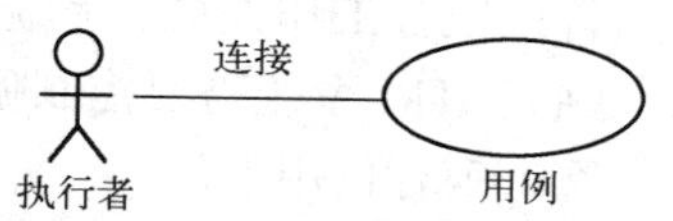


图 2.14　用例图的三种模型元素

通常，一个用例是用户与计算机之间的一次典型交互作用。在 UML 中，用例被定义成系统执行的一系列动作（功能），即用例是对系统用户需求的描述，表达了系统的功能和所提供的服务。UML 中的用例用椭圆表示，并标注用例的名字。用例位于系统边界的内部，角色与用例之间的关联关系（或通信关联关系）用一条线段表示。

**1．确定执行者**

图 2.15 描述了自动售货机系统的用例图，执行者有“顾客”、“供货人”和“收银员”，自动售货机虽是自动收款，但每天要有专门的“收银员”取出所收货款。矩形框表示系统的边界，用于划分系统的功能范围。

如何确定执行者是画用例图的首要问题，首先要与系统的用户进行广泛而深入的交流，明确系统的主要功能，以及使用系统的用户责任等。此外，还可以通过回答以下问题来确定执行者：

① 谁使用系统的主要功能（主执行者）？

② 谁需要从系统获得对日常工作的支持和服务？

③ 需要谁维护管理系统的日常运行（副执行者）？

④ 系统需要控制哪些硬件设备？

⑤ 系统需要与其他哪些系统交互？

⑥ 谁需要使用系统产生的结果（值）？

识别出的角色都应该用文字形式或角色描述模板来做进一步的描述，角色描述模板如图 2.16 所示。

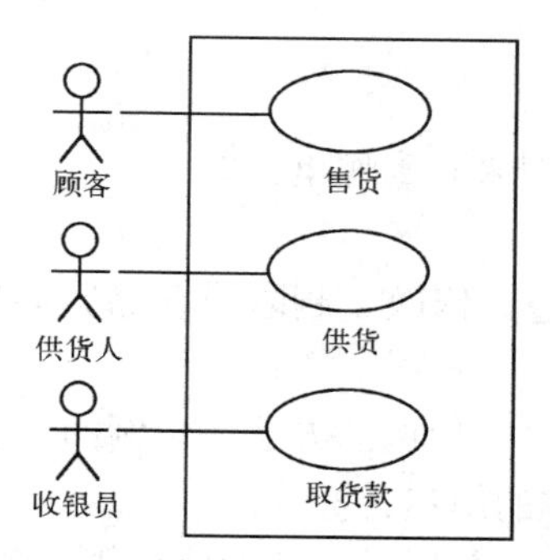


图 2.15　自动售货机系统用例图

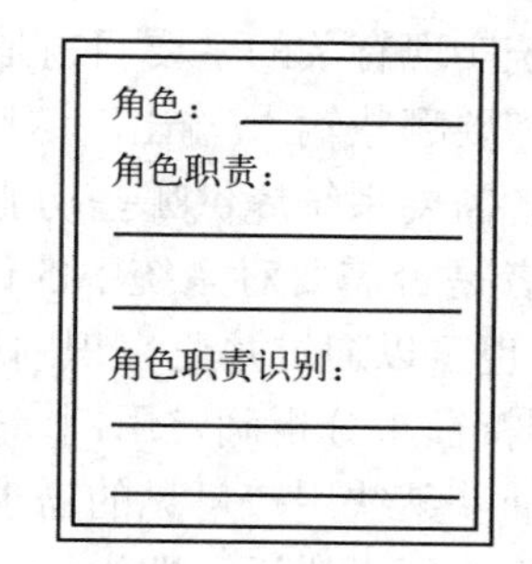


图 2.16　角色描述模板

**【例 2-1】** 有一个自动取款机（ATM，Auto Trade Machine）系统，为储户提供 24 小时的服务，储户需要提款时，必须将银行信用卡插入 ATM 机，并输入正确的口令后才能取款。通过回答下面的问题来识别角色：

（1）谁使用 ATM 系统的主要功能（提款）？

答：储户。

（2）谁需要从 ATM 系统获得对日常工作的支持和服务？

答：出纳员？（不肯定）

（3）需要谁维护管理系统的日常运行？

答：银行工作人员、系统工程师。

（4）ATM 系统需要控制哪些硬件设备？

答：银行信用卡。

（5）系统需要与其他哪些系统交互？

答：不清楚。

（6）谁需要使用 ATM 系统产生的结果？

答：银行会计、储户。

通过回答以上问题，得到可能的角色有：储户、出纳员、银行工作人员、系统工程师、银行信用卡、银行会计。

在此基础上对初始的角色进行分析和筛选。对于问题（1）、（4）、（5）、（6）的回答没有什么问题；问题（2）的答案“出纳员”不能肯定，应该做进一步分析；经过分析，“出纳员”与 ATM 系统的关系不大，他所完成的工作主要是手工操作，而并非需要从 ATM 系统获得对日常工作的支持和服务，因此可以除去。

问题（3）所确定的“银行工作人员”主要是维护 ATM 的信息及 ATM 的一般故障的维修，而“系统工程师”则是掌握和熟悉 ATM 技术及系统配置的工程技术人员，事实上对系统的日常维护工作，只需要银行工作人员就行了。

根据以上分析，最后确定与 ATM 系统直接相关的执行者为：储户、银行工作人员、银行信用卡、银行会计。图 2.17 给出了“储户”角色的描述模板。

角色：储户
角色职责：
插入信用卡
输入口令
输入交易金额
角色职责识别：
(1)使用系统主要功能
(2)使用系统运行结果

图 2.17 “储户”角色描述模板

## 2. 识别用例

识别用例的方法有多种，其基本的出发点都是从系统的功能考虑，如可以通过回答以下问题来确定用例：

① 与系统实现有关的主要问题是什么？

② 系统需要哪些输入/输出？这些输入/输出从何而来？到哪里去？

③ 执行者需要系统提供哪些功能？

④ 执行者是否需要对系统中的信息进行读、创建、修改、删除或存储？如果首先确定了系统的角色，也可以通过角色来识别用例。

根据用例特征来分析确定用例，也是一种常用的确定用例的方法。用例的主要特征有：

① 用例捕获某些用户可见的需求，实现一个具体的用户目标。

② 用例由执行者激活，即用例总是由执行者启动，并提供确切的值给执行者。

③ 用例可大可小，但它必须是对一个具体的用户目标实现的完整描述。

图 2.16 所示的自动售货机系统用例图中确定的用例有：“售货”、“供货”和“取货款”。用例往往还需要进一步细化。

## 3. 建立用例之间的关系

用例除了与执行者有联系外，用例之间也存在一定的联系，用例之间通常有关联、包含、扩展及泛化等关系，包含和扩展是构造型元素，分别用<<include>>和<<extend>>表示，图形表示为一虚线箭头。在新版的 UML 中，包含<<include>>替代了使用<<uses>>。

① <<include>>

<<include>>本质上是一种使用关系，当一个用例包含另一个用例时，这两个用例之间就构成了使用关系。图 2.18 的自动售货机系统中，“供货”与“取货款”这两个用例的开始动作都是打开机器，而它们最后的动作都是关闭机器。因此，将开始动作抽象为“打开机器”用例，将最后的动作抽象为“关闭机器”用例，“供货”与“取货款”用例在执行时必须包含这两个用例。

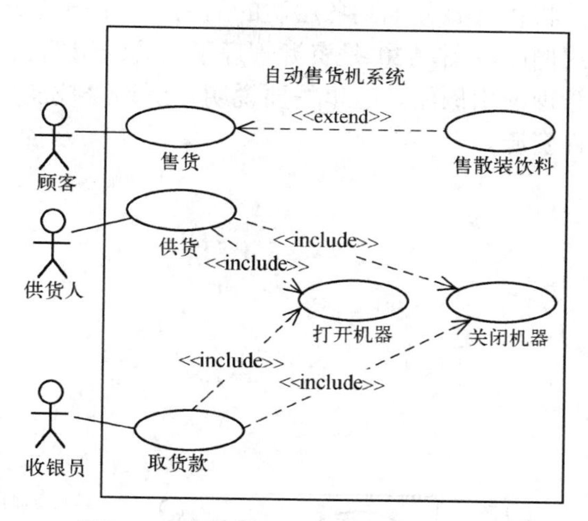


图 2.18　含有包含和扩展关系的用例图

② <<extend>>

<<extend>>是向一个用例中加入一些新的动作，构成另外一个用例，这两个用例之间的关系就是扩展关系。后者是继承前者的一些行为得来的，通常把前者称为基本用例，而把后者称为扩展用例。基本用例通常是一个独立的用例，扩展用例是对基本用例的某些“扩展点（Extension Points）”功能的增加。被扩展的用例是一般用例，扩展的用例是特殊用例。

例如，图 2.18 是自动售货机系统用例图的进一步细化。图中，“售货”是一个基本用例，定义的是售罐装饮料，而用例“售散装饮料”则是在继承了“售货”的一般功能的基础上进行的修改，因此是“售货”的扩展。

用例模型是获取需求、规划和控制项目迭代过程的基本工具。在建立用例模型时还要考虑用例的数目，用例数量大则每个用例小，小的用例易执行实施方案，但用例数量过多则使用例图显得过于繁杂，因此要根据系统大小，适当选择用例数目。

### 2.3.3　用例建模实例

**【例 2-2】** 建立项目与资源管理系统（PRMS）的用例图。系统的主要功能是：项目管理、资源管理和系统管理。项目管理包括项目的增加、删除、更新。资源管理包括对资源和技能的添加、删除和更新。系统管理包括系统的启动和关闭、数据的存储和备份等功能。

（1）分析确定系统的执行者（角色）。执行者是对系统外的对象的描述，是用户作用于系统的一个角色，它有自己的目标，通过与系统的交互来实现。交互包括信息交换和与系统的协同。

执行者可以是人，也可以是一个外部系统。通过回答 2.3.2 节确定执行者的问题，确定本系统的 4 类角色：项目管理员、资源管理员、系统管理员、备份数据系统。

（2）确定用例。用例是对系统的用户需求（主要是功能需求）的描述，它描述了系统的功能和所提供的服务。通过回答 2.3.3 节确定用例的问题，确定本系统的用例是：项目管理、资源管理和系统管理。

（3）画出用例模型概图。用例图是系统的一个功能模型，在绘制用例图时，需要认真考虑它的粒度和抽象层次。按照抽象层次，用例图可以划分为系统层（高层）。子系统层和对象类层（最低层）。系统高层的用例图也称为用例模型概图，它描述了系统的全部功能和服务。图 2.19 是 PRMS 高层用例图，它描述了该系统的一个最基本的模型。

（4）分解高层的用例图。对高层的用例图进行分解，进一步描述其子系统的功能及服务，并将执行者分配到各层次的用例图中；子系统层又可以自顶而下不断精化，抽象出不同层次的用例图。图 2.20 是资源管理子系统的用例图，图 2.21、图 2.22 分别是项目管理用例图和系统管理的用例图。这里需要说明，所谓“技能”实际上是指人力资源，而“资源”则是指软、硬件资源。

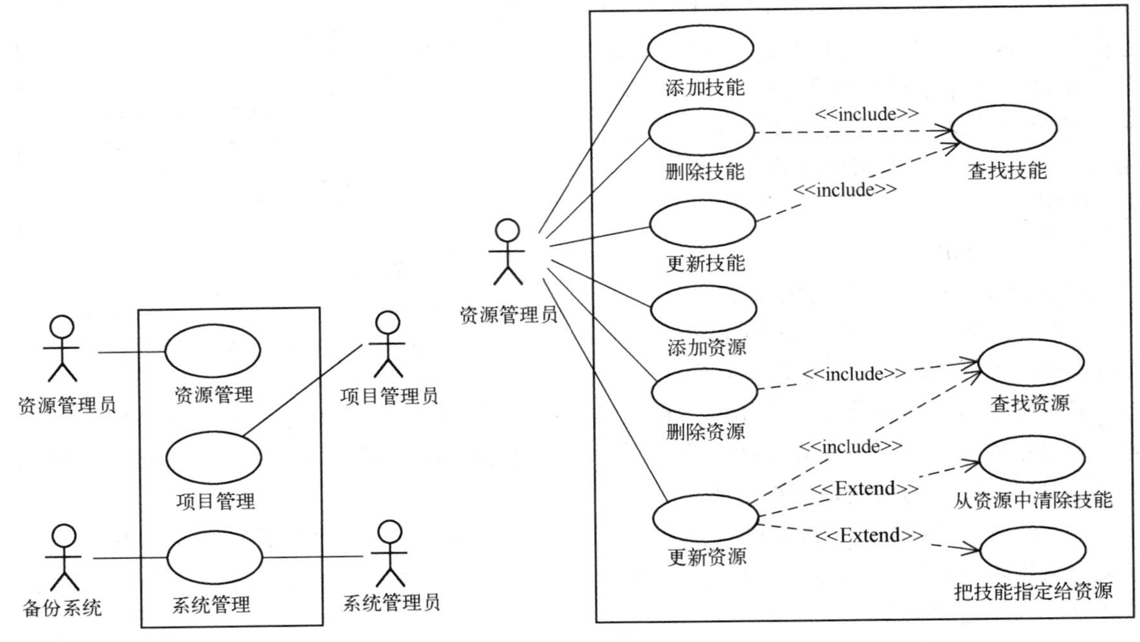


图 2.19　PRMS 高层用例图

图 2.20　资源管理子系统的用例图

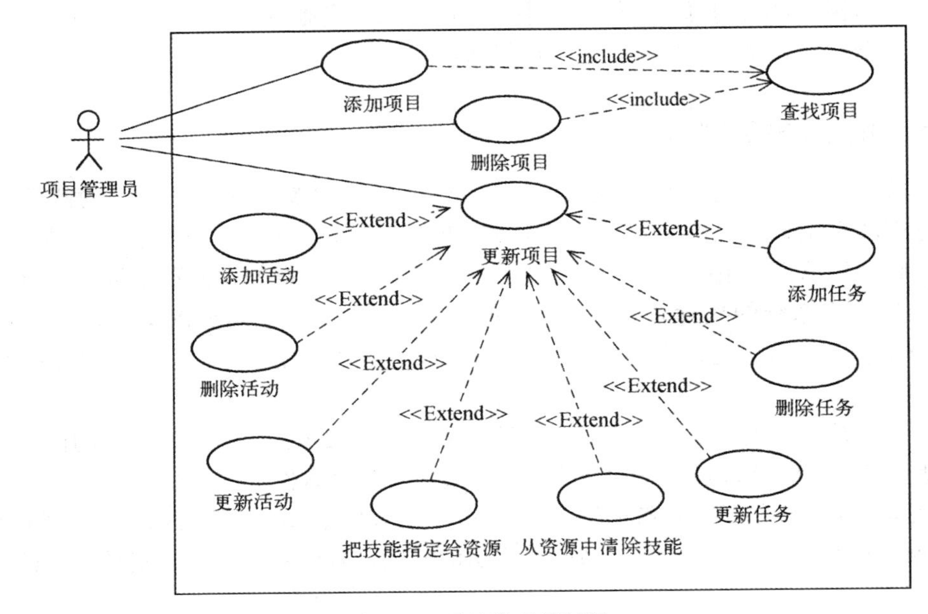


图 2.21　项目管理用例图

请读者分析一下，在图 2.21 和图 2.22 中，各用例之间关系<<include>>和<<extend>>的区别。

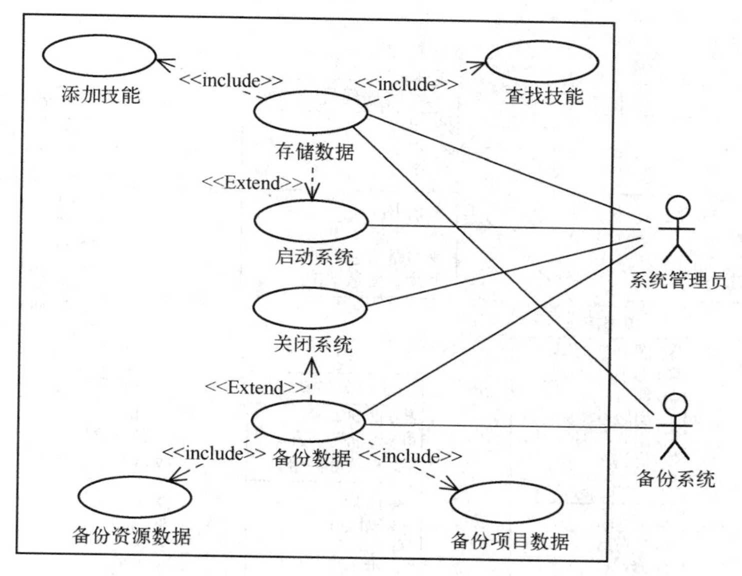


图 2.22　系统管理用例图

## 2.4　建立静态模型

任何建模语言都以静态建模机制为基础，标准建模语言 UML 也不例外。所谓静态建模是指对象之间通过属性互相联系，而这些关系不随时间而转移。

类和对象的建模，是 UML 建模的基础。熟练掌握基本概念、区分不同抽象层次，以及在实践中灵活运用，是三条最值得注意的建模基本原则。

UML 的静态建模机制包括：用例图（Use Case Diagram）、类图（Class Diagram）、对象图（Object Diagram）、包图（Package Diagram）、组件图（Component Diagram）和部署图(Deployment Diagram)。用例图已在 2.3 节中讨论过，组件图和部署图将在 2.6 节进行讨论。由于对象是类的实例（Instance），对象图是类图的变体，两者之间的差别在于对象图表示的是类图的一个实例。因此，本节主要讨论类图和包图。

### 2.4.1　类图

类是所有面向对象的开发方法中最重要的基本概念，它是面向对象的开发方法的基础，可以说 UML 的基本任务就是要识别系统所必需的类，分析类之间的联系，并以此为基础，建立系统的其他模型。

类图是描述系统静态特征的一种图式，类图是构建其他图的基础，因此，类图是面向对象技术的心脏和灵魂。图 2.23 是一个图书管理系统的类图。

构成类图的主要成分是类及类之间的关系。类的图式分为短式和长式，短式只标识类名，长式是对类的完整描述，如图 2.24 所示，由类名、属性和操作三部分构成。属性描述类的特征；操作也称为方法（或运算），描述该类所能完成的工作，通常以函数的形式出现，在分析阶段，可以先不考虑操作的具体描述，而在设计阶段的类图中导出。

为类建模是一件重要而困难的事，因为并不存在一个固定的模式和确定的过程，即使对于同一应用领域项目，不同的系统分析员所得到的类及其属性的集合也可能会不同，应该以用户的满意度为标准。为类建模的过程是一个高度迭代增量式的过程。掌握以下基础知识对类的成功设计是至关重要的：

读者
姓名
借阅卡号
有效证件号
查询图书信息()
借书()
还书()
缴纳罚款()
管理员
id
姓名
密码
借书()
还书()
书籍信息维护()
读者信息维护()
借阅信息
图书条形码
借阅卡条形码
借阅时间
归还时间
添加()
删除()
修改()
查询()
图书信息
图书条形码
书名
作者
出版社
出版年月
价格
在库
添加()
删除()
修改()
查询()
读者信息
借阅卡号
姓名
有效证件号
添加()
删除()
修改()
查询()
罚款信息
idi
罚款数目
借阅卡条形码
添加()
删除()
修改()
查询()

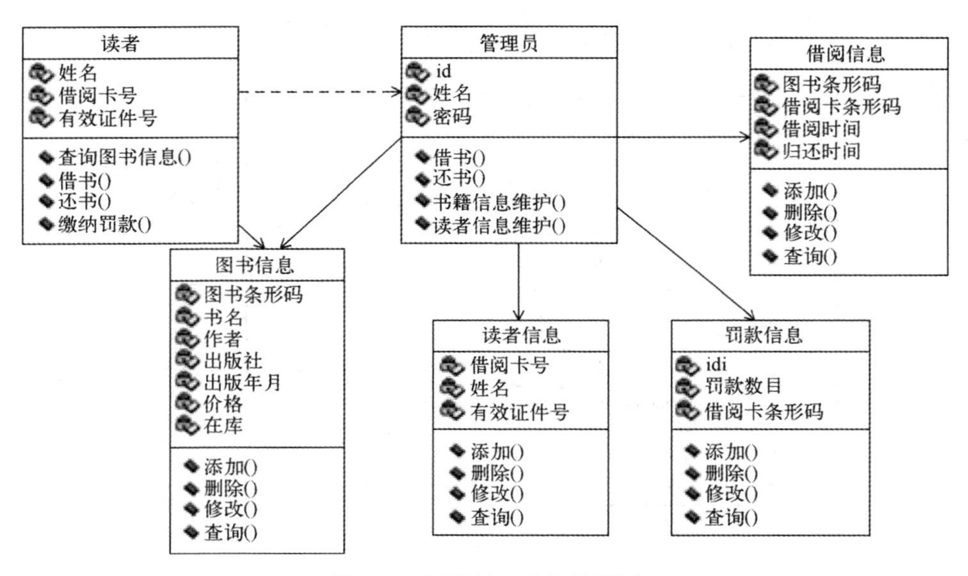

图 2.23　图书管理系统的类图

① 学习掌握为类建模的知识；

② 对应用领域的正确、深入的理解；

③ 学习研究相似的和成功的设计经验；.

④ 超前思维和预测结果的能力；

⑤ 不断精化模型和修正缺陷的实践。

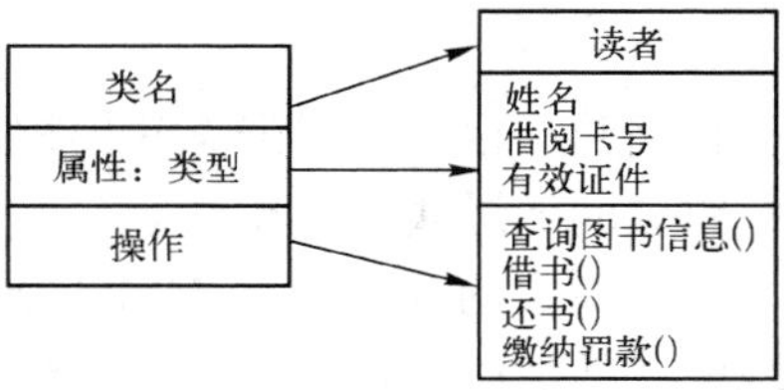

类名
属性：类型
操作
读者
姓名
借阅卡号
有效证件
查询图书信息()
借书()
还书()
缴纳罚款()

图 2.24　类的图式

**1．类的识别**

在分析阶段，类的识别通常由分析员在分析问题域的基础上完成。类的识别是面向对象方法的一个难点，但又是建模的关键。常用的方法有：

（1）名词识别法

该方法的关键是识别问题域中用名词或者名词短语来描述的实体，通过对系统简要描述的分析，在提出实体对应名词的基础上识别类。

名词识别法的步骤如下：

① 按照指定语言，对系统进行描述。描述过程应与领域专家共同合作完成，并遵循问题域中的概念和命名。

② 从系统中标识出名词、代词、名词短语，并以此标识为初始的类。

③ 识别确定（取、舍）类。并非所有列出的名词、代词、名词短语都是类，应根据一定的原则进行识别确定。

**【例 2-3】** 确定银行网络 ATM 系统的类。

① 系统简要描述。银行网络系统包括人工出纳和分行共享的自动出纳机（ATM，Auto Trade Machine）；各分理处用自己的计算机处理业务（保存账户、处理事务等）；各分理处与出纳站通过网络通信；出纳站录入账户和事务数据；自动出纳机与分行计算机通信；自动出纳机与用户接口，接受现金卡；发放现金；打印收据；分行计算机与拨款分理处结账。系统应具有记录保管功能和安全措施。要求系统正确处理同一账户的并发访问；每个分理处为自己的计算机准备软件；网络费用平均摊派给各分理处。

② 类的识别。采用名词识别法，检查问题陈述中的所有名词，得到初始类：

| 软件 | 银行网络 | 分行计算机 | 系统 | 分行 | 出纳站 |
| --- | --- | --- | --- | --- | --- |
| 出纳员 | 分理处 | 分理处计算机 | 自动出纳机 | 账户 | 账户数据 |
| 现金卡 | 事务 | 事务数据 | 用户 | 顾客 | 现金 |
| 收据 | 访问 | 费用 | 安全措施 | 记录保管 | |

③ 根据下述原则进一步确定类。

a．去掉冗余类。如两个类表述同一信息，应保留最具有描述能力的类。如，“用户”与“顾客”是重复的描述，由于“顾客”更具有描述性，故保留它，删除“用户”。

b．去掉不相干的类。删除与问题无关或关系不大的类，如“费用”。

c．删除模糊的类。有些初始类边界定义不确切，或范围太广，应该删除，如“系统”“安全措施”“记录保管”“银行网络”。

d．删除那些性质独立性不强的，而应该是类“属性”的候选类，如“账户数据”“收据”“现金”“事务数据”。

e．所描述的是操作，但不适宜作为对象类，并被其自身所操纵。例如，“软件”“访问”所描述的只是实现过程中的暂时对象，应删去。

最后得到：

| 分行计算机 | 分行 | 出纳站 | 出纳员 | 分理处 | 分理处计算机 |
| --- | --- | --- | --- | --- | --- |
| 自动出纳机 | 账户 | 现金卡 | 事务 | 顾客 | |

（2）实体识别法

该方法与名词识别法很相似，但其关心的是构成系统的实体，不关心系统的运作流程及实体之间的通信状态。常将实体识别法与名词识别法联合使用。

被标识的实体通常有：系统需要存储、分析、处理的信息实体，系统内部需要处理的设备，与系统交互的外部系统，系统相关人员，系统的组织实体等。

下面举例说明系统实体识别法的应用。

**【例 2-4】** 有一个购物超市，顾客可在货架上自由挑选商品，由收款机收款，收款机读取商品上的条形码标签，并计算商品价格。收款机应保留所有交易的记录，以备账务复查、清理货存及汇总使用。

通过分析问题的陈述，确定以下几类实体：

① 信息实体：交易记录，商品、税务信息，销售记录，货存记录。

② 设备：收款机，条形码扫描器。

③ 交互系统：信用卡付款系统。

④ 人员职责：收款员，顾客，会计，经理。

⑤ 系统的组织实体：本例不考虑。

以上列出的实体，都可以直接识别为类。

（3）从用例中识别类

用例图是对系统功能的描述，可以根据用例的描述来识别类。该方法与实体识别法很相似，但实体识别法是针对整个系统考虑的，而用例识别法则是分别对每一个用例进行识别，因此，用例识别法可能会识别出使用实体识别法未识别出来的类。

针对每个用例，可通过回答以下问题来识别类：

① 在用例描述中出现了哪些实体？或者用例的完成需要哪些实体的合作？

② 用例在执行过程中产生并存储了哪些信息？

③ 用例要求与之关联的角色应该向该用例输入什么信息？

④ 用例向与之关联的角色输出什么信息？

⑤ 用例需要对哪些硬设备进行操作？

该识别法的应用实例，请参考第 10 章软件工程课程设计的案例“会议管理系统”。

（4）利用分解与抽象技术

无论使用哪种方法来分析确定类，一般都使用分解和抽象两类技术。

① 分解技术

通过以上方法所得到的问题域的类中，往往有的“小类”可能被包含在“大类”中。所谓“大类”，常以整体类和组合类的形式出现。所以分解技术是对整体类和组合类进行分解的技术。通过分析对已标识出来的“大类”进行分解，得到新的类，可控制单个类的规模。

但在使用分解技术时一定要注意，分解出来的类必须是系统所需要的相关类，否则，分解就没有意义。

② 抽象技术

如果在所识别的类中，存在着一些在信息和动作上具有相似性的类，可根据这些类的相似性建立抽象类，并建立抽象类与这些类之间的继承关系。抽象类实现了系统内部的重用，很好地控制了复杂性，并为所有子类定义了一个公共的界面，使设计局部化，提高了系统的可修改性和可维护性。

例如“汽车”类与“摩托车”类之间的相似性是，都有“发动机”。可以建立抽象类“机动车”类，而“汽车”类与“摩托车”类都是通过继承关系而得到的子类。

使用抽象技术时也要注意，当两个类的相似性不强时，要慎重考虑是否需要建立抽象类。掌握抽象技术的难度较大，需要有较多的实践经验。

总之，类的识别是 UML 建模的基础和关键，但又是比较难于掌握的步骤，只有通过对实际系统的分析和设计，才能逐步加深理解。

**2. 类属性与操作识别**

（1）属性（attribute）

属性用来描述类的特征，表示需要处理的数据。

属性定义：　visibility　attribute-name : type =　initial-value　{property-string}

即　　　　可见性　属性名：类型 = 默认值{约束特性}

其中：可见性（visibility）表示类外的元素是否可访问该属性。可见性分为：

public（+）：公有的，即模型中的任何类都可以访问该属性，用“+”号表示。

private（–）：私有的，表示不能被别的类访问，用“–”号表示。

protected（#）：受保护的，表示该属性只能被该类及其子类访问，用“#”号表示。

如果可见性未申明，表示其可见性不确定。

（2）操作（operate）

对数据的具体处理方法的描述则放在操作部分，操作说明了该类能做些什么工作。操作通常称为函数，它是类的一个组成部分，只能作用于该类的对象上。操作定义：

Visibility operating-name(parameter-list)；return-type {property string}

即　可见性 操作名（参数表）；返回类型{约束特性}

其中可见性同上，而参数表包括参数名和类型，即 Parameter-name: type = default-value。

返回类型：表示操作返回的结果类型。

**3. 建立类之间的关系**

在 UML 中，类之间的关系通常有关联（Association）、聚合（Aggregation）、泛化（Generalization）和依赖（Depending）。

（1）关联

关联描述两个或多个类之间的关系，链（link）是关联的实例。

① 常规关联

常见的关联是连接类之间的一条直线段，线段上标注关联的名字，可用实心的三角形▶表示关联名所指的方向。图 2.25 描述了“公司”类和“员工”类之间的雇佣关系。此外，还用重数来描述这两个类之间连接的数量关系。

重数的表示通常有：●表示零或多个；○表示“可选”，即表示“0 或者 1”。

也可在连线上标注数字表示重数：“1”表示只有 1 个；“1+”表示 1 个或多个；“0..*”或者“*”表示零或者多个；“1..*”表示 1 或者多个；“3..5”表示 3 到 5 个之间的整数；“2、4、15”表示 2 个、4 个或 15 个。重数的默认值为 1。

此外，UML 中还允许一个类与自身关联，称为递归关联（Recursive Association），如图 2.25 中的员工。图 2.26 是对递归关联的一般描述，图 2.27 则描述了带有职责的递归关联，即医生对病人进行治疗。

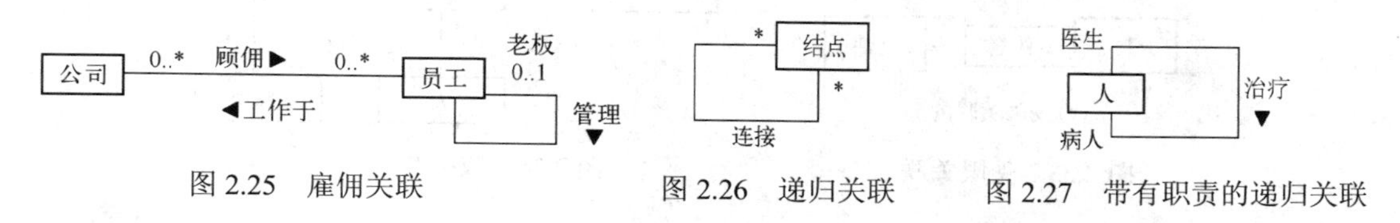


图 2.25　雇佣关联　　图 2.26　递归关联　　图 2.27　带有职责的递归关联

② 多元关联

关联有二元关联（Binary）、三元关联（Ternary）及多元关联（Higher Order）。两个类之间的关联称为二元关联（见图 2.28），三个类之间的关联称为三元关联（见图 2.29）。还可用重数及角色描述多元关联。多元关联之间用大菱形连接。

图 2.28　二元关联　　图 2.29　三元关联

图 2.30 描述了一个人（Person）与嗜好（Hobby）的关联，一个人可以有多种嗜好。图 2.31 是一个具有重数的三元关联，重数 0..2 表示每个人（Person）在指定的年度（Year），最多可以参加两个委员会（Committee），而重数 3..5 表示每个委员会由 3～5 个委员组成，重数 1..4 表示在一个委员会中，一个人的任期不超过 4 年。

③ 有序关联

有序是对关联的一种约束，在关联的“多”端标注{ordered}指明这些对象是有序的（见图 2.32）。关联可用箭头表示该关联使用的方向（单向或双向），又称为导引或导航（Navigation）。

图 2.32（a）描述一个目录下可以有多个有序的文件，而一个文件只属于一个目录。图 2.32（b）表示多边形的多个顶点的有序关联。

④ 受限关联（Qualified Association）

如果对关联的含义做出某种限制，称为受限关联。使用限定词对该关联一端的对象进行明确的标识和鉴别。图 2.33 中文件名是限定词，一个目录中有多个文件，加上文件名这个限定词，确定了文件的唯一性。

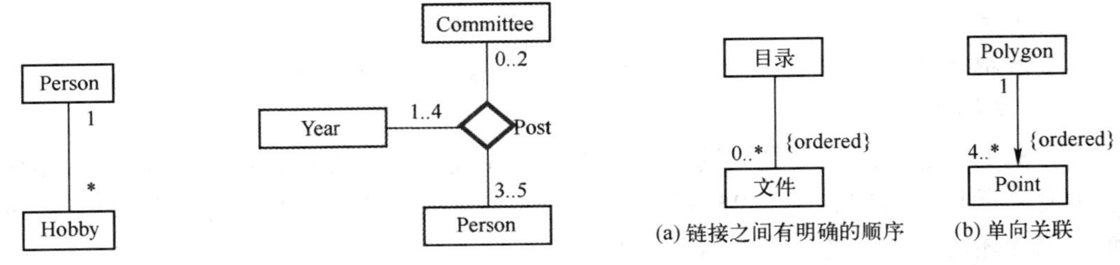


图 2.30　人与嗜好的关联　　图 2.31　具有重数的三元关联　　图 2.32　有序关联

⑤ 或关联

图 2.34 描述了一个签订保险合同的类图，由于人和公司不能拥有同一份合同，因此描述为或的关系，用虚线连接两个关联并标注{or}。

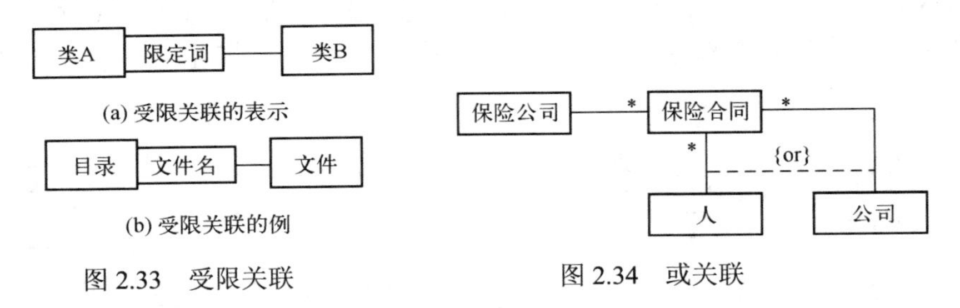


图 2.33　受限关联　　图 2.34　或关联

⑥ 关联类

在 UML 中，当仅用关联名不足以描述关联，需要对其进行更详细的说明时，可以将关联定义为类。如图 2.35 所示，为了对关联做进一步描述，定义"授权"关联类及其属性和操作。

（2）聚合（aggregation）关系

聚合是一种特殊的关联，它指出类间的"整体-部分"关系。

① 共享聚合（shared aggregation）

其"部分"对象可以是任意"整体"对象的一部分。当"整体"端的重数不是 1 时，称聚合是共享的。在"整体"端用一个空心小菱形表示共享聚合，如图 2.36 所示。

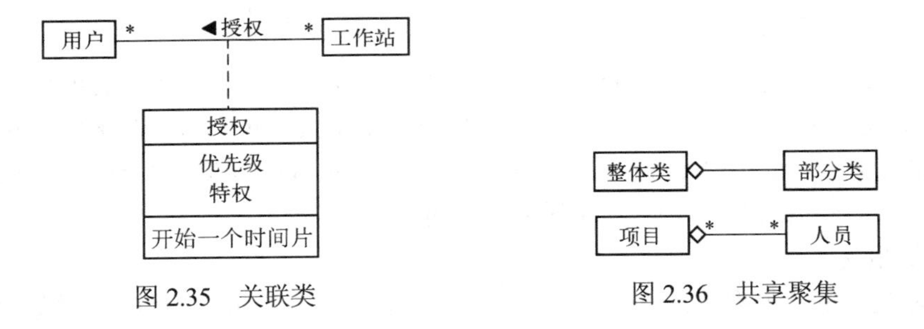


图 2.35　关联类　　图 2.36　共享聚集

② 组合聚合（composition aggregation）

组合聚合的"整体"与"部分"之间的关系较共享聚合更加紧密。其"整体"（重数为 0、1）拥有它的"部分"，部分仅属于同一整体，或者说整体与部分必须同时存在。图 2.37 和图 2.38 描述了组合聚合的三种等价形式。

（3）泛化关系

在 UML 中泛化关系指出类之间的"一般与特殊关系"，它是通用元素与具体元素之间的一种分类关系，通常表现为继承关系（见图 2.39）。一般类即父类，通过特化得到子类。泛化关系用三角形表示，三角形的尖指向一般类。

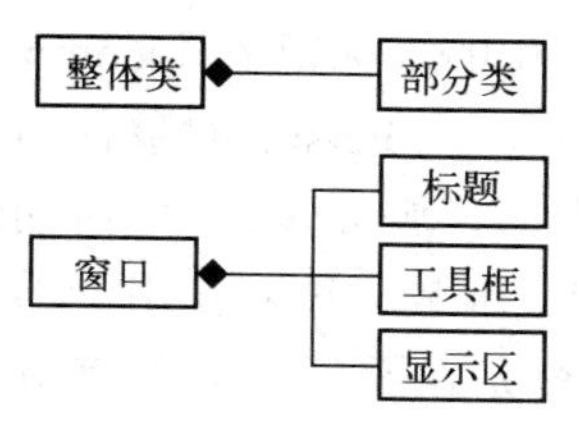

图 2.37　组合聚合

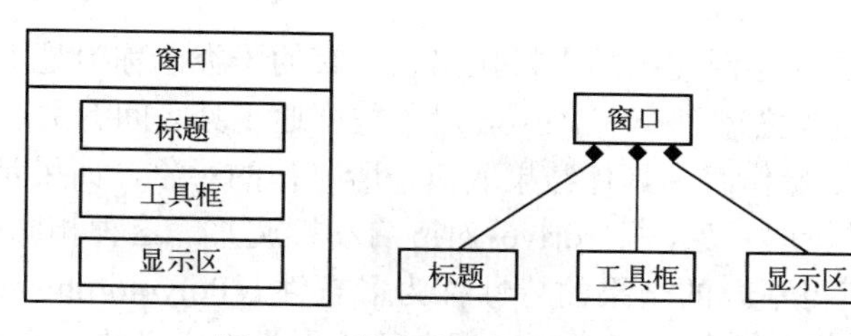


图 2.38　组合聚合的描述形式

父类与子类之间可构成类的分层结构。图 2.40 所示为一个分层继承类图的实例。图中一般类为“图形”，按照维数泛化为 0 维、1 维、2 维，构成一棵继承树。其中“图形”类及 1 维、2 维类为抽象类。

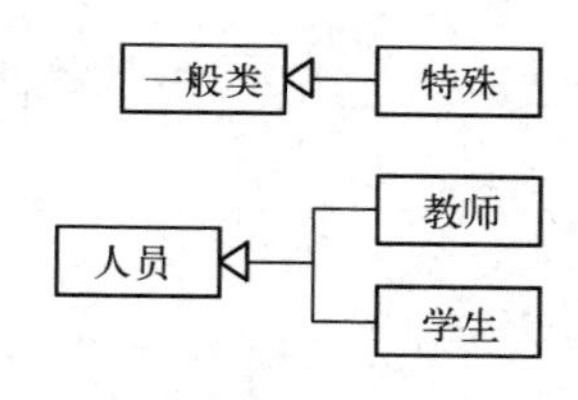


图 2.39　泛化关系

抽象类：指没有实例的类，定义一些抽象的操作，即不提供实现方法的操作，只提供操作的特征，并标注{abstract}。

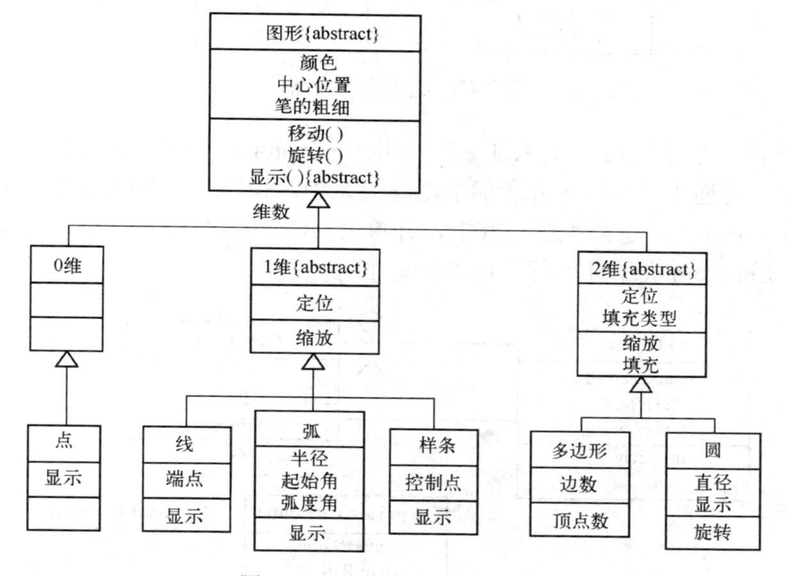


图 2.40　分层结构的泛化关系

还有几类特殊的泛化关系：

① 重叠泛化：在继承树中，若存在某种具有公共父类的多重继承，称为是交叠的，并标注{overlapping}，否则是不交的{disjoint}，如图 2.41 中的“水陆两栖车”类。

② 完全泛化：一般类特化出它所有的子类，称为完全泛化，标记为{complete}，见图 2.42。

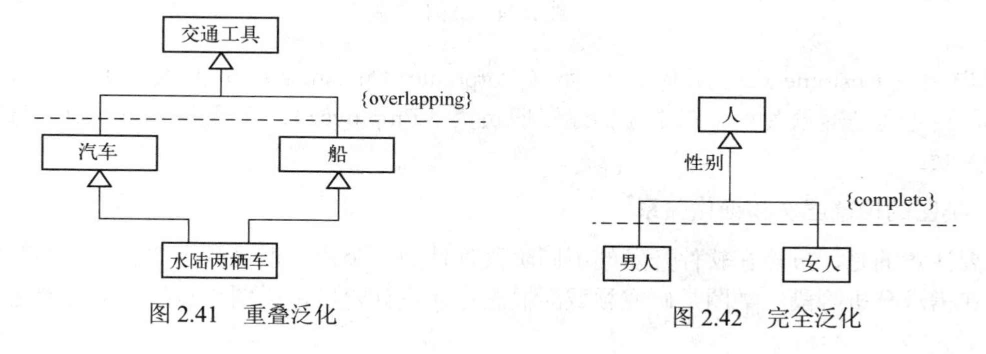


图 2.41　重叠泛化

图 2.42　完全泛化

③ 不完全泛化：即未特化出它所有的子类，称为是不完全泛化的，标记为{incomplete}。

图 2.43 描述了一个 Person 对象与交通工具之间有关联“驾驶”，当 Person 对象使用交通工具的 drive 操作时，具体结果取决于所操作的对象，如果是汽车对象，则 drive 对应启动轮子转动，若是轮船对象，则 drive 对应启动螺旋桨。这种相同的操作或函数、过程作用于不同的对象上并获得不同的结果的特性称为多态性（Polymorphism）。这里是在不同子类中重新定义父类的某些操作，每个子类将根据自己所属类中定义的操作去执行，因而产生不同的结果。

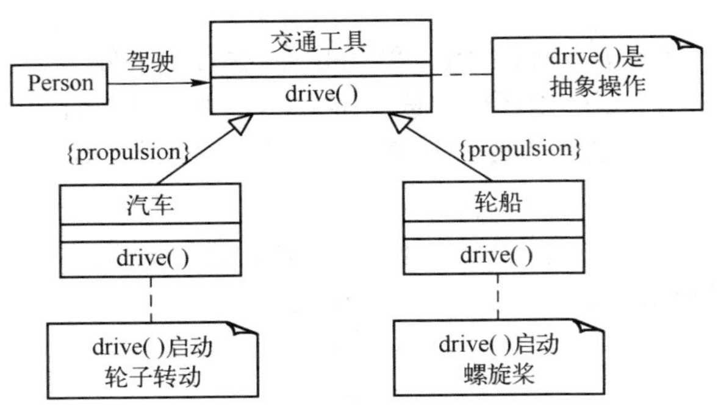


图 2.43　泛化中的多态性

此外，在泛化关系中还可采用识别名称（discriminator）来指明泛化中一般化到具体化的主要依据。因此，交通工具与汽车和轮船的泛化关系中，识别名称为驱动方式（propulsion）。

图 2.44 是一个关于订单的类图，其中，订单类（Order）与订单行类（OrderLine）之间有一对多的关联，LineItem 表示订单行是订单的一个行项目。

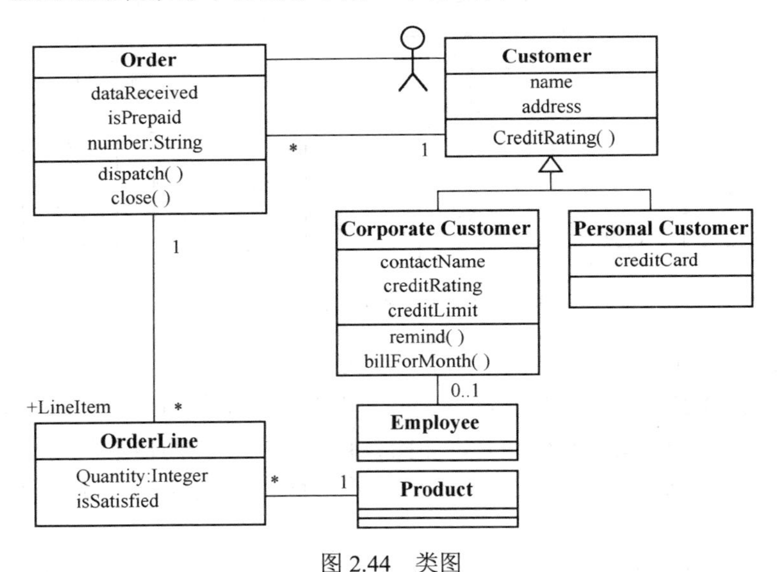


图 2.44　类图

客户类（Custome）与团体客户类（Corporate Customer）和个人客户类（Personal Customer）之间是继承关系。图中还描述了职员类（Employee）、产品类（Product）与其他类之间的关联。

### 4．类图的抽象层次和细化关系

需要注意的是，虽然在软件开发的不同阶段都使用了类图，但这些类图表示了不同层次的抽象。在需求分析阶段，类图是研究领域的概念；在设计阶段，类图重点描述类与类之间的接口；而在实现阶段，类图描述软件系统中类的实现。

按照 Steve Cook 和 John Daniels 的观点，将类图分为三个层次：概念层（Conceptual）、说明层（Specification）和实现层（Implementation）。

概念层的类图描述应用领域中的概念。实现它们的类可以从这些概念中得出，但两者并没有直接的映射关系。事实上，一个概念模型应独立于实现它的软件和程序设计语言。

说明层的类图描述软件的接口部分，而不是软件的实现部分。面向对象开发方法非常重视区别接口与实现之间的差异，但在实际应用中却常常忽略这一差异，这主要是因为 OO 语言中类的概念将接口与实现合在了一起。大多数方法由于受到语言的影响，也仿效了这一做法。现在这种情况正在发生变化；可以用一个类型（Type）描述一个接口，这个接口可能因为实现环境、运行特性或者用户的不同而具有多种实现方式。实现层才真正有类的概念，并描述软件的实现部分，这可能是大多数人最常用的类图。但在很多时候，说明层的类图更易于开发者之间的相互理解和交流。理解以上层次对于画类图和读懂类图都是至关重要的。但由于各层次类图之间没有一个清晰的界限，所以大多数建模者在画图时没能对其加以区分。画图时，要从一个清晰的层次观念出发；而读图时，则要弄清它是根据哪种层次观念来绘制的。

需要说明的是，这个观点同样也适合于其他任何模型，只是在类图中显得更为突出，更好地描述了类图的抽象层次和细化（Refinement）关系。

### 2.4.2 包图

包（Package）是一种分组机制，包由关系密切的一组模型元素构成，包还可以由其他包嵌套构成。将许多类集合成一个更高层次的单位，形成一个高内聚、低耦合的类的集合，UML 中把这种分组机制称为包。引入包是为了降低系统的复杂性，包图是维护和控制系统总体结构的重要建模工具。包的表示如图 2.45（a）所示。

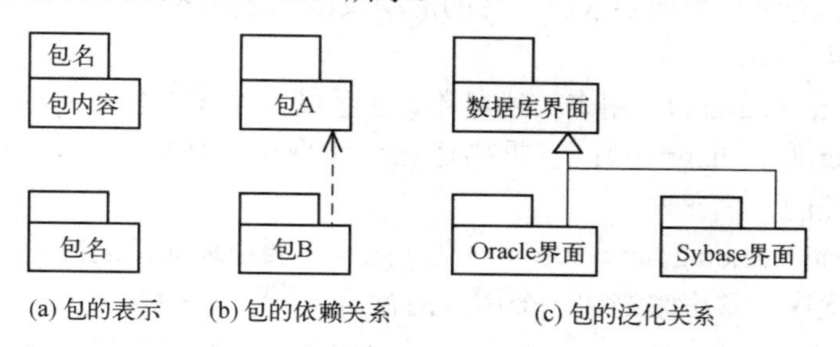


图 2.45　包图的元素

构成包的模型元素称为包的内容。包通常用于对模型的组织管理，因此有时又将包称为子系统（subsystem）。包拥有自己的模型元素，包与包之间不能公用一个相同的模型元素，包的实例没有任何语义（含义），仅在模型执行期间包才有意义。

包的内容：可以是类的列表，也可以是另一个包图，还可以是一个类图。包之间的关系有依赖和泛化（继承）。

（1）依赖关系

如果两个包中的任意两个类存在依赖关系，则称为包之间存在依赖关系。包之间的依赖关系，最常用的是输入依赖关系<<Import>>、<<Access>>，两者之间的区别是后者不把目标包内容加到源包的名字空间。图 2.45（b）表示了包及包之间的依赖关系。

（2）泛化关系

使用继承中通用和特例的概念来说明通用包和专用包之间的关系。例如，专用包必须符合通用包的界面，与类继承关系类似，如图 2.45（c）所示。

和类一样包也有可见性，利用可见性控制外部包对包的内容的存取方式。UML 中定义了四种可见性：私有、公有、保护和实现。包的可见性默认值为公有的。图 2.46 中，引入（import）是依赖关系的变种，其含义是：允许一个包接受或者访问另一个包中的公共内容。

包也可以有接口，接口用实线连接的小圆圈表示，接口通常由包的一个或多个类实现。如图 2.47 所示，包 A 的接口为 I，包 X 通过接口 I 对包 A 有依赖关系。

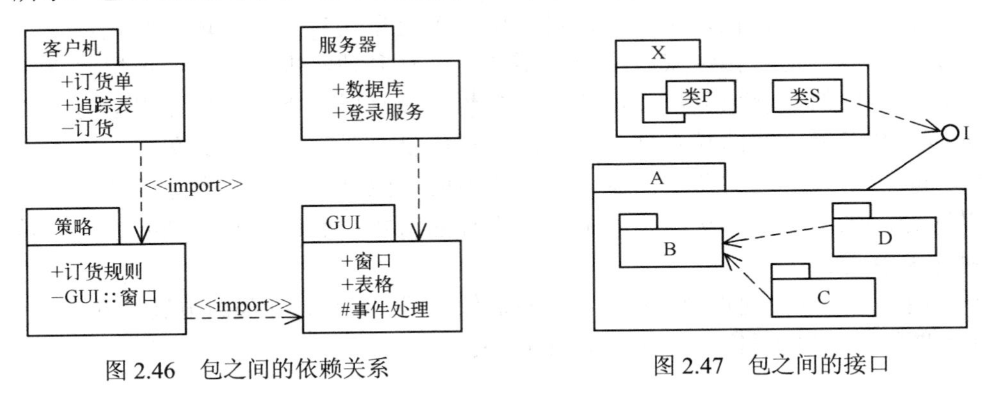


图 2.46　包之间的依赖关系　　图 2.47　包之间的接口

# 2.5　建立动态模型

动态模型主要用于描述系统的动态行为和控制结构。动态行为包括系统中对象生存期内可能的状态、事件发生时状态的转移及对象之间的动态合作关系，显示对象之间的交互过程及交互顺序，同时描述了为满足用例要求所进行的活动及活动之间的约束关系。

动态模型包括 4 类图：

① 状态图（state diagram）：用来描述对象、子系统、系统的生命周期。

② 活动图（activity diagram）：着重描述操作实现中完成的工作，以及用例或对象的活动。活动图是状态图的一个变种。

③ 顺序图（sequence diagram）：是一种交互图，主要描述对象之间的动态合作关系，以及合作过程中的行为次序，常用来描述一个用例的行为。

④ 合作图（collaboration diagram）：用于描述相互合作的对象间的交互关系。它所描述的交互关系是对象间的消息连接关系。

## 2.5.1　消息

在动态模型中，对象间的交互是通过对象间消息的传递来完成的。对象通过相互间的消息传递（通信）进行合作，并在其生命周期中根据通信的结果不断改变自身的状态。在 UML 中，消息的图形表示是用带有箭头的线段将消息的发送者和接收者联系起来的（见图 2.48），箭头的类型表示消息的类型。

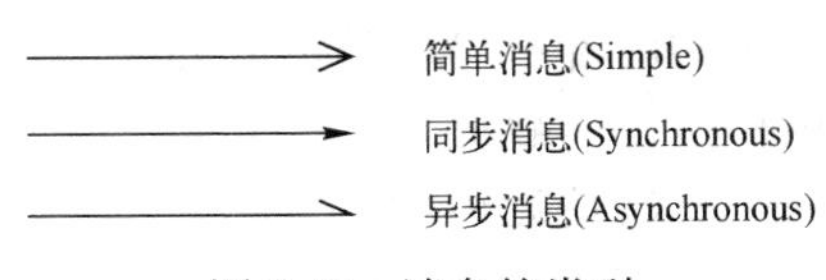


图 2.48　消息的类型

① 简单消息（simple）：表示简单的控制流，描述控制如何从一个对象传递到另一个对

象，但不描述通信的细节。

② 同步消息（synchronous）：是一种嵌套的控制流，用操作调用实现。操作调用的是一种典型的同步消息。操作的执行者要等到消息相应操作执行完并回送一个简单消息后，再继续执行。

③ 异步消息（asynchronous）：表示异步控制流。消息的发送者在消息发送后，不用等待消息的处理和返回即可继续执行。异步消息主要用于描述实时系统中的并发行为。

### 2.5.2 状态图

状态图（State Diagram）用来描述一个特定对象的所有可能的状态及其引起状态转移的事件。一个状态图包括一系列的状态，以及状态之间的改变。

#### 1. 状态

一个对象在其生命期中都具有多个状态，通常一种状态具有时间的稳定性。状态是对象执行了一系列活动的结果。当某个事件发生后，对象的状态将发生变化。状态图中定义的状态如图 2.49 所示。

初态——状态图的起始点。一个状态图只能有一个初态。

终态——状态图的终点。终态可以有多个。

中间态——可包括三个区域：名字域、状态变量与活动域。

复合态——可以进一步细化的状态。

在中间态中，名字域即状态名；状态变量表示状态图所显示的类的属性；活动域则列出了在该状态时要执行的事件和动作，即响应事件的内部动作或活动的列表，定义为：

事件名　（参数表[条件]）/ 动作表达式

UML 预设了 3 个标准事件，而且都是无参数事件：entry 事件，用于指明进入该状态时的特定动作；Exit 事件，用于指明退出该状态时的特定动作；do 事件，用于指明在该状态中时执行的动作。

图 2.50 描述了 login 状态。

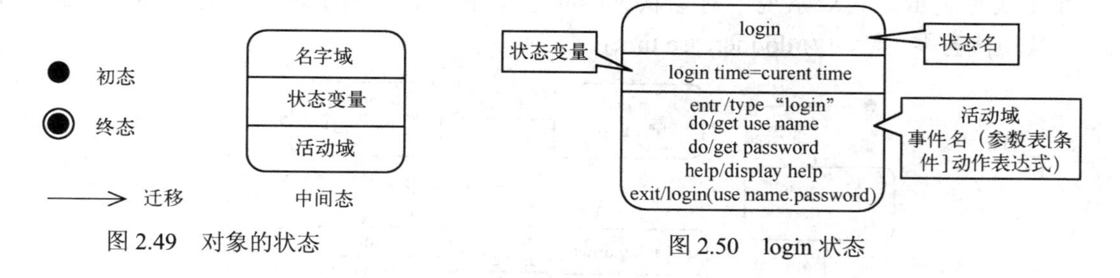


图 2.49　对象的状态

图 2.50　login 状态

#### 2. 状态迁移

一个对象的状态改变称为状态迁移，通常是由事件触发的，事件是激发状态迁移的条件或操作。在 UML 中，有 4 类事件：

① 某条件变为真，表示状态迁移上的警戒条件。

② 收到来自外部对象的信号（signal），表示为状态迁移上的事件特征，也称为消息。

③ 收到来自外部对象的某个操作中的一个调用，表示为状态迁移上的事件特征，也称为消息。

④ 状态迁移上的时间表达式。在状态图中，一般应标出触发转移的事件表达式。如果转

移上未标明事件，则表示在源状态的内部活动执行完毕后自动触发转移。

### 3．画状态图

其步骤如下。

① 确定要描述的对象（不是全部），选择那些状态变化对实现系统功能影响大的对象。

② 确定状态空间，即对象在其生命期中所有状态的总和。包括确定状态的粒度，粒度反映了分析者对问题域的理解和问题域的本质。

③ 确定引起状态迁移的事件。

**【例 2-5】** 画出电梯升降的状态图。

首先分析电梯移动的状态空间。确定电梯升降有五个状态：在第一层、向上移动、空闲、向下移动、向第一层移动，三个循环圈：“空闲”状态与“向下移动”状态之间，“空闲”状态与“向上移动”状态之间，以及大循环。循环圈越多，表明对象的控制逻辑越复杂。

确定并标注引起状态转移的事件。“超时”是指电梯的空闲状态超过某个规定的时间值。图 2.51 描述了电梯升降的状态图。

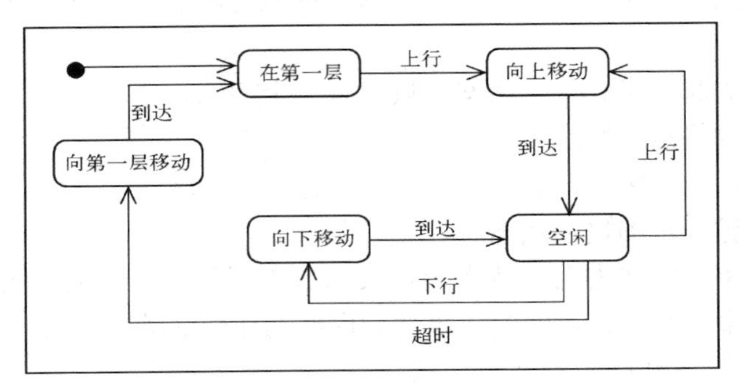


图 2.51 电梯升降的状态图

### 4．细化的状态图

为了进一步描述对象状态的变化，可对中间状态进行细化。图 2.52 给出了电梯升降状态图的细化状态表示。它对系统中对象状态的状态变量和活动做了进一步的描述，状态变量 timer，其初值为零，活动为 do/increase timer。

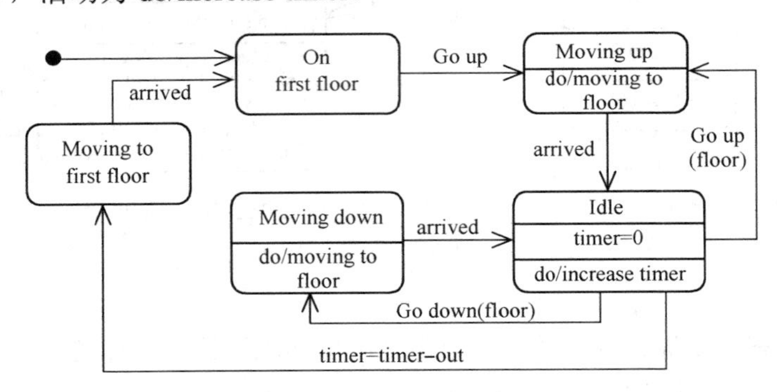


图 2.52 细化电梯状态图

### 5．嵌套的状态图

状态图可能有嵌套的子状态图，且子状态图可以是另一个状态图。子状态又可分为两种：“与”子状态和“或”子状态。“行驶”状态有两个或关系的子状态：“向前”或者“向后”。或关系的子状态如图 2.53 所示。而图 2.54 中，“前进”与“后退”，“低速”与“高速”分别是两对或关系的子状态，而虚线上、下又分别构成“与关系”的子状态。

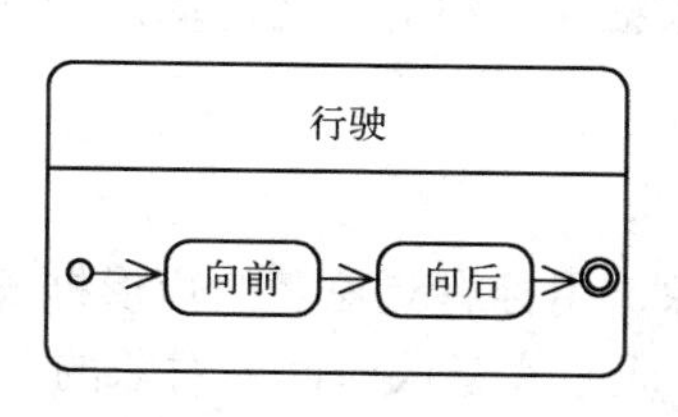

图 2.53　或关系的子状态

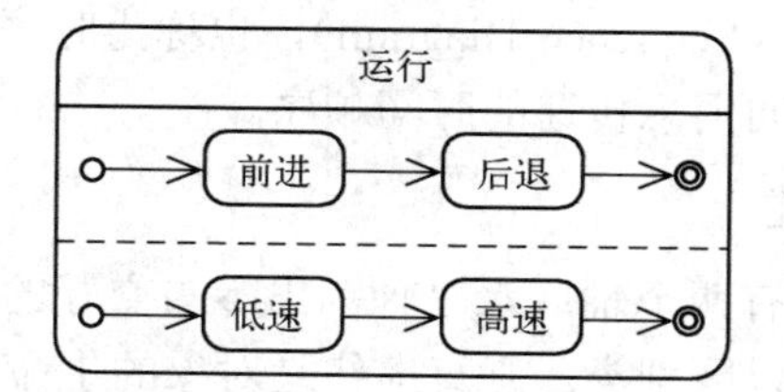

图 2.54　与子状态及或子状态

### 6．状态图之间的消息发送

状态图之间可以发送消息，用虚箭头表示，这时状态图必须画在矩形框中，如图 2.55 所示。

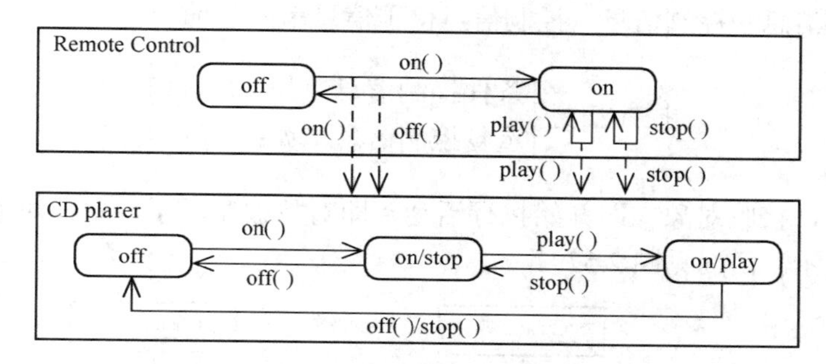

图 2.55　状态图之间发送消息

图 2.56 描述 ATM 系统中用户取款的状态图，从用户插卡到取款的所有可能的状态及其变化情况。

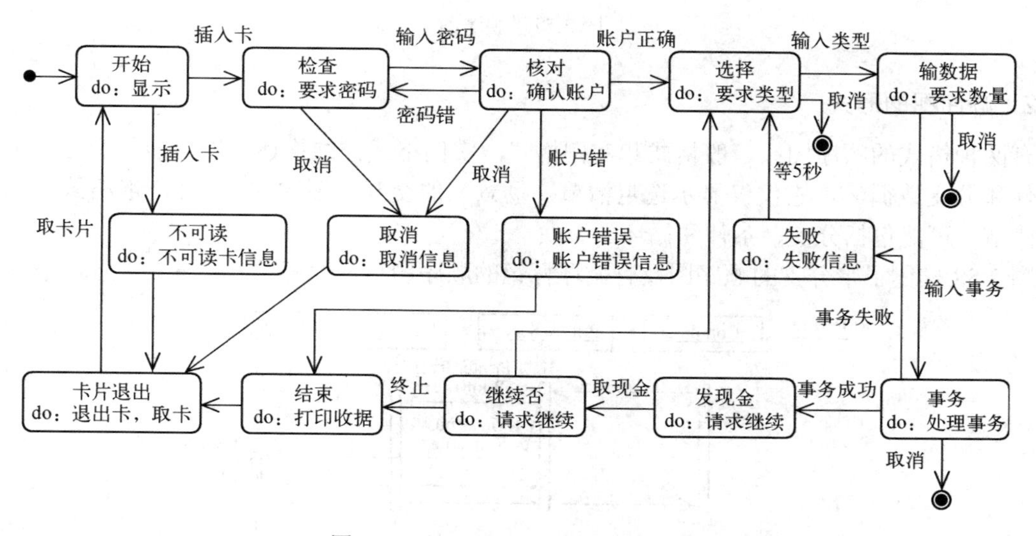

图 2.56　银行 ATM 机取款的状态图

### 2.5.3 顺序图

顺序图（Sequence Diagram），也称为时序图，用来描述一组对象之间动态的交互关系，着重描述对象间消息传递的时间顺序。

#### 1．概述

顺序图有两个轴：水平轴列出参与交互的不同对象，用标有对象名的矩形框表示，对象名标注下划线以区别类。垂直虚线是对象的生命线，用于表示在某段时间内对象的存在。

对象间的通信和交互通过在对象的生命线之间传送的消息来表示，消息的类型也分为简单消息（simple）、同步消息（synchronous）和异步消息（asynchronous）。

顺序图还常常给出消息的说明信息，用于说明消息的名称、序号、发送的时间及动作执行的情况；还定义了两个消息之间的时间限制及一些约束信息等。

消息延迟：用倾斜箭头表示。表示消息执行时间的延迟。

消息串：包括消息和控制信息，控制信息位于信息串的前部。

$$\text{控制信息}\begin{cases}\text{条件控制信息，如：}[x>0]\\ \text{重复控制信息，如：}*[I=1..n]\end{cases}$$

当收到消息时，接收对象立即开始执行活动，即对象被激活了，并在对象生命线上显示一个细长矩形框来表示激活（见图 2.57）。

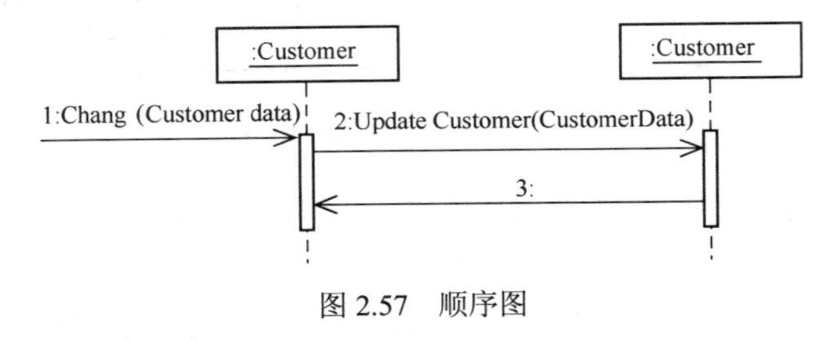


图 2.57 顺序图

#### 2．顺序图的形式

有两种格式的顺序图：一般格式和实例格式。实例格式详细描述一次可能的交互，没有任何条件和分支或循环，它仅仅显示选定情节（场景）的交互（图 2.57）。而一般格式则描述所有的情节，可能包括分支、条件和循环。

图 2.58 描述了带分支的顺序图及有循环标记的顺序图。

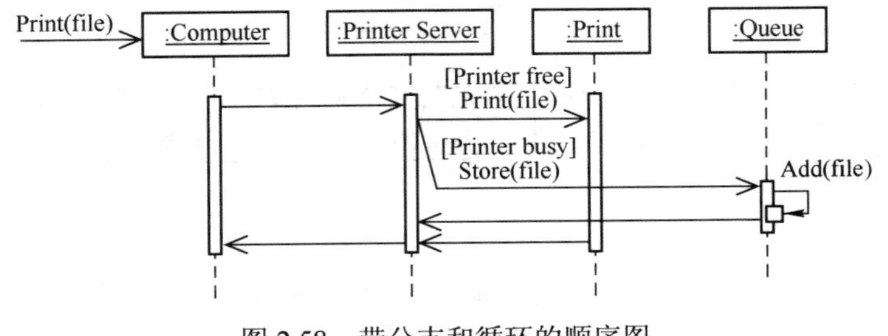


图 2.58 带分支和循环的顺序图

图 2.59 是一个打电话的顺序图。图中，有呼叫者、交换、接收者三个对象，对象之间传送消息，其中路由选择用斜线箭头表示延时。A～E 表示消息发送和接收的时刻，花括号中的

信息表示时间限制。这些都是说明信息。

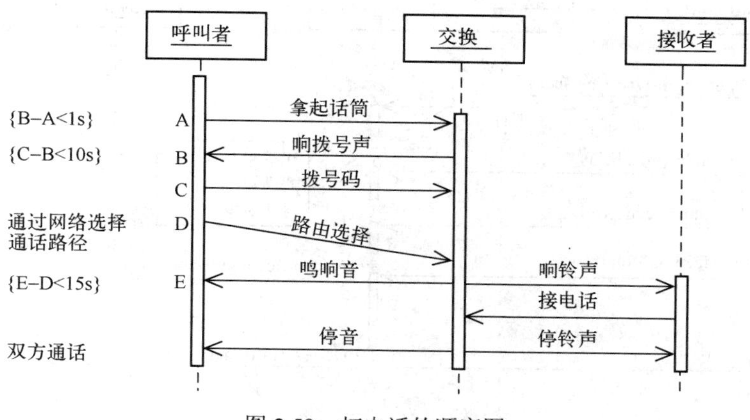


图 2.59 打电话的顺序图

### 3. 创建对象与对象的消亡

在顺序图中，还可以描述一个对象通过发送一条消息来创建另一个对象。如图 2.60 所示，对象 Customer 是由对象 Customer Windows 发送消息 Customer（Data）而创建的。当对象消亡（destroying）时，用符号×表示。

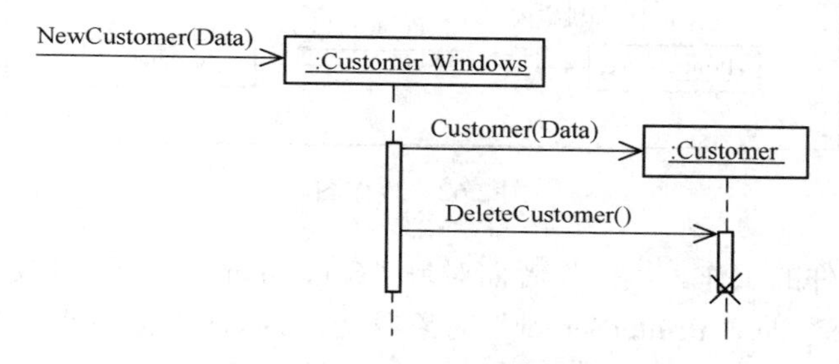


图 2.60 创建或删除对象

**【例 2-6】** 有一个对外营业的会议中心，有各种不同规格的会议室，为用户提供召开和组织会议的服务，如预订会议、召开会议、会务管理等。建立申请召开会议（Request Meeting Instance）的顺序图。

用户要召开一个会议，首先要进行申请，并应该指定会议的名称、召开的时间，以及参会人员，确定会议室。参与交互的对象有：管理会议（Meeting Administration）、会议（Meeting）、会议的描述（Meeting Instance）和会议室（Meeting Room），其中，Meeting Instance 与 Meeting 之间是继承关系。在图 2.61 中，instance、member、grou、room、info 都是临时对象，instance 记录了用户指定的会议属性（时间、参加人数等），member 为一个参会代表，是 Attendee group 参会人员组的对象；而 room 是满足要求的会议室。

## 2.5.4 合作图

合作图（Collaboration Diagram），也称为协作图，用于描述相互合作的对象间的交互关系和链接（Link）关系。虽然顺序图也描述对象间的交互关系，但侧重点不一样。顺序图着重体现交互的时间顺序，合作图则着重体现交互对象间的静态链接关系。

例如，图 2.62 是一个打印文件的合作图，由“Computer”“PrinterServer”和“Printer”3 个

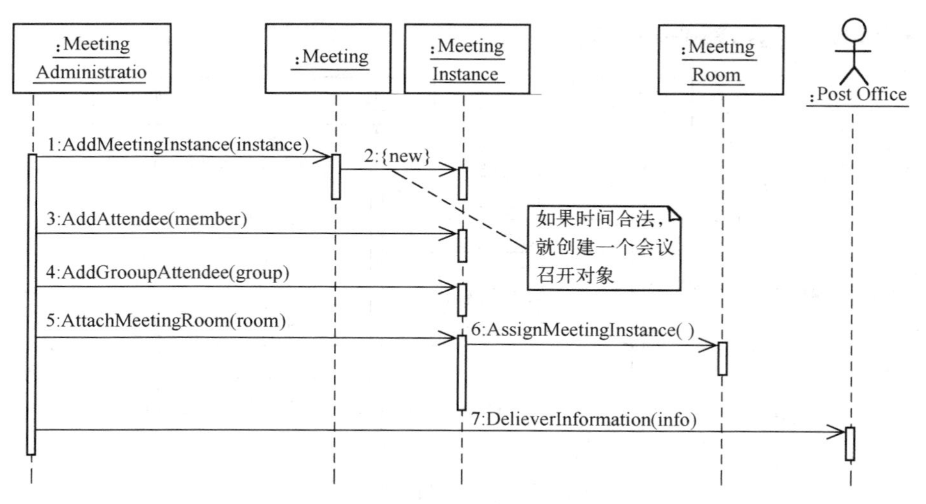


图 2.61　申请会议召开的顺序图

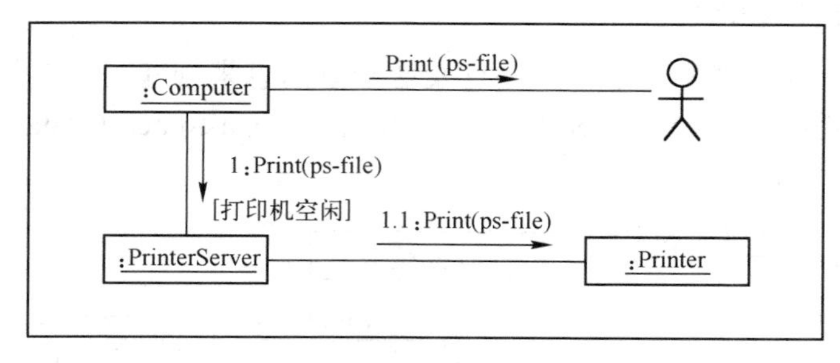


图 2.62　合作图

对象合作完成打印文件的工作。当操作者向对象"Computer"发出打印文件的消息后，如果打印机空闲，"Computer"向"PrinterServer"对象发送"1：打印文件消息"，"PrinterServer"再向对象"Printer"发送消息 1.1。

合作图不强调执行事件的顺序，而是强调为了完成某个任务，对象之间通过发送消息实现协同工作关系。

### 1．合作图中的模型元素

（1）对象

合作图中如果一个对象在消息的交互中被创建，则可在对象名称之后标以{new}。类似地，如果一个对象在交互期间被删除，则可在对象名称之后标以{destroy}。

（2）链接（Link）

链接用于表示对象间的各种关系，包括组成关系的链接（Composition Link）、聚合关系的链接（Aggregation Link）、限定关系的链接（Qualified Link），以及导航链接（Navigation Link）等，各种链接关系与类图中的定义相同。

（3）消息

在对象之间的静态链接关系上标注消息，消息类型同样有简单消息、同步消息和异步消息三种。用标号表示消息执行的顺序。消息定义的格式如下：

消息类型　标号 控制信息：返回值：= 消息名 参数表

其中标号有 3 种：

① 顺序执行：按整数大小执行，如 1, 2, 3，…

② 嵌套执行：标号中带小数点，如 1.1, 1.2, 1.3，…

③ 并行执行：标号中带小写字母，如 1.1.1a，1.1.1b，…

### 2．合作图应用举例

**【例 2-7】** 画出一个电路设计系统进行布线过程的合作图。

首先确定参与布线的对象，对象的确定源于对系统进行分析时所确定的类。本系统确定了控制器、窗口、布线等对象。

对象之间的合作工作过程为：控制器控制窗口工作，并在其控制下开始进行布线。每次布线，先要定位两个端点，同时确定左端点 r0 和右端点 r1，再以 r0 和 r1 为参数，创建“直线”对象，并将其在窗口对象上显示出来。

图 2.63 中的消息是嵌套的标号，表示消息发送的嵌套执行顺序为：首先执行消息 1，重复执行 1.1，并行执行 1.1.1a 和 1.1.1b，确定左、右端点，再发送消息 1.1.2 创建直线，消息 1.1.3 将创建的直线在“窗口”显示，消息 1.1.3.1 则在窗口增加一条新布的线。

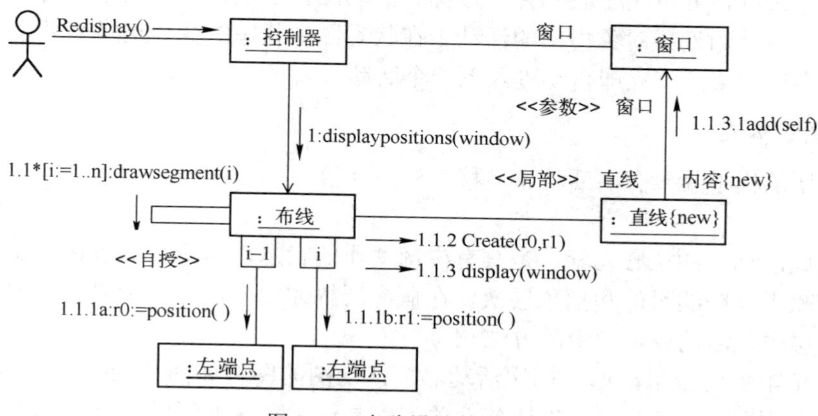


图 2.63　电路设计的合作图

整个布线过程是通过对象之间发送一系列的消息来实现的。在合作图中，虽然消息也按照标号的嵌套次序执行，但并不像顺序图那样强调消息执行顺序，而主要描述对象之间的协作关系。

**【例 2-8】** 图 2.64 是一个统计销售结果的合作图，请读者自己分析对象之间的关系及消息的发送过程。

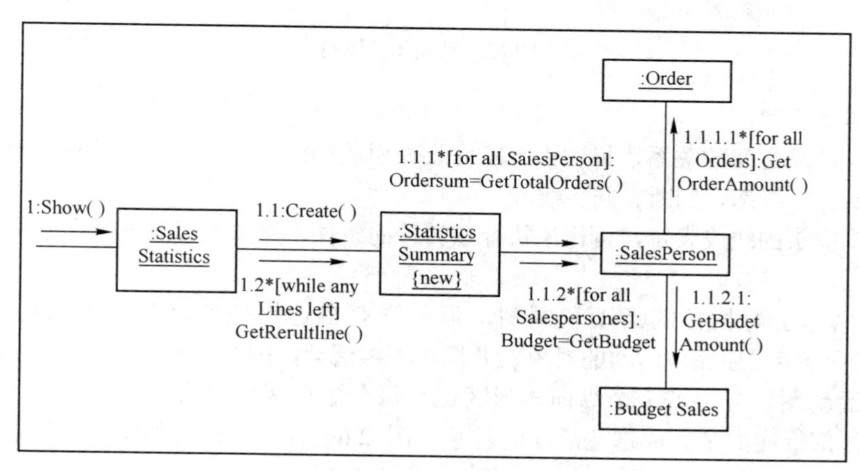


图 2.64　统计销售结果的合作图

### 2.5.5 活动图

活动图（Activity Diagram）是由状态图变化而来的，它们各自用于不同的目的。前面介绍的三类动态模型，从不同角度对系统的动态特征进行了描述；状态图着重描述了对象的状态变化以及触发状态变化的事件，交互模型（顺序图和合作图）则描述对象之间的动态交互行为。为什么还要引入活动图呢？

① 从系统任务的观点来看，系统的执行过程是由一系列有序活动组成的。活动图可以有效地描述整个系统的流程，即活动图描述的是系统的全局的动态行为。

② 前面介绍的三类动态模型，都无法描述系统任务中大量存在的并发活动，只有活动图是唯一能够描述并发活动的 UML 图。

活动图还描述了系统中各种活动的执行顺序，刻画一个方法中所要进行的各项活动的执行流程。活动图的应用非常广泛，它既可用来描述操作（类的方法）的行为，也可以描述用例和对象内部的工作过程，并可用于表示并行过程。活动图显示动作及其结果，着重描述操作实现中完成的工作，以及用例或对象内部的活动。在状态图中状态的变迁通常需要事件的触发，而活动图中一个活动结束后将立即自动进入下一个活动。

#### 1. 活动图的构成

构成活动图的模型元素有：活动、转移、对象、信号、泳道等。

（1）活动

活动是构成活动图的核心元素，是具有内部动作的状态，由隐含的事件触发活动的转移。活动的解释依赖于作图的目的和抽象层次。在概念层描述中，活动表示要完成的一些任务；在说明层和实现层中，活动表示类中的方法。

活动用圆角矩形框表示，框内标注活动名。活动图的图符如图 2.65 所示。在活动图中使用一个菱形表示判断（decision），表达条件关系，是一种特殊的活动。判断标志可以有多个输入和输出转移，但在活动的运作中仅触发其中的一个输出转移。同步也是一种特殊的活动，同步线描述了活动之间的同步关系。

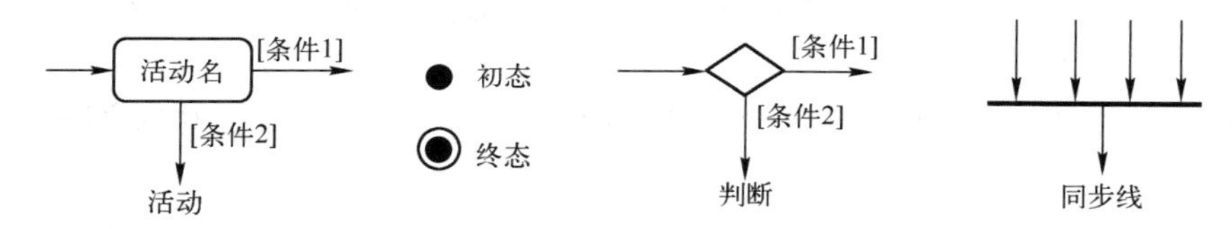


图 2.65　活动图的图符

（2）转移

转移描述活动之间的关系，描述由于隐含事件引起的活动变迁。即转移可以连接各活动及特殊活动（初态、终态、判断、同步线）。

转移用带箭头的线段表示，可标注执行该转移的条件，无条件标注表示顺序执行。

（3）泳道

活动图描述了要执行的活动和顺序，但并没有描述这些活动是由谁来完成的。泳道（swimlane）进一步描述完成活动的对象，并聚合一组活动，因此泳道也是一种分组机制。

将一张活动图划分为若干个纵向矩形区域，每个矩形区域称为一个泳道，包括了若干活动，在泳道顶部标注的是完成这些活动的对象。图 2.66 是一个泳道的示例，描述了一个顾客购货的过程。

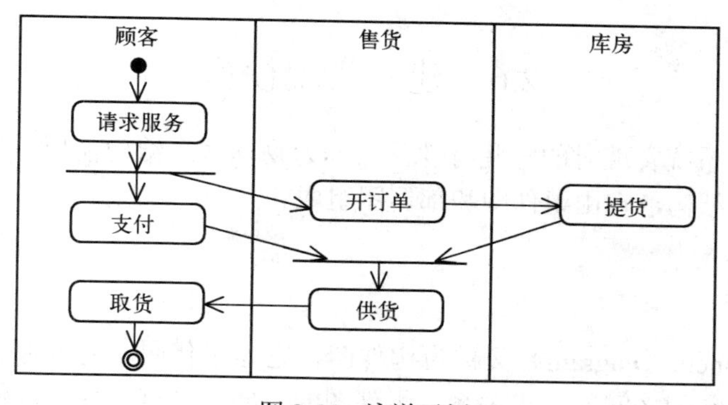


图 2.66　泳道示例

活动图中只有一个起点，表示方式和状态图一样，泳道被用来组合活动，通常根据活动的功能来组合。

（4）对象流

活动图中还可以出现对象，对象作为活动的输入/输出，用虚箭头表示。图 2.67 中测量活动所产生的结果输出给对象“测量值”，再由该对象将值传送给显示活动。

（5）控制图符

活动图中可发送和接收信号，分别用发送和接收图符表示，如图 2.68 所示。发送符号对应于与转移联系在一起的发送短句，接收符号也同转移联系在一起。图 2.69 为控制图符举例，描述了调制咖啡的过程，将“开动”信号发送到对象“咖啡壶”，当调制咖啡完成后，将接收来自对象“咖啡壶”的“信号灯灭”信号。

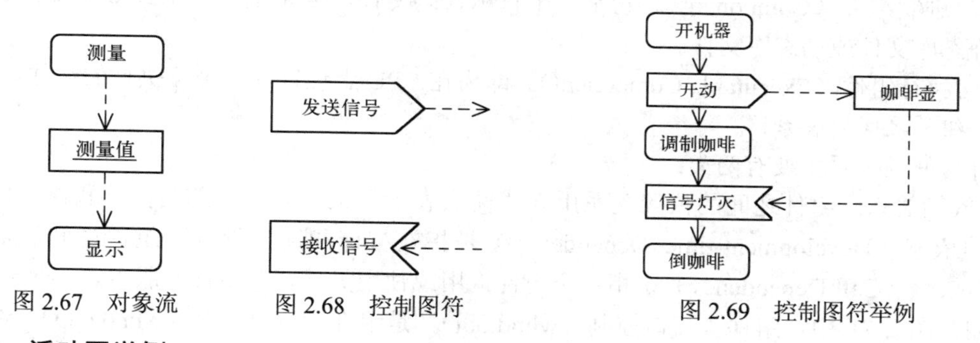


图 2.67　对象流　　图 2.68　控制图符　　图 2.69　控制图符举例

## 2. 活动图举例

**【例 2-9】** 建立医院病房监护系统的活动图。

医院病房监护系统，主要活动由“采集病症信号”“分析比较信号”“判断病症异常否”“报警”及“打印病情报告”等活动组成。当病症出现异常时，立即报警，同时打印病情报告和更新病历，三者是并发执行的活动，因此使用同步线描述，如图 2.70 所示。

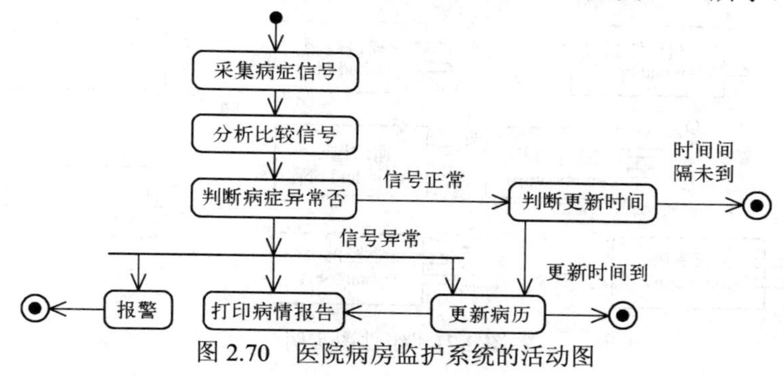


图 2.70　医院病房监护系统的活动图

## 2.6 建立实现模型

实现模型描述了系统实现时的一些特性，又称为物理体系结构模型。包括源代码的静态结构和运行时刻的实现结构，它由组件图和部署图组成。

### 2.6.1 组件图

组件图（Component Diagram）又称为构件图，它显示代码本身的逻辑结构，描述系统中存在的软构件，以及它们之间的依赖关系。组件图的主要元素有组件、依赖关系和界面。

（1）组件（Component）

组件代表系统的一个物理构件，表示系统本身的物理代码模块。组件在逻辑上与包、类对应，实际上是一个文件。组件名描述组件实现的功能，同时标注对应的文件名。组件可以由类和其他组件组合而成。

（2）组件的类型

① 源代码组件（Source Component）。源代码组件是实现一个或者多个类的源代码文件。可在组件上标注以下符号：

《file》：表示包含源代码的文件。

《page》：表示 Web 页。

《document》：表示文档，而不是可编译的代码。

② 二进制组件（Component）。它是一个目标代码文件，或是编译一个或多个源代码组件生成的静态库文件或动态库文件。

③ 可执行组件（Executable Component）。即为在 CPU 上运行的一个可执行的文件。

（3）组件之间的关系

组件之间的关系主要有两类：

① 依赖关系。组件之间的依赖关系用虚线箭头表示。又分为开发期的依赖和调用依赖。开发期的依赖（Development-time Dependency）是指在编译和连接阶段，组件之间的依赖关系。调用依赖（Call Dependency）是指一个组件调用或使用另外一个组件的服务。

例如，图 2.71 中，组件“窗口控制（whnd.obj）”是组件“窗口控制（whnd.cpp）”经过编译而建立的依赖关系。

② 接口。也称为界面，是指组件对外提供的可见性操作和属性。通过接口使一个组件可以访问另外一个组件中定义的操作。接口的图符用一个连接小圆圈的实线段来表示。在图 2.71 中，组件“窗口控制（whnd.cpp）”为组件“主控模块（main.cpp）”提供了一个接口，后者以依赖关系访问。使用接口具有更大的灵活性，有利于软件系统中组件的重用。

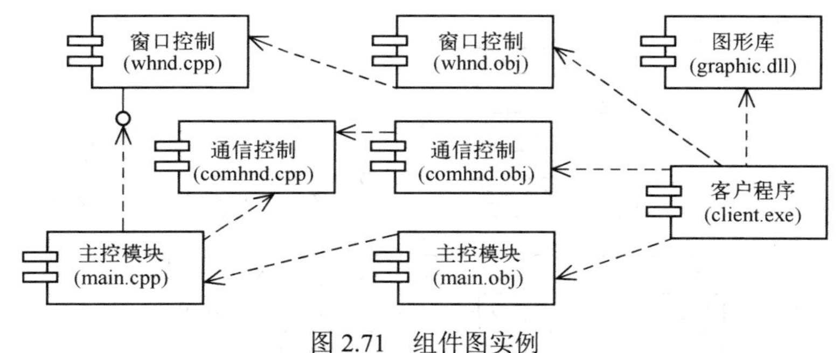


图 2.71 组件图实例

## 2.6.2 部署图

部署图（Deployment Diagram）描述了系统中硬件的物理配置情况，以及如何将软件部署到硬件上，描述了系统的体系结构，因此也称配置图。部署图的元素有节点和连接，连接描述了节点之间的通信类型。

（1）节点与连接

部署图中的节点代表计算机资源，通常是某种硬件，如服务器、客户机或其他硬件设备。节点包括在其上运行的软组件及对象，节点的图符是一个立方体。节点应标注名字，如图 2.72 所示。

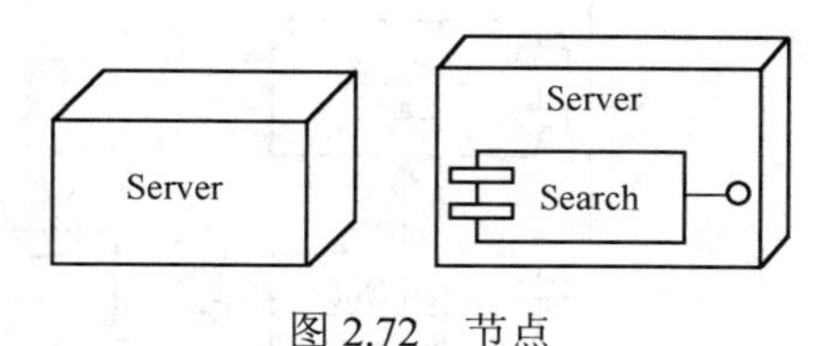


图 2.72　节点

部署图各节点之间进行交互的通信路径称为连接。连接表示系统中的节点之间的联系。用节点之间的连线表示连接，在连接的连线上要标注通信类型。图 2.73 描述了一个保险系统的部署图，其中“客户 PC”节点和“保险服务器”节点是由通信路径按照 TCP/IP 协议连接的。

（2）组件与接口

软组件代表可执行的物理代码模块，如一个可执行程序。图 2.73 中，节点“保险服务器”包含了“保险系统”“保险系统配置”和“保险数据库”三个组件。

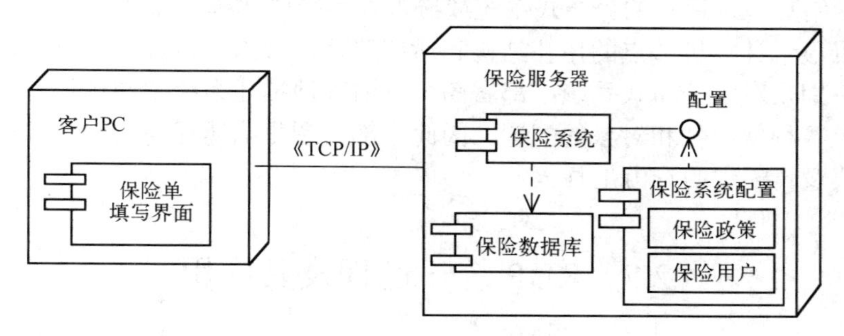


图 2.73　保险系统部署图

在面向对象的方法中，并不是类和对象等元素的所有属性及操作对外都可见，它们对外提供的可见操作和属性称为接口。在保险系统的部署图中的“保险系统”组件，提供了一个称为“配置”的接口，图中还显示了组件之间的依赖关系，即“保险系统配置”组件通过接口依赖于“保险系统”组件。

**【例 2-10】** 现有一网上医院诊疗系统，病人在家中通过该系统就可以诊病。各科室的应用服务器与医院的数据库服务器相连接，从对象数据库获取该科室诊病的相关知识和数据。以心血管病科室为例，建立医院诊疗系统的部署图。

首先确定系统由“数据库服务器”“客户机”和“心血管病服务器”三个节点构成。“心血管病服务器”通过 TCP/IP 与节点“数据库服务器”和“客户机”连接。“数据库服务器”节点包括两个组件：“Object Database（对象数据库）”和“Health Care（心血管病领域）”。在节点“客户机”中的组件“Heart Uni Client Façade（心血管病客户）”通过接口依赖于“心血管病服务器”节点中的组件“Heart Unit Server Application（心血管病应用程序）”，这样病人通过网络获得心血管病服务器的服务，在网上看病。

图 2.74 是描述医院诊疗系统的部署图，它是一个典型的三级 C/S 结构。请读者进一步分析各节点的构成和节点之间的关系。

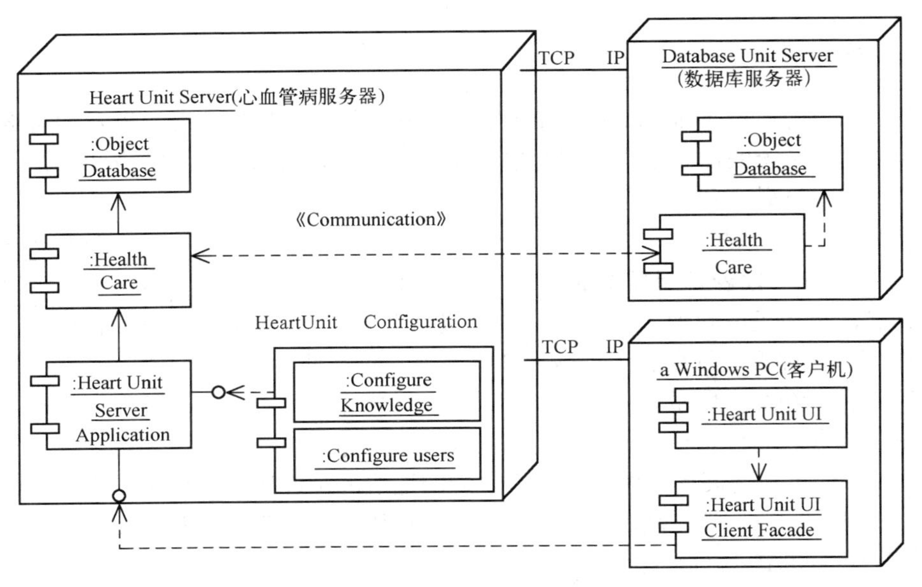


图 2.74　医院诊疗系统的部署图

并不是所有的系统都需要建立部署图，一个单机系统只需建立包图或组件图就行了。部署图主要用于在网络环境下运行的分布式系统或嵌入式系统的建模。

部署图可以显示计算机节点的拓扑结构和通信路径，节点上执行的软组件，软组件包含的逻辑单元等。特别是对于分布式系统，部署图可以清晰地描述系统中硬件设备的配置、通信及在各硬件设备上各种软组件和对象的配置。因此，部署图是描述任何基于计算机网络的应用系统的物理配置或逻辑配置的有力工具。

## 2.7　RUP 统一过程及其应用

RUP 统一过程（Rational Unified Process）是由 Rational Software 公司首创的，因它与当前流行的 JAVA、J2EE 技术和面向对象的设计思想（OOAD）紧密地结合在一起，所以在大型的信息技术项目中得到了广泛的应用。本节将对 RUP 做一个初步的探讨，讨论它是如何贯穿在整个软件开发的生命周期之中的。

RUP 是一套软件工程方法的框架，它与统一建模语言 UML 的良好集成，以及多种 CASE 工具的支持、不断的升级与维护，使其迅速得到业界广泛的认同，越来越多的组织以它作为软件开发模型框架。

RUP 吸收了多种开发模型的优点，具有很好的可操作性和实用性。这个过程的目的是在预定的进度和预算范围内，开发出满足最终用户需要的高质量软件。

### 2.7.1　UML 与 RUP 统一过程

#### 1. UML 需要软件过程

UML 能够对系统进行面向对象的建模，但是并没有指定应用 UML 的过程，它是一种建模的语言，是独立于任何过程的。虽然 UML 的开发者在设计时是考虑了一些过程的（见图 2.75），但这对于有效应用 UML，开发高质量的软件是远远不够的。

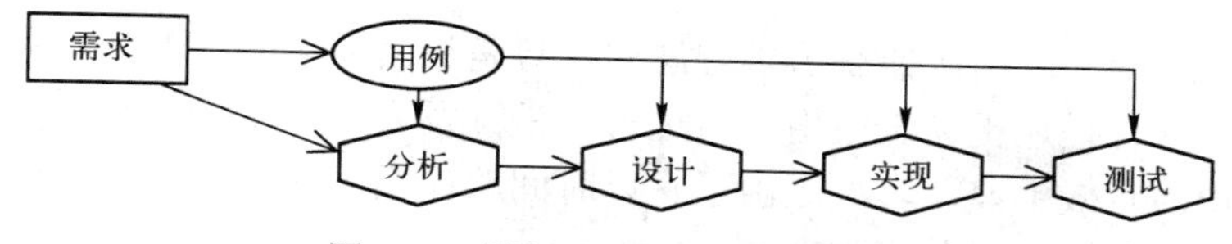

图 2.75　用例驱动的软件开发阶段

UML 建模过程的主要特征是：

① 用例驱动的系统。用例包含了功能描述，它们将影响后面所有阶段及视图。

② 以体系结构为中心。在开发的早期建立基础的体系结构（原型）十分重要，进一步对原型进行精化，建立一个易于修改、易理解和允许复用的系统。主要工作是在逻辑上将系统划分为若干个子系统（UML 包）。

③ 反复。UML 的建模过程要经过若干次的反复。

④ 渐增式。渐增式开发是多次反复迭代的过程，每次迭代增加一些功能（或用例）的开发，每次迭代都包含了分析、设计、实现和测试过程。

虽然目前有很多的软件开发过程，如 RUP、OPEN Process、EP（Extreme Programming）、OOSP（Object_Oriented Software Process）等，但其中能够和 UML 最佳结合的是 RUP，不仅因为该过程的开发者也是 UML 的创立者，更因为 RUP 过程能够有效地测度工作进度，控制和改善工作效率。

### 2．RUP 的特点

RUP 是最佳软件开发经验的总结，具有迭代式增量开发、使用实例驱动、以软件体系结构为核心的三个鲜明特点。这些特点是对 UML 的发展和无缝集成。

RUP 包括了软件开发中的 6 大经验：

① 迭代式开发（Develop Iteratively）。在软件开发的早期阶段就想完全、准确地捕获用户的需求几乎是不可能的。实际上，我们经常遇到的问题是需求在整个软件开发过程中经常会变化。迭代式开发允许在每次迭代过程中的需求变化，通过不断细化来加深对问题的理解。因此迭代式开发不仅可以降低项目的风险，而且每次迭代过程可以产生新版本。

② 管理需求（Manage Requirements）。确定系统的需求是一个连续的过程，开发人员在开发系统之前不可能完全详细地说明一个系统的真正需求。RUP 描述了如何提取、组织系统的功能和约束条件并将其文档化。用例和脚本的使用已经被证明是捕获功能需求的有效方法。

③ 应用基于组件的体系结构（Use Component Architectures）。组件使重用成为可能，系统可以由组件构成。基于独立的、可替换的、模块化组件的体系结构有助于控制系统的复杂性，提高重用率。RUP 描述了如何设计一个有弹性的、能适应变化的、易于理解的、有助于重用的软件体系结构。

④ 可视化建模（Use Component Architectures）。RUP 和 UML 联系在一起，对软件系统进行可视化建模，提供了管理和控制软件复杂性的能力。

⑤ 不断验证软件质量（Continuously Verify Quality）。在 RUP 中，软件质量评估不再是软件开发完成后进行的活动，而是贯穿于软件开发过程中，这样可以及早发现软件中的缺陷并予以纠正。

⑥ 控制软件变更（Manage Change）。RUP 描述了如何控制、跟踪、监控、修改，以确保成功的迭代开发。RUP 通过软件开发过程中的制品，将软件的变更控制在最小范围内，以此为每个开发人员建立安全的工作空间。

总之，在 RUP 中，以用例捕获需求方法的优势是显而易见的。首先，它描述了用户是如何与系统交互的，这种描述更易于被用户所理解，是开发人员和用户之间针对系统需求进行沟通、迅速达成共识的有效手段。其次，由于它以时间顺序描述交互过程，因此系统分析员和用户都可以轻易地识别用例中存在的缺陷。

另外，它能使团队成员在设计、实现、测试和最后编写用户手册的过程中都紧紧地以用户需求为中心，促使开发人员始终站在用户的角度考虑问题，容易验证设计和实现并满足用户的需求，提高了开发工作的效率。

## 2.7.2 RUP 的二维开发模型

传统的软件开发模型（如瀑布式开发模型）是一维的，开发工作划分为多个连续的阶段。在一个时间段内，只能做某一个阶段的工作，如分析、设计或实现。

如图 2.76 所示，在 RUP 中，软件开发生命周期根据时间和 RUP 的核心工作流划分为二维空间。横轴描述 RUP 开发过程的动态结构，纵轴描述 RUP 的静态组成部分。

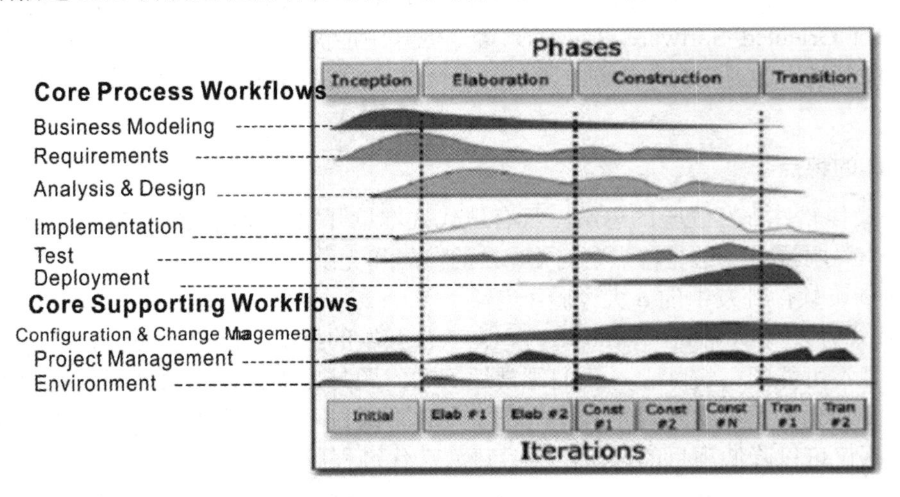


图 2.76 RUP 二维开发模型

### 1. 横轴

横轴是时间维。时间维从组织管理的角度描述整个软件开发生命周期，是 RUP 的动态组成部分。RUP 把软件开发周期（Cycle）划分为以下四个连续的阶段（Pahse）。

① 初始阶段。该阶段的目标是为系统建立商业案例并确定项目的边界。为此必须识别所有与系统交互的外部实体，在较高层次上定义交互的特性。本阶段具有非常重要的意义，在这个阶段中所关注的是整个项目进行中的业务和需求方面的主要风险。

② 细化阶段。其目标是分析问题领域，在理解整个系统的基础上，建立系统的体系结构，包括其范围、主要功能和性能等非功能需求，并编制项目计划。

③ 构造阶段。所有剩余的组件和应用程序功能被开发并集成为产品，所有的功能被详细测试。从某种意义上说，构建阶段是一个制造过程，其重点放在管理资源及控制运作，以优化成本、进度和质量。该阶段的产品版本被称为“beta”版。

④ 交付阶段。交付阶段的重点是确保软件对最终用户是可用的。常常要进行几次迭代，包括为发布做准备的产品测试，基于用户反馈的少量的调整。

## 2．纵轴

纵轴表示核心工作流。工作流描述了一个有意义的连续的行为序列，每个工作流产生一些有价值的产品，并显示角色之间的关系。核心工作流从技术角度描述 RUP 的静态组成部分。RUP 中的 9 个核心工作流（Core Workflows）如下。

① 商业建模（Business Modeling）。理解待开发系统的组织结构及其商业运作，建立商业用例模型和商业对象模型，定义组织的过程、角色和责任，评估待开发系统对结构的影响，确保所有参与人员对待开发系统有共同的认识。

② 需求（Requirements）。需求工作流的目标是描述系统应该做什么，定义系统功能及用户界面，为项目预算及计划提供基础，并使开发人员和用户就这一描述达成共识。

③ 分析和设计（Analysis & Design）。分析和设计工作流将需求分析的结果转化为实现规格。分析设计的结果是一个设计模型和一个可选的分析模型。设计模型是源代码的抽象，由设计类和一些描述组成。设计类应为具有良好接口的设计包（Package）和设计子系统（Subsystem），而描述则体现了类的对象如何协同工作来实现用例的功能。

设计活动以体系结构设计为中心，体系结构由若干结构视图来表达，结构视图是整个设计的抽象和简化（省略了一些细节），使重要的特点体现得更加清晰。体系结构不仅仅是良好设计模型的承载媒介，而且在系统的开发中能提高被创建模型的质量。

④ 实现（Implementation）。实现工作流的目的是定义代码的组织结构、实现代码、单元测试、系统集成，以组件的形式（源文件、二进制文件、可执行文件）实现类和对象，使其成为可执行的系统。

⑤ 测试（Test）。测试工作流要验证各子系统的交互与集成，确保所有的需求被正确实现，并在系统发布前发现错误和改正错误。

RUP提出了迭代的方法，意味着要在整个项目开发过程中进行测试，从而尽可能早地发现缺陷，从根本上降低了修改缺陷的成本。测试分别从可靠性、功能性和系统性能来进行。

⑥ 部署（Deployment）。部署工作流描述软件产品对最终用户具有可用性的相关活动，包括：打包、分发、安装软件，升级旧系统，培训用户及销售人员，并提供技术支持。制定并实施 beta 测试。移植现有的软件和数据，以及正式验收。

⑦ 配置和变更管理（Configuration & Change Management）。配置和变更管理工作流跟踪并维护系统开发过程中产生的所有制品的完整性和一致性。同时也阐述了对产品修改的原因、时间、人员并保持审计记录。

⑧ 项目管理（Project Management）。软件项目管理为软件开发项目提供计划、人员配备，为执行和监控项目提供实用的准则，为风险管理提供框架。

⑨ 环境（Environment）。环境工作流的目的是向软件开发组织提供过程管理和工具的支持。它既支持配置项目过程中所需要的活动，同样也支持开发项目规范的活动，提供了逐步的指导手册，并介绍了如何在组织中实现的过程。

这 9 个核心工作流分为两种组织工作流的方式：①～⑥为核心过程工作流（Core Process Workflows）方式，⑦～⑨为核心支持工作流（Core Supporting Workflows）。

从图 2.76 中的阴影部分表示的工作流可以看出，不同的工作流在不同的时间段内工作量的不同。值得注意的是，几乎所有的工作流，在所有的时间段内均有工作量，只是工作程度不同而已。这与 Waterfall process（瀑布式开发模型）有着明显的不同。9 个核心工作流在项目迭代开发过程中轮流被使用，在每一次迭代中以不同的重点和强度重复。

需要说明的是：RUP 的 9 个核心工作流并不总是需要的，可以取舍。通过对 RUP 进行裁剪可以得到很多不同的开发过程，这些软件开发过程可以看做 RUP 的具体实例，根据本项目具体情况确定需要哪些工作流。

### 2.7.3 RUP 的迭代开发模式

在 RUP 过程的二维开发模型中，为了能够方便地管理软件开发过程，监控软件开发状态，把软件开发周期划分为 Cycles，每个 Cycle 生成一个产品的新的版本。每个 Cycle 都依次由四个连续的阶段（pahse）组成，每个阶段都应完成以下一些任务。

起始阶段（Inception）：定义最终产品视图、商业模型并确定系统范围。

演化阶段（Evaluation）：设计及确定系统的体系结构，制定工作计划及资源要求。

构造阶段（Construction）：构造产品并继续演进需求、体系结构、计划直至产品提交。

提交阶段（Transition）：把产品提交给用户使用。

RUP 中的每个阶段都由一个或多个连续的迭代组成，每一个迭代都是一个完整的开发过程，产生一个可执行的产品版本，是最终产品的一个子集。如图 2.77 所示，它增量式地从一个迭代过程到另一个迭代过程，直到成为最终的系统。

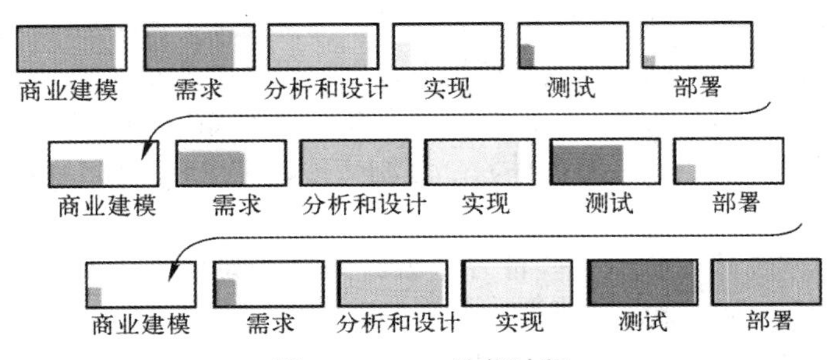


图 2.77 RUP 迭代过程

如图 2.78 所示，在每个阶段结束前都应有一个里程碑（MileStone）评估该阶段的工作，只有当阶段目标达到时才允许项目进入下一阶段，产生一个阶段里程碑。若未能通过评估，则决策者应该做出决定：是取消该项目，还是继续做该阶段的工作。

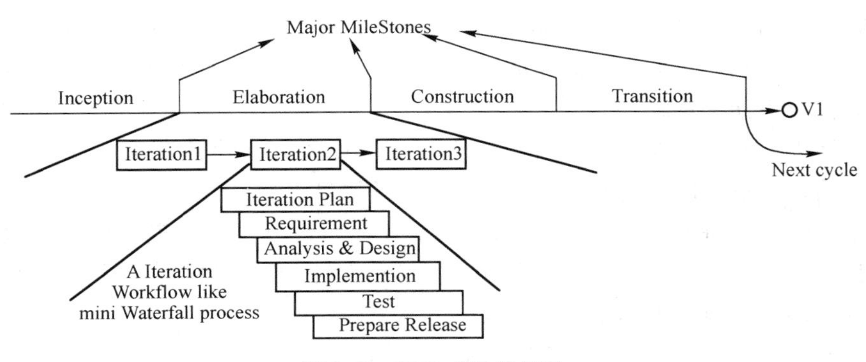


图 2.78 RUP 分阶段评估

所以这是一种更灵活、风险更小的方法，是多次通过不同的开发工作流，这样可以更好地理解需求，构造一个健壮的体系结构，并最终交付一系列逐步完成的版本。称为一个迭代生命周期。

与核心工作流不同的是，RUP 并没有也无法给出迭代工作流的具体实现步骤，它需要项目经理根据当前迭代所处的阶段，以及上次迭代的结果，适当地对核心工作流中的行为进行剪裁，以实现一个具体的可操作的迭代工作流。

由于 RUP 的开发过程是以软件的体系结构为中心，以用例驱动的，因此 RUP 的迭代开发过程是可控制的；在项目计划中已制定了项目迭代的次数、每个迭代的持续时间及目标。在每一次迭代的起始阶段都制定详细的迭代计划，以及具体的迭代工作流。每次迭代过程都生成该次迭代的 Release，作为下次迭代的基础。在迭代结束前，都应执行测试工作评估该迭代过程，为下一次迭代做准备。迭代不是重复而是针对不同用例的细化和实现。

## 小　结

本章进一步讨论了面向对象方法的特点，并对几种典型的面向对象的方法：Booch 方法、Coda/Yourdon 方法、OMT 方法及 OOSE 方法的特点与建模技术进行讨论，综合这几种方法的优点，建立了 UML 统一建模语言。

UML 的推出，统一了各种面向对象方法的术语和图形符号，综合并体现了世界上面向对象方法实践的最好经验，在介绍 UML 基本概念的基础上，主要按照 UML1.X 标准，详细介绍了 UML 的建模技术，包括用例模型、静态模型、动态模型和实现模型。为提高软件开发质量，对与 UML 无缝集成的 RUP 统一过程及其应用进行了介绍，包括 RUP 的特点、二维开发模型、迭代开发模式。RUP 的增量式开发，能够方便地管理软件开发过程，监控软件开发状态，是与 UML 的最佳结合的成功的软件过程。

## 习 题 二

### 一、选择题

1．面向对象程序设计的基本机制（　　）。

（A）继承　（B）消息　（C）方法　（D）结构

2．下列属于面向对象的要素有（　　）。

（A）分类性　（B）抽象　（C）共享　（D）封装

3．下列选项中属于面向对象开发方法的有（　　）。

（A）Booch　（B）CAD　（C）Coad　（D）OMT

4．下列属于 Coad 方法中面向对象的分析模型的层次有（　　）。

（A）主题层　（B）对象层　（C）应用层　（D）接口层

5．一个类属性依其特征划分，其类型有（　　）。

（A）描述型　（B）定义型　（C）派生型　（D）参考型

6．在进行面向对象分析时，所采用的模型有（　　）。

（A）对象模型　（B）动态模型　（C）静态模型　（D）功能模型

7．状态是对象属性的值的一种抽象，它的性质有（　　）。

（A）时间性　（B）持续性　（C）有序性　（D）有穷性

8．建立继承关系时所采用的方式有（　　）。

（A）自顶向下　（B）从内到外　（C）自底向上　（D）从复杂到简单

9．对象是人们要研究的任何事物，主要的对象类型有（　　）。

（A）有形实体　（B）作用　（C）事件　（D）性能说明

10．下列不是模型元素的是（　　）。

（A）关联　　（B）聚合　　（C）依赖　　（D）笔记

11．UML 语言具有扩展性，常见的扩展机制有（　　）。

（A）修饰　　（B）版类　　（C）加标签值　　（D）约束

12．UML 语言支持的建模方式有（　　）。

（A）静态建模　　（B）动态建模　　（C）模块化建模　　（D）功能建模

13．下列各种图可用于动态建模的有（　　）。

（A）状态图　　（B）类图　　（C）序列图　　（D）活动图

14．下列属于状态的组成部分的有（　　）。

（A）名称　　（B）活动　　（C）条件　　（D）事件

15．UML 中包括的事件有（　　）。

（A）条件为真　　（B）收到另一对象的信号

（C）收到操作调用　　（D）时间表达式

16．属性的可见性有（　　）。

（A）公有的　　（B）私有的　　（C）私有保护的　　（D）保护的

17．用例之间的关系有（　　）。

（A）友元　　（B）扩展　　（C）使用　　（D）组合

18．消息的类型有（　　）。

（A）同步　　（B）异步　　（C）简单　　（D）复杂

**二、判断题**

1．类是指具有相同或相似性质对象的抽象，对象是抽象的类，类的具体化就是对象。（　　）

2．继承性是父类和子类之间共享数据结构和消息的机制，这是类之间的一种关系。（　　）

3．多态性增强了软件的灵活性和重用性，允许用更为明确、易懂的方式去建立通用软件，多态性和继承性相结合使软件具有更广泛的重用性和可扩充性。（　　）

4．类的设计过程包括：确定类，确定关联类，确定属性，识别继承关系。（　　）

5．复用也叫重用或再用，面向对象技术中的“类”，是比较理想的可重用软构件。有 3 种重用方式：实例重用、继承重用、多态重用。（　　）

6．UML 建模语言是由视图、图、模型元素和通用机制构成的层次关系来描述的。（　　）

7．UML 是一种建模语言，是一种标准的表示，是一种方法。（　　）

8．泳道是一种分组机制，它描述了状态图中对象所执行的活动。（　　）

9．同步消息和异步消息的主要区别是：同步消息的发送对象在消息发送后，不必等待消息处理，可立即继续执行；而异步消息的发送对象必须等待接收对象完成消息处理后，才能继续执行。（　　）

10．类图中的角色是用于描述该类在关联中所扮演的角色和职责的。（　　）

11．类图用来表示系统中类与类之间的关系，它是对系统动态结构的描述。（　　）

12．用例模型的基本组成部件是用例、角色和用例之间的联系。（　　）

13．用例之间有扩展、使用、组合等几种关系。（　　）

14．顺序图描述对象之间的交互关系，重点描述对象间消息传递的时间顺序。（　　）

15．活动图显示动作及其结果，着重描述操作实现中所完成的工作，以及用例实例或类中的活动。

（ ）

## 三、简答题

1．消息传递机制与传统程序设计模式中的过程调用，有何本质区别？

2．比较面向对象方法与结构化方法的特点，说明为什么面向对象方法比结构化方法更加优越。

3．Coad 方法主要有 OOA 和 OOD。OOA 方法分析过程和构造 OOA 概念模型的顺序由 5 个层次组成，请简述这 5 个层次。

4．OMT 方法明确提出了建模的概念，为什么在软件开发过程中需要进行建模？

5．为什么说面向对象的方法为软件复用提供了良好的环境？

6．以图 1（一个在学校首次报名的 UML 活动图）为例，说明如何绘制活动图。

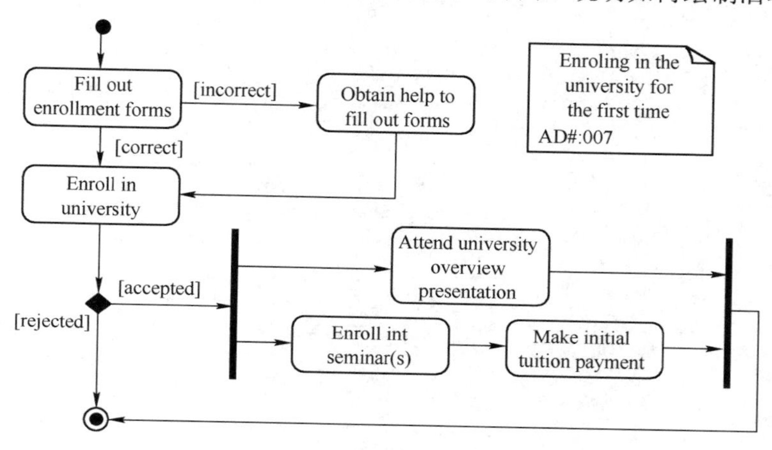


图 1　学校首次报名的 UML 活动图

7．简述扩展、包含和细化三种 UML 依赖关系的异同。

8．软件开发为什么要使用 UML 建模？它有何特点？

9．简述 UML 实际建模过程。

10．UML 中的状态图、协作图、活动图、序列图在系统分析中各起到了什么作用？

11．顺序图与合作图都是交互图，它们有何不同？所描述的主要系统特征是什么？

12．状态图与活动图有何相同与不同之处？在建立系统模型时，应该如何使用这两类模型？

13．什么是抽象类？在建模时有时使用抽象类有什么好处？

14．以例 2-2 中图 2.21 项目管理用例图为例，说明<<include>>和<<extend>>的区别。

15．在分析和设计阶段都需要建立类图，试说明分析类图与设计类图的主要区别是什么？

16．问题描述为：储户用存折取款，首先填写取款单，根据“账卡”中的信息检验取款单与存折，如有问题，将问题反馈给储户，否则，登录“储户存款数据库”，修改相应数据，并更新“账卡”，同时发出付款通知，出纳向储户付款。

（1）建立系统的用例模型；

（2）建立角色和用例的描述模板。

17．一个小型图书资料管理系统的主要功能有：图书资料的借出、归还、查询和管理，该系统有图书管理员和普通读者，普通读者要使用系统必须先注册。

图书管理员负责添加、更新和修改、删除图书资料，登记和查询图书的借阅、归还情况。

读者可以按照作者或主题检索图书资料，还可以预订图书资料，即当新购买或有读者归还时，系统立即通知读者来借阅。

（1）确定系统的类，并定义其属性和操作；

（2）画出系统的分析类图。

18．为什么说 RUP 与 UML 密切结合，能够开发出满足最终用户需要的高质量软件？

19．分析RUP的二维开发模型，说明RUP的迭代开发过程。

# 第 3 章　软件需求工程

软件需求作为软件生命周期的第一个阶段，直接影响到整个软件生命周期，其重要性越来越突出，到 20 世纪 80 年代中期，逐步形成了软件工程的子领域——需求工程（Requirement engineering，RE）。进入 20 世纪 90 年代后，需求工程成为软件界研究的重点之一。从 1993 年起，每两年举办一次需求工程国际研讨会（ISRE）；从 1994 年起，每两年举办一次需求工程国际会议（ICRE）；从 2002 年起，将以上两个会议合并，在德国召开了第 10 届国际需求工程会议；2016 年 9 月，第 24 届国际需求工程会议在北京举行。一些关于需求工程的工作小组相继成立，使需求工程的研究得到了迅速发展。

## 3.1　软件需求的基本概念

软件需求无疑是当前软件工程中的关键问题，没有需求就没有软件。美国于 1995 年开始对全国范围内的 8000 个软件项目进行跟踪，调查结果表明，有 1/3 的项目没能完成，而在完成的项目中，又有 1/2 的项目没有成功实施。分析失败的原因后发现，与需求过程相关的原因占了 45%，而其中缺乏最终用户的参与及不完整的需求又是两大首要原因，各占 13%和 12%。该例足以说明需求阶段是软件生命期中重要的第一步，也是决定性的一步。

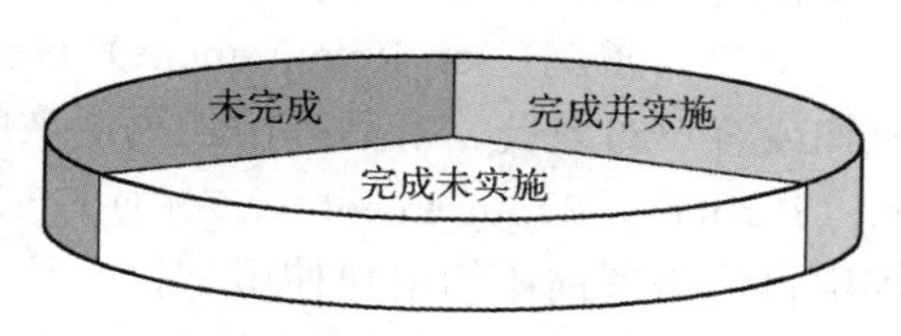

图 3.1　软件项目跟踪

### 3.1.1　软件需求的任务

在软件需求阶段，要对经过可行性分析所确定的系统目标和功能做进一步的详细论述，以确定系统是“做什么”的。

在传统软件工程生命周期中，涉及软件需求的阶段称为需求分析。需求分析的主要任务是：定义软件的范围及必须满足的约束；确定软件的功能和性能及与其他系统成分的接口，建立数据模型、功能模型和行为模型；最终提供需求规格说明，并用做评估软件质量的依据。

显然，随着软件需求的不断发展而提出的软件需求工程，其内容更加广泛。需求工程是一个包括创建和维护系统需求文档所必需的一切活动，是对系统应该提供的服务和所受到的约束进行理解、分析、检验和建立文档的过程。

软件需求的基本任务有以下 4 个方面。

（1）确定系统的综合要求

① 确定系统功能要求。这是最主要的需求，确定系统必须完成的所有功能。

② 确定系统性能要求。系统性能根据系统应用领域的具体需求确定，如可靠性、联机系统的响应时间、存储容量、安全性能等。

③ 确定系统运行要求。主要是对系统运行时的环境要求，如系统软件、数据库管理系统、外存和数据通信接口等。

④ 将来可能提出的要求。对将来可能提出的扩充及修改做预先准备。

（2）分析系统的数据要求

软件系统本质上是信息处理系统，因此，必须考虑以下要求。

① 数据要求。需要哪些数据、数据间联系、数据性质、结构等。

② 数据处理要求。包括处理的类型、处理的逻辑功能等。

（3）导出系统的逻辑模型

系统的逻辑模型与开发方法有关。例如，采用结构化分析法（SA），可用 DFD 图来描述；若采用面向对象的分析方法（OOA），用例模型（Use Case Model）则是首选的描述工具。

（4）修正系统的开发计划

通过需求对系统的成本及进度有了更精确的估算，可进一步修改开发计划，最大限度地减小软件开发的风险。

必须注意的是，对于大、中型的软件系统，很难直接对它进行分析设计，人们经常借助模型来分析设计系统。模型是现实世界中的某些事物的一种抽象表示，抽象的含义是抽取事物的本质特性，忽略事物的其他次要因素。因此，模型既反映事物的原型，又不等于该原型。模型是理解、分析、开发或改造事物原型的一种常用手段。

### 3.1.2 功能需求与非功能需求

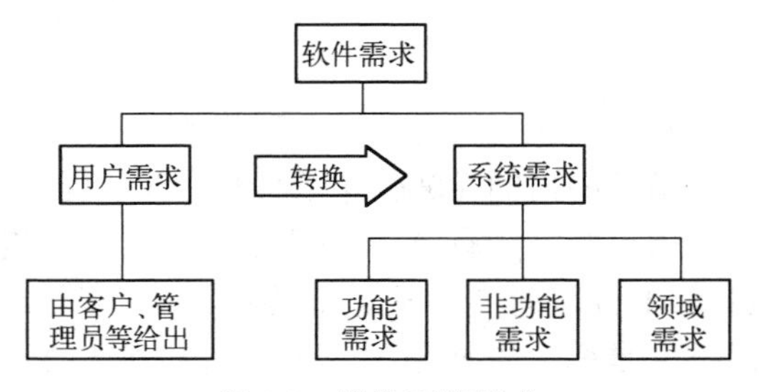

图 3.2 软件系统需求

软件系统的需求分为用户需求和系统需求两类。如图 3.2 所示，软件需求阶段的具体任务就是要将用户提出的需求转换为系统需求。

用户需求（User Requirement）包括由组织机构或客户对系统、产品提出的高层次的业务需求（Business Requirement），或由用户、管理员等用自然语言描述的用户使用软件产品必须要完成的任务。用户需求通常只描述系统的外部行为，而不涉及系统内部的特性。由于自然语言易产生二义性，因此用户所提出的需求往往是较模糊的。

系统需求（System Requirement）则较详细地给出系统将要提供的服务，以及系统所受到的约束，对系统的需求文档的描述应该是精确的。系统需求分为功能需求、非功能需求和领域需求。

（1）功能需求

功能需求是对系统应该提供的服务、功能以及系统在特定条件下的行为的描述。它与软件系统的类型、使用系统的用户等相关，有时需要详细描述系统的功能、输入/输出、异常等，有时还需要申明系统不应该做什么。

例如，有一个大学图书管理系统，该系统除了一般的图书管理功能外，还能够为学生和教工从其他图书馆借阅图书和文献资料提供服务。因此系统应该具备以下功能：

① 基本数据维护功能。提供使用者录入、修改并维护基本数据的途径。基本数据包括读者的信息及图书资料的相关信息，可以对这些信息进行修改、增加、删除、更新等操作。

② 基本业务功能。读者借、还书籍的登记管理功能，随时根据读者借、还书籍的情况更新数据库系统，如果书籍已经借出可以进行预留操作，还可完成书籍的编目、入库、更新等操作。

③ 数据库管理功能。对所有图书信息及读者信息进行统一管理维护，对书籍的借、还进行详细的登记，以便协调整个图书馆的运作。

④ 信息查询功能。提供对各类信息的查询功能，如对本图书馆的用户借书信息、还书信息、书籍源信息、预留信息等进行查询，对其他图书馆的书籍、资料源信息的查询功能。

（2）非功能需求

非功能需求常常指不与系统功能直接相关的一类需求。目前业界关于软件的非功能性需求一般包括：质量目标属性要求和约束性要求。主要反映用户提出的对系统的约束，它与系统的总体特性有关，如可靠性、反应时间、存储空间等。由于系统的非功能需求反映了系统的总体特性，因此常常比系统的功能需求更加关键。如一个载人宇宙飞船的可靠性不符合要求，则根本不可能发射成功。

非功能需求还与系统开发过程有关。图 3.3 描述了非功能需求的分类。

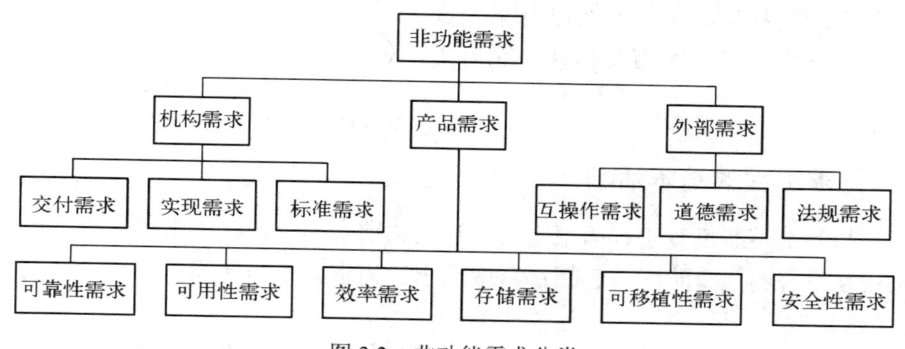


图 3.3　非功能需求分类

机构需求是由用户或开发者所在的机构对软件开发过程提出的一些规范，例如交付、实现、标准等方面的需求。

产品需求主要反映了对系统性能的需求，如可用性、可靠性、可移植性、效率和存储等方面的需求，直接影响到软件系统的质量；安全性需求则将关系到系统是否可用的问题。

外部需求的范围较广，包括所有系统的外部因素及开发、运行过程。互操作需求是指该软件系统如何与其他系统实现互操作；法规需求和道德需求确保系统在法律允许的范围内工作和保证系统能够被用户和社会公众所接受。

还要注意，一般对非功能需求进行量化是比较困难的，没有什么典型的方法。因此，对非功能需求的描述往往是模糊的，对其进行验证也是比较困难的。

由于非功能需求和功能需求之间存在着相互作用的关系，在进行需求描述时，一般很难将它们区分开，这将影响到对功能和非功能指标的分析。即使能够将两者区分开来，却又很难看出它们之间的相互关系。因此，在具体进行软件需求分析时要根据所开发的软件系统的类型和具体情况确定非功能需求。

例如，对“大学图书管理系统”可以提出以下非功能需求：

① 系统安全性需求：为保证系统安全性，对本图书馆的各项功能进行分级、分权限操作，对各类用户进行确认。对其他图书馆借阅图书和文献资料服务要控制访问范围，如限 IP、限用户等。

② 对系统可用性的需求：为了方便使用者，要求对所有交互操作提供在线帮助功能。

③ 对系统查询速度的需求：要求系统在 10s 之内响应查询服务请求。

④ 对系统可靠性的需求：要求系统失败发生率小于 1%。

（3）领域需求

领域需求是由软件系统的应用领域所决定的特有的功能需求，或者是对已有功能的约束。如果这些需求不满足，会影响系统的正常运行。

又如，对“大学图书管理系统”，提出一些与图书管理业务相关的领域需求：

① 图书编目要求按照《中国图书馆分类法》进行；

② 由于版权限制，某些文献资料只能在图书馆规定的阅览室阅读，并限制复制和打印。

第一条需求是，遵循我国图书管理的规定，执行对图书的分类管理的标准。而第二条需求则是版权法对图书馆文献资料的保护的需要，描述了对一类文献资料的有限制地使用和服务。

## 3.2 需求工程过程

需求工程是系统工程和软件工程的一个交叉分支，它所涉及的因素如图 3.4 所示。它还涉及这些因素和系统的精确规格说明，以及系统进化之间的关系。它也提供现实需要和软件能力之间的桥梁。

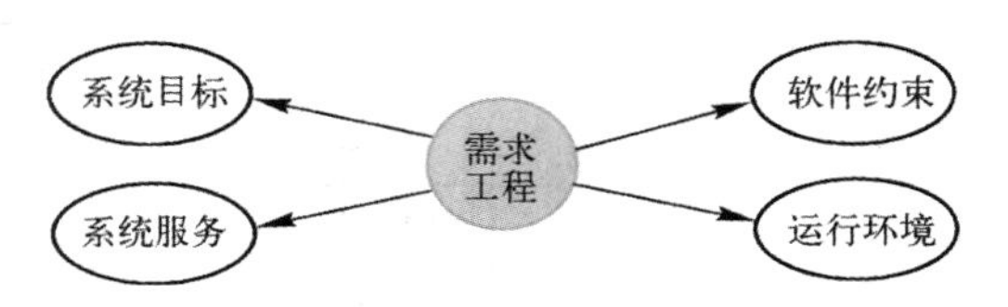


图 3.4 需求工程涉及因素

### 3.2.1 需求工程的基本活动

需求工程是一个不断反复进行需求定义、记录和演进的过程，通常将需求工程过程划分为互相联系又相互重叠的几个阶段。包括：获取需求、需求分析与建模、需求规格说明、确认需求等。

图 3.5 描述了需求工程过程的主要活动及它们之间的联系，在整个需求工程过程中，贯穿了需求管理活动。

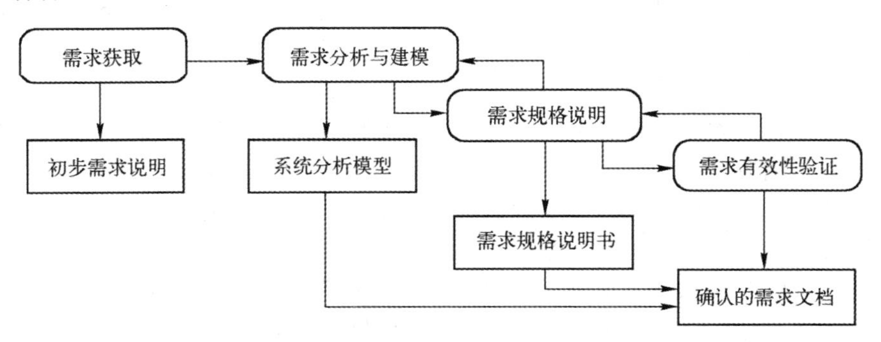


图 3.5 需求工程过程

需求工程活动主要围绕着需求的获取和分析、文档的编写和需求的有效性验证进行。实际上，在软件开发过程中，所有的需求都有可能变化，为了有效地控制和适应需求的变化，需求管理是关键，需求管理是需求工程过程的另外一类重要活动。需求管理最主要的内容是对需求变更的管理。

### 3.2.2 获取需求

获取需求的过程是深入实际，在充分理解用户需求的基础上，积极与用户交流，捕捉、分析和修订用户对目标系统的需求，并提炼出符合问题领域的用户需求。

（1）需求获取的困难

软件需求是软件工程中最复杂的过程之一，需求的获取是十分困难的，其主要原因是：

① 应用领域的广泛性，软件的实施无疑与各个应用行业的特征密切相关，而开发者往往不熟悉相关领域的专业知识。

② 非功能需求的建模技术缺乏。而且非功能需求与功能性需求有着错综复杂的联系，大大增加了需求的复杂性。

③ 沟通上的困难。由于系统分析员、需求分析员、用户等各方面人员有不同的着眼点和不同的知识背景，对需求的确定有不同的观点，给需求工程的实施增加了人为的难度。

④ 需求的变化是造成软件需求复杂性的一个重要原因，尤其对于大型系统，需求的变化总是存在的，如果不能有效地控制和适应需求的变化，将可能导致软件项目的失败。

为了取得该项活动的成功，需要所有项目相关人员的共同努力，充分交流和协作；尤其需要用户与软件开发人员一起对应用领域进行调查研究，明确软件系统应该提供的服务及应该具备的性能，确定系统可能的限制和约束。也就是说，用户应该加入项目开发团队中，共同完成需求工程过程。

（2）需求获取的过程

在深入实际调查研究、充分理解用户需求的基础上，获取系统需求。获取过程为：

① 了解领域知识，工程技术人员需要依靠领域专家，学习和理解相关的专业知识，才能正确抽取用户需求。

② 需求收集，与项目相关人员进行沟通，在进一步了解专业领域的基础上，发现系统需求的过程。

特别要注意，获取需求的过程是一个反复迭代的过程，不要期望一次成功。由于需求获取既重要又困难，将在 3.3 节介绍关于需求获取的技术。

### 3.2.3 需求分析与建模

需求分析是对已获取的初步需求进行分析、提炼和审查的过程，必须确保所有项目相关人员对需求取得一致、无二义性认识。显然，需求分析是需求工程的关键和核心步骤，直接影响到后期的开发工作和系统的成败。因此更需要用户与开发人员密切配合，需要所有项目相关人员和用户的共同努力，充分交流和协作，一起对应用领域进行调查研究，明确软件系统应该提供的服务及应该具备的性能，确定系统可能的限制和约束。

在需求分析的基础上进行抽象描述，建立目标系统的概念模型，进一步对模型（或原型）进行分析。所建立的需求模型，是需求分析的主要结果，也是后期软件开发各阶段的基础和依据，是需求工程的关键步骤。采用不同的开发方法，所建立的需求模型不相同。

（1）需求分析的基本任务

通常要做两类需求分析：一是分析数据，比如需要输入什么数据，要得到什么结果，最后应输出什么等；二是分析问题，进一步确定系统要解决的问题，要实现的功能、非功能及性能等。在需求调查阶段已收集的数据中找出有价值的需求，称为需求整理；从这些收集起来的数据当中去发现新的需求，或规划产品的未来需求，称为挖掘需求。这两个部分在需求分析的过程当中是结合在一起的。

也就是说，需求分析的基本任务是：要准确地定义系统的目标，以满足用户需求。回答系统必须“做什么”的问题，并给出需求规格说明书。

为了更加准确地描述需求分析的任务，Boehm 给出了软件需求的定义：

研究一种无二义性的表达工具，它能为用户和软件人员双方都接受，并能够把“需求”严格地、形式地表达出来。

（2）需求分析的主要工作

需求分析阶段的主要工作包括：

① 确定系统范围。确定系统与其他外部实体或其他系统的边界和接口。

② 分类排序。对所收集的需求进行重新组织、整理、分类和筛选，并对每类需求按照重要性进行排序，确定哪些是最重要的需求。

③ 建立需求分析模型。大型软件系统通常十分复杂，很难直接对它进行需求分析，通常是将其分解为相互关联的若干子系统，并借助模型来对子系统进行分析和设计，模型是软件开发过程中不可缺少的工具。需求分析模型是需求阶段的主要描述手段。

需求分析方法不同，模型的描述形式也不同。模型是根据不同的分析方法建立的各种视图，例如结构化分析方法所建立的需求模型是分层的数据流图（DFD），信息系统建立的模型是实体关系图（E-R），如果是面向对象的方法则采用 UML 建模，可建立用例图（Use Case Diagram）、类图、状态图及各种交互图等。

④ 建立需求规格说明。软件需求规格说明（Software Requirement Specification，SRS），是将需求分析的结果以文档形式描述出来，需求分析模型则是需求规格说明书的重要组成部分，对需求模型进行精确的、无二义性的描述，为计算机系统的实现提供基础。

软件需求规格说明在开发、测试、质量保证、项目管理及相关项目功能中都起了重要的作用。对一个大型系统来说，也常常是将其分解为若干个子系统，对各子系统分别进行需求规格说明。

需求规格说明一般应包括以下内容：

- 对需求模型进行精确的、无二义性的描述，为计算机系统的实现提供基础。
- 对系统功能需求的说明，充分描述了软件系统所应具有的外部行为。
- 软件需求规格说明还应包括非功能需求，它描述了系统展现给用户的行为和执行的操作等。它包括产品必须遵从的标准、规范和合约；外部界面的具体细节；性能要求；设计或实现的约束条件及质量属性。所谓约束是指对开发人员在软件产品设计和构造上的限制。
- 质量属性是通过多种角度对产品的特点进行描述，从而反映软件产品功能。多角度描述产品，能够更好地、准确地确认需求，这对用户和开发人员都极为重要。

### 3.2.4 需求的有效性验证

需求的有效性验证以需求规格说明为基础，通过符号执行、模拟或快速原型等方法，分析和验证需求规格说明的正确性和可行性，确保需求说明准确、完整地表达系统的主要特性，符合用户的需求。

（1）需求验证的重要性

需求是软件开发的第一阶段，直接影响后面各阶段的开发。需求的有效性验证是保证需求说明准确、完整地表达系统需求的重要步骤。需求验证通过评审方式，检查需求文档中存在的错误和缺陷，验证所确定的需求是否与用户的所有需求相符合，是否具有二义性，以及这些需求能否实现，以便及早发现问题，确保对需求变更的有效控制，确保后期开发工作能够顺利进行。

（2）需求验证的内容

需求验证主要围绕需求规格说明中有关软件的质量特性展开，其内容如下。

① 正确性。正确性是指需求规格说明所确定的系统功能、行为、性能等与用户所提出的需求完全一致，代表了用户的真正需求，并且描述不存在二义性。

② 完整性。完整性指需求规格说明包含了软件系统应该完成的全部任务和约束，没有遗

漏的功能或业务过程及非功能的需求，规格说明包含了功能之间的接口和消息传递。

③ 一致性。在需求规格说明中，需求不应该冲突，对需求的描述应该一致，包括对术语的使用、功能和性能的描述和时序不能前后矛盾。

④ 可修改性。由于需求是随时可能变动的，需求规格说明的可修改性，就保证了系统对需求变动的适应能力。可修改性包括规格说明的格式、组织方式、内容等都易于修改。

⑤ 可验证性。可验证性是指需求规格说明所描述的需求应该总是可以检验的，也就是说，总是可以设计出一组有效的检查方法来验证所描述的需求。

必须说明，需求的有效性验证并不是一件容易的事，要验证一组需求是否符合用户的需求是很困难的。而且，需求的有效性验证也不能发现所有的需求问题。

需求验证的方法可以是非正式的，也可以是正式的。非正式的验证，是开发者与用户充分讨论交流的过程，开发者反复向用户进行需求的说明解释，以取得一致认识。在此基础上，进行正式验证，通常以评审会的形式进行，对上述需求验证的内容逐条进行检查，找出问题，协商解决。

### 3.2.5 需求管理

需求工程活动主要围绕着需求的获取和分析、文档的编写和需求验证进行。需求管理贯穿软件需求工程全过程，而且与需求工程的其他过程密切相关。实际上，在软件开发过程中，所有的需求都有可能变化，有效地控制和适应需求的变化，跟踪和管理需求变化，支持系统的需求演进，是需求管理的主要任务。因此需求管理是需求工程过程的另外一类重要活动。

需求工程过程存在两大难题，一是确定需求困难，二是需求是不断变动的。尤其是对于一些大型软件系统，开发周期长，系统规模大，复杂性高。例如 Windows 2000 仅核心开发人员就多达 2500 多人，如此大规模的软件，在其开发过程中，需求是不可能不变的。

需求的变化又称为进化需求，进化需求的必要性是明显的，因为客户的需要总是不断（连续）增长的，但是一般的软件开发又总是落后于客户需求的增长，如何管理需求的进化（变化）就成为软件管理的首要问题。

需求的变动是造成软件开发困难的根本原因，因此有效实施需求管理是项目成功的基础，需求管理的主要任务是对系统需求变更进行跟踪和控制。

对传统的变化管理过程来说，其基本内容包括软件配置管理，建立软件文档的一个稳定版本，即软件基线和变化审查等。当前推出了一些新的管理方法，如软件家族法，也称为软件产品线方法，该方法源于工业界产品线的概念，关注于一个软件企业如何组织一组具有共性特征的，相似产品的生产，并应用软件复用的相关原理与技术。多视点方法也是管理需求变化的一种新方法，它可以用于管理不一致性并进行关于变化的推理。是从多个视点出发在软件工具的协助下对需求的描述，并进行自动需求建模，从而提高需求模型的完整性。

图 3.6 描述了需求变更管理的过程。

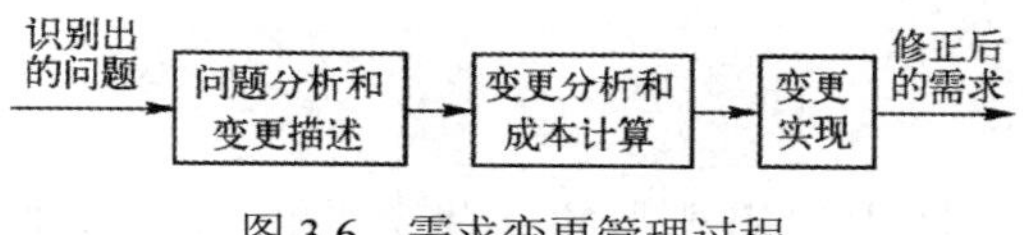


图 3.6　需求变更管理过程

必须对识别出的需求问题或提出的需求变更进行分析，以检查它的有效性和可行性。

对需求变更可能产生的影响进行评估，计算需求变更成本，包括需求文档变更的成本，设计和实现的成本也应重新估算，在此基础上做出变更的决策和规划。

变更的实现，主要是对需求文档的修改，系统设计及实现方案的修改。为了尽量减少修改量，在建立初始需求文档时，就要考虑到其易修改性、易扩充性。

一般需求管理过程需要 CASE 工具支持。下面介绍需求工程的关键技术：软件需求获取技术和需求分析与建模技术。

## 3.3 软件需求获取技术

软件开发工作只有基于用户需求，立足于可行的技术才有可能成功。需求的获取过程，是用户和开发者密切交流的结果。

软件需求是软件工程中最复杂的过程之一，需求的获取是十分困难的。因此必须采用相应技术和方法，才能够获取正确的需求。

需求获取的方法很多，下面介绍几种常用的获取技术。

### 3.3.1 面谈法

面谈法是一种重要而直接、简单的发现和获取需求的方法，而且可以被随时使用。面谈法首先要确定面谈的对象和面谈的内容。

面谈的对象主要有用户和领域专家：与用户面谈主要了解和提取需求，这需要反复进行；因为用户所提出的需求一开始往往是模糊不明确的，或是不准确不具体的。与领域专家面谈，则是一个对领域知识的学习和转换过程，开发人员如果没有掌握足够的领域知识，是不可能进行成功开发的。

在与一般用户进行面谈时，用户可以是个人，也可以是一个小组。使用该方法时应注意以下问题：

（1）面谈前的准备要充分，拟定谈话提纲，列出面谈的问题，例如：

① 给出用户或客户的情况表，包括访谈对象的姓名、年龄、背景、部门、所处的职位、目前所从事的工作等；

② 了解当前系统的工作情况，存在和需要解决的问题；

③ 了解主要用户群体的信息，包括教育背景、计算机应用和使用的水平、用户多少；

④ 用户对系统的可靠性、性能有何需求；

⑤ 对安全性有无特殊的要求；

⑥ 对服务和支持有何要求；

（2）面谈后注意认真分析总结，在对面谈内容进行整理分析的基础上，提出初步需求并请用户评估。

（3）注意掌握面谈的人际交流技能，这是面谈能否成功的重要因素，在交谈过程中既要注意耐心认真倾听面谈对象叙述，又要控制面谈过程。

### 3.3.2 问卷调查法

问卷调查法是指开发方就用户需求中的一些个性化的、需要进一步明确的需求（或问题），通过采用向用户发问卷调查表的方式，达到彻底弄清项目需求的一种需求获取方法。

它是从多个用户中收集需求信息的有效方式，是对面谈法的补充。这种方法适合于开发方和用户方都清楚项目需求的情况。

通过精心设计要了解的问题，然后将问卷下发到相关的人员手中，让他们填写，再从所填写的内容中获取系统的需求信息，这样就可以克服一些关键用户没有时间参与面谈的问题。

用户问卷调查的关键是问题的设置；要围绕系统“做什么”的关键问题提问。这种方法的最大的不足就是缺乏灵活性，而且可能存在受调查人员不能很好表述自己想法的限制。

一般问卷设计还应该注意以下问题：

① 多项选择问题，用户必须从提供的多个答案中选择一个或者多个答案。

② 评分问题，可以提供分段的评分标准，如：很好、好、一般、差等。

③ 排序问题，按照问题的重要性，对回答的问题给出排列的序号或以百分比形式排序。

这种方法的优点是可获得较多的信息反馈，且比较简单，侧重点明确，因此能大大缩短需求获取的时间，减少需求获取的成本，提高工作效率。

在使用面谈法和问卷调查法的同时，还常常进行现场观摩。俗话说，百闻不如一见，对于许多较为复杂的流程和系统而言，是很难用自然语言表达清楚的。因此，为了能够对系统的需求获得全面的了解，实际观察用户的操作过程就是一种行之有效的方法。

现场观摩就是走到客户的工作场所，一边观察，一边听客户讲解，甚至可以安排人员跟随用户一起工作一段时间。这样就可以使得开发人员对客户的需求有更加直观的理解。但是，在现场观摩过程中必须记住：建造软件系统不仅仅只是为了模拟客户的手工操作过程，还必须将最好的经济效益、最快的处理速度、最合理的操作流程和最友好的用户界面等作为软件设计的目标。

### 3.3.3 需求专题讨论会

它是由开发方和用户方共同召开的若干次需求讨论会议，是一种最有力的需求获取技术，有利于培养高效团队，达到彻底弄清项目需求的一种需求获取方法。例如 Windows 2000 在开发过程中，项目的关键人员每天都要开会研究，有时一天多达三次会议。

这种方法特别适合于开发方不清楚的项目需求，如开发方刚开始做这种业务类型的工程项目，但用户方清楚项目需求的情况，并能准确地表达出他们的需求，而开发方有专业的软件开发经验，对用户提供的需求一般都能准确地描述和把握。

这种方法的一般操作步骤是：

① 开发方根据双方制定的《需求调研计划》召开相关需求主题沟通会；对某一主题可以召开一次或者多次讨论会，直到双方达成无二义性的共识。

② 每次会后开发方整理出《需求调研记录》，提交给用户方确认；

③ 如果此主题还有未明确的问题则再次沟通，否则开始下一主题；

④ 所有需求都沟通清楚后，开发方根据历次《需求调研记录》整理出《用户需求说明书》，提交给用户方确认签字。

由于开发方不清楚项目需求，因此需要花较多的时间和精力进行需求调研和需求整理工作。特别要注意：每次进行需求主题讨论会前，一定要进行充分准备，对该主题的相关背景、在系统中是做什么的、应该具备什么功能等问题，要进行充分的调查研究，列出会议讨论提纲和必须解决的关键问题，以保证专题讨论会取得预期的效果。

### 3.3.4 原型法获取需求

对于某些试验性、探索性的项目，更是难于得到一个准确、无二义性的需求。而原型法（Prototyping Method）是获取这类项目需求的有效方法。

原型法强调的是软件开发人员与用户的不断交互，使用户及早获得直观的学习系统的机会，通过原型的不断循环、迭代、演进，不断适应用户任务改变的需求，在原型的不断演进中获取准确的用户需求。将维护和修改阶段的工作尽早进行，使用户验收提前，从而使软件产品更加实用。

原型法的主要优点在于它是一种支持用户的方法，使得用户在系统生存周期的需求阶段就起到积极的作用；它能减少系统开发的风险，特别是在大型项目的开发中，由于对项目需求的分析难以一次完成，应用原型法效果更为明显。

原型法的概念既适用于系统的重新开发，也适用于对系统的修改；快速原型法要取得成功，要求有像第四代语言（4GL）这样的良好开发环境/工具的支持。原型法可以与传统的生命周期方法相结合使用，这样会扩大用户参与需求分析、初步设计及详细设计等阶段的活动，加深对系统的理解。

有关原型法的具体方法，请参见 1.3.5 节和 1.4.2 节。

### 3.3.5 面向用例的方法

随着面向对象技术的发展，使用“用例”来表达需求已逐步成为主流，分析建立“用例”的过程，也就是提取需求的过程。在 2.3 节已对如何建立用例模型进行了介绍，本节将对建立用例模型获取需求的方法做进一步讨论。

用例是对一组动作序列（其中包括它的变体）的描述，系统执行该动作序列来为参与者产生一个可观察的结果值，这个动作序列就是业务工作流程。

用例是对用户目标或用户需要执行的业务工作的一般性描述；是一组相关的使用场景，描述了系统与外部角色之间的交互。使用场景（Usage Scenario）则是某个用例的一条特定路径，是用例的特定的实例。通过用例描述，能将业务的交互过程用类似于流程的方式文档化。阅读用例能了解交互流程。

用例特别适宜描述用户的功能性需求，它描述的是一个系统做什么（What），而不是说明怎么做（How），用例不关心系统设计。

用例特别适宜增量开发，一方面通过优先级指导增量开发，另一方面用例开发的本身也强调采用迭代的、宽度优先的方法进行开发，即先辨认出尽可能多的用例（宽度），细化用例中的描述，再回过头来看还有哪些用例（下一次迭代）。

**【例 3-1】** 通过建立金融贸易系统的用例图，获取该系统的需求。

首先按照 2.3.2 节所介绍的获取执行者的方法，确定该系统的 4 种执行者：贸易经理、营销人员、销售人员和记账系统。贸易经理的职责是确定“边界”，所谓边界，是指金融贸易的范围。

在该系统所确定的用例中，基本的用例是“进行交易”。之所以将“评价”作为一个独立的用例，是因为用例“交易估价”与“风险分析”都要使用公共的“评价”动作，都要对交易进行评价。因此，“评价”用例被“交易估价”与“风险分析”所包含。

在交易过程中，可能会出现超越交易范围或超过交易量，这时，允许对用例“进行交易”做修改、扩充，即用例“超越边界”是用例“进行交易”的扩展。

虽然大多数执行者是人，而图 3.7 中执行者“记账系统”是一个外部系统，它需要与用例“更新账目”进行交互。

根据所建立的用例，说明系统的初步需求为“进行交易”“交易估价”与“风险分析”，以及“评价”、与进行交易相关的“超越边界”“设置边界”，进行交易必须有账目，有记账和“更新账目”的功能。对用例做进一步分解和细化，并确定各用例间的关系及用例的执行者，获得系统的需求。

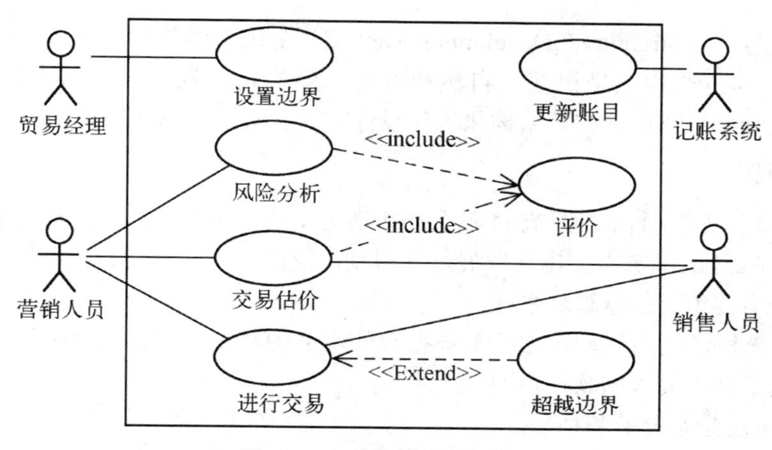


图 3.7　金融贸易系统用例图

# 3.4　需求分析与建模技术

需求分析是对所获取的初步需求进行提炼、分析和审查的过程，最终确定需求，并确保所有项目相关人员对需求取得一致性认识。显然，需求分析是需求工程的关键和核心步骤。因此更需要用户与开发人员密切配合，共同确定系统需求。

模型是软件开发过程中一个不可缺少的工具。通过需求分析，建立精确的、无二义性的需求模型是需求阶段的主要任务。

## 3.4.1　需求分析方法

常见的、有效的需求分析方法和描述方式，包括所建立的需求模型都要考虑便于用户的参与和理解。常用的分析方法有：

① 功能分析方法。即将系统看做若干功能模块的集合，每个功能又可以分解为若干子功能，子功能还可继续分解。所建立的模型是分层的功能模块结构图。分解的结果已经是系统的雏形。

② 结构化分析方法。它是一种以数据、数据的封闭性为基础，从问题空间到某种表示的映射方法，用分层的数据流图（DFD 图）表示。

③ 信息建模法。它是从数据的角度对现实世界建立模型的。大型信息系统通常十分复杂，很难直接对它进行分析设计，人们经常借助模型来设计分析系统。

信息系统包括数据处理、事务管理和决策支持。实质上，信息系统可以看成是由一系列有序的模型构成的，这些有序模型通常可以是功能模型、信息模型、数据模型、控制模型和决策模型。所谓有序是指这些模型是分别在系统的不同开发阶段、不同开发层次上建立的。建立信息系统常用的基本工具是 E-R 图。

④ 面向对象的分析方法（OOA）。其关键是识别问题域内的对象，分析它们之间的关系，并建立起三类模型：对象模型、动态模型和功能模型。

下面以结构化分析方法（SA）和面向对象的分析方法（OOA）为例，介绍需求分析的方法。

### 3.4.2 结构化分析（SA）方法

结构化开发方法（Structured Developing Method）是现有的软件开发方法中最成熟、应用最广泛的方法，其主要特点是快速、自然和方便。结构化开发方法由结构化分析方法（SA法）、结构化设计方法（SD 法）及结构化程序设计方法（SP 法）构成。

#### 1. SA 法概述

结构化分析方法是面向数据流的需求分析方法，于 20 世纪 70 年代末由 Yourdon、Constaintine 及 DeMarco 等人提出和发展，并得到广泛的应用。它适合于分析大型的数据处理系统，特别是企事业单位信息管理系统。

SA 法也是一种建模的活动，主要是根据软件内部的数据传递、变换关系，自顶向下逐层分解，描绘出满足功能要求的软件模型。

SA 法的基本思想是分解和抽象。

（1）分解

分解是指对于一个复杂的系统，为了将复杂性降低到可以掌握的程度，可以把大问题分解成若干小问题，然后分别解决。

图 3.8 是自顶向下逐层分解的 DFD 图的示例。顶层抽象地描述了整个系统，说明系统的边界，即系统的输入和输出数据流。底层具体地画出了系统的每一个细节，由一些不能再分解的基本加工组成，而中间层是从抽象到具体的逐层过渡。

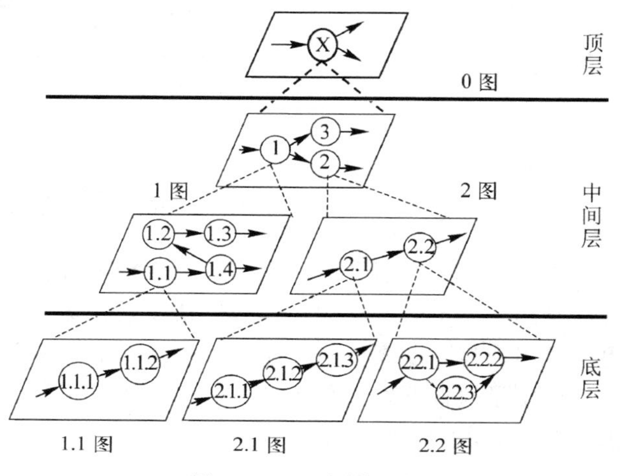

图 3.8　DFD 图的示例

（2）抽象

分解可以分层进行，即先考虑问题最本质的属性，暂把细节略去，以后再逐层添加细节，直至涉及最详细的内容。这种用最本质的属性表示一个系统的方法就是抽象。

#### 2. SA 法的步骤

如图 3.9 所示，SA 法分为以下 4 个主要步骤。

① 建立当前系统的“具体模型”。系统的“具体模型”就是现实环境的真实写照，即将当前系统用 DFD 图描述出来。这样的表达与当前系统完全对应，因此用户容易理解。

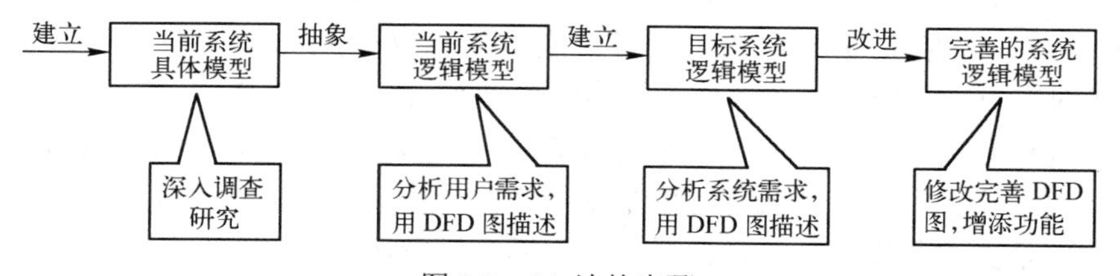

图 3.9　SA 法的步骤

② 抽象出当前系统的逻辑模型。分析系统的“具体模型”，抽象出其本质的因素，排除次要因素，获得用 DFD 图描述的当前系统的“逻辑模型”。

③ 建立目标系统的逻辑模型。分析目标系统与当前系统逻辑上的差别，从而进一步明确目标系统“做什么”，建立目标系统的“逻辑模型（修改后的 DFD 图）”。

④ 为了对目标系统做完整的描述，还需要考虑人机界面和其他一些问题。

### 3. SA 法的建模

SA 法建立的分析模型以分层的数据流图为主，再辅以数据词典和加工的逻辑说明，对构成数据流图的主要成分做进一步描述。

（1）数据流图（Data Flow Diagram，DFD）

DFD 是描述系统中数据流程的图形工具，它标识了一个系统的逻辑输入和逻辑输出，以及把逻辑输入转换成逻辑输出所需的加工处理。

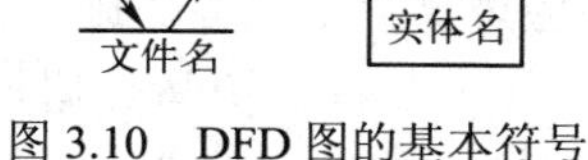


图 3.10　DFD 图的基本符号

图 3.10 中给出了构成数据流图的 4 种基本图形符号：

箭头表示数据流，圆或椭圆表示加工，双杠或者单杠表示数据存储，矩形框表示数据的源点或终点，即外部实体。

① 数据流。它是数据在系统内传播的路径，由一组固定的数据项组成。除了与数据存储（文件）之间的数据流可不用命名外，其余数据流都应该用名词或名词短语命名。数据流可以从加工流向加工，也可以从加工流向文件或从文件流向加工，还可以从源点流向加工或从加工流向终点。

② 加工。也称为数据处理，它对数据流进行某些操作或变换。每个加工也要有名字，通常是动词短语，简明地描述完成什么加工。在分层的数据流图中，加工还应有编号。

③ 数据存储。指暂时保存的数据，它可以是数据库文件或任何形式的数据组织。流向数据存储的数据流可理解为写入文件，或查询文件，从数据存储流出的数据可理解为从文件读数据或得到查询结果。

④ 数据源点和终点。它是软件系统外部环境中的实体（包括人员、组织或其他软件系统），统称为外部实体。一般只出现在数据流图的顶层图中。

**【例 3-2】** 现有一图书预定系统，接收由顾客发来的订单，并对订单进行验证，验证过程是根据图书目录检查订单的正确性，同时根据顾客档案确定是新顾客还是老顾客，是否有信誉。经过验证的正确订单，暂存在待处理的订单文件中。对订单进行成批处理，根据出版社档案，将订单按照出版社进行分类汇总，并保存订单存根，然后将汇总订单发往各出版社。

图 3.11 是所建立的图书预定系统顶层的 DFD 图。作图步骤是：

① 首先确定外部实体（顾客、出版社）及输入、输出数据流（订单、出版社订单）。

② 再分解顶层的加工（验证订单、汇总订单）。

③ 确定所使用的文件（图书目录文件、顾客档案等 5 个文件）。

④ 用数据流将各部分连接起来，形成数据封闭。

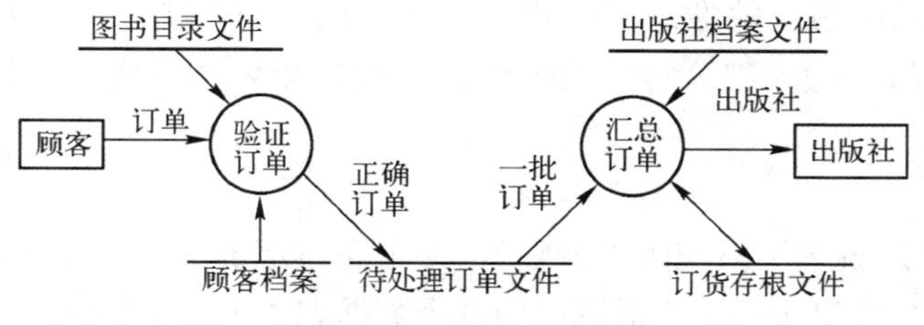


图 3.11　图书预定系统顶层的 DFD 图

特别要注意的是：数据流图不是传统的流程图或框图，数据流也不是控制流。数据流图从数据的角度来描述一个系统，而框图则从对数据进行加工的工作人员的角度来描述系统。数据流图中的箭头是数据流，而框图中的箭头则是控制流，控制流表达的是程序执行的次序。

（2）建立分层的 DFD 图

当系统规模较大时，仅用一个 DFD 图难以描述，会使系统变得复杂，且难以理解。为了降低系统的复杂性，采取“自顶而下，逐层分解”的技术，建立分层的 DFD 图。

分层数据流图是一种比较严格又易于理解的描述方式，它的顶层描绘了系统的总貌，底层画出了系统所有的细部，而中间层则给出了从抽象到具体的逐步过渡。

建立分层 DFD 图的一般原则是：“先全局后局部，先整体后细节，先抽象后具体”。同时还应遵循以下具体原则：

① 数据守恒与数据封闭原则。所谓数据守恒是指加工的输入/输出数据流是否匹配，即每一个加工既有输入数据流又有输出数据流。或者说一个加工至少有一个输入数据流，一个输出数据流。

② 加工分解原则。

自然性：概念上合理、清晰；

均匀性：理想的分解是将一个问题分解成大小均匀的几个部分；

分解度：一般每一个加工、每次分解最多不要超过 7 个子加工，否则会影响“易读性”。应分解到基本加工为止。

③ 子图与父图“平衡”原则。父图中某个加工的输入/输出数据流应该同相应的子图的输入/输出相对应，分层数据流图的这种特点称为子图与父图“平衡”。

④ 合理使用文件。当文件作为某些加工之间的交界面时，文件必须画出来，一旦文件作为数据流图中的一个独立成分画出来了，那么它同其他成分之间的联系也应同时表达出来。

（3）分层 DFD 图的改进

理解一个问题总要经过从不正确到正确，从不确切到确切的过程。需求分析的过程总是要不断反复的，一次就成功的可能性是很小的，对复杂的系统尤其如此。因此，系统分析员应随时准备对数据流图进行修改和完善，与用户取得共识，获得无二义性的需求，才能获得更加正确清晰的需求说明，使得设计、编程等阶段能够顺利进行，这样做是必须的和值得的。

对 DFD 图改进的原则与建立分层 DFD 图的基本原则是一致的，可从以下方面考虑 DFD 图的改进。

1）检查数据流的正确性：①数据守恒；②子图、父图的平衡；③文件使用是否合理。特别注意输入/输出文件的数据流。

2）改进 DFD 图的易理解性：①简化加工之间的联系（加工间的数据流越少，独立性越强，易理解性越好）；②改进分解的均匀性；③适当命名（各成分名称无二义性，准确、具体）。

（4）数据词典

分层数据流图只是表达了系统的“分解”，为了完整地描述这个系统，还需借助“数据词典（Data Dictionary）”和“小说明”对图中的每个数据和加工给出解释。

对数据流图中包含的所有元素的定义的集合构成了数据词典。它有四类条目：数据流、数据项、文件及基本加工。在定义数据流或文件时，使用表 3.1 给出的符号。将这些条目按照一定的规则组织起来，构成数据词典。

表 3.1 在数据词典的定义中出现的符号

| 符 号 | 含 义 | 例及说明 |
|---|---|---|
| = | 被定义为 | |
| + | 与 | X=a+b，表示 X 由 a 和 b 组成 |
| [⋯\|⋯] | 或 | X=[a \| b]，表示 X 由 a 或 b 组成 |
| {⋯} | 重复 | X={a}，表示 X 由 0 个或多个 a 组成 |
| m{⋯}n 或$\{\cdots\}_m^n$ | 重复 | X=2{a}6，或 $x=\{a\}_2^6$，表示重复 2～6 次 a |
| (⋯) | 可选 | X=(a)，表示 a 可在 X 中出现，也可不出现 |
| "⋯" | 基本数据元素 | X="a"，表示 X 是取值为字符 a 的数据元素 |
| •• | 连接符 | X=1••8，表示 X 可取 1～8 中的任意一个值 |

① 数据流条目

数据流条目给出了 DFD 中数据流的定义。通常对数据流的简单描述为，列出该数据流的各组成数据项。

例如：数据流"乘客名单"由"乘客姓名""单位名"和"等级"组成，则词典中的"乘客名单"条目是：

乘客名单 = {乘客姓名 + 单位名 + 等级}

又如：　　报名单 = 姓名 + 单位名 + 年龄 + 性别 + 课程名

也可以对数据流进行较详细的描述。

例如：某查询系统中，有个名为"查询"的数据流，目前"查询"有三种类型，即"顾客状况查询""存货查询"和"发票存根查询"，预计至 2020 年底还将增加 3～4 种其他类型的查询。系统每天约需处理 2000 次查询，每天上午 9:00～10:00 是查询的高峰，此时约有 1000 次查询。上述信息都是"用户要求"的一部分，在分析阶段应该认真收集，并记录在词典的有关条目中。以上"查询"条目描述如下。

数据流名：查询

简　述：系统处理的一个命令

别　名：无

组　成：[顾客状况查询|存货查询|发票存根查询]

数据量：2000 次/天

峰　值：每天上午 9:00—10:00 有 1000 次

注　释：至 2020 年底还将增加 3～4 种查询

② 文件条目

文件条目给出某个文件的定义。文件的定义通常是列出文件记录的组成数据流，还可指出文件的组织方式。

例如：某销售系统的订单文件：

订单文件 = 订单编号 + 顾客名称 + 产品名称 + 订货数量 + 交货日期

③ 数据项条目

数据项条目给出某个数据单项的定义，通常是该数据项的值类型、允许值等。

例如：账号 = 00000～99999；存款期 = [ 1 | 3 | 5 ]（单位:年）

④ 加工条目

加工条目就是"加工小说明"。由于"加工"是 DFD 图的重要组成部分，一般应单独进行说明。

因此，数据词典是对数据流图中所包含的各种元素定义的集合。它对数据流、数据项、文件及基本加工四类条目进行了描述，是对 DFD 图的补充。

（5）加工逻辑说明

加工逻辑说明又称为“加工小说明”。对数据流图中每一个不能再分解的基本加工都必须有一个“加工小说明”，给出这个加工的精确描述。小说明中应精确地描述加工的激发条件、加工逻辑、优先级、执行频率和出错处理等。加工逻辑是其中最基本的部分，是指用户对这个加工的逻辑要求。

对基本加工说明有以下三种描述方式，在使用时可以根据具体情况，选择其中一种方式对加工进行描述。

① 结构化语言

结构化语言是介于自然语言（英语或汉语）和形式语言之间的一种半形式语言，它是自然语言的一个受限制的子集。自然语言易于理解，但容易产生二义性；而形式化语言精确，无二义性，却难理解，不易掌握。结构化语言则综合了二者的优点，在自然语言的基础上加上一些约束，一般分为两层结构：外层语法较具体，为控制结构（顺序、选择、循环）；内层较灵活，表达“做什么”。

例如：外层可为顺序结构、选择结构（如 IF-THEN-ELSE，CASE-OF-ENDCASE）、循环结构（如 WHILE-DO; REPEAT-UNTIL）。

结构化语言特点：简单，易学，少二义性；不好处理组合条件。

② 判定表

判定表是一种二维的表格，常用于较复杂的组合条件。通常由四部分组成，如表 3.2 所示。对用结构化语言不易处理的较复杂的组合条件问题，可使用判定表。其中，条件框表示条件定义；操作框表示操作的定义；条件条目表示各条件的取值及组合；而操作条目表示在各条件取值组合下所执行的操作。表 3.3 所示是对商店每天的营业额所收税率的描述。

**表 3.2　判定表**

| 条 件 框 | 条 件 条 目 |
|---|---|
| 操作框 | 操作条目 |

**表 3.3　税率**

| 营业额 $X$（¥） | $00 \leqslant X \leqslant 500$ | $5000 \leqslant X \leqslant 10000$ | $X \geqslant 10000$ |
|---|---|---|---|
| 税　率 | 5% | 8% | 10 |

判定表的特点：可处理较复杂的组合条件，但不易理解，不易输入计算机。

**【例 3-3】** 有一个图书销售系统，其中一个加工为“优惠处理”，条件是：顾客的营业额大于 1000 元，同时必须信誉好，或者虽然信誉不好，但是 20 年以上的老主顾。

分析：共有 3 个判定条件，有 8 种可能的组合情况，其中用 Y 表示满足条件，N 表示不满足条件，X 表示选中判定的结论。其判定表如图 3.12 所示。对图 3.12 进行化简，例如情况 1、2 可以合并，即只要营业额大于 1000 元，同时信誉好，无论是否为大于 20 年的老主顾，均可以优惠处理。化简后的判定表为图 3.13。

| | 1 | 2 | 3 | 4 | 5 | 6 | 7 | 8 |
|---|---|---|---|---|---|---|---|---|
| ≥1000 元 | Y | Y | Y | Y | N | N | N | N |
| 信誉好 | Y | Y | N | N | Y | Y | N | N |
| >20 年 | Y | N | Y | N | Y | N | Y | N |
| 优惠处理 | X | X | X | | | | | |
| 正常处理 | | | | X | X | X | X | X |

图 3.12　判定表

| | 1 | 2 | 3 | 4 |
|---|---|---|---|---|
| ≥1000 元 | Y | Y | Y | N |
| 信誉好 | Y | N | N | — |
| >20 年 | — | Y | N | — |
| 优惠处理 | X | X | | |
| 正常处理 | | | X | X |

图 3.13　化简后的判定表

③ 判定树

与判断表相比，判定树的特点是：描述一般组合条件较清晰，但不易输入计算机。

**【例 3-4】** 仍然以例 3-3 的图书销售系统的处理为例，其判定树如图 3.14 所示。

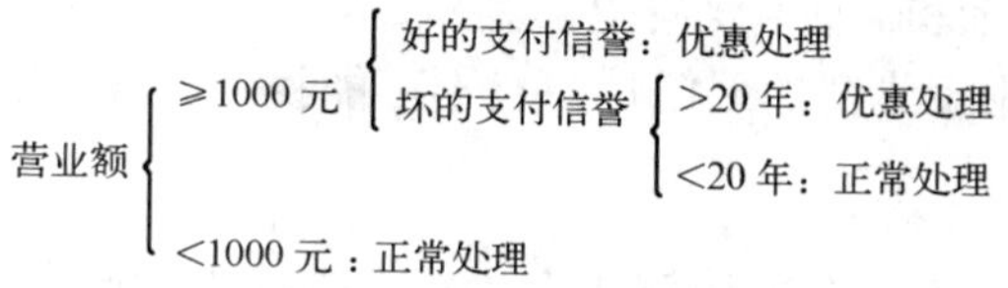

- 营业额
  - ≥1000 元
    - 好的支付信誉：优惠处理
    - 坏的支付信誉
      - >20 年：优惠处理
      - <20 年：正常处理
  - <1000 元：正常处理

图 3.14　判定树

### 3.4.3　面向对象的分析（OOA）方法

面向对象的分析方法（Object-Oriented Analysis，OOA），是面向对象方法从编程领域向分析领域延伸的产物，充分体现了面向对象的概念与原则，已成为现代软件工程中进行软件分析的主流方法，为解决软件需求中所存在的对问题域的理解，以及对需求变更的有效管理等问题都提供了有力的支持。

面向对象的需求分析基于面向对象的思想，以用例模型为基础。开发人员在获取需求的基础上，建立目标系统的用例模型。

#### 1. 需求分析中的问题

在软件开发过程中，建立了各种分析方法，其中最有影响的有功能分析方法、结构化分析方法、信息建模法等。各种方法从不同的角度、不同的观点对问题域进行分析并建立系统的模型。但这些面向过程的需求分析方法都存在以下问题：

（1）明确问题域和系统责任的困难

问题域（Problem Domain）是指拟开发系统的应用领域，即拟建立系统进行处理的业务范围。系统责任（System Responsibilities）指开发系统应该具备的职能。例如，银行的业务处理系统，其问题域即“银行”，包括银行的组织机构、人事管理、日常业务等；而系统责任则包括银行的日常业务（如金融业务、个人储蓄、国债发行、投资管理等），用户权限管理，以及信息的定期备份等。要明确问题域和系统责任，即要获取和确定需求是困难的。

（2）充分交流的问题

在软件开发过程中，各类人员的充分交流是获得准确分析结果的关键，其中以软件开发人员与领域专家之间的交流尤为重要。由于分析工作要求软件开发人员在较短的时间内掌握问题域的基本情况和关键问题，而应用领域的专家多半不熟悉软件开发，所以在分析过程中，软件开发人员与领域专家在短期内进行充分交流，获得对问题的准确分析是困难的。

（3）需求的不断变化

在分析过程中的另一个令人头痛的问题是，需求总在不断地变化。例如，用户会不断提出新的需求，经费可能会增加。技术支持的缺乏和增加也会引起需求的调整。需求的变化要求分析员去修改分析，甚至重新做分析，而反复的修补常常会将系统搞乱，还可能会引入新的错误。

需求的变化是分析遇到的一个严峻问题，应变能力的强弱是衡量一种分析方法优劣的重要标准。

（4）考虑复用要求

软件复用是提高软件开发效率，改善软件质量的重要途径。分析结果的复用是指把分析模型中的成分组成可复用的组件，在构造新系统进行分析时复用。为此必须解决可复用组件的提取、制作与检索，组件库的组织，组件的组装等问题。要求分析结果中的可复用成分与问题域中的事物具有良好的对应关系，这对面向过程的分析方法来说是很难实现的。

对于以上软件需求中所面临的主要问题，尤其是对需求的不断变化的问题和软件复用的问题，传统的软件开发方法由于本身的局限性，已不可能找到有效的解决方案。

### 2. OOA 的特点

一个好的需求方法，应该能有效地解决上述软件需求中的问题。OOA 在解决这些问题上有较强的能力。

（1）有利于对问题及系统责任的理解

OOA 强调从问题域中的实际事物及与系统责任有关的概念出发来构造系统模型。系统中对象及对象之间的联系都能够直接地描述问题域和系统责任，构成系统的对象和类都与问题域有良好的对应关系，因此十分有利于对问题及系统责任的理解。

（2）有利于人员之间的交流

由于 OOA 与问题域具有一致的概念和术语，同时尽可能使用符合人类的思维方式来认识和描述问题域，因此使软件开发人员和应用领域的专家具有共同的思维方式，理解相同的术语和概念，从而为他们之间的交流创造了基本条件。

（3）对需求变化有较强的适应性

一般系统中，最容易变化的是功能（在 OO 方法中是操作），其次是与外部系统或设备的接口部分，再者是描述问题域中事物的数据。系统中最稳定的部分是对象。

为了适应需求的不断变化，要求分析方法将系统中最容易变化的因素隔离起来，并尽可能减少各单元成分之间的接口。

在 OOA 中，对象是构成系统最基本的元素，而对象的基本特征是封装性，将容易变化的成分（如操作及属性）封装在对象中，由于对象的稳定性使系统具有宏观上的稳定性。即使需要增减对象时，其余的对象也具有相对的稳定性。因此 OOA 对需求的变化具有较强的适应性。

（4）支持软件复用

OO 方法的继承性本身就是一种支持复用的机制，子类的属性及操作不必重新定义，可由父类继承得到。无论在分析、设计还是编码阶段，继承性对复用都起着极其重要的作用。

OOA 中的类也很适宜作为可复用的组件。由于类具有完整性，它能够描述问题域中的一个事物，包括其数据和行为的特征。类具有独立性，是一个独立封装的实体。完整性和独立性是实现软件复用的重要条件。

### 3. OOA 的基本任务

OOA 是软件开发过程中的问题定义阶段，目标是完成对所求解问题的分析，确定系统“做什么”，并建立系统的分析模型。

运用面向对象的方法，对问题域和系统责任进行分析和理解，找出描述它们的类和对象，定义其属性和操作，以及它们的结构，包括静态联系和动态联系，最终获得一个符合用户需求，并能够反映问题域和系统责任的 OOA 模型。

通过 OOA 建立的系统模型是以对象概念为中心的，因此又称为概念模型，它由一组相关的类组成。OOA 可以采用自顶而下的方法，逐层分解建立系统模型；也可以自底而上地从已有定义的基类出发，逐步构造新类。

面向对象的分析过程分为论域分析和应用分析，该阶段的目标是获得对问题论域的清晰、精确的定义，产生描述系统功能和问题论域的基本特征的综合文档。

（1）论域分析（Domain Analysis）

论域分析过程是抽取和整理用户需求并建立问题域精确模型的过程。其主要任务是充分理解专业领域的业务问题和投资者及用户的需求，提出高层次的问题解决方案。

应具体分析应用领域的业务范围、业务规则和业务处理过程，确定系统范围、功能、性能，完善并细化用户需求，抽象出目标系统的本质属性，建立问题论域模型。

（2）应用分析（Application Analysis）

应用分析是将论域分析建立起来的问题论域模型，用某种基于计算机系统的语言来表示。响应时间需求、用户界面需求和数据安全等特殊的需求都在这一层分解抽出。

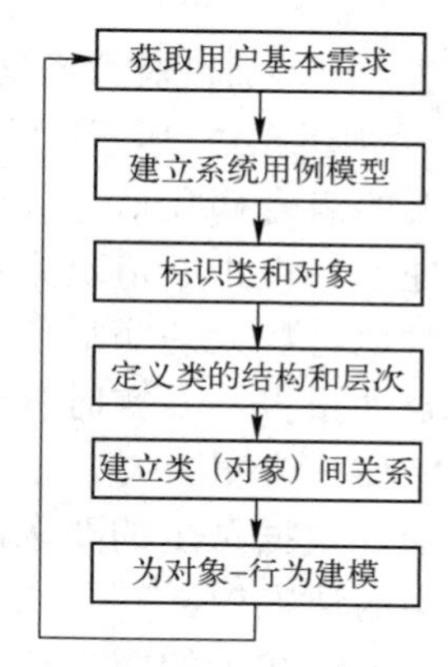


图 3.15　OOA 分析过程

### 4．OOA 的分析过程

OOA 的分析过程如图 3.15 所示。

① 获取用户基本需求，建立系统的用例模型。

用户与开发者之间进行充分交流，通常使用用例（User Case）来收集和描述用户的需求。即先标识使用该系统的不同的行为者（Actor），所提出的每个使用场景（或功能）称为一个用例，建立系统的用例模型，所有用例则构成完整的系统需求。

用例描述了系统的功能，识别用例时，要注意用例是由系统执行的，并且用例的结果是操作者可以观测到的。用例是站在用户的角度对系统进行的描述，所以描述用例要尽量使用业务语言而不是技术语言。

② 标识类和对象。

在确定系统的用例模型后，从问题域或用例的描述入手，分析用例为实现一个系统功能目标而关联的操作者、对象和行为，发现类及对象。列出的对象可能有的形式：外部实体、事物、发生的事件、角色、组织单位、场所、构造物等。

在此基础上，进一步确定最终对象。通常可根据以下原则确定：最终所保留的对象应该具有需要保留的信息、需要的服务，具有多个属性，具有公共属性及操作。由于对象是类的实例，标识类与对象是一致的，在确定最终对象后，标识类和对象的属性和操作。可从问题的陈述中或通过对类的理解而标识出属性；操作定义了对象的行为并以某种方式修改对象的属性。操作分为：对数据的操作，计算操作和控制操作。

③ 定义类的结构和层次。类的结构有：一般与特殊（Generalization-Specialization）结构，整体与部分（Whole-Part）结构。

构成类图的元素所表达的模型信息，通常分为三个层次，如图 3.16 所示。

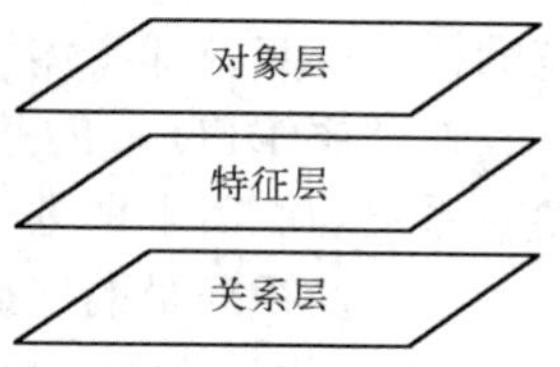


图 3.16　OOA 基本模型

对象层给出系统中所有反映问题域和系统责任的对象。

特征层给出类（对象）的内部特征，即类的属性和操作。

关系层给出各类（对象）之间的关系，包括继承、组合、一般与特殊、整体与部分，以及属性的静态依赖关系，操作的动态依赖关系等。

④ 建立类（对象）之间的关系，用“对象-关系模型”描述系统的静态结构。

⑤ 建立对象-行为模型，描述系统的动态行为。

# 3.5 软件需求案例分析

## 3.5.1 案例1——用SA法建立需求模型

**【例3-5】** 用SA法建立“医院病房监护系统”的需求模型，并画出系统的分层DFD图。

人们对一个软件系统的交互常常通过对实际的“场景”来进行描述，这是获取需求的有效方法之一，通过对“场景”的描述，用户可以容易地了解系统的交互、功能和执行情况。

如图3.17所示，在“医院病房监护系统”中，各种病症监视器安置在每个病床旁，将病人的组合病症信号（例如由血压、脉搏、体温组成）实时地传送到中央监护系统进行分析处理。在中心值班室里，值班护士使用中央监护系统对病员的情况进行监控，监护系统实时地将病人的病症信号与标准的病症信号进行比较分析，当病症出现异常时，系统会立即自动报警，并实时打印病情报告和更新病历。未报警时，系统定期自动更新病历，根据医生的要求随时打印病人的各类病情报告。

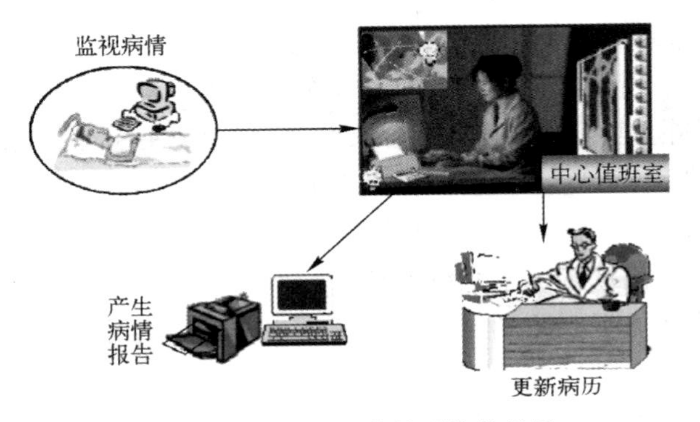

图3.17 医院病房监护系统的场景

经过初步的需求分析，得到系统的主要功能需求：

① 监视病员的病症（血压、体温、脉搏等）。

② 定时更新病历。

③ 病员出现异常情况时报警。

④ 打印某一病员的病情报告。

还有一些非功能需求，如：

① 监视器与网络的可靠性要求，它涉及人的生命安全。

② 效率需求中对时间、空间的需求，所采集的病症信号数据量大。

③ 互操作需求，如要求监视器采样频率可人工调整等。

④ 对病人病历的隐私的要求。

由于非功能需求主要涉及硬件，因此这里只考虑功能需求。根据分析得到的系统功能需求，画出医院病房监护系统的分层DFD图。首先画出顶层的DFD图，如图3.18所示。顶层确定了系统的范围，其外部实体为病员和护士。

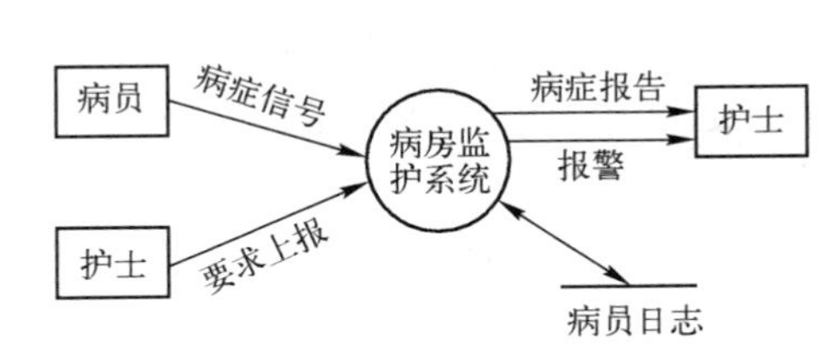

图3.18 顶层DFD图

在顶层DFD图的基础上再进行分解，为此，要对系统功能需求做进一步分解：

（1）监视病员的病症，即“局部监视”，包含以下功能：

① 采集病人的病症信号（血压、体温、脉搏等）。

② 组合病症信号，便于在网络上传输。

③ 将模拟病症信号转换为数字信号（A/D转换）。

（2）定时更新病历。病历库管理系统是数字化医院的另一个子系统，必须对病人的病症信号进行处理后，才能写入病历库，称为“更新日志”。包括以下功能：

① 将病症信号进行格式化并加入更新日期、时间。

② 更新病历库中病人的信息。

③ 可人工设定更新病历的时间间隔。

（3）病情出现异常情况时报警，这是系统的主要功能。“中央监视”系统首先要开解从“局部监视”传来的组合病症信号，再将开解后的信号与标准病症信号库（专家系统）中的值进行比较，如果超过极限值，立即自动报警。报警过程应完成以下功能：

① 根据标准病症信号库中的值，判断是否报警。

② 将报警信号转换为各种模拟信号（D/A 转换）。

③ 实时打印病情报告，立即更新病历。

（4）医生根据病人的病情需要，向值班护士提出生成并打印某一病员的病情报告。可产生如文字、图表、图像等多种类型的病情报告。

通过以上分析，建立第一层的 DFD 图，如图 3.19 所示。

第一层分解为局部监视、生成报告、中央监视、更新日志 4 个加工。这层的分解是关键，是根据初步的需求分析所得到的系统主要功能要求来进行分解的。

局部监视用于监视病员的病症（血压、体温、脉搏等），因此该加工一定有来自病员的输入数据流“病症信号”；输入的病症信号是模拟信号，经过“局部监视”加工后，转换为数字信号，因此该加工应该有数值型的输出数据流“病员数据”。

中央监视是系统中最重要的加工。它要接收来自局部监视的病员数据，同时要将病员数据与标准的“病员极限文件”中的“生理信号极限值”进行比较，一旦超过，立即报警。为了定时更新病历，还需要输出“格式化病员数据”。

定时更新病历的功能由更新日志完成，它接收由中央监视输出的已格式化病员数据，对数据进行整理、分类等加工后写入“病员日志文件（病历）”。日志数据通常是以压缩的二进制代码存储的。

为了实现根据医生要求，随机地产生某一病员的病情报告，需要从病员日志文件中提取病员日志数据，由加工“生成报告”进行格式转换，生成并打印输出病症报告。

在第一层分解的基础上，应对 4 个加工进行进一步分解，以加工中最重要的中央监视加工为例，进行第二层分解。如图 3.20 所示，为了将病员数据与生理信号极限值进行比较，首先要将来自局部监视加工的病员数据进行开解。在进行“格式化病员数据”加工时，还要由时钟加入日期和时间。

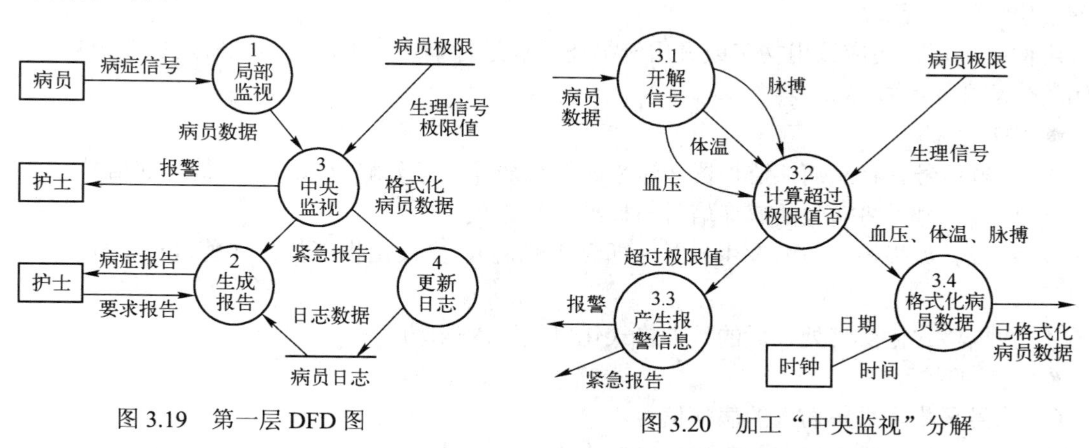


图 3.19　第一层 DFD 图

图 3.20　加工“中央监视”分解

分层的 DFD 图，描述了“医院病房监护系统”的需求模型，其中底层的加工即是分解的系统功能。

对第一层其他加工的分解，请读者自己完成。

### 3.5.2 案例 2——用 OOA 法建立需求模型

**【例 3-6】** 在 3.5.1 节案例 1 中，使用结构化需求分析方法（SA）对医院病房监护系统进行了分析，建立了需求模型。本例使用面向对象的分析方法（OOA）对医院病房监护系统进行需求分析，并建立需求模型。

用例建模是面向对象分析方法的首选方案，本例也采用建立用例模型来获取需求。

通过案例 1 对系统的分析，在医院病房监护系统中，容易确定有以下角色：值班护士、医生、病人和标准病症信号库。进一步识别用例，并对用例进行分解和描述。

通过回答下面问题，进一步识别用例，并对用例进行分解和描述。

（1）与系统实现有关的主要问题是什么？

答：中央监护，将病人的病症信号与标准病症信号库里的病症信号的正常值进行比较，当病症出现异常时系统自动报警，自动更新病历并打印病情报告。

（2）系统需要哪些输入/输出？这些输入/输出从何而来？到哪里去？

答：输入为：

① 病症信号。由用例“病症监护”将采集到的病人的病症信号，实时地传送到中央监护系统。

② 病症信号的正常值。用例“中央监护”将病人的病症信号值与标准病症信号库中病症的正常值进行比较。

输出为：

① 报警信号。当病症出现异常时“中央监护”系统自动报警。

② 病情报告。根据医生要求或病症信号异常时，“病情报告管理”自动打印病情报告。

（3）执行者需要系统提供哪些功能？

答：医生和值班护士需要查看病情报告、病历并进行打印。

（4）执行者是否需要对系统中的信息进行读、创建、修改、删除或存储？

答：病人通过用例“病症监护”采集血压、脉搏、体温等病症信号。

通过回答以上问题，得到系统以下用例：中央监护、病症监护、提供标准病症信号、病历管理、病情报告管理。

用例确定后，还应该用文字或者用例描述模板进行描述。下面是对医院病房监护系统主要用例的分解和文字描述。

- 中央监护

① 分解信号。将从病症监护器传送来的组合病症信号分解为系统可以处理的信号。

② 比较信号。将病人的病症信号与标准信号比较。

③ 报警。如果病症信号发生异常（即高于峰值），则发出报警信号（警报声、灯光、大屏幕显示）。

④ 数据格式化。将处理后的数据格式化以便写入病历库。

- 病症监护

① 信号采集。采集病人的病症信号。

② 模数转换。将采集来的模拟信号转换为数字信号。

③ 信号数据组合。将采集到的脉搏、血压等信号数据组合为一组信号数据。

④ 采样频率改变。根据病人的情况改变监视器采样频率。

● 提供标准病症信号（此用例不分解）

● 病历管理

① 生成病历。将各种病症信号经过格式化后，加上时间戳，存入病历库。

② 查看病历。医生随时根据需要在计算机屏幕上查看病历。

③ 更新病历。定时清理病历库，将陈旧的病历转储存档，以更新病历。

④ 打印病历。定时打印病历，作为医生诊病的依据。

● 病情报告

① 显示病情报告。在显示器上显示各种类型的病情报告。

② 打印病情报告。根据医生的要求，在打印机上打印病情报告。在产生报警时，立即自动打印预定义的病情报告。

图 3.21 描述了医院病房监护系统的高层用例图。该用例图是在 3.5.1 节对系统进行需求分析的基础上，从值班护士、医生、病人等用户角度提出系统的主要功能而建立的。确定“中央监护”、“病症监护”等用例。用例所执行的功能则是由相应的执行者来驱动的。矩形框表示系统的范围，不是用例图的必要成分。

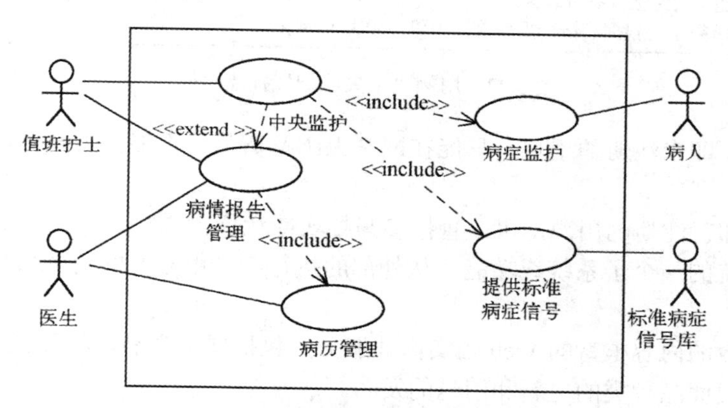


图 3.21　医院病房监护系统高层用例图

对用例也可用类似的模板来描述，或者用文字进行描述。

与角色模板类似，确定用例后也应该用“用例模板”描述，由于用例模板在 UML 中并未给出规范，图 3.22 给出了用例“中央监护”的一种描述模板，对该用例的主要信息进行了说明。

**【例 3-7】** 网上拍卖系统

随着 Internet 技术的发展和互联网的日益普及，互联网用户迅速增加，其中约 1/4 的用户使用 Internet 进行互联网通信或经贸活动。

网上拍卖系统就是一个在互联网上模拟拍卖环境的典型的范例。可实现从展示产品、相互竞价到最后产品成交等一系列功能，用户可以轻松实现在线商品的拍卖和竞标。

采用“基于用例的方法”获取需求，建立系统的 Use Case 模型。

在本例中，系统通过网络提供给商品的销售者和购买者一个交易平台，因此所有上网用户都是本系统的用户，也就是执行者。具体又分为商品购买者和商品销售者、系统管理员。考虑到一般用户既可能是商品购买者也可能是商品销售者，所以将用户分为非会员用户和会员用户。

| **用例名**：中央监视 | **执行者**：值班护士、医生 |
| --- | --- |
| **目标**：对病人的病症信号进行监测、处理，超过极限报警。 | |
| **功能描述**：<br>1.分解信号。将从病症监护器传送来的组合病症信号分解为系统可以处理的信号。<br>2.比较信号。将病人的病症信号与标准信号比较。<br>3.报警。如果病症信号发生异常(即高于峰值)，则发出报警信号。<br>4.数据格式化。将处理后的数据格式化以便写入病历库。 | |
| **其他非功能需求**：高可靠性、实时性 | |
| **主要步骤**：<br>1.按设定频率连续接收来自各病人的病症信号，并进行分解。<br>2.将病人的病症信号与专家系统(标准病症信号库)中的标准信号进行比较，判断是否超过极限值。<br>3.若超过极限值，进行报警，并及时更新病历和打印病情报告。 | |
| **相关用例**：病症监护、提供标准病症信号、病历管理、病情报告管理。 | |
| **相关信息**：<br>优先级：报警处理具有最高优先级3，一般病历管理为1，其他为2。<br>性能：实时性、高可靠性。<br>执行频率：根据病情严重程度，为12～30次/小时。 | |

图 3.22　用例“中央监护”描述模板

非会员用户，即未注册的用户，只能在网站上浏览商品，不能参与竞标，也不能提供物品出售。

会员用户，即已注册的用户，可以直接参与拍卖或竞标。

用例表示系统的一个子系统或功能，从外部的执行者（用户）的角度来分析，系统具有以下功能：

（1）提供高效的内容丰富的 Web 拍卖商业服务，包括展示产品、相互竞价、产品成交。

（2）实现拍卖商品种类的更新和消息的发布。

（3）实现个人物品流通和网上信息发布、留言。

进一步确定以下功能：

① 会员注册，包括填写用户账号、用户名、密码、E-mail 等。

② 会员天地，包括查看并修改个人信息、交易记录、收邮件、信用评价等。

③ 商品分类浏览，包括浏览、更新、最新商品推荐等。

④ 查找商品，按关键字查找、输出打印商品信息。

⑤ 拍卖商品，包括提供商品信息：商品名称、类别、图片、起拍价格、新旧程度、使用时间。

⑥ 购买商品，包括超级搜索查找商品、填写竞价、登记需购商品等。

⑦ 网上支付，通过银行系统进行交易。

根据功能需求，画出网上拍卖系统的用例图，如图 3.23 所示。

可确定系统的非功能需求如下。

① 时间特性要求。系统采用 JDBC 连接数据库，保证较快的响应时间和更新处理时间，采用 JSP Servlet 技术，以满足用户对数据的转换和传送时间要求。

② 灵活性和精度需求。要求当用户需求，如操作方式、运行环境、结果精度、数据结构及其他软件接口等发生变化，以及增加新模块时，不会修改原有的模块。

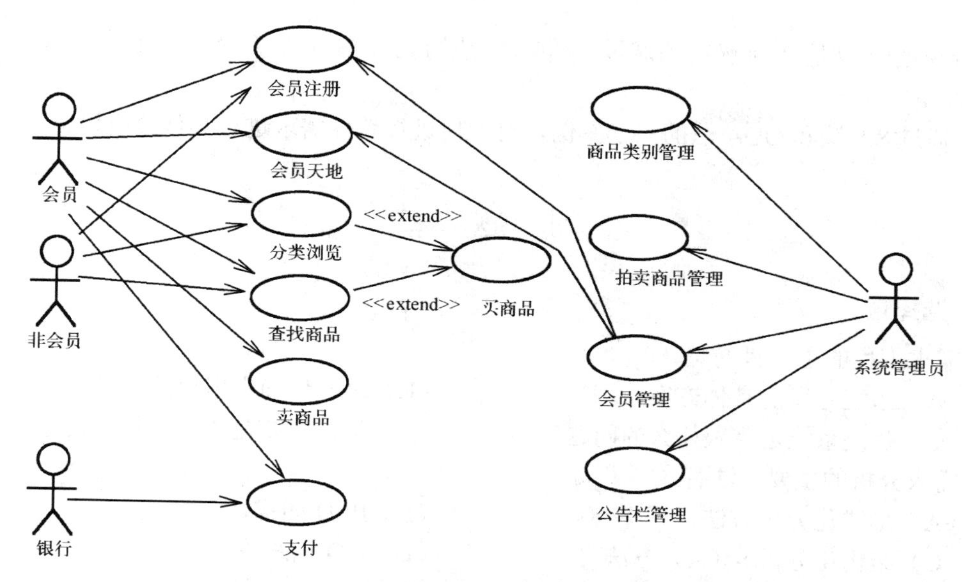


图 3.23 网上拍卖系统的用例图

③ 故障处理能力要求。当出现错误时，要求以界面形式向用户说明，并用一览表方式说明，各类可能的错误或故障出现时，系统的处理方法和补救措施。

根据上述非功能需求，对图 3.23 进行修改，针对故障处理能力要求，如图 3.24 所示，增加用例“出错处理”。

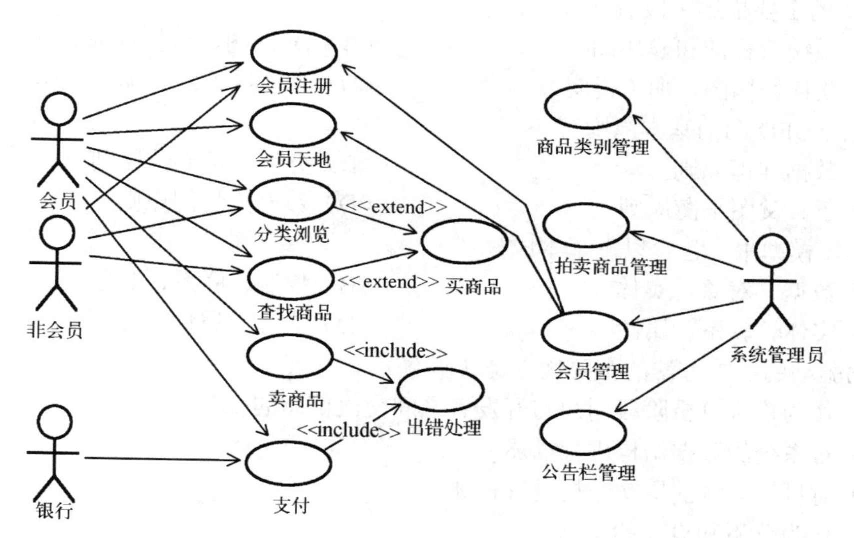


图 3.24 修改后的用例图

# 小 结

需求工程是软件开发的重要阶段，软件需求无疑是当前软件工程中的关键问题，没有需求就没有软件。本章对软件需求的任务、软件的功能需求、非功能需求等基本概念进行了介绍。需求工程的主要活动包括需求的获取、需求分析与建模、需求规格说明、需求确认和需求管理。对其中的关键问题，如需求的获取技术和需求分析与建模技术进行了重点讨论，并强调在需求过程中最终用户参与的重要性。此外，在需求阶段，软件需求的变更是不可避免的，也是必须解决的难题。介绍了结构化分析方法（SA）和面向对象的分析方法（OOA）。

最后通过SA法和OOA法的三个案例，对如何进行软件需求进行具体分析讨论。

## 习　题　二

### 一、选择题

1．需求工程的主要目的是（　　）。
（A）系统开发的具体方案
（B）进一步确定用户的需求
（C）解决系统是“做什么的问题”
（D）解决系统是“如何做的问题”

2．需求分析的主要方法有（　　）。
（A）形式化分析方法
（B）PAD图描述
（C）结构化分析S（A）方法
（D）OOA法

3．面向对象的分析方法主要是建立三类模型，即（　　）。
（A）系统模型、ER模型、应用模型
（B）对象模型、动态模型、应用模型
（C）E-R模型、对象模型、功能模型
（D）对象模型、动态模型、功能模型

4．SA法的主要描述手段有（　　）。
（A）系统流程图和模块图
（B）DFD图、数据词典、加工说明
（C）软件结构图、加工说明
（D）功能结构图、加工说明

5．画分层DFD图的基本原则有（　　）。
（A）数据守恒原则
（B）分解的可靠性原则
（C）子、父图平衡原则
（D）数据流封闭原则

6．在E-R模型中，包含以下基本成分（　　）。
（A）数据、对象、实体
（B）控制、联系、对象
（C）实体、联系、属性
（D）实体、属性、联系

7．用例驱动的需求方法的主要优点是（　　）。
（A）作为需求分析阶段用户与开发者之间交流信息的工具
（B）对系统的数据结构进行描述
（C）对目标系统的层次结构进行描述
（D）作为分析和设计的工具

8．数据字典是数据流图中所有元素的定义的集合，一般由以下四类条目组成（　　）。
（A）数据说明条目、控制流条目、加工条目、数据存储条目
（B）数据流条目、数据项条目、文件条目、加工条目
（C）数据源条目、数据流条目、数据处理条目、数据文件条目
（D）数据流条目、数据文件条目、数据池条目、加工条目

9．在需求分析阶段主要采用图形工具来描述的原因是（　　）。
（A）图形的信息量大，便于描述规模大的软件系统
（B）图形工具能够极好地概括描述一个系统的信息，比文字叙述能够更好地表达重要的细节

（C）图形能够更加直观地描述目标系统，便于用户理解和交流，有利于开发者与用户之间达成一致的需求。

（D）图形比文字描述简单、形象。

## 二、判断题

1．SA 法是面向数据流，建立在数据封闭原则上的需求分析方法。（　　）

2．需求管理主要是对需求变化的管理，即如何有效控制和适应需求的变化。（　　）

3．在面向对象的需求分析方法中，建立动态模型是最主要的任务。（　　）

4．加工小说明是对系统流程图中的加工进行说明。（　　）

5．判定表的优点是容易转换为计算机实现，缺点是不能够描述组合条件。（　　）

6．需求分析的主要方法有 SD 法、OOA 法及 HIPO 法等。（　　）

7．分层的 DFD 图可以用于可行性分析阶段，描述系统的物理结构。（　　）

8．信息建模方法是从数据的角度来建立信息模型的，最常用的描述信息模型的方法是 E-R 图。（　　）

9．用于需求分析的软件工具，应该能够保证需求的正确性，即验证需求的一致性、完整性、现实性和有效性。（　　）

10．面向对象的分析是用面向对象的方法对目标系统的问题空间进行理解、分析和反映，通过对象层次结构的组织确定解空间中应存在的对象和对象层次结构。（　　）

11．面向对象的分析过程主要包括三项内容：理解、表达和验证。（　　）

12．面向对象分析，就是抽取和整理用户需求并建立问题域精确模型的过程。（　　）

## 三、问答题

1．需求工程包括哪些基本活动？各项基本活动的主要任务是什么？

2．简述抽取需求的主要方法，并比较它们的特点。

3．客户的需要总是不断（连续）地增长，但是一般的软件开发又总是落后于客户需求的增长，如何管理需求的进化（变化）就成为软件进化的首要问题。请说明需求变更的管理过程。

4．M 公司的软件产品以开发实验型的新软件为主。用瀑布模型进行软件开发已经有近十年了，并取得了一些成绩。若你作为一名管理员刚加入 M 公司，你认为快速原型法对公司的软件开发更加优越，请向公司副总裁写一份报告阐明你的理由。切记：副总裁不喜欢报告长度超过 1 页（B5 打印纸）。

5．如何画分层数据流图？有哪些基本原则？

6．加工小说明有哪些描述方法？它们各有何优缺点？为什么不采用自然语言进行描述？

7．考察下图中子图、父图的平衡。

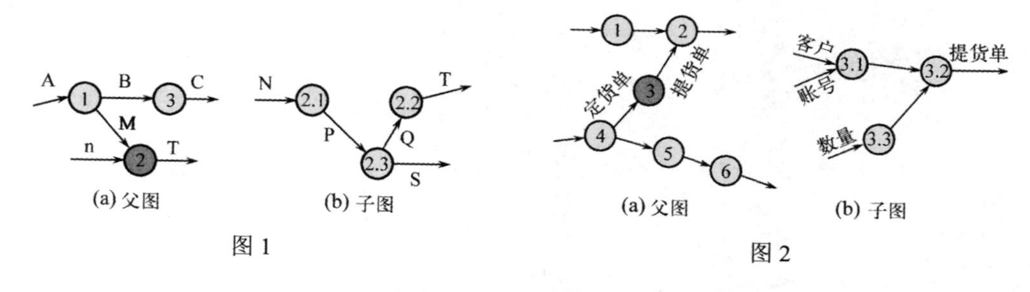

(a) 父图　(b) 子图

图 1

(a) 父图　(b) 子图

图 2

8．为什么面向对象的方法能够有效地解决软件需求中存在的问题？

9．面向对象的分析包括哪些主要活动？简述OOA的分析过程？

10．画出银行取款过程的Use Case图。问题描述为：储户用存折取款，首先填写取款单，根据“账卡”中的信息检验取款单与存折，如有问题，将问题反馈给储户；否则，登录“储户存款数据库”，修改相应数据，并更新“账卡”，同时发出付款通知，出纳向储户付款。

# 第4章 软 件 设 计

## 4.1 软件设计概述

在软件需求分析阶段已经完全弄清楚了软件的各种需求，较好地解决了所开发的软件“做什么”的问题，并已在软件需求说明书和数据要求说明书中详尽而充分地阐明了这些需求以后，下一步就要着手对软件系统进行设计，也就是考虑应该“怎么做”的问题。软件设计就是根据所表示的信息域的软件需求，以及功能和性能需求，进行数据设计、系统结构设计、过程设计、界面设计。软件设计的目标就是构造一个高内聚、低耦合的软件模型。

软件设计是软件开发的关键步骤，它直接影响软件的质量。在软件编码实现之前，必须先进行软件设计，否则整个系统就像没打好基石的建筑一样缺乏稳定。软件设计对系统的影响，如图 4.1 所示。

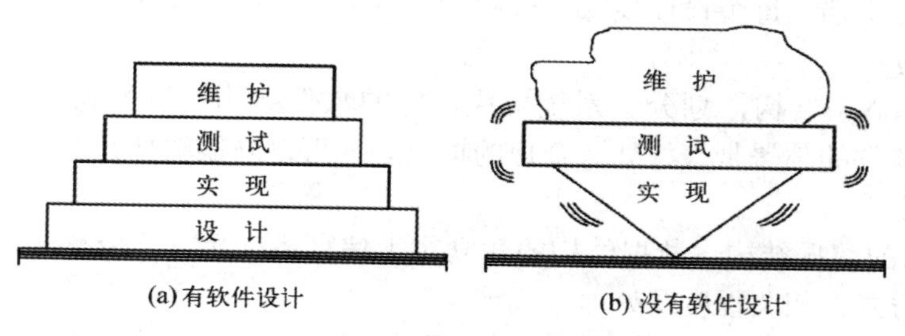


图 4.1 软件设计对系统的影响

### 4.1.1 软件设计在开发阶段中的重要性

现代软件工程要解决的问题就是软件的质量和效率，而软件设计的好坏将直接影响软件的质量，所以软件设计是整个系统开发过程中最为核心的部分。所有的开发工作都将根据设计的方案进行，系统的总体结构，以及数据结构也在该阶段确定，在后继的编码实现阶段程序员可以很好地独立完成编码工作。这对软件生产实现“流水线”的传统生产方式有很大的帮助，可大大提高软件的生产效率，减小了人员间的耦合。

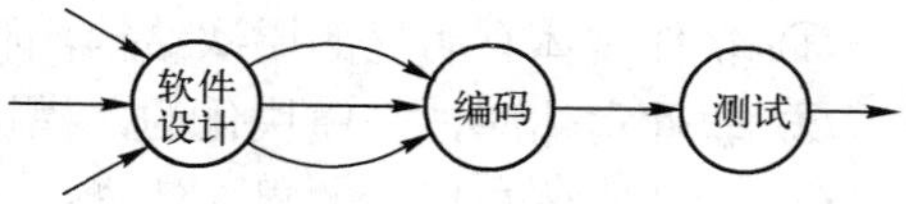

软件需求确定以后，进入由软件设计、编码、测试三个关联阶段构成的开发阶段。开发阶段的信息流如图 4.2 所示。在设计阶段中，根据用信息域表示的软件需求，以及功能和性能需求，采用某种设计方法进行数据设计、系统结构设计、过程设计和界面设计。数据设计侧重于软件数据结构的定义。系统结构设计用于定义软件系统的整体结构，它是软件开发的核心步骤，以建立软件主要成分之间的关系。过程设计则是把结构成分转换成为软件的过程性描述。而界面设计是对系统边界的描述，是用户和系统进行交互的工具。在编码阶段中，根据这种过程性描述，生成源程序代码，然后通过测试最终得到完整有效

软件设计 → 编码 → 测试

图 4.2 开发阶段信息流

的软件。

### 4.1.2　软件设计阶段的任务

软件设计阶段的主要任务是：将分析阶段获得的需求说明转换为计算机中可实现的系统，完成系统的结构设计，包括数据结构和程序结构，最后得到软件设计说明书。这是一个从现实世界到信息世界的抽象过程，它在数据库设计中很重要，一般用 E-R 图表示。

从工程管理的角度来看，软件设计分为总体设计（概要设计）和详细设计两个阶段，其工作流程如图 4.3 所示。

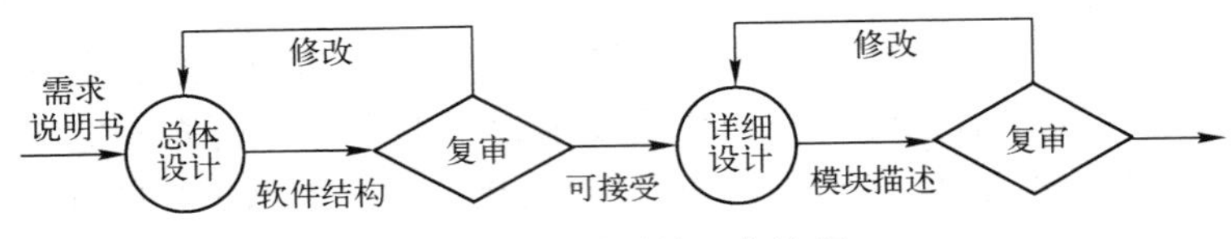


图 4.3　软件设计工作流程

首先进行总体设计，将软件需求转化为数据结构和软件的系统结构，划分出组成系统的物理元素：程序、数据库、过程、文件、类等；然后是详细设计，通过对结构表示进行细化，得到软件详细的数据结构和算法。设计阶段结束要交付的文档是设计说明书，根据设计方法的不同，有不同的设计文档。每个设计步骤完成后，都应进行复审。因此，软件设计阶段的任务又可具体分为三部分：

① 确定软件体系结构，划分子系统模块。好的软件结构可以使软件的开发过程流畅自如，同时也能为软件的部署带来好处。合理的模块划分可以降低软件开发的复杂度，同时也能提高软件的可重用性。

② 确定系统的数据结构。数据结构的建立对于信息系统而言尤为重要。要确定数据的类型，组织、存取方式，相关程度及处理方式等。

③ 设计用户界面。作为人机接口的用户界面起着越来越重要的作用，它直接影响到软件的寿命。

当然，在设计阶段的最后还要测试设计的正确性，只有一个正确的设计才能保证软件的质量。

### 4.1.3　软件设计的目标

在设计阶段应达到的目标如图 4.4 所示。

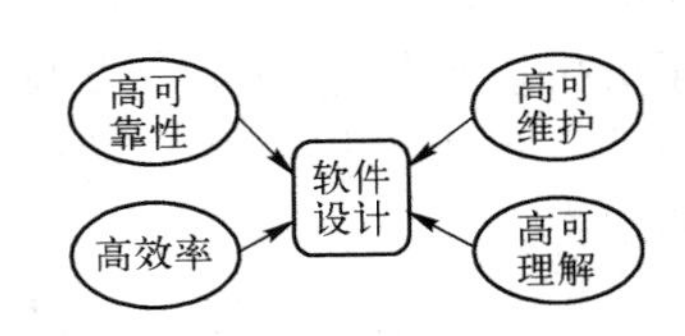


图 4.4　软件设计的目标

可根据以下准则来衡量软件设计的目标：

① 软件实体有明显的层次结构，利于软件元素间控制；

② 软件实体应该是模块化的，模块具有独立功能；

③ 软件实体与环境的界面清晰；

④ 设计规格说明清晰、简洁、完整和无二义性。

常用的设计方法有：SD 法、Jackson 法、HIPO 法、Parnas 法、Warnier 法等。这些都是结构化的设计方法。目前多采用面向对象的设计方法（OOD）。

### 4.1.4　软件设计过程

软件设计是一种描述。它描述了待实现的软件系统的结构，作为系统组成部分的数据、各软件构件间通信的接口/界面、使用的算法。软件设计的过程大致包括如下活动：

① 体系结构设计。说明系统有哪些子系统，以及它们之间的关系。

② 抽象说明书。编写每一个子系统的服务以及受到约束的抽象说明书。

③ 接口设计。设计每一个子系统与其他子系统通信的接口（Interface）。这些接口必须是无二义性的，并且一个子系统在使用接口时，不需要也不应该了解提供接口的子系统的实现细节。

④ 构件设计。子系统提供的服务分解到构件中，为每一个构件设计接口。

⑤ 数据结构设计。

⑥ 算法设计。

上述过程只是一个设计过程的概貌，不是一种必须遵循的规范。设计过程可能因为实际情况而发生一些改变。

## 4.2 软件体系结构设计

软件体系结构为软件系统提供了一个结构、行为和属性的高级抽象，由构成系统的元素的描述、元素间的相互作用、指导元素集成的模式，以及这些模式的约束组成。软件体系结构不仅指定了系统的组织结构和拓扑结构，显示了系统需求和构成系统的元素之间的对应关系，而且提供了一些设计决策的基本原理。良好的软件体系结构是普遍适用的，它可以高效地处理各种各样的个体需求。

体系结构在一定的时间内保持稳定。体系结构设计是软件设计的第一个阶段。该阶段侧重于建立系统的基本结构性框架，即系统的宏观结构，而不关心模块的内部算法。

一般的体系结构设计过程主要包括如下几项活动：

① 系统结构设计（System Structuring）。将系统划分为一些主要的独立子系统，确定子系统间的通信方式。

② 控制建模（Control Modeling）。建立系统各部分之间的控制关系。

③ 模块分解（Modular Decomposition）。将子系统分解为模块。

以上活动通常不是按顺序而是交错进行的。在任何一个过程中，设计者都应当提供更多的细节以供决策，最终使设计满足系统的需求。体系结构设计的好坏将会直接影响系统的性能、健壮性、可分布性和可维护性。

在实际的设计活动中，设计者并不真正需要去建立一套全新的体系结构模型，而往往是从成熟的模型中选择一个或者多个。

常见的系统结构模型有集中式、层次和分布式等。

### 4.2.1 系统结构性模型——集中式系统模型

集中式系统模型的典型代表是仓库模型（The Repository Model）。在这种结构模型当中，应用系统用一个中央数据仓库来存储各个子系统共享的数据，其他的子系统可以直接访问这些共享数据。当然，每个子系统可能会有自己的数据库。为了共享数据，所有的子系统都是紧密耦合的，并且围绕中央数据仓库，如图 4.5 所示。

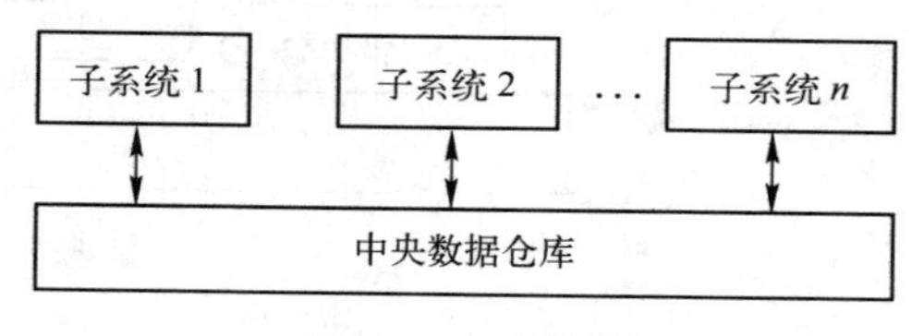

图 4.5 仓库结构

仓库模型的主要优点：

① 数据由一个子系统产生，并且被另外一些子系统共享；

② 共享数据能得到有效的管理，各子系统之间不需要通过复杂的机制来传递共享数据。

③ 一个子系统不必关心其他的子系统是如何使用它产生的数据的。

④ 所有的子系统都拥有一致的基于中央数据仓库的数据视图。如果新子系统也采用相同的规范，则将它集成于系统中是容易的。

但这种系统也有明显的缺陷：

① 虽然共享数据得到了有效的管理，但随之而来的问题是各子系统必须有一致的数据视图，以便能共享数据。换句话说，就是各子系统之间为了能共享数据必须走一条折中的路线，这不可避免地会影响整个系统的性能。

② 一个子系统发生了改变，它产生的数据结构也可能发生改变。为了其他共享的目的，数据翻译系统会被用到。但这种翻译的代价是很高的，并且有时是不可能完成的。

③ 中央数据仓库和各子系统拥有的数据库必须有相同的关于备份、安全、访问控制和恢复的策略，这可能会影响子系统的效率。

④ 集中式的控制使数据和子系统的分布变得非常困难甚至成为不可能。这里分布指的是将数据或子系统分散到不同的机器上。

仓库模型的特点决定了它的应用范围。一般来说，命令控制系统、CAD 系统等常采用这种结构。

### 4.2.2 系统结构性模型——层次结构模型

层次结构模型将系统划分为若干层次，每个层次提供相应的服务，并且下层的服务只向它的直接上层提供。这种结构非常适合增量的软件开发，新增加的部分将位于原有的系统之上或将原系统包裹起来，进而扩展了原系统的功能。

层次结构的一个经典例子就是 ISO 的 OSI 七层网络参考模型。在 OSI 模型中，网络服务被划分成七层，如图 4.6 所示。当一个网络实体 A 向另一个网络实体 B 发送数据时，数据不是从 A 的应用层直接发送到 B 的应用层，而是首先在本方的层次结构中从上到下利用下层提供的服务接口向下传递，直至物理层，然后物理层再将信号在传输介质上传送至 B 的物理层，此后数据从下到上依次传送到 B 的应用层。不过从逻辑上来看，可以认为 OSI 的每一层都可以对等通信。

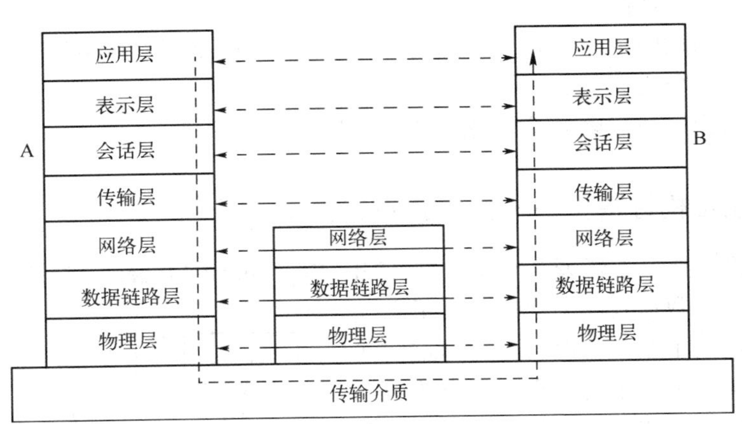


图 4.6 OSI 七层参考模型

### 4.2.3 系统结构性模型——分布式系统模型

仓库模型的特点是各种功能紧紧耦合在一起，所有的计算都在一台硬件主机系统中完成。这使主机系统处理器的压力很大，特别是在并发多用户环境中，每个用户都通过用户终端连接主机系统，主机负责所有的运算，而终端不负责任何的哪怕是移动光标那样的计算。虽然后来出现的智能终端在一定程度上缓解了主机的压力，但问题依然存在。解决问题的一个方案就是采用更强劲的处理器。但这也有问题，强劲的处理器除了价格昂贵之外，它的升级换代也比较麻烦。因此，比较廉价的多处理器系统被大量使用。在多处理器系统当中，任务被合理地分布到每个处理器上，这样利用合作的优势来平滑系统的负载以及提高运行效率。但这还是着眼在单机环境之下。随着网络技术的飞速发展和迅速普及，让网络中更多的计算机来参与计算成为一种诱人的选择。

在网络环境中，多台计算机通过某种网络协议连接在一起以共享资源。早期的网络系统主要是为了资源共享，而网络上每台机器的计算能力就可能被浪费掉了。为了发掘网络上的计算能力，分布式的计算模式被提了出来。在分布式结构（Distributed System Architecture）中，合作的多方都会利用各自的计算能力负责一定的计算工作，从而提高整个系统的能力和效率。

分布式结构有如下优势：

① 资源共享：系统中每个服务节点上的资源都可以被系统中的其他节点访问。

② 开放性高：系统可以方便地增删不同软、硬件结构的节点。

③ 可伸缩性好：系统可以方便地增删新的服务资源以满足需要。

④ 容错能力强：分布式系统中的信息冗余可以容忍一定程度的软、硬件故障。

⑤ 透明性高：系统中的节点一般只需知道服务的位置而不必清楚系统的结构。

但分布式结构也存在如下不足：

① 复杂性：分布式系统比集中式系统要复杂得多。集中式系统的性能主要依赖于主机的处理器能力，而分布式系统的性能则还要依赖于网络的带宽，这让情况变得更加复杂。

② 安全性：网络环境随时面临着各种威胁，如病毒、恶意代码、非法访问等，如何保证安全性是一个让人头疼的问题。

③ 可管理性：分布式系统的开放性造成了系统的异构性，显而易见，管理异构的系统比管理主机系统要困难得多。

④ 不可预知性：这主要指系统的响应时间。网络环境本身的特点决定了网络负载会明显地影响整个系统的响应时间。

下面主要讨论几种不同的分布式结构。

#### 1．客户-服务器模型（Client/Server Architectural Model）

客户-服务器结构（Client/Server Architecture）是一种典型的分布式结构。典型的客户-服务器（C/S）结构的系统包括两个组成部分：

① 服务器（Server）：多个独立的服务器为系统提供诸如 Web、文件共享、打印等服务。

② 客户（Client）：多个并发客户应用访问多个服务器提供的服务，每个客户应用都是独立的，同样的客户应用可以同时有多个实例。

上述两部分通过网络连接在一起。

C/S 结构的应用一般由三个相对独立的逻辑部分组成：

① 数据表示层：用户界面部分，实现与用户交互；

② 业务逻辑层：应用逻辑部分，进行具体运算和数据处理；

③ 数据访问层：数据访问部分，完成数据查询、修改、更新等任务。

以上三种逻辑之间的关系如图 4.7 所示。

根据应用逻辑层所处的位置，C/S 结构的应用系统常可以分为两层结构、三层/多层应用结构。下面讨论这几种结构的特点。

（1）两层客户-服务器模型（Two Tier Client/Server Architectural Model）

在两层 C/S 结构中，应用系统由两个典型的应用组成，其中一个是主要负责用户界面部分的客户端，另一个是主要负责数据访问的服务器，两者通过网络进行数据交换。其结构如图 4.8 所示。

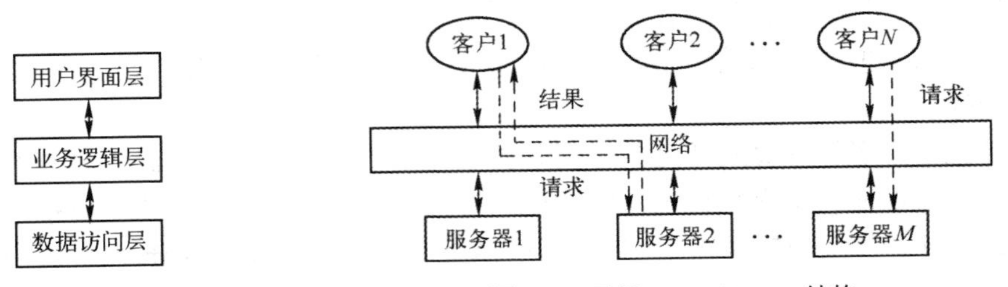


图 4.7　应用的三层模型

图 4.8　两层 Client/Server 结构

C/S 模型是一种典型的“请求-响应-得结果”模式，该模式往往通过远程过程调用（Remote Procedure Call，RPC）来完成功能。

C/S 结构中的客户和服务器之间的关系不一定是一对一的。网络上可能会存在多个提供不同资源的服务器应用，提供诸如数据服务、Web 服务、打印服务、文件服务等；同时也可以拥有多个客户应用，这些应用根据自己的需要访问不同的服务器应用。

C/S 结构的另一个特点就是允许客户端和服务器端的软硬件平台可以不同，这是分布式系统开放性的体现。C/S 结构的这个特点对整合已有的计算资源非常有利，因为可以用较低的代价完成系统的集成。

前面已经提到，完整的应用包含三个相对独立的逻辑部分，而两层的 C/S 结构只有两个端应用，那么应用逻辑应该映射到哪一端上呢？图 4.9 示意了应用逻辑的不同映射情况。

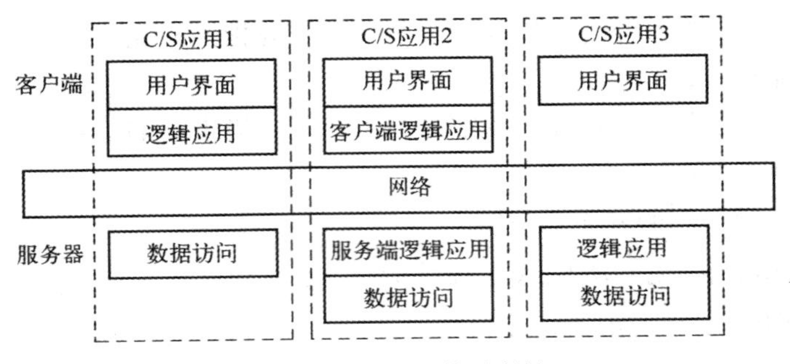


图 4.9　应用逻辑层的映射情况

在图 4.9 中，C/S 应用 1 的结构中，客户端应用负责用户界面和应用逻辑部分，因此它的工作比较繁重。这种结构往往被称为胖客户端（Fat-Client）结构，一般的数据库应用都属于这种结构。与此相反，C/S 应用 3 的结构中，服务器负责了更多的工作，而客户端的工作就变得非常单纯。这种结构称为瘦客户（Thin-Client）结构。浏览器/Web 服务器结构就属于瘦客户结构，而且常被称为 Browser/Server（B/S）结构。不过，越来越多的 B/S 应用包含了一些可以迁移的代码，例如包含客户端脚本的网页，这些代码从服务器端下载到客户端并在客户端执行，这样一来，客户端也或多或少地要处理一部分的应用逻辑。这种 B/S 结构实际上介于胖客户和瘦客户结构之间，就如同图 4.9 中 C/S 应用 2 的结构。

由于两层 C/S 架构将数据表示和处理逻辑分开，这样客户端和服务器的功能相对来说就比较单一，两端的维护和升级也比集中式结构简单。但 C/S 架构也存在着明显的缺陷：由于应用逻辑和两端之一是紧耦合的，因此当它发生改变时，不是客户端就是服务器也要跟着做出相应的改变，同时这种改变极有可能会影响到另一端。因此，C/S 架构不适合用在多用户、多数据库、非安全的网络环境中。另外，客户端应用程序越来越大，对使用者的要求也越来越高。

（2）*三层/多层应用模型*（Three/Multi Tier Model）

多层模型是两层 C/S 模型的扩展。在这种模型当中，为了弥补两层 C/S 结构的缺陷，应用逻辑部分被分离出来成为单独的一层（中间层）。有时为了满足应用的需要，甚至分离成多层。这些中间层由一些完成应用业务功能的分布式对象组件构成，而这些业务规则是从实际的业务中提取出来的。这样，客户端和服务器将会只聚焦在自己所负责的用户界面和数据访问工作上，从而变得更加的单纯。应用中最复杂的逻辑处理部分，将由中间的多个业务逻辑层负责，它们完成具体的业务处理，其中隐含了分布处理、负载平衡、事务逻辑、持久性和安全性等技术。

在图 4.10 所示的多层应用模型中，为了有效地管理那些完成业务逻辑的组件，中间层会用到应用服务，包括事务服务、消息服务等。

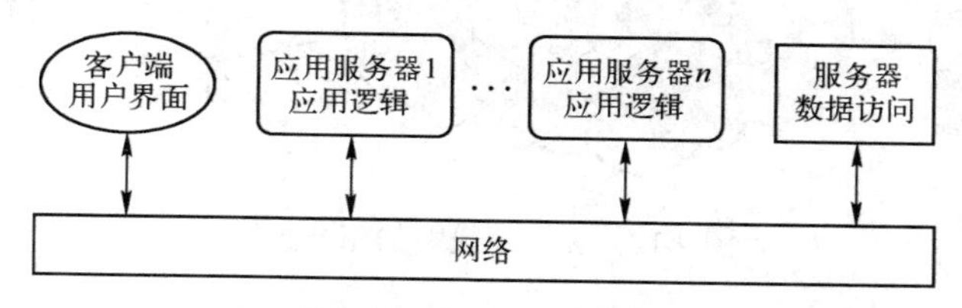


图 4.10 多层应用模型

在图 4.10 中，应用服务器的数目可以有多个，这并不意味着每个应用服务器都必须运行在独立的硬件上。

多层应用模型的优点相当的明显：

① 客户端的功能单一，变得更“瘦”。

② 每一层可以被单独改变，而无须其他层的改变。

③ 降低了部署与维护的开销，提高了灵活性、可伸缩性。

④ 应用程序各部分之间松散耦合，从而使应用程序各部分的更新相互独立。

⑤ 业务逻辑集中放在服务器上由所有用户共享，使得系统的维护和更新变得简单，也更安全。

因此，现在越来越多的应用采用了多层结构，以适应不断变化的用户需求。

常见的三层结构应用有浏览器-Web 服务-数据服务结构。这是一种典型的浏览器/服务器（Browser/Server，B/S）模型结构。在这种结构中，客户端简单到只是一个浏览器；服务器是能够传送 HTML 页面的 Web 服务器。图 4.11 示意了常见的三层 B/S 结构模型。

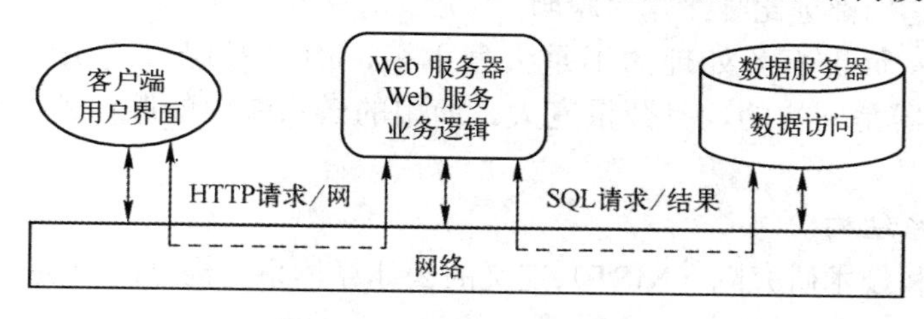


图 4.11 三层 B/S 结构模型

B/S 结构的优缺点都很明显。因此，在一些现代的应用系统中，采用了结合 C/S 和 B/S 的混合结构，以吸取二者的优点。对于那些客户端相对稳定，并且需要处理复杂业务逻辑、图形图像处理、大量数据输入的场合，采用 C/S 结构；而对那些需要频繁更新、发布信息的场合，采用 B/S 结构。一些常见的桌面型网络游戏就是采用的这种结构：游戏客户端主体采用 C/S 结构，但在其中嵌入一个浏览器来整合二者的优点。

### 2. 云计算（Cloud Computing）模型

云计算模型是对分布式处理、并行处理和网格计算及分布式数据库的改进和商业化处理，其前身是利用并行计算解决大型问题的网格计算，以及将计算资源作为可计量服务而提供的公用计算。随着宽带技术和虚拟化技术的高速发展和成熟，云计算技术得以萌生。图 4.12 示意了云计算模型的拓扑结构。

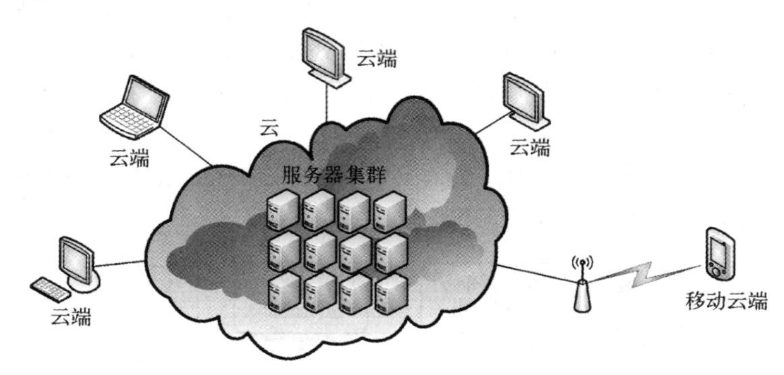


图 4.12　云计算模型的拓扑结构

为了支持大量用户，“云”中设置了服务器集群。集群可能由数量庞大的 PC 服务器组成，并采用虚拟化技术向用户推送服务。虚拟化是为某些对象创造的虚拟化（相对于真实）版本，比如操作系统、计算机系统、存储设备和网络资源等。它是表示计算机资源的抽象方法，通过虚拟化可以用与访问抽象前资源一致的方法访问抽象后的资源，从而隐藏属性和操作之间的差异，并允许通过一种通用的方式来查看和维护资源。

对于用户而言，他们并不需要了解“云”中的细节，不必具有相应的专业知识，也无须直接进行控制。用户只需通过互联网连上“云”，就能获得所需的服务。基于此，用户端系统（云端）得到简化。一个超级简化的例子是：云端甚至连操作系统都不需要，只要通过高速宽带连接连上云，就能在云端设备上显示桌面并获得相应服务。

从这个角度来看，云计算似乎是对集中处理模式的一种回归。然而，这两种模式有着巨大的区别：

① 集中系统中，终端通过终端线直接连接在主机上；而云系统中，云端设备通过网络连接到云上。

② 云端设备除了可以是标准的云终端外，还可以是一个标准的桌面型计算机，或者任何形式的移动终端，它们都远比哑终端“聪明”。

③ 云系统中，负责事务处理的不是大型主机，而是对用户透明的、庞大的服务器集群。集群中的服务器是同构的，且数量庞大。商用的云系统中的服务器少至数百台，而多至数百万台。

#### （1）计算的体系结构

美国国家标准和技术研究院（NIST）定义的云计算体系结构可以用图 4.13 描述。

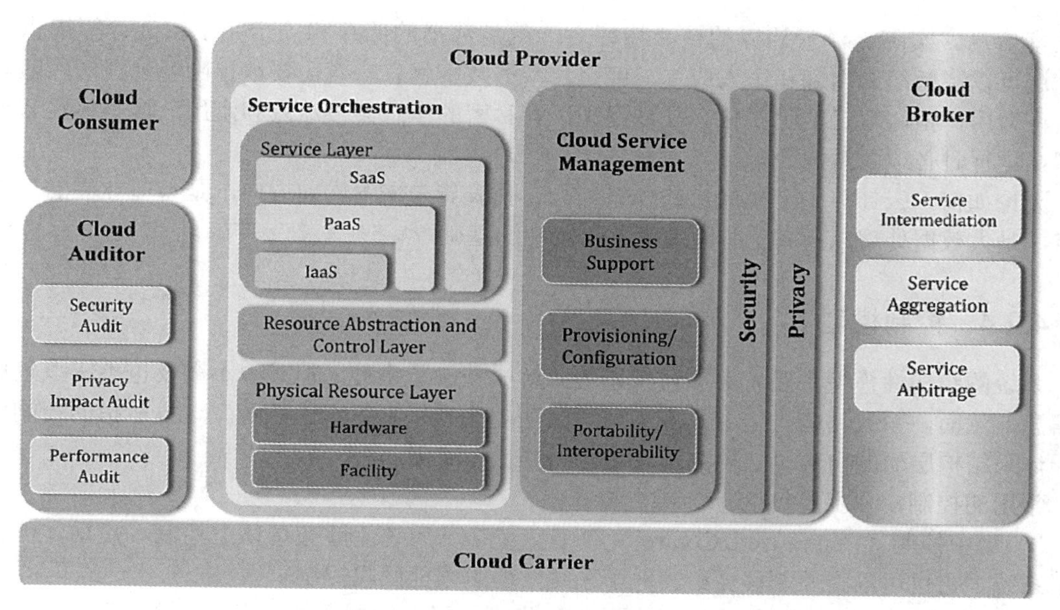


图 4.13 NIST 的云计算体系结构

（2）基本特征

NIST 定义的云计算服务应具备以下特征：

① 随需应变自助服务。

② 随时随地用任何网络设备访问。

③ 多人共享资源池。

④ 快速重新部署灵活度。

⑤ 可被监控与量测的服务。

（3）服务模式

NIST 的云计算定义中明确了三种服务模式：

① 软件即服务（SaaS，Software as a Service）。

② 平台即服务（PaaS，Platform as a Service）。

③ 基础架构即服务（IaaS，Infrastructure as a Service）。

（4）部署模型

① 公用云（Public Cloud）。公用云服务可通过网络及第三方服务供应者，开放给用户使用。“公用”并不一定代表“免费”（但也可能代表免费或相当廉价），也不表示用户数据可供任何人随意查看，公用云供应者通常会对用户实施使用访问控制机制。公用云作为解决方案，既有弹性，又具备成本效益。

② 私有云（Private Cloud）。私有云具备许多公用云环境的优点。两者的差别在于私有云服务中，数据与程序皆在组织内管理，因此受到网络带宽、安全、法规限制等因素影响较小。此外，私有云服务让供应者及用户更能掌控云基础架构，改善安全与弹性。

③ 混合云（Hybrid Cloud）。混合云结合了公用云及私有云的特点。这个模式中，用户通常将非企业关键信息外包，并在公用云上处理，但同时掌控企业关键服务及数据。

（5）云安全

云计算因其特质，故可以在教育、社交、政务、存储、物联方面得到广泛应用。然而在用户大量参与的情况下，不可避免地出现了隐私问题。用户为了使用云服务，一般需要在云平台上共享信息。实际上，云计算的核心特征之一就是数据的储存和安全完全由云计算提供商负责，这可以降低组织内部和个人成本。但是，数据共享就意味着需要承担隐私外泄的风险。因此，许多用户担心自己的隐私权会受到侵犯，其私密的信息会被泄露和滥用。这是目前云计算模型在运行时必须面对的问题。

无论如何，云计算是一种先进的体系结构，代表着未来发展的方向，是目前业界的一个大热点，是大数据处理以及人工智能技术不可或缺的基础。

### 4.2.4 控制模型

系统的结构性模型主要考虑如何将系统分解成若干子系统，但其中不需要也不应该包括控制信息。然而，系统结构肯定并且应当按照某些控制模型来组织子系统。这里所指的控制模型属于体系结构层面的内容，它控制子系统之间的工作流程。

常用的控制模型主要包括：

① 集中控制（Centralized Control）模型。一个子系统能够在总体上控制、启动、停止其他子系统。它也可以将控制移交给其他子系统，但必须能回收控制。

② 事件驱动控制（Event-driven Control）模型。子系统响应外部事件，这些事件可能来自其他子系统或者系统使用环境。

控制模型支持结构性模型。所有的结构性模型都会用到以上两种控制模型。

#### 1. 集中控制模型

在此模型中，一个子系统被赋予了系统控制器的角色，它能管理其他子系统的运行。根据子系统的执行情况，该模型又分为两类：

① 调用-返回模型（The Call-Return Model）。调用-返回模型实际上是一种自顶向下的层次模型。上层的子系统控制下层子系统的运行。这种模型只适用于顺序执行系统。

② 管理者模型（The Manager Model）。这种模型多由并行系统实现。一个系统组件被设计成系统的管理者（系统控制器），它控制系统中其他进程的启动、终止和协调工作。这里提到的进程是指能够与其他进程并行执行的子系统或者模块。

#### 2. 事件驱动控制模型

事件驱动控制模型由外部事件驱动。事件（Event）由系统的外部环境产生，如用户操作可以触发一个事件。事件与普通输入不同：普通输入在子系统的时间控制序列之内，而事件则不受子系统的控制而来自于外部。事件往往与一个消息（Message）相关联。这里的消息是指携带了有用信息的信号（Signal）。当一个事件被触发，于此相关联的消息会被发送到应用系统，然后由应用系统决定是否处理这个事件/消息。此外，系统的各子系统也可以互相发送消息，但不会触发事件。

根据系统处理事件的方式，该模型可以分为两类：

① 广播模型（Broadcast Model）。此模型中，在系统级别层面上设置了事件/消息监听器，它负责监听事件是否发生以及收集事件的相关信息；在应用层面上，需要处理特定事件的子系统会注册一系列事件处理器（Event Handler）。当系统的事件处理器接收到一个事件后，采用广播模式向各子系统发布事件。任何注册了该事件处理器的子系统将被激活并处理这个事件。很多的窗口系统采用了此模型。

② 中断驱动模型（Interrupt-driven Model）。这种模型多用于实时系统当中。在该模型中，一系列与特定中断事件绑定的中断处理器（Interrupt Handler）始终处于监听状态。一旦中

断事件发生，该中断处理器就能接收到该事件，并将事件传递给相应的进程。

在设计过程的此阶段，设计者应该根据系统的需求以及系统运行的环境，选择一种控制结构，并在其中做出必要的适应性变更。

### 4.2.5 模块分解

模块（Module）是一个被命名的、包含了一些程序对象的集合，如面向过程技术中的过程、函数等。面向对象技术中的类（Class）也可看做模块。模块是构成软件系统结构的基本元素。一个大的系统总是由若干稍小的功能模块聚合而成的，而这些子模块可能又由更小的模块构成。如何对系统进行合理的分解是个值得考虑的问题，因为模块划分好坏将会决定整个系统的质量。

与模块类似的概念是“子系统（Subsystem）”，本书中不对它们做特别的区分。

#### 1. 模块分解的目的

模块分解的目的是将系统“分而治之”，以降低问题的复杂性，使软件结构清晰，便于阅读和理解，易于测试和调试，因而也有助于提高软件的可靠性。

下面对模块分解能够降低软件复杂度进行简单证明。

令 $C(X)$表示问题 $X$ 的复杂度函数；$E(X)$为解决问题 $X$ 所需工作量的复杂度函数；

若有问题 $P_1$ 和 $P_2$，$C(P_1)>C(P_2)$，显然 $E(P_1)>E(P_2)$。

由经验　　$C(P_1+P_2)>C(P_1)+C(P_2)$

于是　　$E(P_1+P_2)>E(P_1)+E(P_2)$

即将问题（$P_1+P_2$）划分为两个问题 $P_1$ 和 $P_2$ 后，其工作量和复杂度都降低了。

但并非模块分得越小越好，因为模块数越多，模块之间接口的复杂度和工作量将增加。显然，每个软件系统都有一个分解的最佳模块数 $M$，注意选择分解的最佳模块数，可以在降低问题复杂度的同时获得较低的成本。图 4.14 描述了模块分解与软件成本的关系。

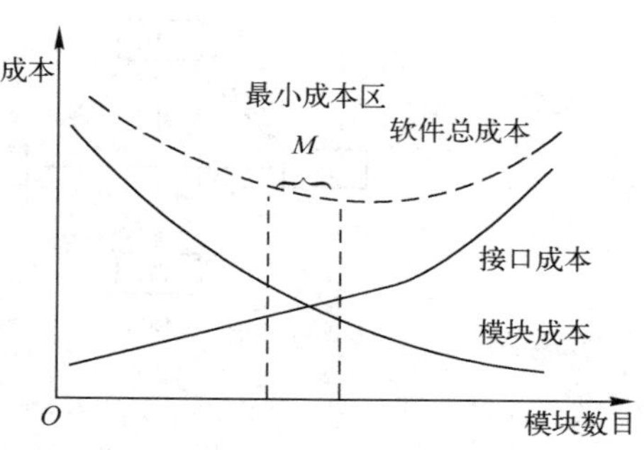


图 4.14　模块分解与软件成本的关系

#### 2. 模块间的关系

模块之间可以有各种关系，一般可表示为层次结构和网状结构两种。

（1）层次结构

模块层次结构示意图如图 4.15 所示。

衡量模块层次结构的有关指标是：

深度：表示软件结构中从顶层模块到最底层模块的层数；

宽度：表示控制的总分布；

扇出数：指一个模块直接控制下属的模块个数；

扇入数：指一个模块的直接上属模块个数。

一个好的模块层次结构的形态准则是：顶部宽度小，中部宽度大，底部宽度次之；在结构顶部有较高的扇出数，在底部有较高的扇入数。

（2）网状结构

模块间也存在着一种网状结构。在网状结构中，任何两个模块间都可以有双向的关系。由于不存在上级模块和下属模块的关系，也就分不出层次来。任何两个模块都是平等的，没有从属关系。

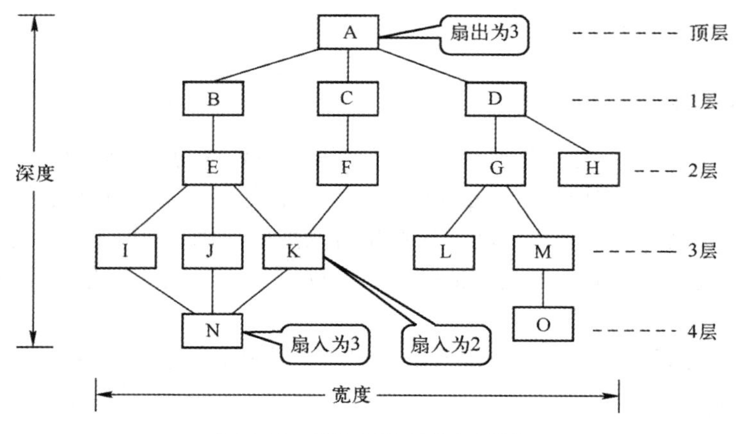


图 4.15　模块层次结构示意图

图 4.16 是网状结构的两个例子，分析比较两种结构的特点后可以看出，对于不加限制的网状结构，由于模块间相互关系的任意性，使得整个结构十分复杂，处理起来势必引起许多麻烦。这会与原来划分模块为便于处理的意图相矛盾。所以在软件开发的实践中，人们通常采用树状结构，而不采用网状结构。

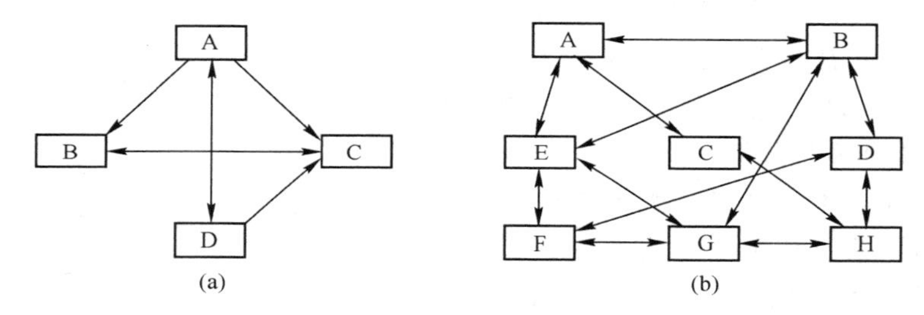


图 4.16　网状结构举例

### 3. 模块的独立性

模块具有如下三个基本属性：

① 功能：指该模块实现什么功能，做什么事情。必须注意，这里所说的模块功能，应是该模块本身的功能加上它所调用的所有子模块的功能。

② 逻辑：描述模块内部怎么做。

③ 状态：该模块使用时的环境和条件。

所谓模块的独立性，是指软件系统中每个模块只涉及软件要求的具体的子功能，而和软件系统中其他的模块的接口是简单的。即独立性的模块应具有专一功能，模块之间无过多的相互作用的模块。

这种类型的模块可以并行开发，模块独立性越强，并行开发越容易。独立性强的模块，还能减少错误的影响，使模块容易组合、修改及测试。

模块独立性的度量标准是两个定性准则，即耦合性和内聚性。

（1）耦合性（Coupling）

耦合性是指软件结构中模块之间相互连接的紧密程度，是模块间相互连接性的度量。模块分解的一个目标是使模块之间的联系尽可能少。如图 4.17 所示，模块间联系可从三个方面衡量：

① 方式。模块间联系方式有“直接引用”或“过程语句调用”。显然直接引用方式模块间联系紧密。

② 作用。模块间传送的公用信息（参数）类型，可为“数据型”、“控制型”或“混合型”（数据/控制型），控制型信息使模块间联系紧密。

③ 数量。模块间传送的公用信息的数量越大，模块间联系越紧密。模块间公用的信息（如参数等）应尽量少。

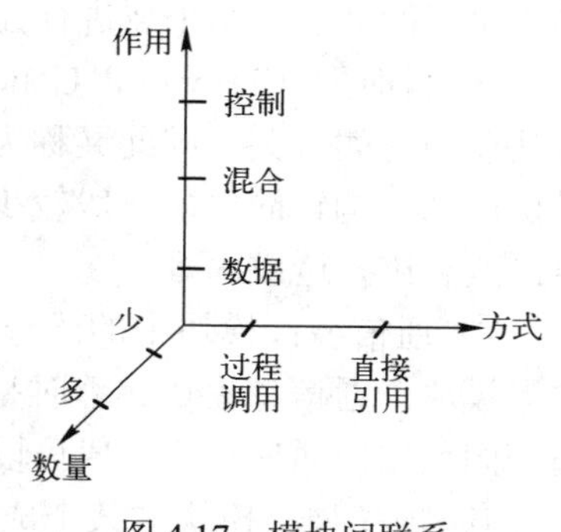

图 4.17 模块间联系

为降低块间联系，可采取以下措施：模块间相互调用应采用过程语句（或函数）等间接调用方式。模块间传送的参数为数据型。

按照耦合性的高低，耦合性的类型如图 4.18 所示。

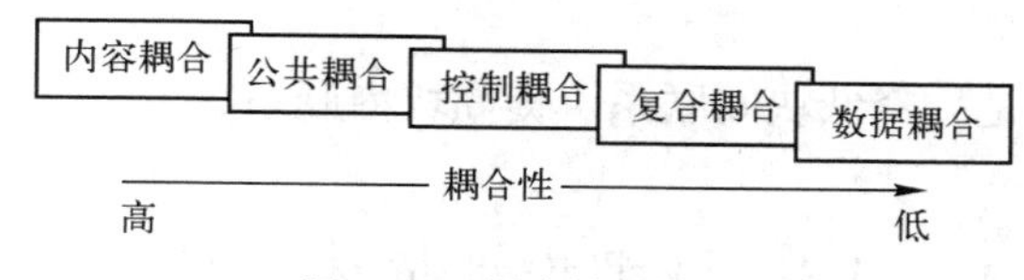

图 4.18 耦合性的类型

① 内容耦合的模块常具有以下特征：一个模块直接访问另一个模块的内部数据；一个模块不通过正常入口转到另一个模块的内部；一个模块有多个入口或者两个模块有部分代码重叠。

② 若干模块访问一个公共的数据环境，则它们之间的耦合称为公共耦合。公共环境可为全局数据结构、共享的通信区、内存的公共覆盖区等。显然，公共数据区的变化，将影响所有公共耦合模块，严重影响模块的可靠性和可适应性，降低软件的可读性。

③ 控制耦合：是一个模块传递给另一个模块的信息，是用于控制该模块内部逻辑的控制信号。显然，对被控制模块的任何修改，都会影响控制模块。

④ 复合耦合：是一个模块传送给另一个模块的参数，是一个复合的数据结构，例如，包含几个数据单项的记录。

⑤ 数据耦合：一个模块传送给另一个模块的参数，是一个单个的数据项或者单个数据项组成的数组。

（2）内聚性（Cohesion）

内聚性用来表示一个模块内部各种数据和各种处理之间联系的紧密程度，它是从功能的角度来度量模块内的联系的。显然，模块内部联系越紧，即内聚性越强，模块独立性越好。

块内部联系的类型如图 4.19 所示。

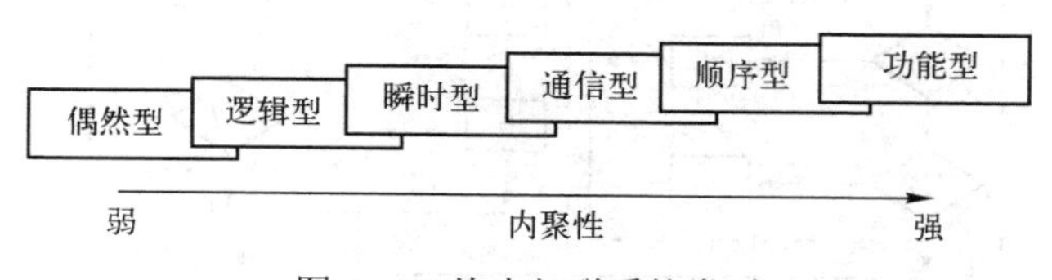

图 4.19 块内部联系的类型

① 偶然型：又称为巧合型，为了节约空间，将毫无关系（或联系不多）的各成分放在一个模块中，这样的模块显然不易理解，不易修改。

② 逻辑型：将几个逻辑上相似的功能放在一个模块中，调用时由调用模块所传递的参数

确定执行的功能。由于要进行控制参数的传递，必然要影响模块的内聚性。

③ 瞬时型（Temporal Cohesion）：将需要同时执行的成分放在一个模块中，因为模块中的各功能与时间有关，因此又称为时间内聚或经典内聚。例如，初始化模块、中止模块等，这类模块内部结构较简单，一般较少判定，因此比逻辑内聚强，但是由于将多个功能放在一起，将给修改和维护造成困难。

④ 通信型：模块中的成分引用共同的输入数据，或者产生相同的输出数据，则称为通信内聚模块。通信型模块比瞬时型模块的内聚性强，因为模块中包含了许多独立的功能，但却引用相同数据。通信模块一般可以通过数据流图来定义。

⑤ 顺序型：模块中某个成分的输出是另一成分的输入。由于这类模块无论是数据还是在执行顺序上，模块中的一部分都依赖于另外一部分，因此具有较好的内聚性。

⑥ 功能型：一个模块包括而且仅包括完成某一具体功能所必需的所有成分，或者说，模块的所有成分都是为完成该功能而协同工作、紧密联系、不可分割的，则称该模块是功能型的。

软件总体设计的总则是：降低块间联系，提高块内联系。

## 4.3 详细设计描述工具

在总体设计阶段，完成了对系统的体系结构的描述。还必须对系统结构做进一步的细化。

详细设计阶段的任务是开发一个可以直接转换为程序的软件表示，即对系统中每个模块的内部过程进行设计和描述。

常用的描述工具有：传统的流程图、结构化流程图（N-S 图）、问题分析图（PAD 图）、PDL 语言等。

（1）流程图

图 4.20 描述了一个具有多种结构的传统流程图，有关流程图的画法及使用，这里不再讨论。

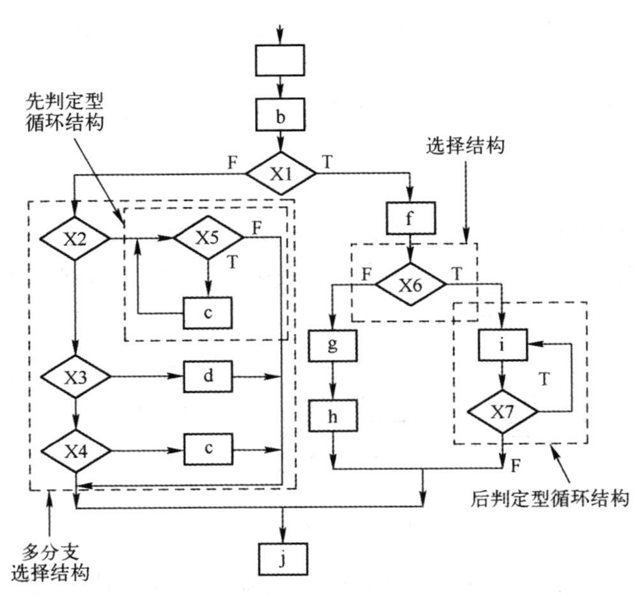


图 4.20 传统流程图

（2）N-S 图

N-S 图，又称为盒图，是一种结构化的流程图。由而且仅由顺序、选择、循环三种基本结构组成。其基本图例如图 4.21 所示。

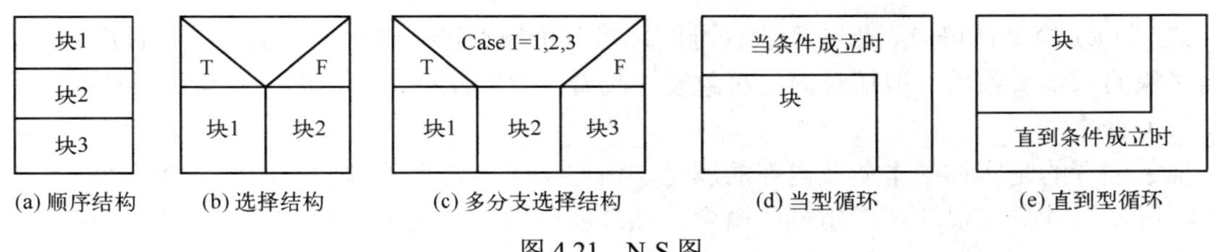


图 4.21　N-S 图

（3）PAD 图

PAD 图，即问题分析图（Problem Analysis Diagram），是一种结构化的图，其基本控制结构如图 4.22 所示。也由三种基本结构组成，其中选择结构分为两分支和多分支，循环结构分为 WHILE 型循环和 UNTIL 型循环两类。

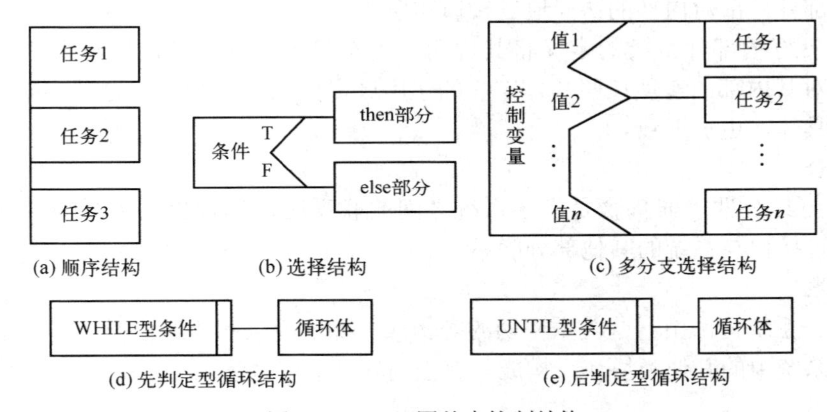


图 4.22　PAD 图基本控制结构

## 4.4　面向对象的设计

面向对象的系统开发分为三个阶段：

① 面向对象分析（Object-Oriented Analysis，OOA）。

② 面向对象设计（Object-Oriented Design，OOD）。

③ 面向对象程序设计（Object-Oriented Programming，OOP）。

从一个阶段过渡到下一个阶段应该是平滑无缝的。过渡中，可能涉及对已有设计的改进，例如添加一些细节。由于信息是被封装的，因此与信息呈现相关的设计细节的决策可以推迟到实现阶段。这意味着，系统设计者可以不被系统的实现细节束缚住，他们更应该关注的是如何设计出在不同环境下都能运行的系统。

面向对象的设计是面向对象（OO）方法的核心阶段。按照描述 OO 方法的“喷泉模型”，软件生命期的各阶段交叠回溯，整个生命期的概念、术语、描述方式具有一致性，因此从分析到设计无须表示方式的转换，只是分析和设计的任务分工与侧重不同。

OOA 建立的是应用领域面向对象的模型，而 OOD 建立的则是软件系统的模型。与 OOA 模型相比，OOD 模型的抽象层次较低，因为它包含了与具体实现有关的细节，但是建模的原则和方法是相同的。

### 4.4.1 面向对象设计的准则

建立 OO 模型，可以看做按照设计准则，对分析模型进行细化。虽然这些设计准则并非为面向对象的系统所独用，但却对面向对象设计起着重要的支持作用。面向对象的设计准则有：

（1）抽象

抽象强调的是实体的本质及内在的属性，而忽略了一些无关紧要的属性。在系统开发中，分析阶段使用抽象仅仅涉及应用域的概念，在理解问题域以前不考虑设计与实现。而在面向对象的设计阶段，抽象概念不仅用于子系统，而且还用于对象设计中。由于对象具有极强的抽象表达能力，而类（Class）实现了对象的数据和行为的抽象。

（2）信息隐蔽

信息隐蔽在面向对象的方法中的具体体现即“封装性”，封装性是保证软件部件具有优良的模块性的基础。封装性将对象的属性及操作（服务）结合为一个整体，尽可能屏蔽对象的内部细节。软件部件外部对内部的访问通过接口实现。

类是封装良好的部件，类的定义将其说明（用户可见的外部接口）与实现（用户内部实现）分开，而对其内部的实现按照具体定义的作用域提供保护。对象作为封装的基本单位，比类的封装更加具体、更加细致。

（3）弱耦合

按照抽象与封装性，弱耦合是指子系统之间的联系应该尽量少。子系统应具有良好的接口，子系统通过接口与系统的其他部分联系。

（4）强内聚

强内聚指子系统内部由一些关系密切的类构成，除了少数的“通信类”外，子系统中的类应该只与该子系统中的其他类协作，构成具有强内聚性的子系统。

（5）可重用

只有构建独立性强（弱耦合、强内聚）的子系统和类，才能够有效地提高所设计的部件的可重用性。

### 4.4.2 面向对象设计的基本任务

面向对象的设计是面向对象方法在软件设计阶段应用与扩展的结果，是将 OOA 所创建的分析模型转换为设计模型，解决“如何做”的问题。面向对象设计的主要目标是提高生产效率，提高质量和可维护性。

OOA 主要考虑系统做什么，而不关心系统如何实现的问题。在 OOD 中为了实现系统，需要以 OOA 模型为基础，重新定义或补充一些新的类，或在原有类中补充或修改一些属性及操作。因此，OOD 的目标是产生一个满足用户需求的可实现的 OOD 模型。

面向对象的设计还可以细分为系统设计和对象设计。系统设计确定实现系统的策略和目标系统的高层结构。对象设计确定解空间中的类、关联、接口形式及实现服务的算法。系统设计与对象设计之间的界限比分析与设计之间的界限更加模糊。

#### 1. 系统设计

系统设计的任务包括：将分析模型中紧密相关的类划分为若干子系统（也称为主题），子系统应该具有良好的接口，子系统中的类相互协作；标识问题本身的并发性，将各子系统分配给处理器，建立子系统之间的通信。

进行系统设计的关键是子系统的划分，子系统由它们的责任及所提供的服务来标识，在OOD中这种服务是完成特定功能的一组操作。

将划分的子系统组织成完整的系统时，有水平层次结构和垂直块状结构两种方式，层次结构又分为封闭式和开放式。所谓封闭式是指每层子系统仅使用其直接下层的服务，这就降低了各层之间的相互依赖，提高了易理解性和可修改性。开放式则允许各层子系统使用其下属任一层子系统提供的服务。块状结构是把软件系统垂直地划分为若干个相对独立的、弱耦合的子系统，一个子系统（块）提供一种类型的服务。

图4.23描述了一个典型应用系统的组织结构，系统采用了层次与块状的混合结构。

通常OOD模型（即求解域的对象模型）也与OOA模型（问题域的对象模型）一样，由主题、类与对象、结构和服务5个层次组成。此外，大多数系统的OOD在逻辑上都由问题域子系统、人机交互子系统、任务管理子系统和数据管理子系统4部分组成，这4部分是组成目标系统的子系统。当然，在不同的软件系统中，这4个子系统的规模和重要性差异很大。

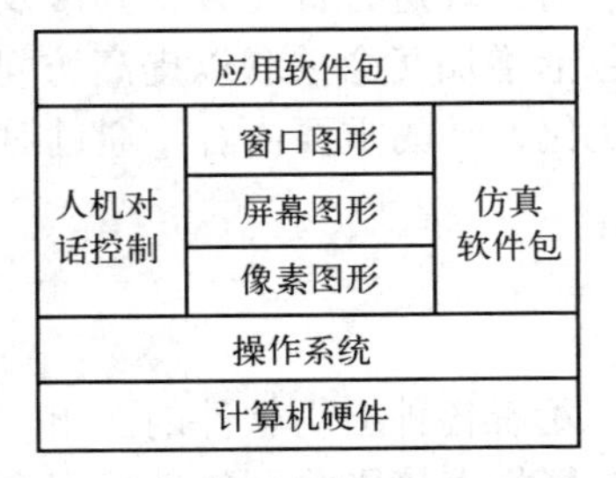

图4.23　典型应用系统的组织结构

2. 对象设计

在面向对象的系统中，模块、数据结构及接口等都集中地体现在对象和对象层次结构中，系统开发的全过程都与对象层次结构直接相关，是面向对象系统的基础和核心。面向对象的设计通过对象的认定和对象层次结构的组织，确定解空间中应存在的对象和对象层次结构，并确定外部接口和主要的数据结构。

对象（类）设计是指为每个类的属性和操作进行详细设计，包括属性和操作的数据结构、实现算法，以及类之间的关联。另外，在OOA阶段，将一些与具体实现条件密切相关的对象，如与图形用户界面（GUI）、数据管理、硬件及操作系统有关的对象推迟到OOD阶段考虑。

在进行对象设计的同时也要进行消息设计，即设计类与其协作者之间的消息规约（Specification Of The Messages）。

对象的设计应当遵循约定俗成的原则。这里列出一些常用的原则。

① 单一职责原则（SRP，The Single Responsibility Principle）：一个类要改变的理由永远不能多于一个，或者说，一个类应该负担最少的责任。

② 开放封闭原则（OCR，The Open-Closed Principle）：类对扩展是开放的，而对修改是封闭的，即在扩展一个类时，不应该修改该类。

③ 依赖倒置原则（DIP，The Dependency Inversion Principle）：高层模块不应该依赖于低层模块。二者都应该依赖于抽象；抽象不依赖于细节，细节依赖于抽象。

④ 接口分离原则（ISP，The Interface Segregation Principle）：客户代码不应该依赖于那些它们用不到的接口。

⑤ 里氏替换原则（LSP，Liskov Substitution Principle）：使用父类指针或者引用作为形式参数的函数，能够使用父类的子类对象作为实际参数，并且不应该试图去了解子类。

这条原则的转述为：在使用父类指针或引用的场合，子类对象可以完全替换父类对象，并且程序实体并不能察觉这种替换。

⑥ 组合/聚合复用原则（CARP，Composite/Aggregate Reuse Principle）：在一个新的对象

里面使用一些已有的对象，使之成为新对象的一部分，新对象通过向这些对象的委派（Delegation）发消息达到复用已有功能的目的。

⑦ 最少知识原则（LKP，Least Knowledge Principle）：一个对象应当对其他对象有尽可能少的了解。LKP 原则又称为迪米特法则（Law of Demete），其含义是：每一个软件实体对其他的实体都只有最少的知识，而且局限于那些与本实体密切相关的软件实体里。

无论如何，上述设计原则都不是死的教条。设计者应该在对象/类设计过程中，灵活运用设计规则，以期设计出结构精良和高度可重用的对象/类。

### 3. 设计优化

对设计进行优化，主要涉及提高效率的技术和建立良好的继承结构的方法。提高效率的技术包括增加冗余关联以提高访问效率，调整查询次序，优化算法等技术。建立良好的继承关系是优化设计的重要内容，通过对继承关系的调整实现。

# 4.5 用户界面设计

随着各种应用软件的面市，作为人机接口的用户界面具有越来越重要的作用，用户界面是否友好将直接影响到软件的寿命与竞争力。因此，对用户界面的设计必须予以足够的重视。本节将对用户界面设计中的主要问题进行讨论。

① 用户界面应具有的特性——什么是友好的用户界面。

② 用户界面设计的任务——用户界面设计应该完成的工作。

③ 用户界面的基本类型——用户界面的工作模式。

## 4.5.1 用户界面设计的特性与设计任务

### 1. 用户界面设计的特性

一个好的用户界面应具有以下特性：

（1）可使用性

① 使用简单，用户对界面的学习周期应该较短。

② 用户界面中所用术语应该标准化，采用用户熟悉的标准系列；同时术语应该具有一致性，在系统任何地方出现的相同概念的术语都是一致的。

③ 提供 Help 功能，以便用户在需要时获得指导。

④ 系统响应速度要尽可能的快，不要让用户产生系统停止运行的错觉；系统成本也应该控制在低水平。

⑤ 具有容错能力，就是当用户输入了错误的数据时系统应该具有处理这种错误的能力，而不是简单地退出甚至崩溃。

（2）灵活性

① 考虑用户的特点、能力、知识水平，提供不同的指导、帮助信息和快捷方式，且提供的信息不能太专业化，否则会使用户难于理解。

② 提供不同的系统响应信息。根据用户操作的熟练程度，系统提供的信息应该有繁简之分。

③ 提供根据用户需求定制和修改界面功能。初学者、熟练用户和专家用户对界面的繁简程度有不同的要求，界面的定制功能可以适应这种要求。

（3）界面的复杂性与可靠性

复杂性指界面规模及组织的复杂程度。应该越简单越好。

可靠性指无故障使用的时间间隔。用户界面应该能够保证用户正确、可靠地使用系统，以及程序、数据的安全。

**2．用户界面设计的任务**

这部分工作应该与软件需求分析同步进行。包括以下内容：

（1）用户特性分析——建立用户模型

了解所有用户的技能和经验，针对用户能力设计或更改界面。可从以下方面分析：用户类型，通常分为外行型、初学型、熟练型和专家型；用户特性度量，它与用户使用模式和用户群体能力有关，包括用户使用频度、用户的用机能力、用户的知识、思维能力等。

（2）用户界面的任务分析——建立任务模型（DFD 图）

这是对系统内部活动的分解，不仅要进行功能分解（用 DFD 图描述），还要包括与人相关的活动。每个加工即为一个功能或任务。

（3）确定用户界面类型

应用程序的界面一般分为三种：字符界面、GUI 界面和无交互界面。运行在 UNIX 系统 Shell 环境下的应用，以及运行在 Microsoft Windows 系统命令提示符环境下的应用，都是字符界面的；运行在 UNIX 系统 X Window 环境下的应用，以及运行在 Microsoft Windows 系统窗口环境下的应用，都是 GUI 界面的；很多的系统级服务应用都是没有交互界面的。软件的开发者应根据应用的需要来确定使用哪种界面。

### 4.5.2 用户界面设计的基本原则

软件的设计者往往会不自觉地根据自己的常识和喜好来安排界面、操作、颜色搭配等。另外，还常常按照自己的思路来设计程序的流程，也就是试图控制用户。这些都是不好的设计习惯，应该努力避免。

用户界面设计的一条总原则就是：以人为本，以用户的体验为准。Ben Shneiderman 提出了如下 8 条界面设计的黄金原则：

① 争取保持一致性。在类似的环境中应要求一致的动作序列；在提示、菜单和帮助屏幕中应使用相同的术语；应始终使用一致的颜色、布局、大写和字体等。发生异常情况，如要求确认、删除和密码而没有回显，应是可理解的，但数量有限。

② 满足普遍可用性的需求。认识到不同用户和可塑性设计的要求，可使内容的转换更便捷。应意识到新用户和专家用户之间的区别，并在设计中体现这些区别。

③ 提供信息反馈。对每个用户动作都应提供系统反馈。常用和较少用动作应提供适当的响应，而对少用和主要动作则应提供更多的响应。

④ 设计对话框以产生结束信息。应把动作序列分组，每组有开始、中间和结束 3 个阶段。每组动作完成后提供信息反馈，这能给操作者完成任务的满足感、轻松感。

⑤ 预防错误。要尽可能地设计用户不易犯严重错误的系统。如果用户犯错，界面应检测到错误并提供简单的、有建设性的和具体的说明。错误的动作不应引起系统状态的变化，或者界面应给出恢复状态的说明。

⑥ 允许动作回退。应尽可能允许动作回退。这个特性能减轻焦虑，因为用户知道错误动作能够撤销，而且鼓励探索不熟悉的选项。

⑦ 支持内部控制点。有经验的用户一般都有一种他们能掌控界面且界面响应他们动作

的强烈渴望。他们不希望熟悉的行为发生意外或者改变，并且会因不能得到想要的结果而感到郁闷。

⑧ 减轻短期记忆负担。由于人类利用短期记忆进行信息处理的能力有限，因此要求设计的界面中避免要求用户必须记住某个屏幕上的信息，然后在另一个屏幕上使用这些信息。

当然，以上原则不应教条地生搬硬套，必须根据具体的环境去解释、改进和扩充。

### 4.5.3 用户界面的基本类型

现在的应用系统一般都具有漂亮的 GUI（Graphic User Interface）界面。GUI 界面易学易用，并且显示的信息量大，是进行界面设计的首选。这里我们也主要以 GUI 界面来进行讨论。

GUI 界面的主要元素有：窗口（Window）、图标（Icon）、菜单（Menu）、图像（Graphics）、指点（Pointing）。

（1）窗口

窗口在图形学中称为视图区（Viewport），视为虚拟屏幕。一个实用的窗口，可包含以下部件：标题杠（Title Bar）、菜单条（Menu Bar）、工具栏（Tool Bar）、状态栏（Status Bar）、用户工作区（Client Area）。图 4.24 是一个典型的桌面型窗口示例，其中带有现代流行的丝带菜单（Ribbon Menu）。丝带菜单将常用的工具和命令分组，这可以使用户很容易定位和找到它们。

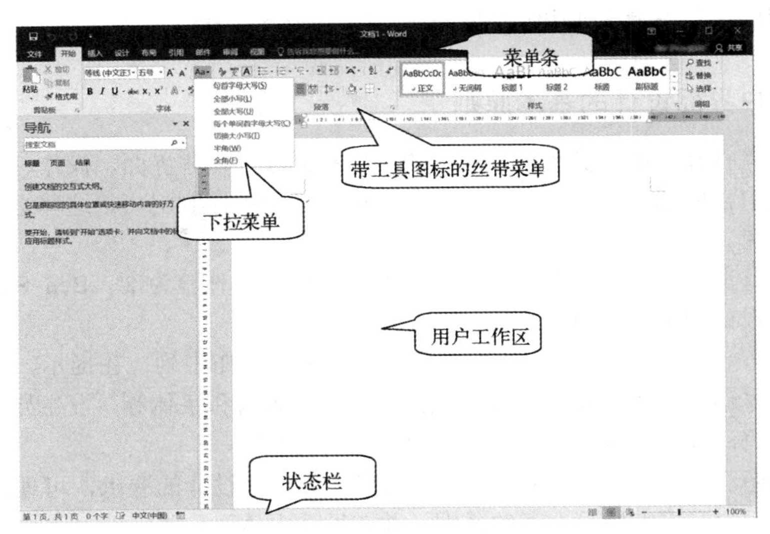

图 4.24 Microsoft Word 窗口界面

使用窗口可以在同一个屏幕上显示更多的信息。

移动终端因其屏幕尺寸的限制，其上的窗口布局与桌面系统的窗口布局有很大的不同：它们更加简洁，重点更加突出。

（2）图标

图标是窗口中的一个小图像，它是一种快捷方式，往往代表了一个程序，或者一个文件/文件夹，用户通过单击或双击图标就可以启动一个相应的应用程序，或者打开一个文件/文件夹。

（3）菜单

按照显示方式可以分为：正文菜单、图标菜单、正文和图标混合菜单等。

移动终端因其屏幕较小，因此其上的菜单布局与桌面系统有很大的不同，往往采用列表形式，显得紧凑而重点突出。

（4）图像

在用户界面中，适当地加入图形图像，能够更加形象地为用户提供有用的信息，以达到可视化的目的。

主要的处理操作有：图像的隐蔽和再现、屏幕滚动和图案显示、动画等。不过需要注意的是，人的眼睛对运动的事物非常的敏感，所以太多的动画或闪烁不但起不到帮助的作用，相反，会使用户的注意力分散，从而使界面的可用性降低。

（5）指点

GUI 界面往往会用到鼠标这样的指点设备，同时它也是一种选择设备。用户使用指点设备来定位光标、选择菜单或者激活屏幕上的目标，这比使用键盘这样的设备要方便和快捷。

在移动终端上，要求系统能够识别如手指轻触、滑动、转动等手势操作。

### 4.5.4 用户交互设计

用户交互界面是系统的重要组成部分。用户交互界面的设计，尤其是信息输入界面的设计，它直接影响到用户使用系统的效率。特别是输入信息量大时，主要考虑提高输入速度和减少出错率。输出界面的设计，要考虑屏幕显示的各种形式。信息显示界面包括：屏幕查询、文件浏览、图形显示和报告等。

信息显示界面往往通过漂亮、有冲击力的视觉展示来呈现。需要注意的是，一定要注意功能和时尚的平衡。

#### 1. 信息输入界面设计

信息输入界面设计是系统的一个重要组成部分，一个好的输入界面应该尽可能方便而有效地进行数据输入。为此，可以考虑从以下几方面来提高输入的效率。

（1）尽量减少输入工作量

① 对相同内容输入设置默认值（缺省值），可避免重复输入。

② 自动填入已输入过的内容，或者需要重复输入的内容。

③ 列表选择或单击选择，不需要从键盘输入信息，但必须事先准备好一个有限的备选集。图 4.25 是使用多种列表和选择控件的界面。

④ 用模拟的方式输入。图 4.26 是使用滑动杆（Slider Bar）来调整数据的窗口界面。除了滑动杆，还可以使用滚动条（Scroll Bar）、摇杆（Spinner）等 Windows 控件（见图 4.27），或者使用自定义的拨号盘（Dial）、量表（Gauge）等图形化的工具来输入数据。

⑤ 语音输入。这对行动不方便的使用者有很大的帮助。

（2）输入屏幕与输入格式匹配

即信息输入的屏幕显示可按照信息使用频率、重要性、次序等来组织，屏幕显示应该尽量与输入格式相匹配。输入表格的设计也应以操作简便为主要原则。

（3）信息输入的一般规则

① 确定输入：只有当用户按下输入确认键时，才确定输入，这有助于在输入过程中一旦出现错误可以及时纠正。

② 交互动作：对于初级用户，不习惯输入信息时在表项之间自动跳转，应该设计为输入信息后按一个跳转键（回车或 Tab 键），再跳转到下一个表项。也便于用户查错。

③ 确定删除：为了避免错误的删除所造成的损失，应该在输入删除命令后，必须再次确

认，才真正执行删除操作。图 4.28 给出了一个例子。

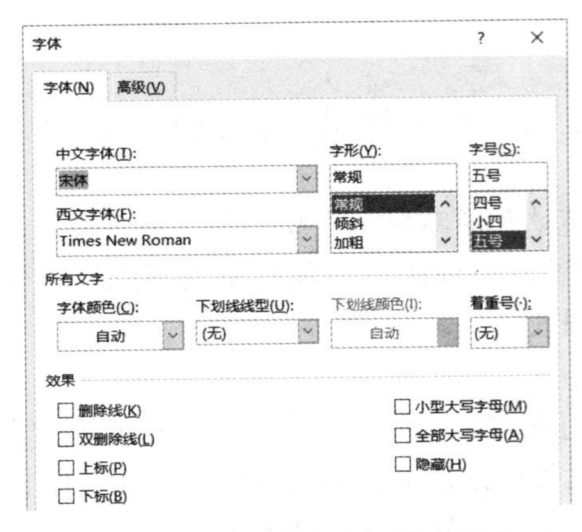


图 4.25　多种列表和选择控件界面

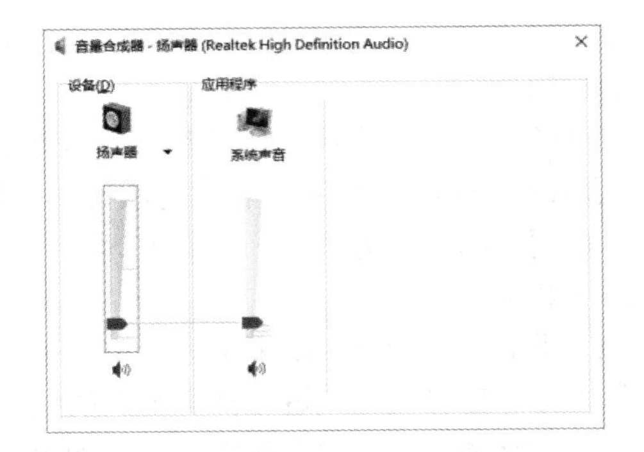


图 4.26　使用滑动杆的窗口界面

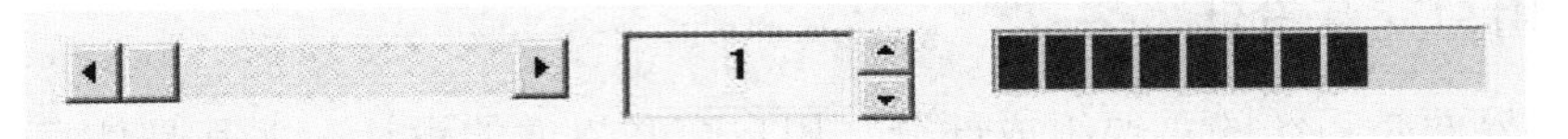


图 4.27　滚动条、摇杆和进度条

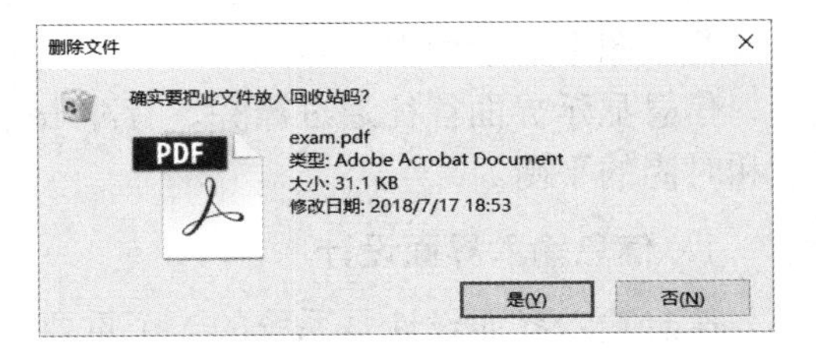


图 4.28　删除前的确认提示

④ 提供反馈：输入信息或删除信息，以及输入出错，都应该显示相应的反馈信息，以便用户确定下一步的操作。在设计反馈信息时，最好能遵循下面的规则：

- 尽量不要使用会让用户感到疑惑不解的专业术语、缩写等，但有必要使用用户的行话。
- 尽可能使用主动语态而不是被动语态。
- 肯定的语气比否定的语气容易让人接受。
- 用一种客气的但不过分的语气。
- 给出必要的提示或建议。
- 需要考虑用户的经验甚至文化、地域背景。
- 如果有可能应提供声音提示。

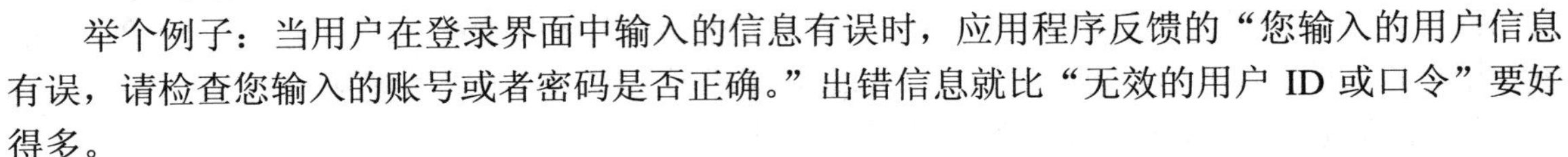

举个例子：当用户在登录界面中输入的信息有误时，应用程序反馈的“您输入的用户信息有误，请检查您输入的账号或者密码是否正确。”出错信息就比“无效的用户 ID 或口令”要好得多。

**2．信息输出界面设计**

信息输出界面设计，首先应该了解对信息显示的要求，选择适当的显示内容和显示形式。

（1）显示内容选择的原则

显示内容只选择必需的信息；联系紧密的信息应该一起显示；显示的信息应与用户执行的任务有关；每一屏信息的数量，包括标题、工具栏、数据等不超过整个屏幕可显示区域的 30%。

（2）安排显示结构的规则

按照某种逻辑结构分组，还可以根据使用频率、操作顺序或者功能来分组。信息安排要方使用户使用，要提供明了的提示帮助信息。关键词、识别符应安排在窗口的左上角。显示的信息应该便于用户理解，尽量少使用代码和缩写等。

（3）信息的表示方法

这里讨论文字信息和数值信息的显示方法。

在显示文字信息时，要选择合适的字体，并且注意字体颜色和背景颜色的对比。

在显示数值信息时，可以根据这些信息是要定量还是要定性表达来选择显示方式。定量信息要求准确清晰，所以最好采用文字的方式来显示。不过，文字的方式有一些缺陷，比如，不容易引起人的注意，不适合显示高频变化的值等。解决的方法是采用文字图形相结合的方式。定性信息不要求精确，只是一个量级的概念，比如软件安装过程中的时间耗费。对于这样的信息，模拟（图形）的方式是最好的。

**3．颜色的使用**

在几乎所有的交互式系统中，都会用颜色来表达一定的信息。颜色可以增加用户界面的可用度，同时在一定程度上有助于用户理解界面。但是，颜色也很容易被滥用来表达信息。因此，应该在界面中有原则地使用颜色。

Shneiderman 在他关于人机界面设计的著述中给出了颜色使用的一些原则，其中最重要的几条是：

① 限制使用的颜色数目并且用一种保守的方式使用它们。一般地，单个显示中不应该出现 4 种以上的不同的颜色，整个显示序列中不应该超过 7 种。界面设计者应该仔细地选择所用的颜色，它们应该能贴切地表达设计者的意图。

② 认识到颜色也是一种编码技术。彩色编码可以加快很多任务的识别程度，但在使用时，颜色编码要一致，整个系统使用相同的颜色编码规则；否则，用户会误读信息从而采取错误的举动。此外，不同文化、教育和职业背景的人对相同的颜色有着不同的解释，这会造成用户对颜色编码的不同解读，从而可能导致错误。

③ 使用颜色的改变来表示系统状态的改变。颜色的改变最好意味着一些比较“重大”的系统事件发生了。这种方式在界面上有大量的图形元素显示的时候特别有效，它会引起用户的警觉，从而采取相应的措施。

④ 考虑颜色的生理作用。高饱和度和高亮度的颜色（特别是在色块面积较大时）以及某些颜色组合会让用户感到不适，因此界面应尽可能多地使用不饱和及低亮度的颜色以及合理的颜色搭配。

⑤ 尽量不要用颜色来表示信息。我们都知道，有大约 10%的人是色盲，他们不能区分有些或全部颜色，如红色和绿色。

**4．其他考虑因素**

（1）声频的使用

当用户的手眼都很忙碌的时候，或者在为有视力障碍的用户设计界面时，声频的使用显得尤为重要。这就需要系统有相应的语音识别能力。

（2）小尺寸屏幕

小尺寸屏幕主要应用于手机这样的移动终端上。由于屏幕尺寸的限制，因此要为这类设备设计特别的界面。

为小屏幕系统设计界面需要注意如下重要事项：

① 适当分配功能：考虑使用频率和重要性。

② 简化设计：关注主要功能。

③ 为响应性设计：为中断做计划，提供持续的反馈。

需要注意的是：小屏幕并不意味着低分辨率。事实恰恰相反，常用智能手机都拥有非常高的分辨率。这意味着设计者在选择界面元素尺寸时，不能沿用做桌面设计的经验。另一个需要考虑的因素是流量问题。

## 4.6 MVC 设计模式

MVC 是“Model-View-Controller”的缩写，意思是“模型-视图-控制器”。这是一种非常流行的设计模型，由 Trygve Reenskaug 提出，首先被应用在 SmallTalk-80 环境中，是许多交互界面系统的构成基础。J2EE 的各种框架中都实现了这种模式，如 Spring、Struts 等，ASP.NET 也提供了一个很好的实现这种经典设计模式的类似环境。

MVC 模式是一种非常有效的支持信息多种表示的方法。用户可以用最适合的方式与每种信息表示交互。这里提到的信息被封装在“模型（Mode）”对象当中，每个模型对象都可以拥有一系列不同的“视图（View）”对象，而与每个视图对象相联系的是不同的模型表示。每个视图对象拥有一个“控制（Controller）”对象来处理用户的输入和与设备的交互。

① 模型（Model）是软件所处理问题的逻辑在独立于外在显示内容和形式情况下的内在抽象，封装了问题的核心数据、逻辑和功能的计算关系，它独立于具体的界面表达和 I/O 操作。

② 视图（View）把表示模型数据及逻辑关系和状态的信息及特定形式展示给用户。它从模型获得显示信息，对于相同的信息可以有多个不同的显示形式或视图。

③ 控制器（Controller）是用来处理用户与软件的交互操作的，其职责是控制模型中任何变化的传播，确保用户界面与模型间的对应联系；它接受用户的输入，将输入反馈给模型，进而实现对模型的计算控制，是使模型和视图协调工作的部件。通常一个视图具有一个控制器。

模型、视图与控制器的分离，使得一个模型可以具有多个显示视图。如果用户通过某个视图的控制器改变了模型的数据，所有其他依赖于这些数据的视图都应反映出这些变化。因此，无论何时发生了何种数据变化，控制器都会将变化通知所有的视图，导致显示的更新。

图 4.29 示意了 MVC 模型的工作模式。

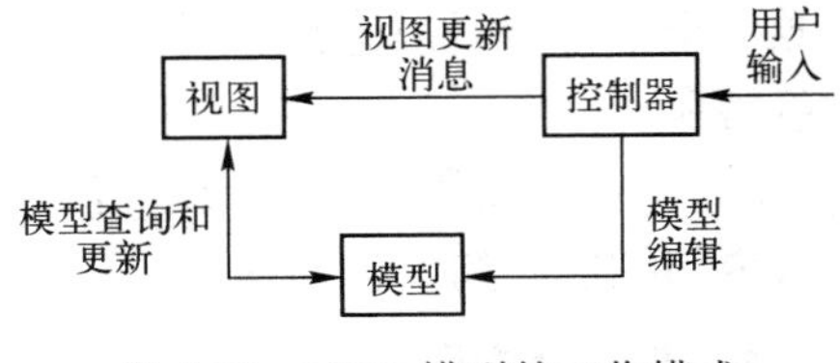


图 4.29　MVC 模型的工作模式

MVC 的一般工作流程是：

① 建立系统中的 Model、View、Controller 类。

② 确立三者之间的关系。一般地，View 和 Controller 总是成对的，它们只和一个 Model 相关联；反之，一个 Model 可以关联多个 View-Controller 对。

③ 根据用户动作触发某个 Controller，它处理用户输入，然后启动与之关联的 View 的更新动作；View 为了更新显示，要从与之关联的 Model 中查询数据，然后将这个数据集格式化后展示给用户。

为了能使上述流程更加流畅，在系统实现时一般会使用路由（Route）机制。该机制可以扼要描述为：系统设置一个路由器（Router，这借用了硬件的概念，一般由类来实现），并维护一张路由表，其中写明了 View-Controller 对与 Model 的关联关系；当用户发起动作时，路由器根据用户的选择触发对应的 Controller，随后完成后续的工作。

MVC 设计模式的优点表现在以下几个方面：

① 可以为一个模型在运行时同时建立和使用多个视图。MVC 机制确保所有相关的视图及

时得到模型数据变化通知，从而使所有关联的视图和控制器做到行为同步。

② 视图与控制器的可接插性。允许更换视图和控制器对象。而且可以根据需求动态打开或关闭，甚至在运行期间进行对象替换。

③ 模型的可移植性。因为模型是独立于视图的，所以可以把一个模型独立地移植到新的平台工作。需要做的只是在新平台上对视图和控制器进行新的修改。

④ 潜在的框架结构。可以基于此模型建立应用程序框架，不仅仅用在界面的设计中。

MVC 的不足体现在以下几个方面：

① 增加了系统结构和实现的复杂性。对于简单的界面，严格遵循 MVC，使模型、视图与控制器分离，会增加结构的复杂性，并可能产生过多的更新操作，降低运行效率。

② 视图与控制器间的过于紧密的连接。视图与控制器是相互分离的，但确实联系紧密的部件，视图没有控制器的存在，其应用是很有限的，反之亦然，这样就妨碍了它们的独立重用。

③ 视图对模型数据的低效率访问。依据模型操作接口的不同，视图可能需要多次调用才能获得足够的显示数据。对未变化数据的不必要的频繁访问，也将损害操作性能。

④ 目前，一般高级的界面工具或构造器不支持 MVC 模式。改造这些工具以适应 MVC 需要和建立分离的部件的代价是很高的，从而造成使用 MVC 的困难。

## 4.7 软件设计实例

**【例 4-1】** 针对表 4.1 的销售数据，设计一个应用系统，它可以用表格、柱状图、折线图等方式显示销售数据。

虽然这是一个非常简单的应用系统，但还是应按照规范做出系统设计。

### 1. 用例模型

本系统的使用环境非常简单：用户使用系统，选择图表类型，系统则根据用户的选择显示相应的图表。图 4.30 是用例图。

表 4.1 销售量表

| | Q1 | Q2 | Q3 | Q4 |
|---|---|---|---|---|
| 2015 | 20 | 19 | 25 | 16 |
| 2016 | 22 | 20 | 30 | 20 |
| 2017 | 26 | 22 | 33 | 21 |

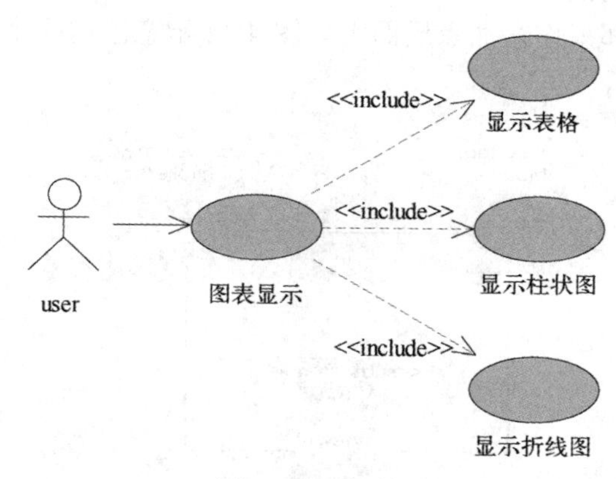


图 4.30 用例图

### 2. 体系结构设计

（1）体系结构

案例描述的微型应用采用 B/S 模型非常合适。这里，应用的 B/S 架构应该是三层的：

- 客户端。只需浏览器即可。

- 服务器端。服务器端使用流行的 Web 服务器。为了能产生动态页面，需要编写一些脚本。
- 数据端。由于应用的数据模型很简单，因此使用文本文档保存数据，而不需要真正的数据库管理系统支持。

（2）控制模型

B/S 结构的客户端都采用事件驱动模型。一旦用户界面呈现在用户面前，浏览器就处于挂起等待状态。当用户点击界面做出某个动作（例如点击<a>元素）时，与该动作绑定的事件处理器会将事件分发给对应的子系统去处理。

在这个层面上，不需要为这个话题考虑更多的设计问题。

（3）模块分解

根据用户需求和 MVC 模式的要求，本系统将分解出三个主要的子系统，分别对应 MVC 模式中的 Model、View 和 Controller：

① 模型子系统：完成数据维护功能；

② 视图子系统：完成数据查询、页面显示功能；

③ 控制器子系统：相应用户动作；控制页面更新。

由于本系统的业务逻辑非常简单，因此就不再对 Model 进行进一步的细分。

结构设计的结果如图 4.31。

### 3. 对象设计

本系统采用面向对象模型，系统的子系统都由对象/类来实现。

系统中的主要对象：模型、视图、控制器。一个不明显的对象存在于页面渲染的过程中，该对象负责页面渲染，不妨称之为渲染器。

下面我们就来对这几种类进行详细设计。

（1）顶层类

根据对象的设计原则，对象应该建立在抽象之上，这可以更好地实现软件复用。为此，我们首先根据对象间的关系，为系统设计 4 个顶层类：模型类、视图类、控制器类、渲染器类，它们都工作在抽象层面上。图 4.32 示意了这四个顶层类的关系和类的接口。

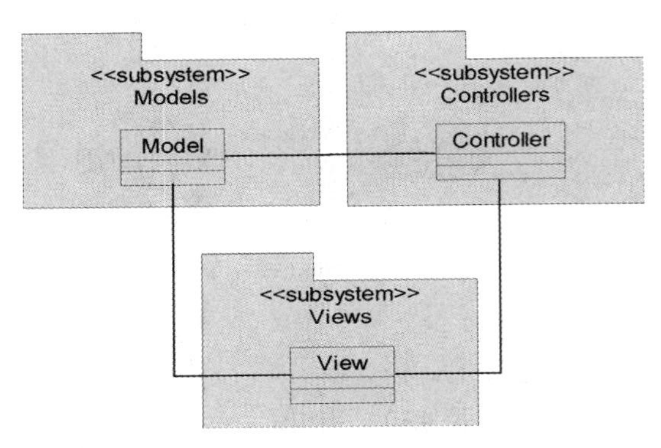


图 4.31　系统的模块/子系统

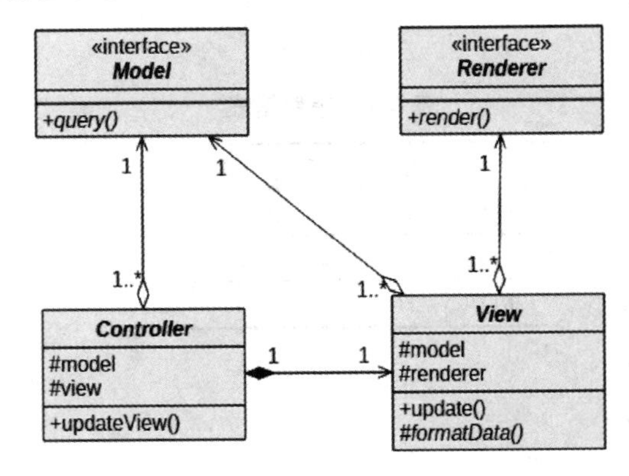


图 4.32　4 个顶层类的关系和类的接口

其中，虽然 View 类含有抽象方法，但因其还含有数据成员和非抽象方法，所以是一种抽象（Abstract）类而非真正的接口。

（2）子类

上述顶层类工作在抽象层面，因此不能完成实际的工作。所以，必须从这些类中派生出与实际操作紧密结合的子类来。

基于同样的抽象原则，将子类设计为两层：上层描述所有图表类的共性；下层描述具体图表的特性。

图 4.33-35 分别是模型类族、视图类族和控制器类族的类图。

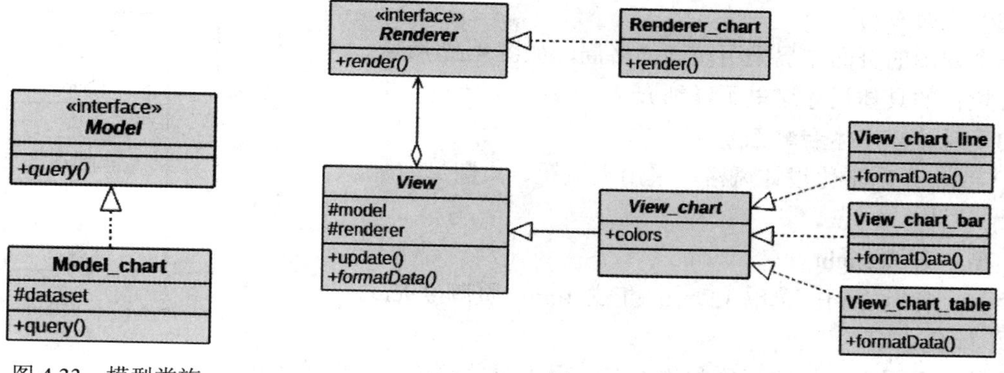


图 4.33 模型类族

图 4.34 视图类族

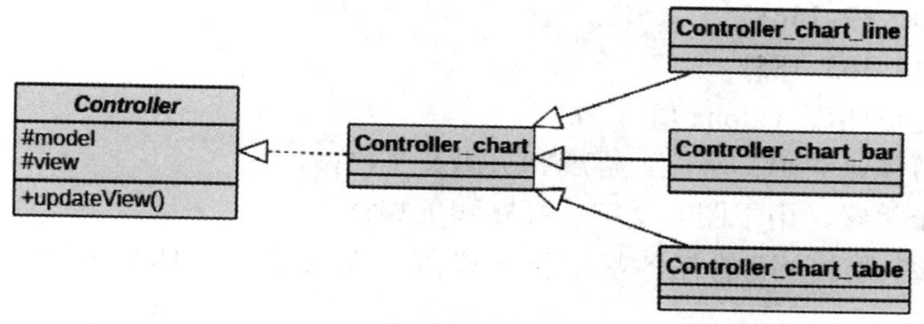


图 4.35 控制器类族

（3）顺序图

根据操作流程，上述各类的工作流程如图 4.36 所示。

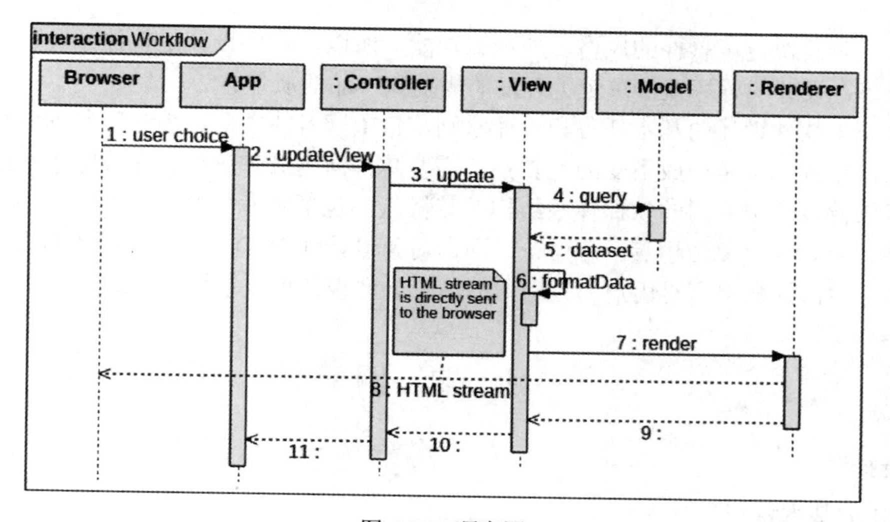


图 4.36 顺序图

**4．用户界面设计**

（1）交互风格

用户与页面的交互风格采用菜单选择模式：在页面上呈现三个用于选择不同视图的菜单选项。用户选择（点击）其中一个选项后重新载入相应的页面，显示不同的视图。

（2）页面布局

三个视图的页面布局采用相同的格局，如图 4.37 所示。

各栏目的具体尺寸这里不详细介绍。

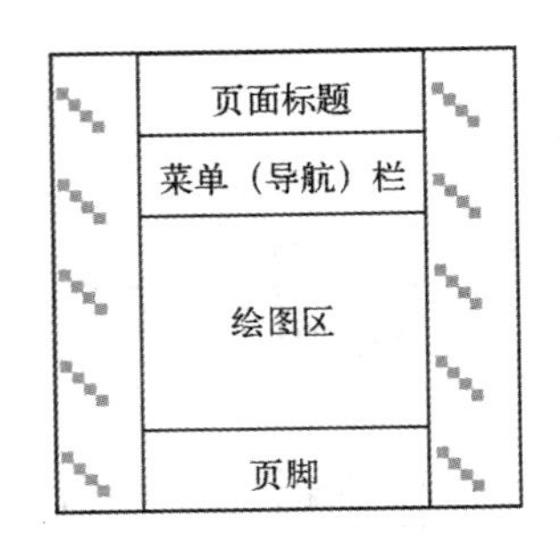


图 4.37　页面布局

（3）风格、字体和配色方案

① 风格：扁平化设计风格，采用大按钮、大图形。

② 字体

字型：等线 Light

字号：标题 2em；菜单 1.2em；正文 1em；页脚 0.9em。

③ 配色方案

主色：选用青色系的三色配色方案，用于菜单底色、表格等主色；

颜色 1：rgb(0, 106, 115)

颜色 2：rgb(0, 139, 156)

颜色 3：rgb(49, 165, 185)

图表颜色填充透明度（alpha 值）：0.7

白色：用于背景、菜单文字色、标题和页脚文字色；

灰色：有几个等级，用于图表文字、标题和页脚背景色。

至此，本系统设计阶段的任务基本告一段落，而其他的具体细节这里就不做更多的讨论了。

在“软件构造”章节中，将讨论这个系统的具体实现。

## 小　　结

软件设计阶段决定了软件的风格、外观和功能。所以，软件设计是软件开发阶段的一个非常重要的环节，设计的好坏直接决定了开发的周期和产品的质量。

本章介绍了软件设计的基本任务和设计原则，希望读者能主动运用这些原则，指导自己的设计。当然，原则并不是一成不变的死教条，需要具体问题具体分析，在实际中灵活运用。同时还讨论了软件设计中常用的软件体系结构及其特点，包括仓库模型、分布式结构、两级及三级 C/S 模型、分布式对象结构等。还讨论了面向对象设计（OOD）的基本任务和设计准则。对直接影响软件生命期和提高对用户的吸引力的用户界面设计也做了较详细的讨论。

## 习　题　四

### 一、选择题

1．模块的基本特征是（　　）。

（A）外部特征（输入/输出、功能）

（B）内部特征（输入/输出、功能）

（C）内部特征（局部数据、代码）

（D）外部特征（局部数据、代码）

2．SD 方法的设计总则是（　　）。

（A）程序简洁、操作方便　　（B）结构清晰、合理

（C）模块内聚性强　　（D）模块之间耦合度低

3．软件设计的主要任务是（　　）。

（A）完成模块的编码和测试

（B）完成系统的数据结构和程序结构设计

（C）完成系统的体系结构设计和用户界面设计

（D）对模块内部的过程进行设计

4．设计阶段应达到的目标有（　　）。

（A）提高可靠性和可维护性　　（B）提高应用范围

（C）结构清晰　　（D）提高可理解性和效率

5．从工程管理的角度来看，软件设计分两步完成（　　）。

（A）①系统分析②模块设计　　（B）①详细设计②总体设计

（C）①模块设计②详细设计　　（D）①总体设计②详细设计

6．模块独立性准则由以下定性指标来衡量（　　）。

（A）分解度　　（B）耦合度　　（C）屏蔽性　　（D）内聚性

7．用户界面设计的任务包括（　　）。

（A）确定用户界面类型　　（B）建立任务模型

（C）建立用户模型　　（D）建立功能模型

**二、判断题**

1．划分模块可以降低软件的复杂度和工作量，所以应该将模块分得越小越好。（　　）

2．在网状结构中任何两个模块都是平等的，没有从属关系，所以在软件开发过程中常常被使用。（　　）

3．中心变换型的 DFD 图可看成对输入数据进行转换而得到输出数据的处理，因此可以使用事务分析技术得到初始的模块结构图。（　　）

4．信息隐蔽原则有利于提高模块的内聚性。（　　）

5．SD 法是一种面向数据结构的设计方法，强调程序结构与问题结构相对应。（　　）

6．当模块的控制范围是其作用范围的子集时，模块之间的耦合度较低。（　　）

7．面向对象设计的主要目标是提高生产效率，提高质量和可维护性。（　　）

**三、简答题**

1．请解释为什么需要体系结构设计？

2．集中式模型和分布式模型相比各有什么优缺点？

3．请举出一种集中式模型的实例，并图示它的结构。

4．胖客户模型和瘦客户模型的区别是什么？它们分别被应用在什么样的场合？

5．请举出一种分布式模型的实例，并图示它的结构。

6．请为一个公司的电子商务网站建设提出体系结构设计方案。

7．分布式对象模型与客户-服务器模型有什么异同？

9．模块分解的最终目的是什么？

10．模块分解应该遵循什么样的标准？

11．面向对象设计的准则有哪些？

12．请用你熟悉的程序设计语言编写一个数据结构，来模拟队列 Queue。队列是一种先进先出的数据存储结构，它一般拥有下列操作：数据入列、数据出列、查找、清空等。

13．编写非面向对象和面向对象两种不同版本的队列，然后对比它们的特点。

14．观察你所使用的操作系统和应用程序的界面，从中找出信息表示的方法来。

15．在你找出的信息表示中，哪些信息表示方法是可以改进的？

16．请查阅相关的资料，写一篇关于颜色对人的生理作用的文章。

17．前面提到的电子商务公司的标准色为深绿色，请为该公司的电子商务网站设计提供几套备选的配色方案。

18．请采用 MVC 模式，为某个银行的 ATM 系统设计用户界面。

# 第 5 章　软件构造

软件的详细设计完成，就表示完成了软件的过程性的描述，接下来进入程序构造阶段。

软件构造（Software Construction）指通过编码、验证、单元测试、集成测试和排错的组合，创建一个可以工作的软件。本章主要聚焦在该领域中的程序设计语言、设计、编码和复用等几个话题。

## 5.1　程序设计语言的选择

程序设计语言是人和计算机进行通信的一个重要工具，不同的设计语言在不同层面反映了人们解决问题的思路，以及问题解决的方式和质量。同时，也会在后面的程序可重用性上带来较大的差别。由此可见，程序实现之前的一项重要工作就是，选择适当的程序设计语言。

### 5.1.1　程序设计语言的分类

程序设计语言原本是被设计成专门使用在计算机上的，但它们也可以用来定义算法或数据结构。从 20 世纪 60 年代发展至今，已经先后设计和实现了种类繁多的程序设计语言，但是被人们广泛接受的却是屈指可数的几种。

程序设计语言，按照语言级别可以分为两大类：低级语言和高级语言。

**1．低级语言**

低级语言包括机器语言和汇编语言。低级语言依赖于特定的机器，其使用复杂、烦琐、费时、易出差错，因而程序编写也有一定的难度。

机器语言是表示成二进制形式的机器基本指令集，或者是操作码经过符号化的基本指令集，其存储由语言本身决定。汇编语言比机器语言更直观，是机器语言中地址部分符号化的结果，或进一步包括宏构造。

即使现在的汇编语言存在着生产效率低、维护困难、容易出错等缺点，但是在实现与硬件系统接口部分时，仍然采用它，因为它易于实现接口，实现效率高。

**2．高级语言**

高级语言的表示方法要比低级语言更接近于待求解的问题，其特点是在一定程度上与具体机器无关，易学、易用、易维护。高级语言的实现极大地提高了软件的生产效率。

众多的高级语言根据不同的标准有不同的分类方式：

（1）按语义基础分类

命令式语言：这种语言的语义基础是模拟“数据存储/数据操作”的图灵机可计算模型，十分符合现代计算机体系结构的自然实现方式。目前大多数的流行语言，例如 C、C++、Java、C#等都属于这类语言。

函数式语言：这类语言基于数学函数概念，例如 Lisp、Haskell、Erlang 等。

逻辑式语言：这类语言基于一组已知规则的形式逻辑系统，例如 Prolog。

（2）按数据类型检查的时机分类

静态语言：数据类型的检查在编译阶段进行，这类语言有 C、C++、Java 等。

动态语言：数据类型的检查在运行阶段进行，这类语言有 Python、PHP、JavaScript 等。动态语言的特点是需要解释器的支持。

（3）按语言对类型的约束分类

强类型语言：数据类型必须强制声明，即在编译阶段就必须确定每一个变量/对象的类型。在强类型语言程序中，给定数据对象的类型在这个对象的生命期内是不能改变的。所以说，这类语言是“类型安全”的。

弱类型语言：数据类型的声明是可以忽略的（甚至是不支持的）。在弱类型语言写成的程序中，变量的类型由初始化或者运算结果决定。对类型的弱约束使得弱类型语言的程序容易编写。但也正是这个特点，增加了出错的可能性，程序的排错也比较困难。由于类型的重要性，越来越多的动态语言支持“类型提示（type hint）”这样的语法特性。

（4）按思维方式分类

面向过程：面向过程的语言以函数为基本语法单位，例如 C、Pascal 等；

面向对象：面向对象的语言以类为基本语法单位，例如 Smalltalk、Java 等；

混合型：面向过程和面向对象的特点兼而有之，例如 C++等。

### 5.1.2 高级程序设计语言的基本组成

虽然不同的高级程序设计语言，在其各自的用途和实现上有很大的区别，但是它们之间在其基本的组成成分上却大同小异。其基本的组成成分如下：

（1）数据成分

它用于描述程序所涉及的数据。

① 程序名字说明。首先声明这个程序设计对象在这个程序中的名字，这样可避免编译时出现错误。例如，设计一个电子时钟，那么对于主程序完全可以对其名字说明为：clock，这样当后面进行编译的时候就能够识别这是已经说明了的对象，而不再报错。

② 数据类型声明。对程序实现时用到的各种数据的类型的一种声明，如整型、浮点型、用户自定义型等。

（2）运算成分

它用以描述程序中所包含的运算。

① 初始化。程序设计实现时最常出现的一种错误就是没有对要运算的数据进行初始化，即没有赋予一个合适的初始数据，结果造成了编译或运行时出错。一个明显的例子就是未初始化指针赋值：

```
//一段 C 代码
int *p;
*p = 10;    //错误，指针未初始化，它没有指向某个存储单元，这个赋值可能导致致命错误发生
```

② 运算对象。运算对象是程序执行时要运行的对象，包括一个算术表达式或者一个逻辑表达式，或者是一个完整的语句，如赋值语句等。

（3）控制成分

它用以描述程序中所包含的控制。

① 顺序控制结构。顺序执行的语句构成了顺序结构。

② 循环控制结构。常见的循环控制结构有 for、while、for-each 语句。

③ 分支控制结构。常见的分支控制结构有 if 语句和 switch-case 语句两种。

（4）传输成分

它用以描述程序中数据的传输。传输成分包括基本的输入和输出。

### 5.1.3 程序设计语言选择准则

在程序设计阶段所遇到的首要问题是：如何选择程序设计语言？通常应根据软件系统的应用特点、程序设计语言的内在特性，以及系统的性能要求等方面来进行选择。

程序设计语言的选择应该考虑以下因素：

① 项目的应用领域。应尽量选取适合某个应用领域的语言。

② 算法和计算复杂性。要根据不同语言的特点来选取能够适应软件项目算法和计算复杂性的语言。

③ 软件的执行环境。要选取机器上能运行且具有相应支持软件的语言。

④ 性能因素。应结合工程具体性能来考虑。例如，实时系统对响应速度有特殊要求，应选择汇编语言、C 语言等。

⑤ 数据结构的复杂性。要根据不同语言构造数据结构类型的能力选取合适的语言。

⑥ 软件开发人员的知识水平及心理因素。知识水平包括开发人员的专业知识，程序设计能力；心理因素是指开发人员对某种语言或工具的熟悉程度。要特别注意在选择语言时，尽量避免受外界的影响，盲目追求高、新的语言。

## 5.2 程序设计方法

### 5.2.1 结构化程序设计

#### 1．结构化设计的概念和特点

结构程序设计的概念最早是由 E.W.Dijkstra 提出来的，他指出："可以从高级语言中取消 GOTO 语句，程序质量与程序中所包含的 GOTO 语句的数量成反比。"并指出结构程序设计并非简单地取消 GOTO 语句，而是创立一种新的程序设计思想、方法和风格，以显著提高软件生产效率和质量。

提高程序可读性的关键是使程序结构简单清晰，结构化程序设计（SP）方法是达到这一目标的重要手段。那么，究竟什么是结构化程序设计呢？

结构化程序设计是一种程序设计技术，它采用自顶向下、逐步求精的程序设计方法及单入口和单出口的控制结构。具体来说结构化程序设计技术，具有以下主要特点：

（1）自顶而下，逐步求精

这种逐步求精的思想符合人类解决复杂问题的普遍规律，从而可以显著提高软件开发的效率。而且这种思想还体现了先全局、后局部，先抽象、后具体的方法，使开发的程序层次结构清晰，易读、易理解，还易验证，因而提高了程序的质量。

将程序自顶向下逐步细化的分解过程用一个树型结构来描述，如图 5.1 所示。

（2）单入口和单出口的控制结构

结构化的程序由且仅由顺序、选择、循环三种基本控制结构组成，既保证了程序结构清晰，又提高了程序代码的可重用性。这三种基本结构可以组成各种复杂程序。

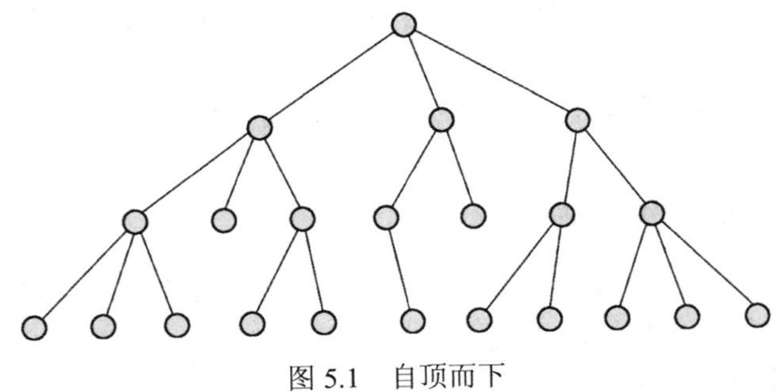

图 5.1 自顶而下

### 2．结构化程序设计的基本原理

结构化程序设计的基本原理中一个重要的概念是“模块化”。因为要实现结构化的程序设计总的指导思想是：自顶向下，逐步求精，模块化程序设计，分而治之思想和最终的结构化编程。相应地，结构化程序设计的步骤如图 5.2 所示。

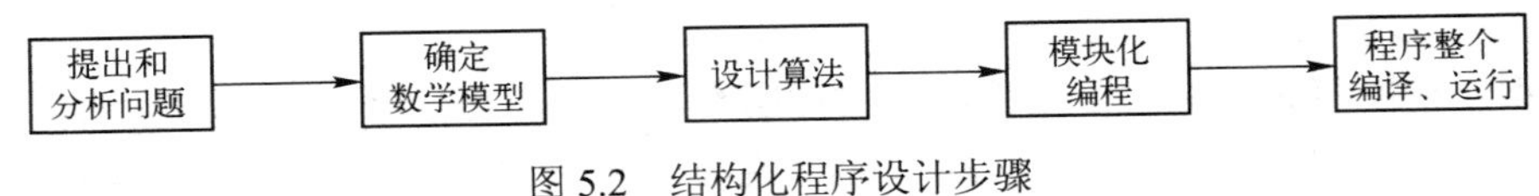


图 5.2 结构化程序设计步骤

模块是由边界元素限定的相邻的程序元素的序列，而且有一个总体标识符来代表它。

所谓模块化，是将一个大任务分成若干个较小的任务，较小的任务又细分为更小的任务，直到更小的任务只能解决功能单一的任务为止。一个小任务称为一个模块。各个模块可以分别由不同的人编写和调试。把大任务逐步分解成小任务的过程可以称为是“自顶向下，逐步细化”的过程。

对于模块的设计和实现有以下五条基本的标准：可分解性，可组装性，可理解性，连续性，保护性。

遵循以上标准是进行结构化程序设计时运用模块化原理的基本准则，这样设计出来的程序不但软件结构清晰，而且代码也有很好的可读性和可维护性。

### 3．优化设计

结构化设计中对于优化设计的要求是比较高的。考虑优化设计，基于软件开发的可靠性、高效性，在有效模块化的前提下尽量使用最少的模块。同时优化设计应该在软件结构设计的早期就开始进行，力求结构的精简，并能满足相同的功能需求。

优化设计有多方面的内容，如结构的优化、功能的优化、算法的优化和时间、效率的优化等，这里介绍对时间起决定性作用的软件的优化方法。

① 在不考虑时间因素的前提下开发并精简软件结构。

② 寻求软件设计结构中的“关键路径”和“关键事件”。所谓“关键路径”，是指影响整个软件开发的主要事件和模块系列；而“关键事件”是指在这个关键路径中，最耗费时间的模块。然后仔细地设计该模块的实现算法。

③ 选择合适的高级编程语言，提高程序的编译效率。

④ 在效率和实现功能之间寻求平衡点。所谓的平衡点是指不要求为了一些不必要的功能而耗费大量的时间，从而降低效率，以致得不偿失。

### 5.2.2 面向对象程序设计

结构化程序设计的特点是“自顶向下，逐步求精”，是一种先全局、后局部的程序设计方法。在高级程序设计语言产生的早期，结构化程序设计方法占了主导地位。然而，随着时间的推移，软件变得越来越庞大，设计过程也变得越来越复杂，对软件的可重用和可扩展性的需求越来越强烈。而结构化程序设计的先天不足会导致这样的需求实现起来非常困难。在这种形式下，面向对象的程序设计方法应运而生。

依据面向对象技术的观点，客观世界是由大量对象构成的，每一个对象都有自己的运动规律和内部状态，不同对象之间的相互作用和互相通信构成了完整的客观世界。因此，从思维模型的角度，面向对象很自然地与客观世界相对应。

实际上，计算是一种仿真。如果每个被仿真的对象都由一个特定的数据结构来表示，并且将相关的操作信息封装进去，那么仿真将被简化，可以方便地刻画对象的内部状态和运动规律。面向对象就是这样一种适用于直观模型化的设计方法。这意味着系统设计者从现实世界所得到的图像，或设计者头脑中形成的模型里所出现的物理图像与构成系统的一组对象之间有近乎一对一的对应关系。这一思想非常有利于实现大型的软件系统。

面向对象程序设计方法从诞生起就致力于解决软件生产过程中的可重用和可扩展的问题。为此，所有面向对象的程序设计语言都支持面向对象技术的四个核心概念：数据封装、继承、多态和泛型编程。

#### 1. 数据封装

数据封装将一组数据和与这组数据有关的操作集合封装在一起，形成一个实体，称为“对象”。用户不必知道对象行为的实现细节，只需根据对象提供的外部特性接口访问对象。例如，可能使用一个 C 结构体来表示时间的信息：

```
struct time {
    int hour;
    int minute;
    int second;
};
time addTime(time* t, int dh, int dm, int ds);
//其他操纵 time 结构的函数
```

在传统 C 语言中，常用的解决办法是，将数据结构和相关的函数放入一个可编译的源文件中，把数据和函数作为模块看待。存在的问题是，在数据和函数之间没有明确的关系。若不用上述提供的相关函数也能直接操纵数据，这样可能导致一些问题。实际上，在时间数据和操纵它的函数之间存在着明确的关系。时分秒这些数据以及这些函数的实现细节对使用者并不重要，重要的是这些函数的接口，使用者只需根据这些函数的接口（函数名及其参数）和函数的功能进行访问。那么，在设计、实现、维护和重用程序时就有很大的帮助。

面向对象技术试图通过建立一个合适的数据类型，将时分秒数据（称为数据成员）和函数（称为成员函数）结合在一起，形成一个新的抽象数据类型，称为类类型（class）。

```
class timer
{
    时分秒等时间数据成员;
```

操作时间数据的成员函数;

};

在这样建立的类 timer 中，能确保时间数据只能由类中的成员函数进行访问和处理。在任何时候，若要改变时间数据的组织形式，只需改变成员函数的实现细节，由于这些成员函数的接口不改变，系统其他部分的程序（及使用者）就不会由于改动而受到影响。

类的概念将数据和与这个数据有关的操作集合封装在一起，建立了一个定义良好的接口，人们只关心其使用，不关心其实现细节。这反映了抽象数据类型的思想。

**2．继承**

继承是面向对象语言的另一个重要概念，是软件可重用和可扩充问题的基石。

在客观世界中，可以将对象之间的关系分为两种：

（1）Has-a 关系。举个例子：车轮是汽车的一部分，而车轮不是一辆汽车。

（2）Is-a 关系。猫是一种哺乳动物，因此二者之间构成了 Is-a 关系。我们一般不说：猫是哺乳动物的一部分，因为这种逻辑关系是不确切的。

在这个意义上，继承实现了 Is-a 关系。例如，一种对昆虫进行的分类可能为如图 5.3 所示的树状结构。

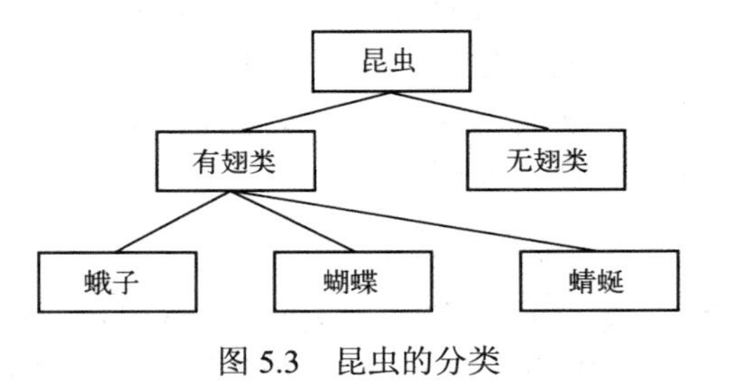

图 5.3　昆虫的分类

在试图对一些新的昆虫进行分类以前，所关心的问题是：它与其他一般的类有多少相似之处？差别有多大？在这棵类别树上，每一个不同的类都由一组描述它的行为和特征组成，最高层（根结点）具有最普遍的特性，描述的问题也最简单：有翅膀还是没翅膀？在其下的每一层中，每个结点拥有的描述都比它之前的层更具体。一旦某个特征定义下来，所有在它之下的种类都要包含该特征。所以，一旦确定蜻蜓为昆虫有翅类中的一种，就不必指出蜻蜓是昆虫，有两对翅膀，因为蜻蜓从它的目中继承了这些特征。

在面向对象语言中，类功能支持这种层次机制。除了根结点外，每个类都有它的基类（base class）。除了叶结点外，每个类都有它的派生类（derived class）。一个派生类可以从它的基类那里继承所有的数据和操作，并扩充自己的特殊数据和操作。基类抽象出共同特征，派生类表达其差别。有了类的层次结构和继承性，不同对象的共同性质只需定义一次，用户就可以充分利用已有的类，符合软件重用的目标。

**3．多态性**

面向对象的另外一个核心概念是多态性。所谓多态，是指一个名字（或符号）具有多种含义。这对仿真客观世界以及提升软件的灵活性有相当重要的意义。

在面向对象的程序设计语言中，多态是通过函数重载（overload）来实现的。

在所有的程序设计语言中，函数的名字有两个作用：

① 代表了该函数的函数体（那段代码）；

② 代表了该函数的功能。

在传统的语言中（如 C 语言），不允许函数有同名的情况，考虑的是函数名的第一个作用；而在面向对象的程序设计语言中，如果发现多个函数的功能基本是一致的，尽管它们确实是不同的函数，但允许它们具有相同的函数名字，即存在同名函数。

下面让我们来考察多态性问题的一个类比问题。当一位汽车司机为避免撞车而刹车，他关心的是快速刹车（效果），而不关心刹车是鼓式刹车还是盘式刹车（实现方法的细节）。这里，刹车的使用与刹车的结构是分离的概念，可能有多种结构的刹车，它们的使用方法是相同的。相同的使用方法（相同界面）对应于不同种类的刹车结构（多种实现），这反映了多态性的思想。

与此类似，用户在使用别的程序员提供的函数时，关心的是该函数的功能及其使用接口，而并不需要了解该函数的使用接口与函数的哪一种实现方法相匹配（binding）。也就是说，在设计这一级上，软件人员只关心“施加在对象上的动作是什么”，而不必牵涉“如何实现这个动作”以及“实现这个动作有多少种方法”的细节。

面向对象程序设计中的继承机制和虚函数使得软件可扩充性更为自然。可以继承基类拥有的所有特性，然后加进派生类所需要的特殊的东西，使派生类对象以相似的方式工作并具有新的功能。派生类定义的类型及其虚函数版本是有规则的功能等级的真正扩充。由于这是语言设计的一部分，不是编程时才有的想法，所以很容易实现软件的可扩充性。

**4．泛型编程**

泛型编程（generic programming）不是面向对象语言的专属，但却在其中体现得更加淋漓尽致。

所谓泛型编程，就是以独立于任何特定数据类型的方式编写代码。这就为程序员在编写可重用代码时提供了有用的工具。

我们知道，像 C++这样的高级程序设计语言都是强类型校验语言。所谓强类型校验，是指编译器要在编译时对数据的类型进行严格的检查和匹配，以免类型失配时带来的严重隐患，甚至错误。这对保证程序的健壮性和安全性有很大的好处，但却以损失灵活性为代价。泛型编程可以在安全性和灵活性之间做出很好的平衡。

一般情况下，泛型编程主要依托模板（template）来实现。模板有函数模板和类模板之分，它们的存在为泛型编程打下了坚实的基础。

总的来说，面向对象的设计方法使用对象将信息局部化、并使程序结构与设计结构相吻合的优点，有利于在完善和维护阶段对软件进行修改，也有利于其他人（非设计人员）来清除软件错误。程序员容易确定程序的哪些部分依赖于正要修改的片段，而且正在修改的部分对其他部分影响很小。这对大型、复杂软件的维护和改进是很重要的。

面向对象设计非常注重设计方法，因为它要产生一种与现实具有自然关系的软件系统，而现实就是一种模型。实际上，用面向对象方法编程的关键是模型化。程序员的责任是构造现实的软件模型。此时，计算机的观点是不重要的，而现实生活的观点才是最重要的。

因此，可以将面向对象的目标归纳为：对试图利用计算机进行问题求解和信息处理的领域，尽量使用对象的概念，将问题空间中的现实模型映射到程序空间，由此所得到的自然性可望克服软件系统的复杂性，从而得到问题求解和信息处理的更高性能。

## 5.3　程序设计风格

程序实际上也是一种供人阅读的“文章”，只不过它不是用自然语言而是用程序设计语言编写的；因此，一个逻辑上虽正确但杂乱无章的程序是没有什么价值的，因为它无法供人阅读，也难以测试、排错和维护。

讨论程序设计风格，力图从编码原则的角度来探讨提高程序的可读性、改善程序质量的方法和途径。

通常从源程序文件、语句构造方法、数据说明方法、输入/输出技术等方面来讨论程序设计风格，改善程序的质量。

### 5.3.1 源程序文件

（1）符号名的命名

① 尽量用与实际意义相同或接近的标识符作为符号名，这样可以“见名知意”。例如，把交换两个数的函数命名为 swap()，明显好于仅仅把它命名为 f()；

② 在程序中尽量使用人们习惯用的符号名；

③ 符号名的表达方式应统一，所有符号名应采用统一的英语名字或汉语拼音。

（2）源程序中的注释

注释可分为序言性注释和解释性注释。序言性注释是在一个程序或模块的开头对本程序段的模块功能、接口信息等做必要的说明。解释性注释是对程序正文中说明语句段和程序段功能的解释性说明。

（3）注意源程序的书写格式

将源程序缩进编排，并加上适当的空格和空行，可使程序的结构关系更清晰，以提高其可读性。

下面是两段不同风格的 C 程序源程序代码。很明显，代码段 2 的易读性更好。

代码段 1：

```
void swap(int *, int *);
main()
{ int a=1, b=2;
swap(&a, &b);
printf( “%d,%d” , a, b); }
void swap(int *a, int *b)
{ int t=*a; *a=*b;*b=t; }
```

代码段 2：

```
/*原型申明，交换两个整数的值*/
void swap(int * pa, int * pb);

void main(void)
{
   int a = 1, b = 2;
   swap(&a, &b);
   printf( “%d,%d” , a, b);
}

/* 函数 swap：交换两个整数的值
参数：pa – 指向第一个数的指针
      pb – 指向第二个数的指针  */
void swap(int *pa, int *pb)
```

```
{
    int t = *pa;
    *pa = *pb;
    *pb = t;
}
```

### 5.3.2 语句构造方法

语句构造的技术，尤其是流程控制语句的构造技术，直接影响到程序的可读性及效率。应该采用直接、清晰的构造方式，而不要为了提高效率或者显示技巧而降低程序的清晰性和可读性。

**【例 5-1】** 若有以下 C 程序段，其功能是要建立一个 $N \times N$ 的单位矩阵 $\boldsymbol{V}$：

```
for (i = 0; i < N; i++)
    for (j = 0; j < N; j++)
        V[i][j] = (i / j) * (j / i);
```

显然，这样的程序构思巧妙，但易读性差。为了改善程序的易读性，应采用直截了当的描述方式。改进的程序段如下：

```
for (i = 0; i < N; i++)
    for (j = 0; j < N; j++)
        V[i][j] = (i == j) ? 1 : 0;
```

**【例 5-2】** 有一个程序段，其功能是交换元素 $a[j]$和 $a[j+1]$。下面的程序为了减少一个变量，使程序难以读懂。

```
a[j] = a[j] + a[j+1];
a[j+1] = a[j]- a[j+1];
a[j] = a[j] - a[j+1];
```

改进的写法是增加一个中间变量 temp，使得程序的可读性、可理解性得到很大的改善。

```
temp = a[j];
a[j] = a[j+1];
a[j+1] = temp;
```

### 5.3.3 数据说明方法

要使程序中的数据说明更易于理解和维护，必须遵循以下原则：

① 数据说明的次序应当规范化，使数据的属性更易于查找，从而有利于测试、纠错与维护。

例如可按照以下说明次序：常量说明；简单变量类型说明；复杂类型说明等。

② 一个语句说明多个变量时，各变量应该分类并且最好按字母顺序排列。例如应该把

```
int size,length,width,cost,price;
```

写成

```
int cost, price;
int length, size, width;
```

③ 对于复杂的数据结构，要加注释，说明在程序实现时的特点。例如，对 C 语言定义的链表结构和 Java 中用户自定义的类的类型，都应当在注释中做必要的补充说明。

### 5.3.4 输入/输出技术

对输入/输出技术的要求是：

① 输入和输出的格式应尽可能统一。

② 输出信息中应该反映输入的数据，这是检查程序运行正确性和用户输入数据正确性的需要。

③ 输入和输出应尽可能集中安排。

## 5.4 算法与程序效率

设计逻辑结构清晰、高效的算法，是提高程序效率的关键。也就是说，源程序的效率与详细设计阶段确定的算法的效率直接相关。而在将详细设计的描述转换成源程序代码后，算法效率就反映为对程序的执行速度和存储容量的要求。

### 5.4.1 算法转换过程中的指导原则

算法转换过程中的指导原则是：

① 算法在编码前，尽可能化简有关的算术表达式和逻辑表达式。

② 仔细检查算法中嵌套的循环，尽可能将某些语句或表达式移到循环外面。

③ 尽量避免使用多维数组。

④ 尽量避免使用指针和复杂的表。

⑤ 采用“快速”的算术运算。

⑥ 不要混淆数据类型，避免在表达式中出现类型混杂。

⑦ 尽量采用整数算术表达式和布尔表达式。

⑧ 选用等效的高效率算法。

上述原则要在转换时统筹考虑，而不应该教条地使用。例如，程序员紧守的一条原则就是尽量不用 GOTO 语句。但是当要从一个嵌套很深的循环中直接跳出来时，GOTO 语句就能很好地发挥作用。

下面两段 C 代码是计算机图形学中两种绘制直线的算法。二者的对比精彩地体现了上述原则。为了方便起见，假设直线段的斜率在 0 和 1 之间，起点的坐标小于终点的坐标。

① DDA 算法

```
/* (x0, y0)：直线段起点的坐标，(x1, y1)：直线段终点的坐标 */
int lineDDA(int x0, int y0, int x1, int y1)
{
    #define round(a) (int)((a)+0.5)
    int dx = x1 – x0, dy = y1 – y0;
```

```
    int step = max(dx, dy);
    float   incX = (float)dx / (float)step,
            incY = (float)dy / (float)step;
    float x = (float)x0, y = (float)y0; /*必须用浮点，否则会丢失小数部分*/
    int i;
    for (i = 0; i < step; i++)
    {
        SetPixel(round(x), round(y));
        x = x + incX;
        y = y + incY;
    }
```

② Bresenham 算法

```
/* (x0, y0):直线段起点的坐标, (x1, y1):直线段终点的坐标 */
int lineBresenham(int x0, int y0, int x1, int y1)
{
    int dx = x1 – x0, dy = y1 – y0,
        dy2 = dy * 2, dxy2 = (dy – dx) * 2;
    int p = dy2 – dx;
    int x = x0, y = y0
    int i;
for (i = 0; i < dx, i++, x++)
{
    SetPixel(x, y);
    if (p < 0)
            p += dy2;
        else
        {
            p += dxy2;
            y++;
        }
    }
}
```

在 DDA 算法中，一共要进行 4×dx 次浮点加法（其中 2×dx 次是在宏展开中）和 2×dx 次整型到浮点型的类型转换运算；而在 Bresenham 算法中，没有浮点运算，共进行 dx 次整数比较运算和最多 3×dx 次整数加法运算。可以看出，Bresenham 算法在各方面都比 DDA 算法优越。因此，Bresenham 算法成为绘制直线段的首选方法，并且在众多的绘图软件包中被采用甚至用硬件实现。

### 5.4.2 影响效率的因素

基于以上原则，同时可以从以下三个方面进一步讨论效率问题。

### 1. 算法对效率的影响

上面关于算法转换的指导原则，在一定程度上减小了算法对效率的影响。从这一点能够看出算法直接影响到的是程序，进而影响到了整个代码的效率问题。除在转换时需要注意效率之外，在程序设计和实现时同样需要考虑效率的问题。

这里我们用顺序表的查找来说明算法对效率的影响。顺序表指的是已经排好序的线性表，它的查找算法有多种，比较常见的有顺序查找法、二分查找法等。下面是两种算法的 C 语言表达（假设顺序表是从小到大排序的）。

① 顺序法

```
int Find(int *list, int len, int key)
{
        int i;
        for (i = 0; i < len ; i++)
                if (list[i] == key) return i;
        return -1;/* Not found */
}
```

② 二分法

```
int Find(int *list, int len, int key)
{
        int low = 0, high = len - 1, mid;
        while (low <= high)
        {
                mid = (low + high) / 2;
                if (list[mid] == key) return mid; /* Found */
                else if (list[mid] > key) high = mid – 1;
                else low = mid + 1;
        }
        return -1;/* Not found */
}
```

二分法看起来要复杂一些。但是分析一下这两种算法的时间复杂度，就会有不同的结论。假设顺序表的长度为 $N$，很明显，顺序法的时间复杂度为 $O(N)$，而二分法的时间复杂度却只是 $O(\log_2 N)$。可以看出，后者的效率明显高于前者，尤其是表的长度较大时。因此，当程序要实现对较长顺序表的查找时，二分法是很好的选择。

### 2. 存储效率

处理器的分页调度和分段调度的特点决定了文件的存储效率，同样对于代码也存在这个问题。提高效率的办法通常也是提高存储效率的方法。

### 3. 输入/输出效率

输入/输出的效率决定了人与计算机之间通信的效率，程序设计中输入和输出的简单清晰，是提高输入/输出效率的关键。

## 5.5 软件代码审查

用高级语言进行应用开发时，为了保证代码开发的质量，制定了这样的政策：代码审查或者叫 Review。也就是说，在代码完成后，要通过其他人的审查，确认没有问题，才能提交进入最终版本。

代码审查是软件排错的有效方法，应该从哪些方面进行审查呢？表 5.1 给出了对 C 代码进行软件代码审查的相关内容。对于其他语言，可以参考表中的项目。

**表 5.1 软件代码审查**

| 审 查 项 | 审 查 内 容 |
|---|---|
| 程序的版式 | 空行是否得体 |
| | 代码行内的空格是否得体 |
| | 长行拆分是否得体 |
| | “{”和“}”是否各占一行并且对齐于同一列 |
| | 一行代码是否只做一件事，如果定义一个变量，只写一条语句 |
| | if、for、while、do 等语句自占一行，不论执行语句多少都要加“{}” |
| | 在定义变量（或参数）时，是否将修饰符*和&紧靠变量 |
| | 注释是否清晰并且必要 |
| | 注释是否有错误或者可能导致误解 |
| 文件结构 | 头文件和定义文件的名称是否合理 |
| | 头文件和定义文件的目录建构是否合理 |
| | 版权和版本声明是否完整 |
| | 头文件是否使用了预处理块 |
| | 头文件中是否只存放“声明（declaration）”而不存放“定义（definition）” |
| 命名规则 | 命名规则是否与所采用的操作系统或开发工具的风格保持一致 |
| | 标识符的长度应当符合“min-length && max-information”原则 |
| | 标识符是否直观且可以拼读 |
| | 程序中是否出现相同的局部变量和全部变量 |
| | 类名、函数名、变量和参数、常量的书写格式是否遵循一定的规则 |
| | 静态变量、全局变量、类的成员变量是否加前缀 |
| 表达式与基本语句 | 代码行中的运算符较多时，是否已经用括号清楚地确定表达式的操作顺序 |
| | 是否将复合表达式与“真正的数学表达式”混淆 |
| | 是否编写太复杂或者多用途的复合表达式 |
| 表达式与基本语句 | 是否用隐含错误的方式写 if 语句，例如<br>① 将布尔变量直接与 TRUE、FALSE 或者 1、0 进行比较<br>② 将浮点变量用“==”或“!=”与任何数字比较<br>③ 将指针变量用“==” |
| | 如果循环体内存在逻辑判断，并且循环次数很大，是否已经将逻辑判断移到循环体的外面 |
| 表达式与基本语句 | case 语句的结尾是否忘了加 break |
| | 是否忘记写 switch 的 default 分支 |
| | 使用 goto 语句时是否留下隐患，例如跳过了某些对象的构造、变量的初始化、重要的计算等 |

代码审查的目的是帮助开发团队标准化编码风格，并确保实施最佳的代码实践。它与编译器一起确保代码满足一定级别的质量要求。如果将自动代码审查集成到开发环境，就能够在开发阶段发现并处理许多错误，以免将这些错误蔓延到后面的开发阶段。

## 5.6 软件复用

软件复用是指重复使用已有的软件产品来开发新的软件系统，以达到提高软件系统的开发质量与效率，降低开发成本的目的。在软件复用中重复使用的软件产品不仅仅局限于程序代码，而是包含了在软件生产的各个阶段所得到的各种软件产品，这些软件产品包括：领域知识、体系结构、需求分析、设计文档、程序代码、测试用例和测试数据等。将这些已有的软件产品在软件系统开发的各个阶段重复使用，这就是软件复用的原理。

最早用于软件复用的软件产品是程序代码，这些程序代码最初是以子程序库的形式进行组织和管理的。软件开发人员通过使用相应的子程序名和参数，就可以在软件开发过程中重复使用这些程序代码。子程序库所代表的早期的软件复用主要是程序代码的复用，这是软件复用的一种原始形态。

随着软件复用技术的不断发展，软件复用的范围已经从最初的程序代码的复用，扩展到了更为广阔的范围，其中包含了体系结构、需求分析、设计文档、测试用例和测试数据的复用。

### 5.6.1 软件复用的级别

可复用的软件成分，也称可复用构件（Reusable Component），可从旧软件中提取，也可以专门为复用而开发。

（1）代码的复用

这里的代码既包括二进制目标代码，也包括文本形式的源代码。

目前大多数高级程序设计语言的开发环境都以库文件的形式向编程人员提供对许多基本功能的支持，如输入/输出、文件访问等功能。编程人员可以通过链接（Link）将库文件和自己编写的代码合并成为一个可执行的文件，通过这一方式实现对库文件中的目标代码的复用，从而避免编程人员重复地开发一些会被反复使用的程序代码。

（2）设计结果的复用

设计结果比源程序的抽象级别更高，因为它的复用受实现环境的影响较小，从而使可复用构件被复用的机会更多，并且所需的修改更少。这种复用有三种途径：

① 从现有系统的设计结果中提取一些可复用的设计构件，并把这些构件应用于新系统的设计中；

② 把一个现有系统的全部设计文档在新的软硬件平台上重新实现，也就是把一个设计运用于多个具体的实现；

③ 独立于任何具体的应用，有计划地开发一些可复用的设计构件。

（3）分析结果的复用

这是比设计结果的复用抽象程度更高的复用，可被复用的分析结果是针对问题域的某些事物或某些问题的抽象程度更高的解法，受设计技术及实现条件的影响非常小，所以可复用的机会更大。复用的途径也有三种：

① 从现有系统的分析结果中提取可复用构件用于新系统的分析；

② 用一份完整的分析文档作为输入，产生针对不同软硬件平台和其他实现条件的多项设计；

③ 独立于具体应用，专门开发一些可复用的分析构件。

（4）测试信息的复用

它主要包括测试用例的复用和测试过程信息的复用。测试用例的复用指多次的软件系统的测试过程中重复使用同一测试用例，以降低测试工作的成本，提高软件测试的效率。

测试过程信息是在测试过程中记录的测试人员的操作信息、软件系统的输入/输出信息、软件系统的运行环境信息等与测试工作有关的信息。这些信息可以在对同一软件进行修改后的后续测试工作中重复使用。

### 5.6.2 软件复用过程

软件的复用通常有两种实施方式：系统地采用复用技术（简称系统复用）；渐进地采用复用技术（简称渐进复用）。

（1）系统复用

即在软件企业的开发活动中全面采用软件复用技术。要把一个软件企业从传统的开发方式转换到基于复用的软件开发方式上来并非易事，它要求对整个企业的业务、人员、过程、工具、技术、组织机构、体系结构进行调整和变革。显然这样一种实施方式具有较大的风险。

（2）渐进复用

即在软件企业的开发活动中逐步以增量的方式采用复用技术。正如前面所述，全面系统地采用软件复用技术具有较大的风险。从传统机制到复用机制的转换并非易事，往往需要较长的时间，因此以逐步过渡的方式较为稳妥。不断总结经验教训，逐步扩展复用的覆盖面，直至贯穿整个企业的所有开发活动。

### 5.6.3 可复用构件

可复用构件是指可以在多个软件系统的开发过程中被重复使用的软件产品。它可以是需求分析、系统设计、程序代码、测试用例、测试数据、软件文档，以及软件开发过程中产生的其他软件产品。

#### 1．可复用构件的标准

可复用构件是一种特殊的软件产品，它与只在一个软件系统中使用的软件产品相比具有较大的差异。为了使可复用构件在软件开发过程中能被高效、方便地重复使用，以达到提高软件开发的效率和质量、降低开发成本的目的，对可复用构件一般有以下要求：

（1）功能上的独立性与完整性。一个可复用构件应该具有相对独立的完整功能，构件与构件之间的联系应该尽可能少，彼此之间应该具有较为松散的耦合度，并且构件与构件之间的交互应该通过良好定义的接口进行。

（2）较高的通用性。构件的通用性（一般性）越高，它的适用范围就越广，相应的可复用程度就越高，也就越能充分发挥软件复用的优势。所以在开发构件时，应该尽量提高构件的通用性（一般性），使其可以在更多的软件系统的开发中被重复使用。

（3）较高的灵活性。可复用构件应该允许构件的用户根据具体情况对构件进行适当的调整，以适应不同用户和环境的具体要求。

（4）严格的质量保证。可复用构件的可靠质量是其被复用的基础。所以对于构件的测试工作应该在不同的软硬件环境中进行。

（5）较高的标准化程度。用于组装一个软件系统的可复用构件可能是由不用的组织或个人开发的，甚至可能是采用不同编程语言编写的，这就要求这些异质的构件具有定义良好的接口。目前，常用的构件技术规范有构件对象模型（COM）、公共对象的请求代理体系结构（CORBA）、EJB（Enterprise Java Bean），以及目前广为流行的Web服务。

**2．可复用构件的开发**

在构件的编码阶段，需要充分考虑到可复用构件与一般应用程序的显著区别。为了使构件能够被较为广泛地复用，构件应该具有较强的通用性和灵活性。构件应该具有相当的一般性和抽象性，能够用于满足某一类相似的需求。

即使一个通用性很高的构件也不可能完全适应用户的需求和运行环境。所以在一个构件被不同的应用复用时，对它的某些部分进行修改是不可避免的，需要为用户对构件的调整和修改留出余地。同时为了保证不同的构件能够被正确地组装和交互，构件与外界之间的联系应该通过标准化的、定义良好的接口进行，而将构件的实现和内部数据结构加以隐藏。构件的封装性和彼此之间松散的耦合性对于降低构件系统开发难度和提高开发效率起着关键的作用。

进入测试阶段的构件应该经历比普通应用更为严格和充分的测试。同时，在测试过程中，要考虑可复用构件可能被应用于不同的运行环境中，所以在不同的软硬件环境中对构件进行多次测试，对于保证构件的质量和可靠性是非常必要的。

**3．建立构件库**

当构件的数量达到一定规模时，采用构件库对其进行组织和管理是十分必要的，构件库的组织和管理水平直接决定着构件复用的效率。构件库是用于存储、检索、浏览和管理可复用构件的基础设施，构件库的组织和管理形式要有利于构件的存储和检索，其最关键的目标是支持构件的使用者可以高效而准确地发现满足其需要的可复用构件。

为了达到有效地进行软件复用的目的，构件库一般应具备以下功能：

① 支持对构件库的各种基本的维护操作，如在构件库中增加、删除、更新构件。

② 支持对构件的分类存储，根据构件的分类标准和模型将构件置于合适的构件类型中。

③ 支持对构件的高效检索，可以根据用户的需求从构件库中发现合适的构件。在这里对用户需求的匹配，既包括精确匹配，也包括模糊或者近似的匹配。

④ 支持方便的、友好的用户管理和使用界面。

### 5.6.4 基于复用的开发过程

软件复用的运用在为软件开发带来巨大效益的同时，也改变了传统的软件开发过程。基于复用的软件开发过程由以下四个过程共同组成。

（1）创建

软件复用的创建过程主要是指界定并提供可供复用的软件产品，以满足复用者的需要。这里所指的可供复用的软件产品是多种类型的，如源代码、测试用例、体系结构等。这些可供复用的软件产品的来源既可以是新开发的，也可以是从第三方软件生产商处购买的。

（2）复用

复用过程是指使用由创建过程提供的或另外购买的可复用产品来开发新的软件系统。该过程主要包括如下几个步骤：

① 收集和分析用户的需求；

② 确定需要的可复用产品；

③ 在复用库中根据需要的可复用产品的特征属性查找相应产品；

④ 对可复用产品进行必要的调整和修改；
⑤ 设计并实现需要另加的软件部件；
⑥ 组装出完整的软件系统；
⑦ 对组装的软件系统进行测试。

（3）支持

支持过程是指对可复用软件产品的获取、管理、维护、调整工作。此过程主要包括如下几个步骤：

① 对可复用产品使用复用库进行组织、管理，以方便用户的检索；
② 通告和分发可复用产品；
③ 为可复用产品提供必要的文档及使用说明；
④ 根据用户的反馈意见和缺陷报告对可复用产品进行修改、调整或创建新版本的可复用产品。

（4）管理

管理过程包括计划、协调、资源管理、过程跟踪等工作。同时，管理过程还涉及安排新的可复用产品的开发工作，针对新的可复用产品的教育、培训工作，与软件开发中其他活动的协调工作等。

### 5.6.5 构件的组装和复用

构件的组装就是构件通过其接口交互而创建应用系统的过程。构件组装的过程主要包括三个步骤：

（1）构件的选取。根据软件系统的需求，在已有的构件库中选择适当的构件，或者自己开发构件。

（2）构件的自适应。选取的构件不一定满足复用上下文的需求，所以，在它们与其他构件连接之前，需要根据复用上下文对其做相应的适应性调整。

（3）体系结构的配置。通过相应的通信机制可以将构件连接起来。不同类型的通信机制，其具体实现也是不同的。

在基于构件的软件开发中，相关的两个基本的活动是面向构件的开发和基于构件的开发。前者是生产构件的过程，后者是利用构件组装新的应用系统的过程。例如，构件的选取属于前者，而构件的自适应和体系结构的配置则属于后者。

在构件组装的过程中，构件的自适应和体系结构的配置两个阶段是交织在一起的，而不是分开的、独立的。此外，构件的组装过程中常常会遇到组装不匹配的问题。我们可以从软件体系结构层次中找出组装不匹配的问题所在并在实现中解决。

## 5.7 软件构造实例

在“软件设计”章节中，完成一个实际案例的设计部分。在本节中，将实现这个案例。

### 5.7.1 实现环境

（1）系统支撑平台

① 服务器端

Web 服务器：Apache 2.4。

数据库管理系统（DBMS）：因为此应用系统的简单性，所以没有选用任何 DBMS，只用一个 JSON 格式文件保存数据。这些 JSON 文件模拟了数据库中的表（Table）。

② 客户端

浏览器：需要支持 HTML 5 和 CSS 3。

（2）程序设计语言

本系统只针对服务器端脚本和页面的编码实现选择程序设计语言。

① 服务器端脚本编码

脚本设计语言选择 PHP。

② 页面编码

编制页面用到的主要语言或脚本是：HTML 5，JavaScript。

（3）其他系统运行时支持

本系统的图表采用 SVG 格式，因此需要浏览器支持。

（4）项目配置和管理工具

项目管理使用了 GitLab，这是一种开源的、类似 GitHub 的工具。

由于系统很简单，因此没有设置更多的配置项。

### 5.7.2 系统编码实现

本系统需要对“软件设计”章节中提到的所有类、所有页面模板进行编码。以下内容展示了一些主要的类和脚本。

#### 1. 数据表

数据表由如下 JSON 文档表示：

```
{
    "tag": ["Q1", "Q2", "Q3", "Q4"],
    "sales": {
        "2015" : [20, 19, 25, 16],
        "2016" : [22, 20, 30, 20],
        "2017" : [26, 22, 33, 21]
    }
}
```

#### 2. 模型类

（1）Model 接口类

Model 接口类是所有模型类的父类，它描述了模型的工作接口，其编码如下：

```
<?php
    interface Model
    {
        public function &query($queryCriteria = null); //返回数据集的引用
    }
?>
```

（2）Model_chart 类

Model_chart 类是专用于图表系统的模型类，它实现的 query()方法用于实际的数据查询，其编码如下：

```
<?php
    final class Model_chart implements Model
    {
        protected $dataset;

        public function __construct()
        {
            $this->dataset = json_decode(file_get_contents( "sales.json" , true));
        }

        public function &query($queryCriteria = null)
        {
            return $this->dataset;
        }
    }
?>
```

### 3．视图类

（1）View 抽象类

```
<?php
    abstract class View
    {
        protected $model;
        protected $renderer;

        public function __construct(&$model, &$renderer)
        {
            $this->model = $model;
            $this->renderer = $renderer;
        }

        final public function update()
        {
            $dataset = $this->model->query();
            $this->renderer->render($this->formatData($dataset));
        }

        abstract public function formatData($dataset);
```

```
    }
?>
```

（2）View_chart 抽象类

```php
<?php
    abstract class View_chart extends View
    {
        public function __construct(&$model, $tpl)
        {
            $renderer = new Renderer_chart("$tpl.tpl"); //Renderer_chart 类的代码略
            parent::__construct($model, $renderer);
        }
        //其他代码略
    }
?>
```

此类对象在其构造方法中实例化指定的渲染器对象，该对象与指定页面模板关联。此外，还获取系统渲染参数，用于在渲染页面是指定主题颜色。

（3）View_chart_table 类

这里只列出用于显示表格的视图子类。

```php
<?php
    final class View_chart_table extends View_chart
    {
        public function __construct(&$model)
        {
            parent::__construct($model, __CLASS__);
        }

        public function formatData($dataset)
        {
            //将$dataset 转换为显示表格用的数据集，代码略
            return $dataset;
        }
    }
?>
```

**4．控制器类**

（1）Controller 抽象类

```php
<?php
    abstract class Controller
    {
```

```
        protected $model;
        protected $view;

        public function __construct(&$model, &$view)
        {
            $this->model = $model;
            $this->view = $view;
        }

        final public function updateView()
        {
            $this->view->update();
        }
    }
?>
```

（2）Controller_chart 类

```
<?php
    class Controller_chart extends Controller
    {
        public function __construct($route_entry)
        {
            $m = new $route_entry["model"]();
            $v = new $route_entry["view"]($m);
            parent::__construct($m, $v);
        }
    }
?>
```

（3）Controller_chart_table 类

这里只列出用于显示表格的控制器子类。

```
<?php
    final class Controller_chart_table extends Controller_chart
    {
        public function __construct($route_entry)
        {
            parent::__construct($route_entry);
        }
    }
?>
```

### 5. 路由器相关

（1）路由表

```
{
    "Controller_chart_table" : {
        "model" : "Model_chart",
        "view" : "View_chart_table"
    },
    "Controller_chart_bar" : {
        "model" : "Model_chart",
        "view" : "View_chart_bar"
    },
    "Controller_chart_line" : {
        "model" : "Model_chart",
        "view" : "View_chart_line"
    }
}
```

这是一个 JSON 格式的文档。从此表中可以看到，所有视图用到了同样的模型。

（2）路由器类

```php
<?php
    class Router
    {
        public function route()
        {
            $route_table = json_decode(file_get_contents("router.json"), true);
            $controller = $_GET['controller'] ?? "table";
            $controllerClass = "Controller_chart_{$controller}";
            $controller = new $controllerClass($route_table[$controllerClass]);
            $controller->updateView();
        }
    }
?>
```

路由器的功能是：根据用户的选择，为 Controller 查找到关联的 Model 和 View，然后启动该 Controller 去触发 View 的更新。可以看到，路由器实际上是一个类工厂。

路由器由如下代码启动：

```php
<?php
    //其他辅助代码（PHP 的类自动载入功能等）略
    $router = new Router();
    $router->route();
?>
```

### 6. 其他文档

其他文档包括 index.html、样式（.css）和 JavaScript 脚本，这里就不再展示了。

## 5.7.3 用户界面

图 5.4 至图 5.6 分别展示了用户点击菜单项时，不同视图的显示结果。

2015-2017年销售量数据

表格 柱状图 折线图

近三年销售量表格

| 年份\季度 | Q1 | Q2 | Q3 | Q4 |
|---|---|---|---|---|
| 2015 | 20 | 19 | 25 | 16 |
| 2016 | 22 | 20 | 30 | 20 |
| 2017 | 26 | 22 | 33 | 21 |

图 5.4 表格视图

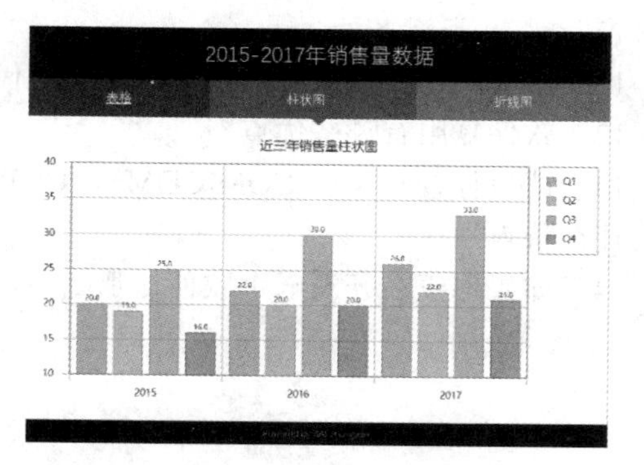


图 5.5 柱状图视图

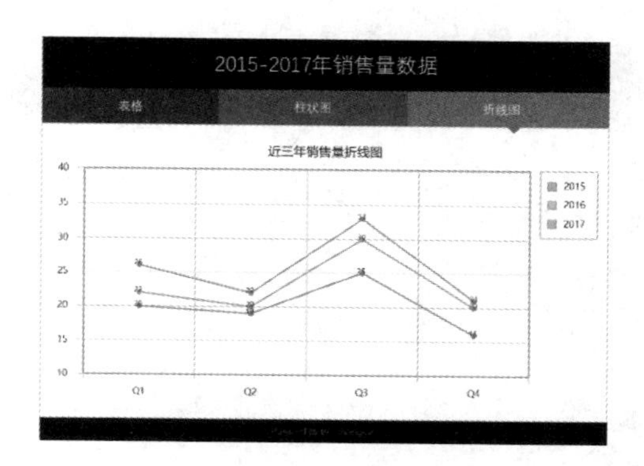


图 5.6 折线图视图

## 小 结

编码是软件实现的重要环节。一旦设计定稿之后，所有的编码工作全部都应遵循设计方案所定下的框架。这不仅可以使工作规范，同时也可以提高代码维护的效率。但软件编码又是一件容易带上浓厚个人色彩的工作，所以如何在这个阶段解决好个人编码风格和编码规范之间的关系是每个程序员都应当高度重视的问题。这是提高程序的可读性、可理解性，提高程序质量的关键。软件复用可以使开发成本得到有效控制，开发效率得到极大的提升。

## 习 题 五

1. 程序设计语言分为哪几类？
2. 程序设计语言由哪些成分组成？
3. 程序设计语言的选择对应用程序的开发有什么样的影响？
4. 结构化程序设计的特点是什么？为什么要采用结构化程序设计？

5．对比面向对象程序设计，结构化程序设计有什么样的优势和劣势？

6．面向对象程序设计的优势是什么？

7．算法转换的指导原则是什么？

8．影响软件代码效率的因素有哪些？

9．请仿照 C 的代码审查项目提出针对 Java 的审查项目表。

10．请找出你和其他同学/同事的一些程序作品，然后互相审查对方的代码，写出一份审查报告。

11．根据代码审查报告来修改你自己的代码，然后再做一次审查来检验你的结果。

12．软件复用有哪些优点？

13．请自行查阅关于 COM/COM+、CORBA、EJB 和 Web Service 的相关文献，看看它们各有什么特点。

14．如果你正在开发一个软件，那么你该如何考虑复用？

# 第6章 软件测试

## 6.1 软件测试概述

软件测试是保证软件质量、提高软件可靠性的重要阶段。软件测试的目的是为了进一步找出软件系统的缺陷和错误，因此无论怎样强调软件测试的重要性都不过分。但软件测试过程又十分复杂和困难，为保证软件测试的效果，需要有先进的测试方法和技术的支持。

### 6.1.1 软件测试的基本概念

#### 1. 软件测试的重要性

由于软件是一种高密集度的智力产品，比一般的硬件产品更复杂和难以控制。在软件系统的分析、设计、编码等开发过程中，尽管开发人员采取了许多保证软件产品质量的手段和措施，但是错误和缺陷仍然是不可避免的。例如，对用户需求不正确，不全面的理解，以及实现过程中的编码错误等。这些错误和缺陷，轻者导致软件产品无法完全满足用户的需要，重者导致整个软件系统无法正常运行，造成巨大的损失和浪费。例如：

- 1963年美国飞往火星的火箭爆炸，造成1000万美元的损失。原因是FORTRAN程序：

循环语句：DO 5　I=1，3

将逗号误写为小数点：DO 5　I=1.3

- 1967年苏联"联盟一号"载人宇宙飞船在返航时，由于软件忽略了一个小数点，在进入大气层时因打不开降落伞而烧毁。

软件测试是在软件开发过程中保证软件质量、提高软件可靠性的最主要的手段之一。因此，无论如何强调软件测试对于确保软件系统的质量的重要性都是不过分的。

根据相关开发组织的大量资料统计，在整个软件系统的开发过程中，软件测试占了40%～50%的工作量。特别是在一些特殊或重要的软件系统中，例如武器火控系统、核反应控制系统、航空/航天飞行系统等，软件测试环节的工作量和成本往往是所有其他开发活动总工作量的3～5倍。

正如E.W.Dijkstra所指出的："测试只能证明程序有错（有缺陷），不能保证程序无错"。因此，能够发现程序缺陷的测试是成功的测试。当然，最理想的是进行程序正确性的完全证明，遗憾的是除非极小的程序，至今还没有实用的技术证明任一程序的正确性。为使程序有效运行，测试与调试是唯一手段。

测试的根本目的就是发现尽可能多的缺陷。这里的缺陷是一种泛称，它可以指功能上的错误，也可以指性能低下，易用性差等。

对软件测试，Glen Myers提出了下述观点：

① 测试是一个程序的执行过程，其目的是发现错误；

② 一个好的测试用例很可能发现至今尚未发现的错误；

主观上由于开发人员思维的局限性，客观上由于目前开发的软件系统都有相当的复杂性，决定了在开发过程中出现软件错误是不可避免的。若能及早排除开发中的错误，就可以排除给后期工作带来的麻烦，也就避免了付出高昂的代价，从而大大地提高系统开发过程的效率。因此，软件测试在整个软件开发生命周期各个环节中都是不可缺少的。

### 2. 软件测试模型

1994 年在《软件工程师参考手册》中，J.McDermid 提出了“生存周期软件开发 V 模型”，进一步说明了测试的重要性。此后许多学者在此基础上做了不少修改与发展，提出了 W 模型、X 模型、H 模型、前置模型等。我们结合 ISO/IEC 12207—1995 对《软件生存周期过程》做了一些调整，如图 6.1 所示。需要说明的是，生存周期软件开发 V 模型并不针对某种开发模型或某种开发方法，它是按照软件生存周期中的不同阶段划分的，因此不能认为它只适合于瀑布模型。

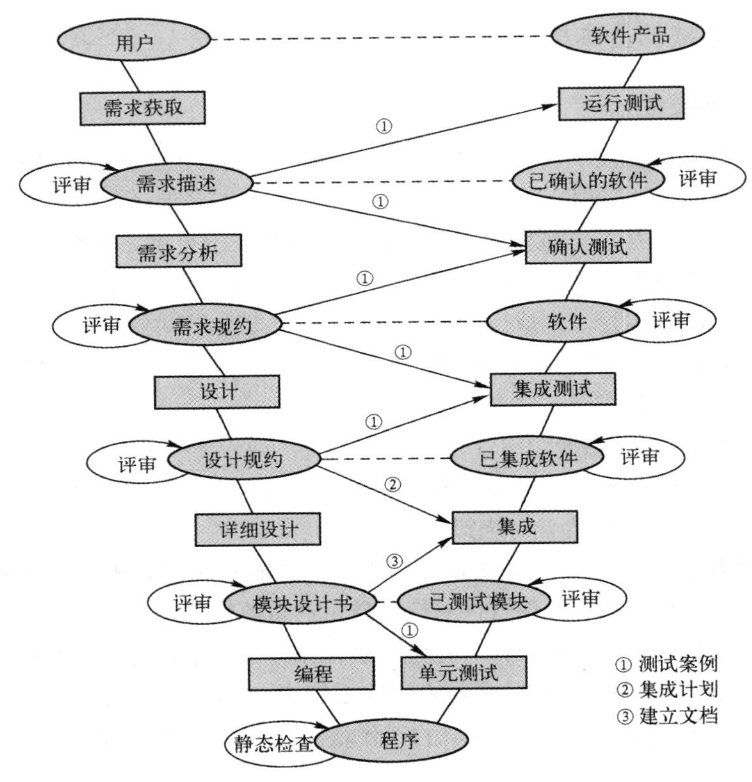


图 6.1　生存周期软件开发 V 模型

总体来说，软件测试的目标是，以最小的工作量和成本尽可能多地发现软件系统中潜在的各种错误和缺陷，以确保软件系统的正确性和可靠性。在软件测试工作中，建立正确的测试目标具有重要的价值和意义。如果软件测试的目标是证明软件的正确性，那么测试人员就会选用那些使软件出错可能性较小的数据作为测试用例；如果软件测试的目标是证明软件有错误，那么测试人员就会选用那些容易使软件发生错误的数据作为测试用例，以尽可能多地发现软件系统中潜在的错误和缺陷。因此，从心理学的角度来看，一个测试人员的工作是要证明和发现软件有错，只有选用那些易使程序出错的测试用例，才能够有效地发现程序中的错误和缺陷，达到软件测试的目的。

### 6.1.2 软件测试的特点和基本原则

#### 1. 软件测试的特点

① 软件测试的开销大。按照 Boehm 的统计，软件测试的开销约占总成本的 30%～50%。例如，APPOLLO 登月计划，80%的经费用于软件测试。

② 不能进行“穷举”测试。只有将所有可能的情况都测试到，才有可能检查出所有的错误，但这是不可能的。例如，图 6.2 中，程序 P 有两个整型输入量 $X$、$Y$，输出量为 $Z$，在 32 位机上运行。所有的测试数据组 $(X_i,Y_i)$ 的数目为：$2^{32}\times2^{32}=2^{64}$。假设 1ms 执行 1 次，如要进行完全测试，共需 5 亿年。

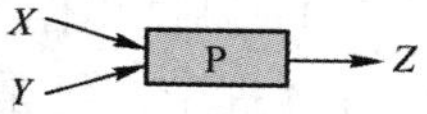

X → P → Z
Y ↗

图 6.2 程序 P

#### 2. 软件测试的基本原则

测试是一项非常复杂的、创造性的和需要高度智慧的挑战性的工作。测试一个大型程序所要求的创造力，事实上可能要超过设计那个程序所要求的创造力。软件测试中一些直观上看是很显而易见的至关重要的原则，总是被人们所忽视。

（1）应尽早地和不断地进行软件测试

相关的研究数据表明，软件系统的错误和缺陷具有明显的放大效应。在需求阶段遗留的一个错误，到了设计阶段可能导致出现 $n$ 个错误，而到了编码实现阶段则可能导致更多的错误。因此，在许多成熟的软件开发模型中，例如面向对象的测试，软件测试不再只是对程序的测试，软件测试活动始终贯穿软件系统整个开发周期的各个阶段，只有这样才能尽早地发现潜在的错误和缺陷，降低软件测试的成本，提高软件测试的质量。

（2）开发人员应尽量避免进行软件测试

开发和测试是既不同又有联系的活动。开发是创造或建立新事物的行为活动，而测试的唯一目的是证明所开发的软件产品存在若干潜在的错误和缺陷，因此开发人员不可能同时将这两个截然对立的角色扮演好。开发者在测试自己的程序时存在一些弊病：

① 开发者总认为自己的程序是正确的。事实上，如果在设计时就存在理解错误，或因不良的编程习惯而留下隐患，他本人是很难发现这类错误的。

② 程序设计犹如艺术设计，开发者总是喜欢欣赏程序的成功之处，而不愿看到自己的失败，在测试时，会有意无意地选择那些证明程序是正确的测试用例。

③ 开发者对程序的功能、接口十分熟悉，所以测试自己开发的程序难以具备典型性。

因此，开发者参与测试，往往会影响测试效果。Microsoft 公司关于测试的经验教训更加说明了这点。

20 世纪 80 年代初期，Microsoft 公司是由开发人员测试自己的产品，致使许多软件产品的“Bug”未能查出，因此许多使用 Microsoft 操作系统的 PC 厂商非常不满，很多个人用户也纷纷投诉。直到出现一种相当厉害的破坏数据的“Bug”，致使 Microsoft 公司赔付了 20 万美元，公司这才吸取了教训，成立了独立的测试机构。

从以上的例子可以看出，软件系统由独立的测试机构来完成其测试工作具有许多显著的优点。独立测试是指软件测试工作由在管理上和经济上独立于开发机构的组织来承担。独立测试可以避免软件开发机构测试自己开发的软件而产生的种种问题，从而使测试工作不受影响和干扰。

（3）注重测试用例的设计和选择

测试用例由输入数据和预期的输出结果两部分组成，直接影响到测试的效果，因此测试用例设计至关重要。测试用例的质量由以下四个特性来描述：

有效性：能否发现软件缺陷或至少可能发现软件缺陷；

可仿效性：可仿效的测试用例可以测试多项内容，从而减少测试用例数量；

经济性：测试用例的执行分析和排错是否经济；

修改性：每次软件修改后对测试用例的维护成本。

这四个特性之间会相互影响，如高仿效性有可能导致经济性和修改性较差。因此，通常情况下，应对上述四个特性进行一定的权衡折中。

在设计测试用例时，还需要格外注意以下几个问题：

① 测试用例不仅应包含合理的输入条件，更应包含不合理的输入条件。在软件系统实际运行过程中，经常会发生这样一种情况，当以某种特殊的甚至是不合理的输入数据使用软件时，常常会产生许多意想不到的错误。因此，使用预期不合理的输入数据进行软件测试时，经常比使用合理数据时能够找出更多的错误和缺陷。

② 测试用例应由测试输入数据和与之对应的预期输出结果两部分组成。这些期望的输出结果应该是根据系统的需求来进行定义的，因此测试人员在将系统的实际输出与测试用例中的预期输出进行对比以后，就可以完成对软件系统正确性、可靠性的测试，发现其中是否存在相应错误和缺陷。

（4）充分注意测试中的群集现象

软件系统中的错误和缺陷通常是成群集中出现的，经常会在一个模块或一段代码中存在大量的错误和缺陷。例如，在 IBM 370 的操作系统中，被发现的错误和缺陷有 47%集中在 4%的代码中。这一群集现象的出现表明，为了提高软件的测试效率，要集中处理那些容易出现错误的模块或程序段。具体地说，群集现象是指，在测试过程中，发现错误比较集中的程序段，往往可能残留的错误数较多。因此必须注意这种群集现象，对错误群集的程序段进行重点测试，以提高测试的效率和质量。

（5）全面检查每一个测试结果

在使用测试用例对软件产品进行测试时，对每一个测试结果应该做全面、细致的检查。因为许多错误的迹象和线索会在输出结果中反映或表现出来。否则，一些有用的测试信息可能会被遗漏，严重影响软件测试的质量和效率。

（6）妥善保存测试过程中的一切文档，为软件维护提供方便

测试计划、测试用例、测试结果、出错统计等都是软件测试过程中的重要文档。对这些文档必须进行完整、妥善的保存，为后期的软件维护提供便利。另外，测试的重现也往往要依靠测试文档的相关内容。

Davishai 还提出了一组测试原则，测试人员在设计有效的测试用例时必须理解这些原则。

① 所有的测试都应根据用户的需求来进行。

② 应该在测试工作真正开始前的较长时间内就制定、编写测试计划。一般而言，测试计划可以在需求分析完成后开始，详细的测试用例定义可以在设计模型被确定后立即开始，因此，所有测试可以在任何代码被编写前进行计划和设计。

③ Pareto 原则应用于软件测试。Pareto 原则意味着测试发现的 80%的错误很可能集中在 20%的程序模块中。

④ 测试应从“小规模”开始，逐步转向“大规模”。即从模块测试开始，再进行系统测试。

⑤ 穷举测试是不可能的，因此，在测试中不可能覆盖路径的每一个组合。然而，充分覆盖程序逻辑，确保覆盖程序设计中使用的所有条件是有可能的。

⑥ 为达到最佳的测试效果，提倡由第三方来进行测试。

### 6.1.3 软件测试过程

#### 1. 软件项目测试计划

制定测试计划是软件测试中最重要的步骤之一，在软件开发的前期对软件测试做出清晰，完整的计划，不仅对整个测试起到关键性的作用，而且对开发人员的开发工作，整个项目的规划，项目经理的审查都有辅助性作用。

软件测试计划作为软件项目计划的子计划，应尽早开始进行规划。原则上应该在需求定义完成之后开始编写测试计划，对于开发过程不是十分清晰和稳定的项目，测试计划也可以在总体设计完成后开始编写。

测试过程也从一个相对独立的步骤越来越紧密地贯穿在软件整个生命周期中，即软件测试应该贯穿于整个软件开发的全过程。测试计划也就成为开展测试工作的基础和依据。

虽然测试计划的模板在各个公司中都不相同，但一般都应该包括以下内容：

（1）项目背景，测试范围和内容

在制定软件测试计划时首先要明确被测试的软件项目的背景，是做什么的，功能、性能的需求等。软件测试的对象应该包括需求分析、概要设计、详细设计、编码实现各个阶段所获得的开发成果，程序测试仅仅是软件测试的一个组成部分。

（2）确定测试的质量、目标，对测试风险进行评估

尤其对于一些重要的软件系统，如航空、航天飞行系统，实时控制系统等对软件质量和可靠性都有特殊要求的系统，应该明确清晰、准确地说明该项测试计划的内容并评估测试各阶段可能的风险及应对措施。

（3）测试资源需求

包括各阶段的测试方法和测试工具，测试的软件需求，测试的硬件需求。测试的软、硬件环境需求。测试成本、测试工作量以及人力资源的需求。

（4）测试进度安排

包括总的测试开始时间和结束时间，各测试阶段所需时间及具体完成的测试内容，测试人员安排，应该负责的工作等。

（5）测试策略

测试策略提供了对测试对象进行测试的推荐方法，也就是要确定对软件开发各阶段的测试方法和策略，如：自动化测试、手动测试、数据和数据库完整性测试功能测试、白盒测试、黑盒测试、界面测试、压力测试等，制定测试策略时所考虑的主要问题有：将要使用的技术以及判断测试何时完成的标准。

另外还必须注意到：

① 测试计划一旦制定，并非一成不变，软件需求的变化、人员流动的变化等，都会影响测试计划的执行，因此，测试计划也要根据实际情况的变化而不断进行调整，以满足实际测试的需要。

② 测试计划编写完成后，必须对测试计划的正确性、全面性以及可行性等进行评审，评审人员可包括软件开发人员、营销人员、测试负责人以及其他有关项目负责人。

总之，测试计划的书写应该简明清晰、无二义性；切合实际、从宏观上反映项目的测试任务、测试阶段、资源需求等。而在测试工作进行过程中，测试机构和测试人员应该严格按照该

计划执行，避免测试工作的随意性，这样才能保证对软件产品进行系统、科学的测试。

**2. 分阶段测试**

根据相关的统计资料发现，在查找出的软件错误中，大约有 64%的错误都来自软件的需求分析和设计阶段。这一统计结果表明，对于软件系统而言，许多错误都是因为前一阶段的错误没有被及时地发现，而导致后续错误的发生。

因此，为了避免软件开发过程中前一阶段的错误影响后续的开发活动，开发人员必须实施分阶段、分步骤的测试，以确保软件开发过程的各个阶段产品的质量。例如传统的软件测试过程按测试的先后次序可分为几个步骤进行，如图 6.3 所示。

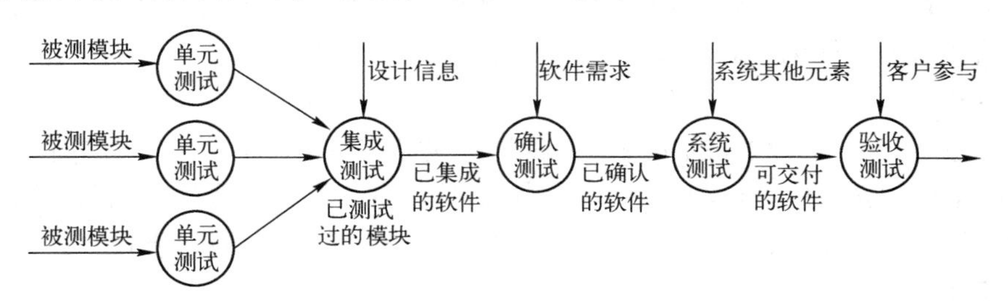


图 6.3　软件测试的过程

① 单元测试：分别完成每个单元的测试任务，以确保每个模块能正常工作。单元测试大量地采用了白盒测试方法，尽可能发现模块内部的程序差错。

② 集成测试：把已测试过的模块组装起来，进行集成测试。其目的在于检验与软件设计相关的程序结构问题。这时较多地采用黑盒测试方法来设计测试用例。

③ 确认测试：完成集成测试以后，要对开发工作初期制定的确认准则进行检验。确认测试是检验所开发的软件能否满足所有功能和性能需求的最后手段，通常均采用黑盒测试方法。

④ 系统测试：完成确认测试以后，给出的应该是合格的软件产品，但为检验它能否与系统的其他部分（如硬件、数据库及操作人员）协调工作，需要进行系统测试。由于系统测试常涉及硬件，往往超出了软件工程的范围。

⑤ 验收测试：检验软件产品质量的最后一道工序是验收测试。与前面讨论的各种测试活动的主要不同之处在于它突出了客户的作用，同时软件开发人员也应有一定程度的参与。

**3. 软件测试的文档**

软件测试工作是一个非常复杂而艰巨的过程，它涉及软件需求、设计、编码等许多软件开发的其他环节。软件测试工作对于保证软件的正确性、可靠性、健壮性具有十分重要的意义。因此，必须将软件测试的要求、过程、结果以正式文档的形式加以记录。测试文档的撰写是软件测试工作规范化的重要组成部分。主要的测试文档包括：

（1）测试计划书

测试计划书是软件测试工作的指导性文档，它规定了测试活动的范围、测试方法、测试的进度与资源、测试的项目与特性。明确需要完成的测试任务、每个任务的负责人，以及与测试活动相关的风险。测试计划书一般包括：测试目标、测试范围、测试方法、测试资源、测试环境和工具、测试体系结构、测试进度。

（2）测试规范

测试规范规定了测试工作的总体原则并描述了测试工作的一些基本情况，如测试用例的运行环境、测试用例的生成步骤与执行步骤、软件系统的调试与验证。

（3）测试用例

测试工作通常需要设计若干测试用例，每个测试用例包括一组测试数据和一组预期的运行结果。因此，一个典型的测试用例可以被描述为：

测试用例 = {测试数据 + 期望的运行结果}

相应地，测试结果可以被描述为：

测试结果 = {测试数据 + 期望的运行结果 + 实际的运行结果}

（4）缺陷报告

缺陷报告用于记录软件系统在测试过程中发现的错误与缺陷，具体包括缺陷编号、缺陷的严重程度和优先级、缺陷的状态、缺陷发生的位置、缺陷的报告步骤、期待的修改结果，以及附件等内容。

需要特别说明的是，在缺陷报告中的严重程度和优先级，是两个不同概念。其中，缺陷的严重程度是指缺陷的恶劣程度，反映其对整个软件系统和用户的危害程度；缺陷的优先级是指纠正这一缺陷在时间上的紧迫程度。

#### 4. 软件测试的人员

由于测试工作的艰巨性和复杂性，又是保障软件质量的关键过程，因此对进行软件测试的人员提出了严格的要求。若缺乏一个合格、积极的测试团队，测试任务是无法圆满完成的，这必然会严重地影响到整个软件产品的质量。

在许多软件开发企业中，特别是一些小型的、不成熟的软件企业，对软件测试工作的重视程度不够，常常让那些熟练的开发人员完成软件系统的分析、设计、实现等工作，而让那些开发经验最少的新手去承担被认为相对次要的软件测试工作。这种做法是非常不合理、不科学的。对一个软件系统进行高效率、高质量的测试所需要的技能与经验其实并不比开发一个新软件少。因此，在一些比较成熟的软件企业中，都将软件测试看做一项专业的技术工作，有意识地在开发团队中培训专门的软件测试人员，并在开发过程中及时地投入工作，以便完成高质量的软件测试。

### 6.1.4 静态分析与动态测试

#### 1. 静态分析

静态分析方法的主要特征是，不在计算机上运行被测试的程序。即静态分析是以人工的、非形式化的方法对软件的特性进行分析和测试的。或者说，静态分析是对被测软件进行特性分析的一些方法的总称。

目前，已经开发出一些静态分析系统作为软件测试的工具，静态分析已被当做一种自动化的代码校验方法。不同的方法有各自的目标和步骤，侧重点也不一样。常用的静态测试方法有：

（1）桌前检查（Desk Checking）

作为一种传统的检查方法，桌前检查常常是在程序通过编译以后，进行单元测试之前，由程序员对源程序中的代码进行分析、检验，并补充相应的文档，以发现程序中潜在的错误和缺陷。具体检查项目包括：变量的交叉引用是否正确；标号的交叉引用是否正确；子程序或函数的调用是否正确等。

（2）代码会审（Code Reading Review）

由程序员和测试员组成评审小组，按照“常见的错误清单”，进行会议讨论检查。

代码会审一般分为两个步骤：第一步，由评审小组的负责人提前将软件系统的设计规格说明书、流程图等相关文档分发给参与会审的程序员和测试员，作为会审的依据，评审小组的成员在参与会审之前需要熟悉这些文档资料；第二步，在代码会审会议上，由开发人员讲解软件系统的分析、设计与实现，而评审人员提出质疑，展开相应的讨论。通过讨论与交流，软件系统中隐藏的错误和缺陷就可能暴露出来，以此实现对软件产品的测试，确保软件产品的质量。

（3）步行检查（Walkthroughs）

与代码会审类似，它也要进行代码评审，但评审过程主要采取人工执行程序的方式，故也称为“走查”。

步行检查是最常用的静态分析方法，进行步行检查时，还常使用以下分析工具：

① 调用图。是从语义的角度考察程序的控制路线。例如图 6.4 中，无论 Y 为何值，都不能够调用子程序，因为执行 ABC 后，是不可能执行路径 CDE 的。

② 数据流分析图。检查分析变量的定义和引用情况。例如图 6.5 中，节点表示单个语句，有向边表示控制结构。用 d 表示定义，r 表示引用，u 表示未引用。执行节点 1～6 后，检查以下变量的定义和引用情况所存在的问题：

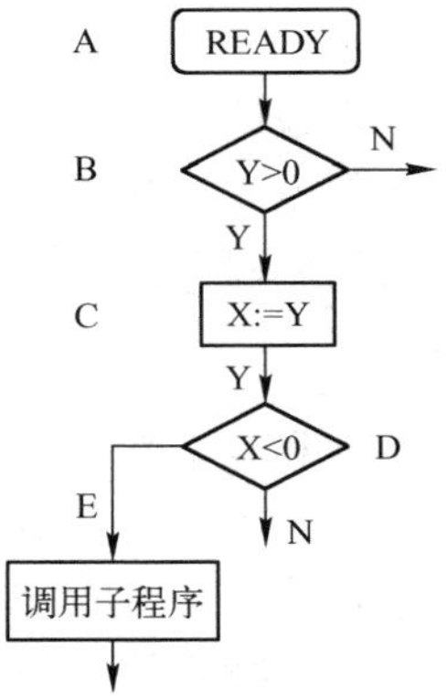

变量 R：duuuuu　只定义不引用。

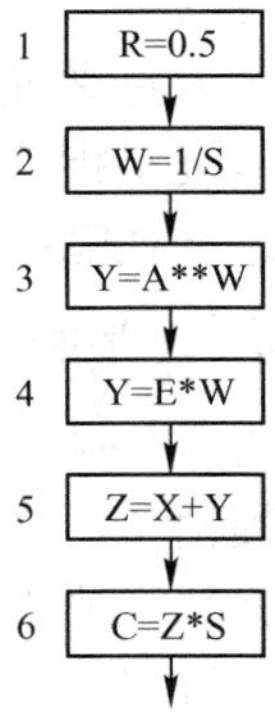

变量 S：uruuur　未定义就引用。

变量 Y：uuddru　连续定义，先定义的无效。

图 6.4　调用图

图 6.5　数据流分析图

2. 动态测试

动态测试方法与静态分析方法的区别是：选择适当的测试用例，通过上机执行程序进行测试，对其运行情况（输入/输出的对应关系）进行分析。常用的方法有：

（1）白盒测试（White box Testing）

又称结构测试、逻辑驱动测试。白盒测试用来分析程序的内部结构。针对特定条件或/与循环集设计测试用例，对软件的逻辑路径进行测试。因此采用白盒测试技术时，必须有设计规约及程序清单。设计的宗旨是，测试用例尽可能提高程序内部逻辑的覆盖程度，最彻底的白盒测试是能够覆盖程序中的每一条路径。但当程序中含有循环时，路径的数量极大，要执行每一条路径变得极不现实。

（2）黑盒测试（Black box Testing）

又称功能测试、数据驱动测试或基于规格说明的测试。测试时把被测程序当做一个黑盒，不考虑程序内部结构和内部特性，测试者只需知道该程序输入和输出之间的关系或程序的功能，依靠能够反映这一关系和程序功能需求的规格说明书，来确定测试用例，判断测试结果的正确性。黑盒测试常用来进行软件功能测试。

无论白盒测试还是黑盒测试，其关键都是如何选择高效的测试用例。所谓高效的测试用例，是指一个用例能够覆盖尽可能多的测试情况，从而提高测试效率。白盒测试和黑盒测试各有优缺点，构成互补关系，在规划测试时需要把白盒测试与黑盒测试结合起来。表 6.1 给出了白盒测试与黑盒测试两种方法的对比。

表 6.1　白盒测试与黑盒测试两种方法的对比

| | | 白盒测试 | 黑盒测试 |
|---|---|---|---|
| 测试规划 | | 根据程序的内部结构，如语句的控制结构、模块间的控制结构，以及内部数据结构等进行测试 | 根据用户的规格说明，即针对命令、信息、报表等用户界面，以及体现它们的输入数据与输出数据之间的对应关系，特别是针对功能进行测试 |
| 特点 | 优点 | 能够对程序内部的特定部位进行覆盖测试 | 能站在用户的立场上进行测试 |
| | 缺点 | 无法检验程序的外部特性，无法对未实现规格说明的程序内部欠缺部分进行测试 | 不能测试程序内部特定部位<br>如果规格说明有误，则无法发现 |
| 方法举例 | | 语句覆盖、判定覆盖、条件覆盖、判定-条件覆盖、基本路径覆盖、循环覆盖、模块接口测试 | 基于图的测试、等价类划分、边值分析、比较测试 |

## 6.2　白盒法测试

白盒法又称为逻辑覆盖法，是以程序（模块）内部的逻辑结构为基础来设计测试用例的，主要用于单元测试。测试的关键是如何选择高效的测试用例，即对程序内部的逻辑结构覆盖程度高的测试用例。

几种常用的逻辑覆盖标准测试方法的对比如表 6.2 所示。不同的逻辑覆盖测试方法都是从各自不同的方面出发，为设计测试用例提出依据的。

**【例 6-1】** 有以下程序段：

```
IF（（A>1）AND（B=0））THEN
        X=X/A
IF（（A=2）OR（X>1））THEN
        X=X+1
```

其中“AND”和“OR”是两个逻辑运算符。图 6.6 示出了它的流程图和流图，a 到 e 是控制流程图上的若干程序点。

表 6.2　几种常用的逻辑覆盖测试方法的对比

<table>
<tr><td rowspan="6">发现错误能力<br>弱<br>↓<br>强</td><td>语句覆盖</td><td>每条语句至少执行一次</td></tr>
<tr><td>判定覆盖</td><td>每个判定的每个分支至少执行一次</td></tr>
<tr><td>条件覆盖</td><td>每个判定的每个条件应取到各种可能的值</td></tr>
<tr><td>判定-条件覆盖</td><td>同时满足判定覆盖和条件覆盖</td></tr>
<tr><td>条件组合覆盖</td><td>每个判定中各种条件的每一种组合至少出现一次</td></tr>
<tr><td>路径覆盖</td><td>使程序中每一条可能的路径至少执行一次</td></tr>
</table>

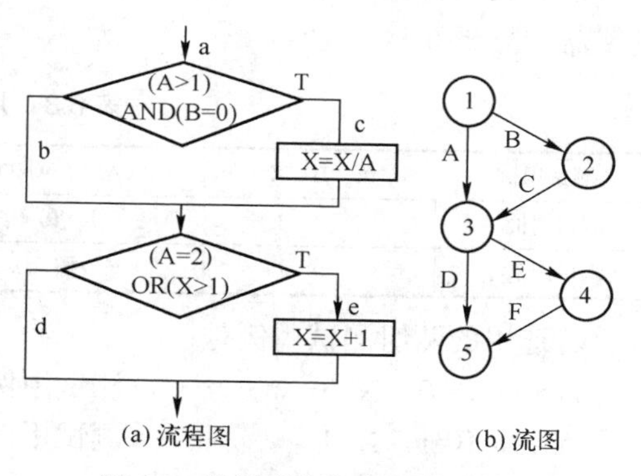


图 6.6　被测程序段流程图和流图

下面将分别建立满足语句覆盖、判定覆盖、条件覆盖、判定-条件覆盖和条件组合覆盖标准的测试用例。

### 6.2.1　语句覆盖

语句覆盖的含义是：选择足够的测试用例，使程序中的每条语句至少执行一次。这里所谓“足够的”，自然是越少越好。

一般用例格式为：[输入(A,B,X)，输出(A,B,X)]，即包括输入用例和预期的输出两部分。

在上述程序段中，只需设计一个能通过路径 ace 的测试用例，即可满足语句覆盖。

选择测试用例：[(2,0,4),(2,0,3)]

即测试用例输入：A=2，B=0，X=4，

则程序按路径 ace（流图上的路径 BCEF 或 1—2—3—4—5）执行。该程序段的 4 条语句均得到执行，从而满足语句覆盖。

虽然语句覆盖似乎能够比较全面地检验每一条语句，但它实际上覆盖是很弱的。假如这一程序段中两个判定的逻辑运算有问题，例如，第一个判定的运算符“AND”错写成运算符“OR”，或者第二个判定中的运算符“OR”错写成运算符“AND”，这时仍使用上述测试用例，程序仍将按流程图上的路径 ace 执行；覆盖所有 4 条语句，未检查出错误。又如第二个条件语句中将 X>1 误写成 X>0，上述的测试用例也不能发现。

所以，“语句覆盖”是一种很不充分的覆盖标准。

## 6.2.2 判定覆盖

比语句覆盖稍强的覆盖标准是判定覆盖。判定覆盖的含义是：执行足够的测试用例，使得程序中的每个判定至少都获得一次“真”和“假”值，或者说使得程序中的每一个取“真”分支和取“假”分支至少执行一次。因此，判定覆盖又称为分支覆盖。仍以图 6.6 的流程为例，如果设计两个测试用例，使它们能通过路径 ace（流图上的路径 BCEF 或 1—2—3—4—5）和 abd（流图上的路径 AD 或 1—3—5），或通过路径 acd（流图上的路径 BCD 或 1—2—3—5）及 abe（流图上的路径 AEF 或 1—3—4—5），可满足“判定覆盖”标准。

即测试用例应执行路径：ace∧abd 或 acd∧abe

若选用的两组测试用例是：

A=2，B=0，X=3 ---------------- 测试用例 1

A=1，B=0，X=1 ---------------- 测试用例 2

可分别执行流程图上的路径 ace 和 abd，从而使两个判断的 4 个分支 c、e 和 b、d 分别得到覆盖，见表 6.3。

**表 6.3 判定覆盖测试用例 1**

| 测试用例 | A B X | （A>1）AND（B=0） | （A=2）OR（X>1） | 执行路径 |
|---|---|---|---|---|
| 测试用例 1 | 2 0 3 | 真（T） | 真（T） | ace（BCEF） |
| 测试用例 2 | 1 0 1 | 假（－T） | 假（－T） | abd（AD） |

若选用的两组测试用例是：

A=3，B=0，X=3----------------测试用例 3

A=2，B=1，X=1----------------测试用例 4

则分别执行流程图上的路径 acd（流图上的路径 BCD 或 1—2—3—5）及 abe（流图上的路径 AEF 或 1—3—4—5），同样也可覆盖 4 个分支，见表 6.4。

**表 6.4 判定覆盖测试用例 2**

| 测试用例 | A B X | （A>1）AND（B=0） | （A=2）OR（X>1） | 执行路径 |
|---|---|---|---|---|
| 测试用例 3 | 3 0 3 | 真（T） | 假（－T） | acd（BCD） |
| 测试用例 4 | 2 1 1 | 假（－T） | 真（T） | abe（AEF） |

应该注意到，上述两组测试用例不仅满足了判定覆盖，同时还满足了语句覆盖。因此“判定覆盖”比“语句覆盖”更强一些。

但如果将程序段中的第 2 个判定条件 X>1 错写为 X<1，使用上述测试用例，照样能按原路径执行（abe），而不影响结果。这说明仅满足判定覆盖，仍无法确定判断内部条件的错误。

因此，需要有更强的逻辑覆盖准则去检验判断内部的条件。

对于多值判定语句，如 CASE 语句，判定覆盖更一般的含义是：使得每一个判定都获得每一种可能的结果至少一次。

### 6.2.3 条件覆盖

一个判定中往往包含了若干个条件，例如图 6.6 中的流程，判定（A>1）AND（B=0）包含了两个条件：A>1 及 B=0。一个更强的覆盖标准是条件覆盖，其含义是：设计若干个测试用例，使每个判定中的每个条件的可能取值至少执行一次。

因此，在第 1 个判定（（A>1）AND（B=0））中应考虑到各种条件取值的情况：

条件 A>1 为真，记为 T1

条件 A>1 为假，即 A<=1，记为-T1

条件 B=0 为真，记为 T2

条件 B=0 为假，即 B≠0，记为－T2

在第 2 个判断（A=2）OR（X>1）中应考虑到：

条件 A=2 为真，记为 T3

条件 A=2 为假，即 A≠2，记为-T3

条件 X>1 为真，记为 T4

条件 X>1 为假，即 X<=1，记为-T4

只需选择以下两个测试用例

A=2　B=0　X=3 ---------------- 测试用例 1

A=1　B=1　X=1 ---------------- 测试用例 5

即可满足条件覆盖要求，即覆盖了 4 个条件的 8 种情况，见表 6.5。

表 6.5　条件覆盖测试用例

| 测试用例 | A B X | 执行路径 | 覆盖条件 |
|---|---|---|---|
| 测试用例 1 | 2 0 3 | ace（BCEF）（1—2—3—4—5） | T1，T2，T3，T4 |
| 测试用例 5 | 1 1 1 | abd（AD）（1—3—5） | －T1，－T2，－T3，－T4 |

从表中可见两个测试用例在覆盖了 4 个条件的 8 种情况的同时，也覆盖了两个判断的 4 个分支 b、c、d 和 e。这是否可以说，满足条件覆盖，也一定满足判定覆盖呢？

若选用如下的两组测试用例：

A=1，B=0，X=3 ---------------- 测试用例 6

A=2，B=1，X=1 ---------------- 测试用例 4

从表 6.6 可见，满足条件覆盖，却不一定满足判定覆盖。事实上，这两个测试用例只覆盖了 4 个分支中的两个（b 和 e）。因此，需要有同时满足条件覆盖和判定覆盖的更强的覆盖标准。

表 6.6　不满足判定覆盖的测试用例

| 测试用例 | A B X | 执行路径 | 覆盖分支 | 覆盖条件 |
|---|---|---|---|---|
| 测试用例 6 | 1 0 3 | abe（AEF）（1—3—4—5） | b e | －T1，T2，－T3，T4 |
| 测试用例 4 | 2 1 1 | abe（AEF）（1—3—4—5） | b e | T1，－T2，T3，－T4 |

### 6.2.4 判定－条件覆盖

判定-条件覆盖要求设计足够的测试用例，使得判定中每个条件的所有可能（真/假）至少执行一次，并且每个判定的结果（真/假）也至少出现一次。上例采用测试用例 1 和测试用例 5，即可满足，见表 6.7。

表 6.7　判定-条件覆盖的测试用例

| 测试用例 | A　B　X | 执行路径 | 覆盖条件 | （A>1）AND（B=0） | （A=2）OR（X>1） |
|---|---|---|---|---|---|
| 测试用例 1 | 2　0　3 | ace | T1，T2，T3，T4 | 真（T） | 真（T） |
| 测试用例 5 | 1　1　1 | abd | －T1，－T2，－T3，－T4 | 假（－T） | 假（－T） |

虽然判定-条件覆盖比判定覆盖和条件覆盖都强，但在实际运行测试用例的过程中，计算机对多个条件做出判定时，必须将多个条件的组合分解为单个条件进行判断。图 6.7 描述了例 6-1 中的程序段经编译后所产生的目标程序执行的流程。

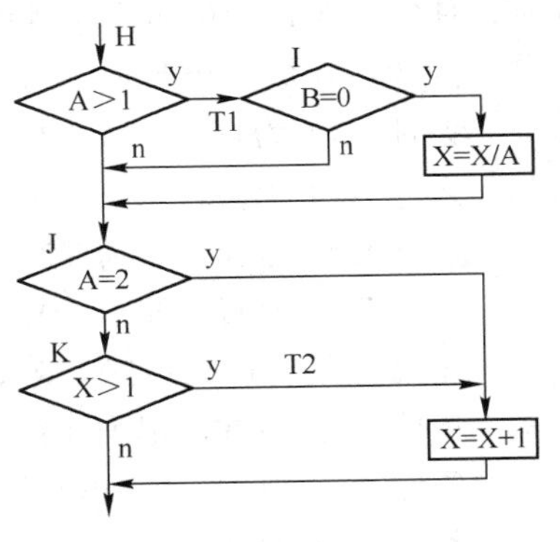

图 6.7　目标程序执行流程

例如，逻辑条件表达式“A>1　AND　B=0”，如果 A>1 为“假”，目标程序就不再检查条件 B=0 了，即不再执行 A>1 为“真”的分支。这样 B=0 及以后的错误就发现不了。

上面的两个例子未能使目标程序中的每一个简单判定取得各种可能的结果（真/假）。原因是：含有 AND 和 OR 的逻辑表达式在经编译执行时，某些条件将抑制其他条件。

为解决上述问题，需要引入了更强的覆盖标准。

## 6.2.5　条件组合覆盖

条件组合覆盖的含义是：执行足够的测试用例，使得每个判定中条件的各种可能组合都至少出现一次。显然，满足条件组合覆盖的测试用例是一定满足判定覆盖、条件覆盖和判定-组合覆盖的。

在上面的例子中的每个判定包含有两个条件，这两个条件在判定中有 8 种可能的组合，它们是：

① A>1，B=0，记为 T1, T2；

② A>1，B≠0，记为 T1, −T2；

③ A≤1，B=0，记为－T1, T2；

④ A≤1，B≠0，记为−T1, −T2；

⑤ A=2，X>1，记为 T3, T4；

⑥ A=2，X≤1，记为 T3, −T4；

⑦ A≠2，X>1，记为−T3, T4；

⑧ A≠2，X≤1，记为－T3, −T4。

这里设计了 4 个测试用例，用以覆盖上述 8 种条件组合，见表 6.8。

表 6.8　条件组合覆盖的测试用例

| 测 试 用 例 | A　B　X | 覆盖组合号 | 执 行 路 径 | 覆 盖 条 件 |
|---|---|---|---|---|
| 测试用例 1 | 2　0　3 | 1，5 | ace | T1，T2，T3，T4 |
| 测试用例 4 | 2　1　1 | 2，6 | abe | T1，－T2，T3，－T4 |
| 测试用例 5 | 1　1　1 | 4，8 | abd | －T1，－T2，－T3，－T4 |
| 测试用例 6 | 1　0　3 | 3，7 | abe | －T1，T2，－T3，T4 |

使用白盒法测试法时，每次只选择一种覆盖标准，虽然采用最强的覆盖标准能够获得更好的测试效果，但这样不仅选择测试用例非常困难，而且测试用例的数量也成倍增加，对测试用例本身的正确性、合理性的验证也更加困难。因此，应根据具体情况，尽可能选择一种覆盖标准较高的测试用例。

## 6.3 黑盒法测试

黑盒法是把测试对象看做一个黑盒，测试程序的功能或程序的外部特性。因此，黑盒法测试又称为功能测试或数据驱动测试。

黑盒测试法注重于测试软件的功能需求，主要用于发现功能不对或遗漏；性能错误；初始化和终止错误；界面错误；数据结构或外部数据库访问错误等。

黑盒法常用的测试方法包括等价分类法、边值分析法、错误推测法、因果图法等。但是没有一种方法能提供一组完整的测试用例，以检查系统的全部功能。因而在实际测试中需要把各种黑盒测试方法结合起来使用，才能得到较好的测试效果。

### 6.3.1 等价分类法

等价分类法是一种典型的黑盒测试方法，也是一种非常实用而重要的测试方法，该方法设计测试用例完全不用考虑程序的内部结构，只需根据测试软件的需求规格说明书。因此，必须仔细分析和推敲说明书的各项需求，特别是功能需求。把说明书中对输入的要求和输出的要求区别开来并加以分解。

由于无法实现穷举测试，只有选取高效的测试用例，才能发现更多的错误，获得好的测试效果。等价分类法是一种可能获取高效测试用例的方法。它将输入数据域按有效的或无效的（也称为合理的或不合理的）划分成若干个等价类，在每个等价类中选取一个代表值进行测试，就等于测试了该类其他值。也就是说，如果从某一个等价类中任选一个测试用例未发现程序错误，该类中其他测试用例也不会发现程序的错误。这样就把漫无边际的随机测试改变为有针对性的等价类测试，有效地提高了测试的效率。下面对等价分类法的两个关键问题进行讨论。

（1）确定等价类

等价类分为有效等价类和无效等价类。有效等价类指对于程序的规格说明是合理的、有意义的输入数据构成的集合。而无效等价类指对于程序的规格说明是不合理的、没有意义的输入数据构成的集合。

如何确定等价类，这是使用等价分类法的一个重要问题。以下几条经验可供参考：

① 如果输入条件规定了取值的范围或值的个数，则可确定一个有效等价类（输入值或个数在此范围内）和两个无效等价类（输入值或个数小于这个范围的最小值或大于这个范围的最大值）。

例如，输入值是学生某一门课的成绩，范围是 0～100，则可确定一个有效等价类为“0≤成绩≤100”，两个无效等价类为“成绩<0”和“成绩>100”。

② 如果一个输入条件说明了一个“必须成立”的情况，则可划分为一个有效等价类和一个无效等价类。例如，规定“所有变量名必须以字母开头”，则可划分一个有效等价类“变量名的第一个字符是字母”和一个无效等价类“变量名的第一个字符不是字母”。

③ 如果输入条件规定了输入数据的一组可能的值，而且程序是用不同的方式处理每一种值的，则每一种值是一个有效等价类，此外还有一个无效等价类（任何一个不允许的输入值）。例如，输入条件说明教师的职称可为助教、讲师、副教授和教授 4 种职称之一，则分别

取这四个值作为 4 个有效等价类，把这 4 个职称之外的任何职称作为无效等价类。

④ 如果已划分的等价类中各元素在程序中的处理方式不同，则说明等价类划分得太大,应将该等价类进一步划分成更小的等价类。

（2）确定测试用例

根据已划分的等价类，按以下步骤来设计测试用例：

① 为每一个等价类规定唯一的编号。

② 设计一个新的测试用例，使其尽可能多地覆盖尚未被覆盖过的有效等价类。重复这一步，直到所有有效等价类均被测试用例所覆盖。

③ 设计一个新的测试用例，使其只覆盖一个无效等价类。重复这一步，直到所有无效等价类均被覆盖。

正确划分等价类和选择高效的测试用例，是等价分类法能否获得好的测试效果的关键。另外，特别要注意：一个测试用例，只能覆盖一个无效等价类。请读者考虑这是为什么？

### 6.3.2 边界值分析法

实践经验表明，程序往往在处理边界时出错，所以根据输入等价类和输出等价类边界上的情况来设计的测试用例是高效的。

边界值分析（Boundary Value Analysis，BVA）就是选择等价类边界的测试用例。它是一种补充等价分类法的测试用例设计技术。下面提供几条设计原则以供参考：

① 如果输入条件规定了取值范围，可以选择正好等于边界值的数据及刚刚超过边界值的数据作为测试用例。例如，输入值的范围是[$a$，$b$]，可取 $a$，$b$，将略大于 $a$ 的值，而略小于 $b$ 的值作为测试数据。

② 如果输入条件规定了输入值的个数，则按最大个数、最小个数、稍小于最小个数及稍大于最大个数等情况分别来设计测试用例。例如，一个输入文件可包括 1～255 个记录，则分别取有 1 个记录、255 个记录、0 个记录和 256 个记录的输入文件来作为测试用例。

③ 针对每个输出条件使用上面的第①和第②条原则。例如，某学生成绩管理系统规定，只能查询 2000 至 2002 级学生的各科成绩，因而可以设计测试用例查询该范围内的学生成绩，此外，还需要设计查询 1999 级、2003 级学生成绩的测试用例。因为输出值的边界不一定与输入值的边界相对应，所以要检查输出值的边界不一定能实现，要产生超出输出值的结果也不一定能做到，但必要时还需要试一试。

④ 如果程序规格说明书中给出的输入或输出域是一个有序集合（如顺序文件、线性表和链表等），则应选取有序集合的第一个元素和最后一个元素作为测试用例。

⑤ 分析规格说明书，找出其他的可能边界条件。

### 6.3.3 错误推测法

在测试软件时，我们可以根据以往的经验和直觉来推测软件中可能存在的各种错误，从而有针对性地设计测试用例，这就是错误推测法。

错误推测法是凭经验进行的，没有确定的步骤。其基本思想是列出程序中可能发生错误的情况，根据这些情况选择测试用例。

例如，对一个排序的程序，可能出错的情况有：

（1）输入表为空的情况。

（2）输入表中只有一行。

（3）输入表中所有的行都具有相同的值。

（4）输入表已经排好序。

又如，测试一个采用二分法的检索程序，需要考虑的情况有：

（1）表中只有一个元素。

（2）表长是 2 的幂。

（3）表长是 2 的幂减 1 或 2 的幂加 1。

错误推测法是一种简单易行的黑盒法，但由于该方法有较大的随意性，必须具体情况具体分析，主要依赖于测试者的经验，因此通常把它作为一种辅助的黑盒测试方法。

### 6.3.4 因果图法

前面介绍的等价分类法和边界值分析法都只是孤立地考虑各个输入数据的测试功能，而都没有考虑到输入数据的各种组合情况，及输入条件之间的相互制约关系。因果图法（Cause/Effect Graphing）解决了这个问题。

因果图（cause effect graphics）是一种形式化语言，是一种组合逻辑网络图。它把输入条件视为“因”，把输出或程序状态的改变视为“果”，采用逻辑图的形式来表达功能说明书中输入条件的各种组合与输出的关系。

因果图法的基本原理是通过因果图，把用自然语言描述的功能说明转换为判定表，然后为判定表的每一列设计一个测试用例。其步骤如下。

① 分析规范。规范是指规格说明描述，如输入/输出的条件及功能、限制等。分析程序规格说明书的描述中，哪些是原因，哪些是结果。原因常常是输入条件或是输入条件的等价类，而结果是输出条件。

② 标识规范。标识出规范中的原因与结果，并对每个原因、结果赋予一个标识。

③ 画出因果图。分析规范语义、内容，找出原因与结果之间，原因与原因之间的对应关系，画出因果图。此外，由于语法或环境的限制，有些原因和结果的组合情况是不可能出现的，所以在因果图上需要使用若干个特殊的符号来标明约束条件。

因果图的基本符号如图 6.8 所示。其中 0 表示“不出现”，1 表示“出现”。

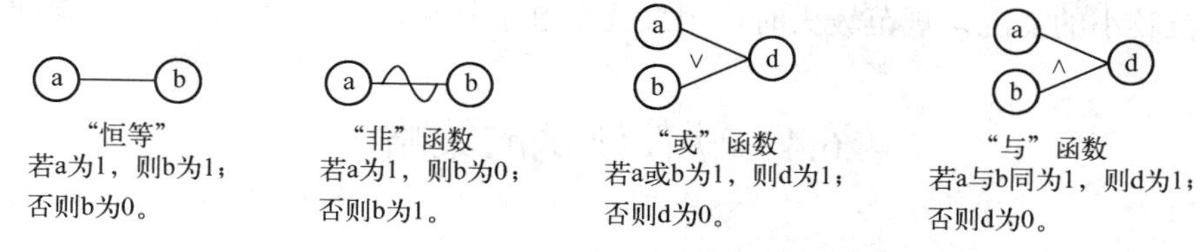


图 6.8　因果图的基本符号

因果图的限制符号如图 6.9 所示。

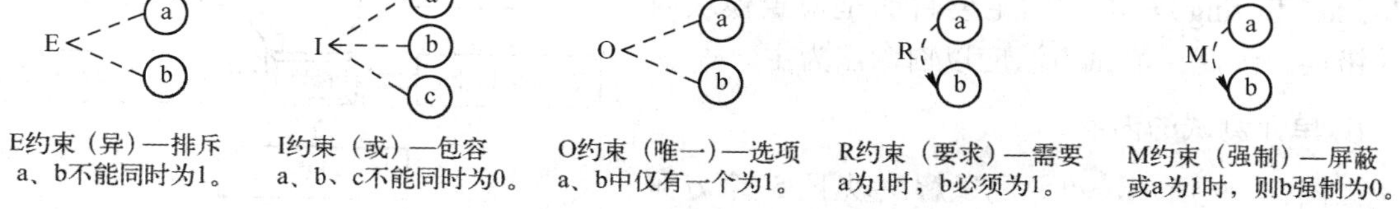


图 6.9　因果图的限制符号

④ 转换为判断表。将因果图转换为有限项判断表。

⑤ 设计测试用例。为判定表中每一列表示的情况设计一个测试用例。

由于因果图法最终生成的是判断表，所以它适合于设计检查程序输入条件的各种组合情况的测试用例。

**【例 6-2】** 有一段关于修改文件的规范：文件名第一个字符必须为 A 或 B，第二个字符必须为数字，满足则修改文件。第一个字符不正确发出信息 X12，第二个字符不正确发出信息 X13。用因果图法，设计测试用例。

分析：按照因果图法的步骤

（1）分析并标识规范。分析原因和结果，并对每个原因和结果进行标识（编号），原因分别标识为 1、2、3，结果分别标识为 50、51、52。

| 原 因 | 结 果 |
|---|---|
| 1 — 第一个字符为 A | 50—修改文件 |
| 2 — 第一个字符为 B | 51—发信息 X12 |
| 3 — 第二个字符为数字 | 52—发信息 X13 |

（2）画出因果图。因果图的结点用原因和结果的标识表示，根据原因与结果的逻辑关系，画出因果图（见图 6.10）。

图 6.10 中，增加中间结点⑪是为了导出结果的进一步原因。同时考虑到原因 1、2 不可能同时为 1，加上 E 约束。

（3）将因果图转换为判断表（见表 6.9）。

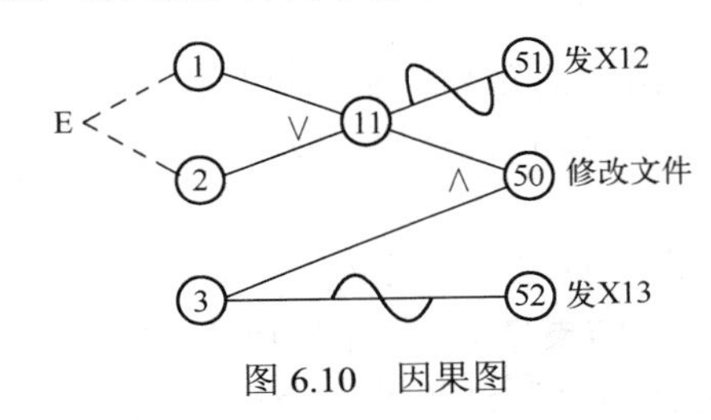


图 6.10　因果图

**表 6.9　判断表**

| | | 1 | 2 | 3 | 4 | 5 | 6 | 7 | 8 |
|---|---|---|---|---|---|---|---|---|---|
| 条件原因 | ① | 1 | 1 | 1 | 1 | 0 | 0 | 0 | 0 |
| | ② | 1 | 1 | 0 | 0 | 1 | 1 | 0 | 0 |
| | ③ | 1 | 0 | 1 | 0 | 1 | 0 | 1 | 0 |
| | ⑪ | | | 1 | 1 | 1 | 1 | 0 | 0 |
| 动作结果 | 51 | | | 0 | 0 | 0 | 0 | 1 | 1 |
| | 50 | | | 1 | 0 | 1 | 0 | 0 | 0 |
| | 52 | | | 0 | 1 | 0 | 1 | 0 | 1 |
| 测试用例 | | | | A3 A8 | AM A? | B5 B4 | BN B! | C2 X6 | DY PI |

（4）设计测试用例。在判定表中，为每一列表示的情况设计测试用例。

显然，因果图虽然是一种较高效的测试方法，能够对输入和输出的组合关系进行测试，但只能用于规范较小的情况，规范较大时，因果关系过于复杂，很难建立因果图和判断表。

## 6.4　软件测试的策略

### 6.4.1　单元测试

单元测试（Unit Testing），也称模块测试（Module Testing）。测试的主要目的是检查模块内部的错误。因此，测试方法应以白盒法为主。

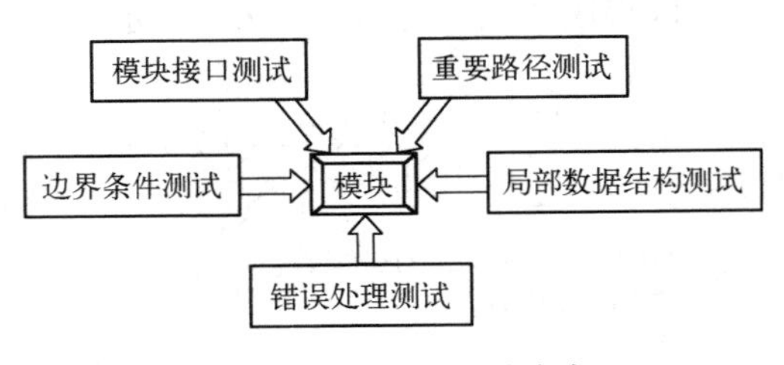


图 6.11　单元测试的内容

**1. 单元测试的内容**

如图 6.11 所示，单元测试解决以下 5 个方面的问题。

（1）模块接口

模块接口测试主要检查数据能否正确地通过模块。

软件单元作为一个独立的模块，同时又作为软件系统的一个组成部分，它和系统中的其他模块之间存在着信息交换，因此测试信息能否正确地输入和输出待测试模块是整个单元测试的基础和前提。针对单元接口测试，Myers 提出了测试内容应该主要包括下列因素：

- 待测试单元的实参的个数是否与形参的格式一致？
- 待测试单元的实参的数据类型是否与形参的数据类型匹配？
- 调用其他单元的实参个数是否与被调用单元的形参的个数相同？
- 调用其他单元的实参数据类型是否与被调用单元的形参的数据类型相同？
- 传送给另一个被调用模块的变元，其单位是否与参数的单位一致？
- 调用库函数时，实参的个数、数据类型和顺序是否与该函数的形参表一致？
- 在模块有多个入口的情况下，是否有引用与当前入口无关的参数？
- 是否修改了只读的参数？
- 各个单元对系统中的全局变量定义和使用是否一致？
- 有没有把常数当做变量来传送？

当一个模块执行外部的输入/输出操作时，Myers 提出还需考虑进行附加的接口测试：

- 文件属性是否正确？
- OPEN 语句是否正确？
- 格式说明与输入/输出语句给出的信息是否一致？
- 缓冲区的大小是否与记录的大小匹配？
- 是否所有的文件在使用前均已打开了？
- 对文件结束条件的判断和处理是否正确？
- 对输入/输出错误的处理是否正确？
- 有没有输出信息的文字错误？

（2）局部数据结构

在模块工作过程中，必须测试其内部的数据能否保持完整性，包括内部数据的内容、形式及相互关系不发生错误。应该说模块的局部数据结构是经常发生错误的错误源。对于局部数据结构应该在单元测试中注意发现以下几类错误：

- 不正确的或不一致的类型说明；
- 错误的变量名，如拼写错或缩写错；
- 不相容的数据类型；
- 下溢、上溢或地址错误。

除局部数据结构外，在单元测试中还应弄清楚全程数据对模块的影响。

（3）重要的执行路径

重要模块要进行基本路径测试，仔细地选择测试路径是单元测试的一项基本任务。测试用例必须能够发现由于计算错误、不正确的判定或不正常的控制流而产生的错误。常见的错误有：

- 误解的或不正确的算术优先级；
- 混合模式的运算；
- 精度不够精确；
- 表达式的不准确符号表示。

针对判定和条件覆盖，测试用例还需能够发现如下错误：

- 不同数据类型的比较；
- 不正确的逻辑操作或优先级；
- 应当相等的地方由于精度的错误而不能相等；

- 不正确的判定或不正确的变量；
- 不正常的或不存在的循环中止；
- 当遇到分支循环时不能退出；
- 不适当地修改循环变量。

（4）边界条件

程序最容易在边界上出错，对输入/输出数据的等价类边界、选择条件和循环条件的边界，以及复杂数据结构的边界等都应进行测试。

（5）错误处理

测试错误处理的要点是模块在工作中发生了错误，其中的错误处理措施是否有效。

程序运行中出现了异常现象并不奇怪，良好的设计应该预先估计到投入运行后可能发生的错误，并给出相应的处理措施，使得用户不至于束手无策。考察一个程序的错误处理能力可能出现的情况有：

- 对运行发生的错误描述得难以理解；
- 所报告的错误与实际遇到的错误不一致；
- 出错后，在错误处理之前就引起了系统干预；
- 例外条件的处理不正确；
- 提供的错误信息不足，以致无法找到出错的原因。

这 5 个方面问题的提出，使得用户必须认真考虑：如何设计测试用例，使得模块测试能够高效率地发现其中的错误，这是非常关键的问题。

### 2. 单元测试步骤

由于被测试的模块往往不是独立的程序，它处于整个软件结构的某一层位置上，被其他模块调用或调用其他模块，其本身不能单独运行，因此在单元测试时，需要为被测试模块设计若干辅助测试模块。

辅助模块有两种：一种是驱动模块（driver），用以模拟主程序或者调用模块的功能，用于向被测模块传递数据，接收、打印从被测模块返回的数据。一般只设计一个驱动模块。另一种是桩模块（stub），用以模拟那些由被测模块所调用的下属模块的功能。可以设计一个或者多个桩模块，才能更好地对下属模块进行模拟。单元测试的环境如图 6.12 所示。

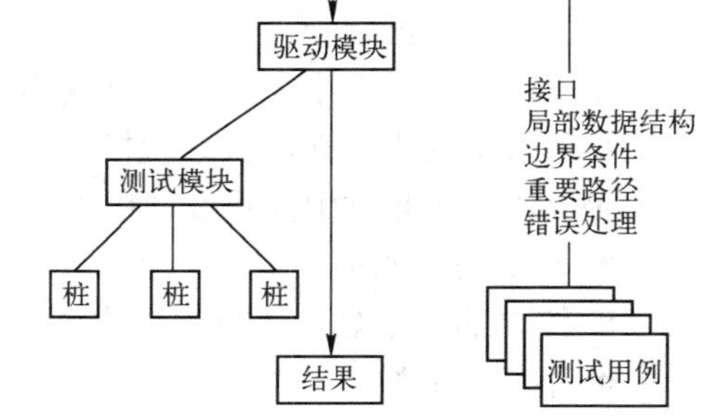

图 6.12　单元测试的环境

由于驱动模块用来模拟主程序或者调用模块的功能，处于被测试模块的上层，所以驱动模块只需要模拟向被测模块传递数据，接收、打印从被测模块返回的数据的功能，较容易实现。

而桩模块用于模拟那些由被测模块所调用的下属模块的功能，往往下属模块不止一个，也不只一层，由于模块接口的复杂性，桩模块很难模拟各下层模块之间的调用关系。另外为模拟下层模块的不同功能，需要编写多个桩模块，也很难验证这些桩模块所模拟功能的正确性，所以，桩模块的设计要比驱动模块困难得多。

驱动模块和桩模块在单元测试中必须使用，又都是额外开销，但并不作为最终的软件产品提供给用户。由于模块间接口的复杂性，全面检查往往要推迟到集成测试时进行。

## 6.4.2　集成测试

集成测试（Integrated Testing）是指在单元测试的基础上，将所有模块按照设计要求组装成一个完整的系统而进行的测试，也称为联合测试或组装测试。重点测试模块的接口部分，测试方法以黑盒法为主。

在软件测试的过程中经常会遇到这样的情形：系统中的每个模块经过单元测试后都可以正常工作了，但是将这些模块组装集成在一起后却无法正常工作。出现这一情况的主要原因是模块之间的相互调用和数据传送，为系统的运行引入了新的问题。例如，全局数据的访问或共享出现错误；模块调用时不正确的参数传递等。

根据连接模块的不同方式，组装测试分为非渐增式测试和渐增式测试。

### 1. 非渐增式测试

非渐增式测试方法采用一步到位的方法来集成系统。在对每个模块分别进行单元测试的基础上，把所有的模块按设计要求组装在一起进行测试。

由于非渐增式测试是将所有的模块一次连接起来，简单、易行，节省机时，但测试过程中难于查错，也很难进行错误定位，测试效率低。所以集成测试很少使用。

### 2. 渐增式测试

渐增式测试与非渐增式测试有所不同。它的集成过程是逐步实现的，组装测试也是逐步完成的。在对每个模块完成单元测试的基础上，进行组装测试。每加入一个新模块，就要对新的子系统进行一次集成的测试，不断重复此过程直至所有模块组装完毕。按组装次序，渐增式组装测试有以下一些方法。

（1）自顶向下结合

该方法不需要编写驱动模块，只需要编写桩模块。它表示逐步集成和逐步测试是按结构图自上而下进行的，即模块集成的顺序是，首先集成主控模块（主程序），然后按照控制层次结构向下逐步集成。从属于主控模块的模块按深度优先策略（纵向）或者广度优先策略（横向）集成到所设计的系统结构中去。

集成的整个过程由下列 3 个步骤完成：

① 桩模块作为测试驱动器；

② 根据集成的策略（深度或广度），下层的模块一次一个地被替换为真正的模块；

③ 在每个模块被集成时，都必须先进行单元测试；

④ 回到第②步重复进行，直至整个系统结构被集成。

图 6.13 所示为采用深度优先策略自顶向下结合组装模块的例子，其中 *si* 模块表示桩模块。

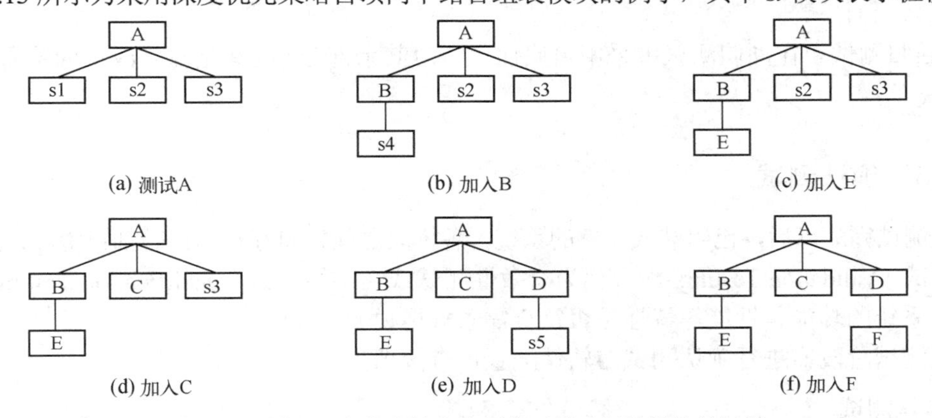


图 6.13　采用深度优先策略自顶向下结合组装模块的过程

自顶向下测试的优点是能较早地发现高层模块在接口、控制等方面的问题；初期的程序概貌可让人们较早地看到程序的主要功能，增强开发人员的信心。其缺点是桩模块不可能提供完整的信息，因此把许多测试推迟到用实际模块代替桩模块之后；设计较多的桩模块，测试开销大；早期不能并行工作，不能充分利用人力。

（2）自底向上结合

该方法只需编写驱动模块。它表示逐步集成和逐步测试的工作是按结构图自下而上进行的。其步骤为：

① 把底层模块组合成实现一个个特定子功能的族。

② 为每一个族编写一个驱动模块 d*i*，模拟测试用例的输入和测试结果的输出。

③ 对模块族进行测试。

④ 按软件结构图依次向上扩展，用实际模块替换驱动模块，形成一个个更大的族。

⑤ 重复步骤②～④，直至软件系统全部测试完毕。

图 6.14 用同一实例描述了这一过程。

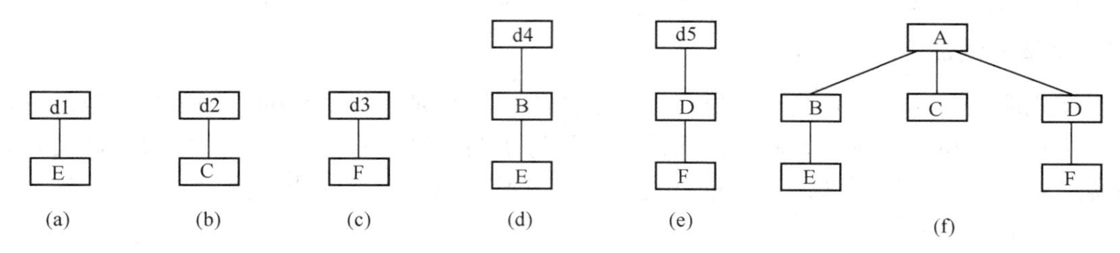


图 6.14　自底向上渐增式测试举例

自底向上测试的优点是只需编写驱动模块，无须编写桩模块，相对容易些。随着逐步向上集成，驱动模块逐步减少，测试开销小；容易设计测试用例，早期可以并行工作；低层模块的错误能较早发现。其缺点是系统整体功能最后才能看到；上层模块错误发现的晚，但上层模块的问题是全局性的问题，影响范围大。

（3）混合增值

由于自顶向下渐增式测试和自底向上渐增式测试的方法各有利弊，实际应用时，应根据软件的特点、任务的进度安排选择合适的方法。常见的混合增值方案有：

① 演变的自顶而下。先自底而上集成子系统，再自顶而下集成总系统。

② 自底而上－自顶而下增值。对含有读操作的子系统采用自底而上，对含有写操作的子系统采用自顶而下。

③ 回归测试。在回归测试中采用自底而上，对其余部分（尤其是对修改过的子系统）采用自顶而下。

### 6.4.3　确认测试

集成测试完成以后，已组装成完整的系统，各模块之间接口存在的问题都已消除，此时应进行确认测试（Validation Testing），又称为有效性测试或合格性测试（Qualification Testing）。其任务是验证系统的功能、性能等特性是否符合需求规格说明。

确认测试阶段需进行确认测试与软件配置审查两项工作。

#### 1. 确认测试

确认测试一般是在模拟的环境（或开发环境下）下运用黑盒法来验证软件特性是否与需求符合。需要首先制定测试计划，确定测试步骤，设计测试用例。测试用例应选用实际运用的数据。测试结束后，应该写出测试分析报告。

经过确认测试后，可能有两种情况：

① 经过检验的软件功能、性能及其他要求均已满足需求规格说明书的规定，因而可能被认为是合格的软件；

② 经过检验发现与需求规格说明书有相当的偏离，得到一个各项缺陷清单。对于第二种情况，要对错误进行修改，工作量非常大，往往很难在交付期以前把发现的问题纠正过来。这就需要开发部门和用户进行协商，找出解决的办法。

**2. 软件配置审查**

配置审查（Configuration Review）有时也称为配置审计（Configuration Audit），是确认过程的重要环节。所谓的软件配置是指软件工程过程中所产生的所有信息项：文档、报告、程序、表格、数据等。随着软件工程过程的进展，软件配置项（Software Configuration Item，SCI）得到快速增加和变化。

软件配置审查，应复查 SCI 是否齐全，检查软件的所有文档资料的完整性和正确性。如发现遗漏和错误，应补充和改正。同时要编排好目录，为以后的软件维护工作奠定基础。

经过确认测试得到测试报告，通过软件配置审查得到软件配置情况。两种测试的结果都要经过管理机构裁决后，再通过专家鉴定会的评审。

图 6.15 描述了软件确认测试过程及参与确认测试的人员及测试所需的文档资料。

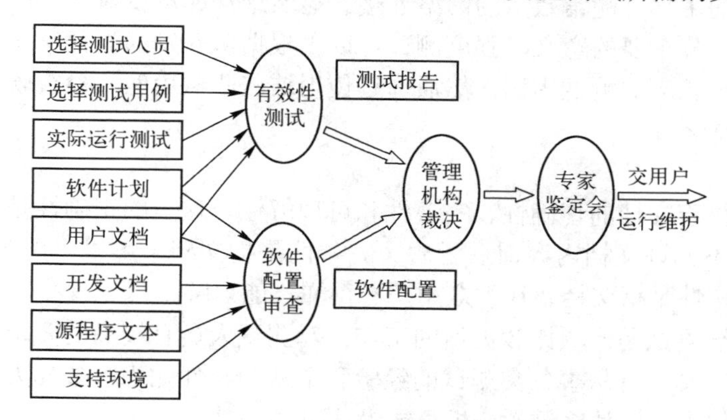


图 6.15 软件确认测试

## 6.4.4 系统测试

由于软件系统只是计算机系统的一个组成部分，软件开发完成以后，最终还要和系统中的其他部分（如计算机硬件、外部设备、某些支持软件、数据）集成起来，在投入运行以前完成系统测试，以确保各组成部分不仅能单独地受到检验，而且在系统各部分协调工作的环境下也能正常工作。尽管每一个检验有着特定的目标，然而所有的检验工作都要验证系统中每个部分均已得到正确的集成，并能完成指定的功能。下面简要说明系统测试需要完成的工作。

（1）功能测试

功能测试又称正确性测试，它检查软件的功能是否符合需求规格说明书。由于正确性是软件最重要的质量因素，所以其测试也最重要。

基本的方法是构造一些合理输入，检查是否得到期望的输出，这是一种枚举的方法。倘若枚举空间是无限的，关键在于寻找等价区间。

（2）性能测试

性能测试用来测试软件在集成系统中的运行性能，特别是针对实时系统和嵌入式系统。性能测试可以在测试过程的任意阶段进行，但只有当整个系统的所有成分都集成到一起后，才能检查一个系统的真正性能。这种测试常常与强度测试结合起来进行。为记录系统性能，通常需要在系统中安装必要的测量仪表或软件。

（3）安全测试

安全测试的目的在于验证安装在系统内的保护机制能够在实际中保护系统并不受非法侵入，不受各种非法的干扰。系统的安全测试要设置一些测试用例，试图突破系统的安全保密措施，检验系统是否有安全保密的漏洞。

（4）恢复测试

操作系统、数据库管理系统等都有恢复机制，即当系统受到某些外部事故的破坏时能够重新恢复正常工作。恢复测试是指通过各种手段，强制性地使软件出错，而不能正常工作，进而检验系统的恢复能力。如果系统恢复是自动的（系统本身完成），则应检验：重新初始化，检验点设置机构、数据恢复，以及重新启动是否正确。如果这一恢复需要人为干预，则应考虑平均修复时间是否在限定的范围以内。

（5）强度测试

强度测试主要是在一些极限条件下，检查软件系统的运行情况。例如，一些超常数量的输入数据、超常数量的用户、超常数量的网络连接。显然这样的测试对于了解软件系统性能和可靠性、健壮性具有十分重要的意义。强度测试可以先根据所开发的软件系统面临的一些运行强度方面的挑战设计出相应的测试用例，然后通过使用这些测试用例，检查软件系统在这些极端情况下是否能够正常运行。

（6）文档测试

文档测试主要检查文档的正确性、完备性和可理解性。这里的正确性是指不要把软件的功能和操作写错，也不允许文档内容前后矛盾。完备性是指文档不可以“虎头蛇尾”，更不许漏掉关键内容。可理解性是指文档要让大众用户看得懂，能理解。

总的来说，系统测试是一项比较灵活的工作，对测试人员有较高的要求，既要熟悉用户的环境和系统的使用，又要有从事各类测试的经验和丰富的软件知识。参加人员为：有经验的系统测试专家，用户代表，软件系统的分析员或设计员。

### 6.4.5 α 测试和 β 测试

正如前面所述，即使经过一系列的严格测试，软件测试人员也不可能发现并排除软件系统中所有潜在的错误和缺陷，不可能完全预见到用户使用软件系统的所有情况。例如，用户可能使用一组意想不到的输入数据来使用软件系统，导致系统中一些未被发现的错误或缺陷暴露出来。因此，在用户参与的情况下进行软件测试是非常重要的，它可以确认软件系统在功能和性能上是否能够满足用户的需要，并最终决定用户对该软件系统的认可程度。

α测试是邀请某些有信誉的软件用户与软件开发人员一道在开发场地对软件系统进行测试，其测试环境要尽量模拟软件系统投入使用后的实际运行环境。在测试过程中，软件系统出现的错误或使用过程中遇到的问题，以及用户提出的修改要求，均要完整、如实地记录下来，作为对软件系统进行修改的依据。α测试的整个过程是在受控环境下，由开发人员和用户共同参与完成的。α测试的目的是评价软件的 FLURPS，其中 FLURPS 表示对以下项目的测试：

① Function Testing（功能测试）

② Local Area Testing（局域化测试）

③ Usability Testing（可使用性测试）

④ Reliability Testing（可靠性测试）

⑤ Performance Testing（性能测试）

⑥ Supportability Testing（可支持性测试）

β 测试是由软件产品的全部或部分用户在实际使用环境下进行的测试。整个测试活动是在用户的独立操作下完成的，没有软件开发人员的参与。β 测试是投入市场前由支持软件预发行的客户对 FLURPS 进行测试，主要目的是测试系统的可支持性。

β 测试的涉及面最广，最能反映用户的真实愿望，但花费的时间最长，过程不好控制。一般软件公司与 β 测试人员之间有一种互利的协议。即 β 测试人员无偿地为软件公司做测试，定期递交测试报告，提出批评与建议。而软件公司将向 β 测试人员免费赠送或以很大的优惠价格提供软件的正式版本。

### 6.4.6 综合测试策略

软件测试是保证软件可靠性的主要手段，也是软件开发过程中最艰巨、最繁杂的任务。软件测试方案是测试阶段的关键技术问题，基本目标是选择最少量的高效测试用例，从而尽可能多地发现软件中的问题。因此，无论哪一个测试阶段，都应该采用综合测试策略，才能够实现测试的目标。

一般都应该先进行静态分析，往往可以发现系统中的一些问题。然后再考虑动态测试。

（1）单元测试

通常应该先进行“人工走查”，再以白盒法为主，辅以黑盒法进行动态测试。使用白盒法时，只需要选择一种覆盖标准，而使用黑盒法时，应该采用多种方法。

（2）组装测试

关键是要按照一定的原则，选择组装模块的方案（次序），然后再使用黑盒法进行测试。在测试过程中，如果发现了问题较多的模块，需要进行回归测试时，再采用白盒法。

（3）确认测试、系统测试

应该以黑盒法为主。确认测试中进行软件配置复查，主要是静态测试。

## 6.5 软 件 调 试

软件调试与软件测试不同，软件测试的目标是尽可能多地发现软件中的错误，软件调试是在软件测试完成后，对在测试过程中发现的错误加以修改，以保证软件运行的正确性和可靠性。显然，要找出错误真正的原因，排除潜在的错误，不是一件易事。因此，调试是通过现象，找出错误原因的一个思维分析的过程。

### 6.5.1 软件调试过程

软件调试是在完成软件测试以后，修改和纠正软件系统的错误的过程。软件调试的具体过程如下。

① 从软件测试过程中发现的错误的表现形式入手，确定软件系统出现错误的原因；

② 对软件系统进行细致研究，确定错误发生的准确位置；

③ 修改软件系统的设计和编码，排除或纠正发现的错误；

④ 对修改后的软件系统进行重复测试，以确保对错误的排除和纠正没有引入新的错误；

⑤ 如果发现针对错误进行的修改没有效果甚至引入了新的错误，则需要根据实际情况撤销此次修改，或者对新出现的错误进行修改。

不断重复以上过程，直至在软件测试中发现的错误都被消除，并且没有引入新的错误为止。

在整个软件系统开发中，调试工作是一个漫长而艰难的过程，软件开发人员的技术水平乃至心理因素对软件调试的效率和质量都有很大的影响。从技术角度来看，软件调试的困难主要存在于以下几个方面：

① 人为因素导致的错误不易被确定和追踪；

② 当一个错误被纠正时，可能会引入新的错误；

③ 在软件系统中，错误发生的外部位置与其内在原因所处的位置可能相差甚远；

④ 在分布式处理环境中，错误的发生是由若干个 CPU 执行的任务共同导致的，对导致错误的准确定位十分困难；

⑤ 错误是由难以精确再现的外部状态或事件所引起的。

软件调试是一项十分艰巨的工作，要在规模庞大的软件系统中准确地确定错误发生的原因和位置，并正确纠正相应的错误，需要有良好的调试策略。

### 6.5.2 软件调试策略

软件调试工作的关键是采用恰当的调试策略，发现并纠正软件系统中发生的错误。下面具体介绍几种常见的软件调试策略的基本思想和特点。

#### 1. 试探法调试

试探法是一种比较原始的调试策略。它的基本思想是通过分析软件系统运行过程中数据信息、中间结果的变化情况来查找错误发生的原因，确定错误发生的位置。例如，通过输出寄存器、内存单元的内容，在程序中的恰当位置插入若干输出语句等方法，来获取程序运行过程中的大量现场信息，从中发现出错的线索。

使用试探法来获取错误信息具有很大的盲目性，需要耗费大量的时间和精力，因此该方法具有较低的调试效率。并且由于采用的调试技术十分原始，使其只适用于对结构比较简单的小规模系统的调试，而对于复杂的大型系统却无能为力。使用试探法的典型方式包括：输出作为程序中间结果的相关数据的值；在程序中添加必要的打印语句；使用自动调试工具。在许多集成开发环境（IDE）中都包含有相应的调试工具，例如设置程序执行的断点、程序单步执行等功能。这些调试工具的使用可以有效地帮助开发人员完成对软件系统的调试工作。

#### 2. 归纳法调试

归纳是一种由特殊到一般的逻辑推理方法。归纳法调试是根据软件测试所取得的错误结果的个别数据，分析出可能的错误线索，研究出错规律和错误之间的线索关系，由此确定错误发生的原因和位置。归纳法调试的基本思想是：从一些个别的错误线索着手，通过分析这些线索之间的关系而发现错误。

如图 6.16 所示，归纳法调试的步骤如下：

第一步，收集有关数据。对所有已经知道的测试用例和程序运行结果进行收集、汇总，不仅要包括那些出错的运行结果，也要包括那些不产生错误结果的测试数据，这些数据将为发现错误提供宝贵的线索。

第二步，整理分析有关数据。对收集的有关数据进行组织、整理，并在此基础上对其进行细致的分析，从中发现错误发生的线索和规律。

第三步，提出假设。研究分析测试结果数据之间的关系，力求寻找出其中的联系和规律，进而提出一个或多个关于出错原因的假设。如果无法提出相应的假设，则回到第一步，补充收集更多的测试数据；如果可以提出多个假设，则选择其中可能性最大者。

第四步，证明假设。在假设提出以后，证明假设的合理性对软件调试是十分重要的。证明假设是将假设与原始的测试数据进行比较，如果假设能够完全解释所有的调试结果，那么该假设便得到了证明。反之，该假设就是不合理的，需要重新提出新的假设。

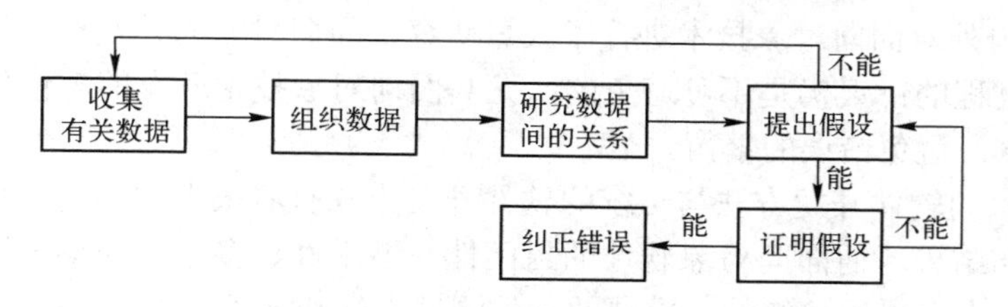


图 6.16　归纳法调试的步骤

### 3. 演绎法调试

演绎是一种由一般到特殊的逻辑推理方法。演绎法调试是根据已有的测试数据，设想所有可能的出错原因，然后通过测试逐一排除不正确、不可能的出错原因，直到最后证明，剩余的错误的确是软件系统发生错误的根源。

具体来说，演绎法调试主要包括如图 6.17 所示的三个步骤。

第一步，设想所有可能的出错原因。根据已有的测试用例和测试结果数据，设想、推测出软件系统发生相关错误的所有可能的原因。

第二步，排除不可能的出错原因。针对第一步中获得的各种可能的出错原因，通过软件测试，逐一排除其中和测试结果有矛盾（即不可能）的出错原因。

第三步，验证可能的出错原因。针对经过第二步的排除而剩余的那些可能的出错原因，使用软件的测试结果，对其合理性进行验证，并进一步确定错误发生的位置。

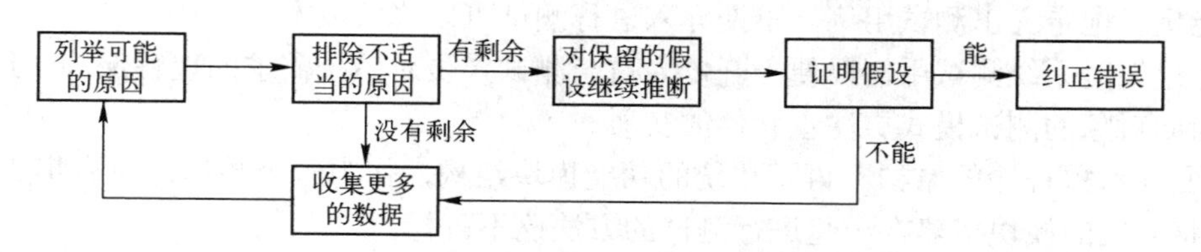


图 6.17　演绎法调试的步骤

### 4. 回溯法调试

回溯法是从软件系统中发现错误的位置开始，沿着程序的控制流程往回追踪程序代码，直至找到错误发生的位置或范围。

回溯法对于规模较小的软件系统而言是一种比较有效的调试策略，它能够将错误的范围缩小到程序中的某一个较小部分，为错误的精确定位提供了方便。但是，随着程序规模的不断扩大，进行回溯的流程路径的数目将会急剧增加，使得流程的完全回溯变得不现实。

### 5. 对分查找法调试

如果已经知道某些变量在程序中若干关键点的正确值，则可以在程序中间的某个恰当位置插入赋值语句或输入语句，为这些变量赋予正确的值，然后再检查程序的运行结果。如果在插入点以后的运行正确，那么错误一定发生在插入点的前半部分；反之，错误一定发生在插入点的后半部分。对于程序中有错误的部分再重复使用该方法，直至把错误的范围缩小到容易诊断的区域为止。

## 6.6 面向对象的测试

近年来，国内外对面向对象技术进行了大量研究，面向对象的开发技术进一步提高了软件的质量，但开发过程的错误仍是不可避免的，尤其面向对象技术开发的软件代码重用率高，更需要进行严格测试，避免错误的繁衍。

由于面向对象的软件开发方法与传统的软件开发模式有着很大的不同，每个开发阶段都有不同以往的要求和结果。而面向对象软件的封闭性、继承性、多态性和动态连接等特性使面向对象软件测试不能完全采用传统的、成熟的软件测试方法和技术。

与传统的测试方法比较，面向对象软件测试的特点主要反映在测试对象和内容的不同，但测试的目标是不会改变的。也必须看到，面向对象的测试比传统的测试更加复杂和困难。

随着面向对象软件开发方法应用的更加广泛和研究的不断深入，面向对象软件测试已成为软件工程领域的一个重要研究课题。

### 6.6.1 面向对象测试的特点

面向对象的测试认为测试是一种被应用在开发过程不同阶段点的活动，贯穿于软件开发的全过程，虽然与开发过程不同，但却紧密联系的过程，因为软件开发的目标和软件测试的目标有很大差异。

与传统测试模式最主要的区别在于，面向对象的测试更关注对象而不是完成输入/输出的单一功能，因此，测试在分析与设计阶段就先行介入，使得测试能更好地配合软件生产过程并为之服务。与传统测试模式相比，面向对象测试的优点在于：

① 能更早地定义出测试用例，早期介入进行测试可以降低成本；

② 尽早编写系统测试用例以便于开发人员与测试人员对系统需求的理解保持一致；

③ 面向对象的测试模式更注重软件的实质。

由于面向对象程序的结构不再是传统的功能模块结构，作为一个整体，原有集成测试所要求的逐步将开发的模块搭建在一起进行测试的方法已不可行。

面向对象的测试与传统的测试方法比较，其特点反映在两个方面：

（1）强调需求或设计的测试。也就是说，将测试工作提前到编码前，而且以需求和设计阶段的测试为主，在软件开发的早期就开始测试工作，能够保证需求和设计的高质量，可以有效地防止和减少错误的蔓延。通常以两种方式进行：

① 在没有代码的情况下进行测试。主要是验证和确认规格说明的有效性和正确性。一般采用静态走查和动态场景模拟等方法。

② 在有代码的情况下进行测试。则以规格说明为依据，验证代码的正确性。

（2）在传统测试方法的基础上，根据面向对象的主要特性，需要改变测试策略和方法。

例如：封装是对数据的隐蔽，减少了对数据的非法操作，可简化该类测试。继承性提高了代码复用性，但错误也会以同样方式被复用。多态性提供了强大的处理能力，但也增加了测试的复杂性。

## 6.6.2 面向对象测试模型

面向对象的开发过程分为面向对象分析（OOA）、面向对象设计（OOD）和面向对象编程（OOP）三个阶段。面向对象的测试与开发过程同步，因此，将面向对象的测试分为对 OOA、OOD、OOP 这三个阶段的测试。这三个阶段中，可能还需要部分或全部的回归测试。

根据面向对象的软件开发过程，结合面向对象测试的特点，提出面向对象的软件测试技术，建立一种在整个软件开发过程中不断测试的测试模型，如图 6.18 所示。

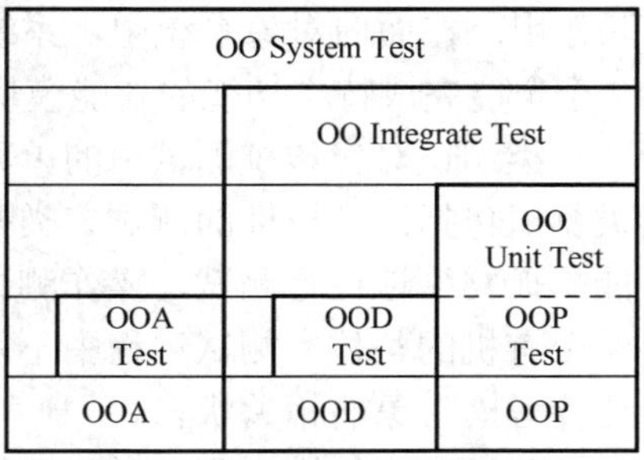

OOA Test：面向对象分析的测试，对分析结果进行测试；

OOD Test：面向对象设计的测试，对设计结果进行测试；

OOP Test：面向对象编程的测试，对编程风格和程序代码实现进行测试；

OO Unit Test：面向对象单元测试；

OO Integrate Test：面向对象集成测试

OO SystemTest：面向对象系统测试。

OO System Test
OO Integrate Test
OO Unit Test
OOA Test
OOD Test
OOP Test
OOA
OOD
OOP

图 6.18 面向对象的测试模型

OOA Test 和 OOD Test 是软件开发前期的关键性测试，主要是对所建立的 OOA 和 OOD 模型进行测试。而 OOP Test 主要针对程序代码进行测试，其主要的测试内容在面向对象单元测试和面向对象集成测试中体现。

由于面向对象的软件把类看成系统的基本单元，所以，传统意义上的单元测试等价于面向对象中的类测试，包括对类的属性、类的操作的测试。面向对象单元测试是进行面向对象集成测试的基础。

面向对象的集成测试主要对系统内部的相互服务进行测试，因此，也就是对类之间联系进行测试。例如对成员函数间的相互作用，类间的消息传递等进行测试，也称为交互测试；或对类进行联合测试，也即为类簇测试。

面向对象的确认测试和系统测试策略与传统测试策略类似。面向对象的系统测试则是基于面向对象集成测试的最后阶段的测试。由于系统已经集成，主要以用户需求为测试标准，需要借鉴 OOA 或 OOA Test 结果，常常对用例模型及用例中所提供的场景进行测试，以发现与用户需求不一致或不完整的错误。

## 6.6.3 面向对象测试类型

面向对象软件测试目前还处于探索性的研究阶段，其测试层次的划分还未达成共识。按照面向对象的开发模型将开发过程分为面向对象分析、面向对象设计和面向对象编程三个阶段。分析阶段产生整个问题空间的抽象描述，在此基础上，进一步归纳出适用于面向对象编程语言的类和类结构，最后形成代码。由于面向对象的特点，采用这种开发模型能有效地将分析设计的文本或图表代码化，不断适应用户需求的变动。

根据面向对象的软件开发过程的特点，结合面向对象的特点，提出面向对象的软件测试技术，建立一种在整个软件开发过程中不断测试的测试模型，包括分析与设计模型测试、类测试、交互测试、系统（子系统）测试、验收和发布测试几部分。

### 1. 分析与设计模型测试

采用正式技术评审的方法，检查分析与设计模型的正确性、完整性和一致性。根据测试对象不同，通常模型测试方法包括：用例场景测试；系统原型走查；需求模型一致性检查；分析模型的检查和走查。

测试的主要内容有：对确定的对象的测试；对确定的结构的测试；对确定的主题的测试；对定义的属性和实例关联的测试；对定义的服务和消息关联的测试。

**2. 类测试**

面向对象软件产品的基本组成单位是类，从宏观上来看，面向对象软件是各个类之间的相互作用。在面向对象系统中，系统的基本构造模块是封装了数据和方法的类和对象，而不再是一个个能完成特定功能的功能模块。

类测试对应传统测试中的单元测试。类测试是验证类的实现与类的说明是否一致的活动。类测试包括：类属性的测试、类操作的测试、可能状态下的对象测试。测试中要特别注意：不能“孤立”地进行测试，操作测试应该包括其可能被调用的各种情况。对象中的数据和方法是一个有机的整体，测试过程中不能仅仅检查输入数据产生的输出结果是否与预期结果相吻合，还要考虑对象的相关状态。

假设在进行模型测试时，已经对类的完整性说明进行了测试。因此，类测试的内容，主要是确保一个类的代码能够完全满足类的说明所描述的要求。对一个类进行测试是确保它只做规定的事情。

**3. 交互测试**

交互测试用于代替传统测试方法中的集成测试。将类进行交互测试，以确定它们能否在一起共同工作。交互测试的重点是要确保那些已经单独测试过的类的对象，相互间能够正确地传送消息。

面向对象的交互（集成）测试能够检测出在类相互作用时才会产生的错误。基于单元测试对成员函数行为正确性的保证，交互测试只关注于系统的结构和内部的相互作用。

传统的自顶向下和自底向上的集成策略对面向对象的测试集成是无意义的，因为面向对象的软件没有层次控制结构，而且一次集成一个操作到类中（传统的增量集成方法）经常是不可能的。

对面向对象的集成测试必须采用新的方法。通常有两种不同的策略：

① 基于线程的测试（thread-based testing）。集成对系统的一个输入或事件进行响应所需的一组类，每个线程被集成并分别测试。

② 基于使用的测试（use-based testing）。首先，测试独立类（几乎不使用服务器的类）而开始构造系统；然后，测试下一层的依赖类（使用独立类的类）。通过依赖类层次的测试序列逐步构造完整的系统。

在进行交互测试时，需要注意以下问题：

① 类间的继承性可能给测试带来新的困难。继承性的含义是一个类中定义的操作和属性可由另一个类继承，并且可在继承的位置执行。因此，继承性层次的测试需要更彻底的测试方法，必须知道系统中的操作是如何执行的。

② 如果发送一个消息给自身，这样的消息或许只与一个派生类相关，因此在这种情况下测试抽象类没有价值，为了弄清发送给自身的信息系列，在类层次中需要从上到下，从下到上的工作，这种测试称为正向－逆向测试法。

**4. 系统（子系统）测试**

通过类测试和交互测试，仅能保证软件开发的功能得以实现，但不能确认在实际运行时，它是否满足用户的需要，是否大量存在实际使用条件下会被诱发产生错误的隐患。还必须测试系统或独立子系统，确保系统无明显故障，并满足用户需求。

系统测试应该尽量搭建与用户实际使用环境相同的测试平台，应该保证被测系统的完整性，对临时没有的系统设备部件，也应有相应的模拟手段。系统测试时，应该参考 OOA 分析的结果，对应描述的对象、属性和各种服务，检测软件是否能够完全“再现”问题空间。系统测试不仅是检测软件的整体行为表现，从另一个侧面看，也是对软件开发设计的再确认。

系统测试内容包括：

① 功能测试。测试是否满足开发要求，是否能够提供设计所描述的功能，以及用户的需求是否都得到了满足。功能测试是系统测试最常用和必需的测试，它通常会以正式的软件说明书作为测试标准。

② 压力测试。测试系统处理能力的最高限度，即软件在一些超负荷的情况下，功能实现情况。如要求软件某一行为的大量重复、输入大量的数据或大数值数据、对数据库大量复杂的查询等。

③ 安全测试。验证安装在系统内的保护机构确实能够对系统进行保护，使之不受各种非正常的干扰。安全测试时需要设计一些测试用例尝试突破系统的安全保密措施，检验系统是否有安全保密的漏洞。

④ 性能测试。测试软件的运行性能。这种测试常常与强度测试结合进行，需要事先对被测软件提出性能指标要求，如传输连接的最长时限、传输的错误率、计算的精度、记录的精度、响应的时限和恢复时限等。

⑤ 恢复测试。采用人工干扰使软件出错，中断软件的运行，检测系统的恢复能力，特别是通信系统。恢复测试时，应该参考性能测试的相关测试指标。

⑥ 可用性测试。测试用户是否能够满意使用。具体体现为操作是否方便，用户界面是否友好，以及安装/卸载测试（install/uninstall test）等。

#### 5. 验收和发布测试

验收测试：交付用户前的系统测试。

发布测试：确保系统安装软件包能够正常交付使用。

### 6.6.4 分析模型测试

#### 1. 分析模型测试的重要性

① 需求的质量影响并决定了设计的质量。在软件开发过程模型中，需求、设计和编码总是有一定的时序特性。而且需求模型、设计模型和实现代码之间还具备解释特性。即设计解释了需求，实现代码解释了设计。

② 需求测试可以较早地发现需求中的问题。如不合理的项目，以及错误地理解了用户需求的项目，避免对于成本和资源的消耗。

③ 减少需求的模糊性。用户需求是用户对需要实现的软件系统的要求，通常以一种非正规的形式给出，具有一定的模糊性。这种模糊性带入了设计，甚至代码中，将可能引发几倍，甚至几十倍的错误，这必将极大地消耗系统的资源和成本。

测试实际上也是一个项目，也有需求、设计和实现，并且测试本身也会有测试（测试中的测试）。测试作为项目开发活动中的一部分，在时间上应该有明确的要求，测试计划对于测试来说也是至关重要的。

UML 分析模型的每个模式，从严格意义上说都应该经过测试。实际上，通常对用例模型、类对象模型，以及用例中典型场景进行测试。

### 2. 用例模型测试

单个用例测试采取典型应用场景的测试方法，用例模型的测试则相当于系统测试，测试的主要目标是用例模型对于用户需求的可跟踪性。

以系统的用户为主要的出发点设计测试用例，通过模拟某个系统用户的行为来测试整个系统对于该用户的服务提供情况，从而检查系统功能的完整性，用户需求可跟踪性等情况。

用例模型的测试从系统用户的角度测试系统的服务，并不关心每个测试用例所实现的功能如何，所以应该是黑盒测试。

下面以一个订货中心系统的用例模型为例说明测试用例的设计。

**【例 6-3】** 有一个订货中心，接受客户的电话、传真、电子邮件、信件和 WEB 主页表单等形式的订货请求，建立订单。根据客户要求的发货目的地，订货中心将以最经济的方式确定一家仓库来负责向客户发货。当仓库收到订单后，按照一定策略进行发货，在填写发货的有关信息后，将订单返回订货中心。

1. 根据需求分析的结果，识别系统角色。

识别出五个主要的系统角色（用户）：管理者（Manager）、发货人员（Shipper）、收款人员（Toll Collector）、商务客户（Customer）、信用卡（Creditcard）。

2. 从各个角色出发，通过回答以下问题识别用例。

（1）角色要求系统提供的功能有哪些？系统在提供这些功能的时候该角色需要做什么？

（2）角色需要创建、阅读、销毁或存储系统的哪些信息？

（3）系统中的哪些事件需要通知该角色？

以管理者为例：

（1）管理者要求系统为他提供什么功能？管理者需要做哪些工作？

答：管理者要求系统提供：

① 接受顾客订货请求并创建订单；

② 计算订单的价钱；

③ 根据订单信息选择仓库，并将订单发送给仓库；

④ 查询订单货物发送情况；

⑤ 查询客户订单付款情况；

⑥ 评价商务结果；

⑦ 顾客退货处理；

⑧ 把仓库返回的订单发送到收费处；

⑨ 商品价格更新。

管理者需要做：生成订单；查询订单时输入订单号。

（2）管理者需要阅读、创建、销毁、更新或存储系统哪些信息？

答：信息包括：订单、职员（仓库人员、收费人员等）信息、顾客信息、物品条目及价格信息、仓库信息和税务信息。

（3）系统中的事件一定要告诉管理者吗？

答：是。这些事件包括：仓库有关物品短缺以致无法满足某订单；订单数据出现错误；顾客超过期限未付款。

可见，管理者要使用系统的十个功能，因此至少可以设计出十个测试用例。以第三条功能“根据订单信息选择仓库，并将订单发送给该仓库”为例，说明测试用例的设计。

假设订货中心下属共有三个仓库，各仓库的有关信息如表 6.9 所示，管理者要决定应该选择哪个仓库处理订单。

**表 6.9　订货中心仓库信息**

| 仓库名称 | 仓库位置 | 存货品名及数量 | 订单处理客户信誉度 |
|---|---|---|---|
| A | 东城 | G1(200)，G5(100)，G6(1000)，G10(70)，G11(90) | 85 |
| B | 西城 | G1(1000)，G2(100)，G5(550)，G8(150)，G10(980) | 95 |
| C | 北城 | G1(220)，G4(300)，G5(350)，G7(400)，G10(700) | 80 |

订单主要信息：订单号、送货地点、货物名称及数量等。

管理者考虑将订单分配到某仓库的原则是：

① 首先仓库必须能够满足订单上的货物要求；

② 选择地理位置与发货点较近的仓库发货；

③ 信誉满意度越高的客户就越应该以较高的服务质量来回报。

综合考虑上面三个因素，以最少的成本取得最好的收益，三张订单的信息如表6.10所示。

**表 6.10　订单信息**

| 订 单 号 | 送 货 地 点 | 货物名称及数量 | 客 户 信 誉 |
|---|---|---|---|
| 订单 1 | 北城某集团公司 | G1(200),G5(100),G10(40) | 95 |
| 订单 2 | 东城某街道 | G5(10),G6(5) | 80 |
| 订单 3 | 北城某街道 | G4(10) | 85 |

根据仓库信息、订单信息及分配仓库的原则，确定有关订单的三个用例：

- 测试用例1

  输入：订单1

  预期结果：选择仓库B来处理订单（三个均可，大宗订单，客户信誉度高）

- 测试用例2

  输入：订单2

  预期结果：选择仓库A来处理订单（个人订单，客户信誉一般）

- 测试用例3

  输入：订单3

  预期结果：选择仓库C来处理订单

以上测试未涉及某个具体用例，体现了用例模型测试和用例测试的区别。

### 3. 类的测试

类测试即传统测试中的单元测试，每个类都封装了属性（数据）和管理这些数据的操作（也被称做方法或服务）。类测试即验证类的实现与类的规约是否一致的活动。类测试包括：类属性的测试、类操作的测试等。

与模块不同，一个类可以包含许多不同的操作，一个特殊的操作可以出现在许多不同的类中。传统的单元测试只能测试一个操作（功能）。而在 OO 类测试中，一个操作功能只能作为一个类的一部分，类中有多个操作（功能），就要进行多个操作的测试。

另外，父类中定义的某个操作被许多子类继承。但在实际应用中，不同子类中某个操作在使用时又有细微的不同，所以还必须对每个子类中的每个操作进行测试。

类的测试可以使用多种方法，如基于故障的测试、随机测试和分割测试等。每一种方法都要设计测试用例，测试封装在类中的操作，还要保证相关的操作也被测试。

【例 6-4】 如图 6.19 所示，Date 类是一个描述日期的类，其属性为三个成员变量：年、月、日，在 Date 类中，操作 decrease（）是使 Date 类的对象改变为当前日期的前一天。printDate（）是打印日期信息。而 Date 类的三个成员变量所属的类是 calendarUnit 类的子类，如图 6.20 所示。在 calendarUnit 类中，也有操作 decrease（），并通过继承关系在 Day、Month、Yers 三个类中重写。

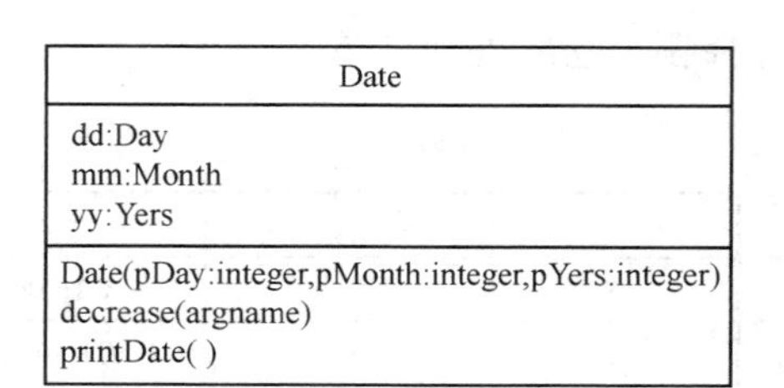


图 6.19 Date 类

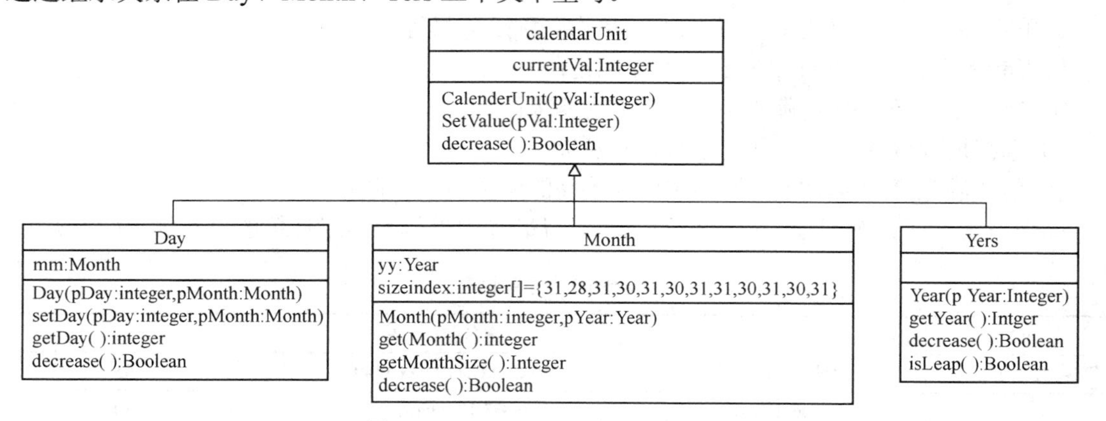


图 6.20 calendarUnit 类的继承关系

设计测试用例，对 Date 类的操作 decrease（）进行测试。

操作测试时应该考虑其可能被调用的各种情况。对 date 类中的 decrease 方法进行测试，在设计测试用例时，采用等价分类法。划分等价类时首先考虑一般情况，如一个月中间一天的前一天，一个月第一天的前一天，一年的第一天的前一天等。除此之外，还要考虑边界及闰年、闰月等特殊情况。在进行分析的基础上，划分的有效等价类和无效等价类如下。

- 有效等价类

D1=|一个月的第一天与最后一天之间|

D2=|一个月的第一天|

D3=|1 月 1 日|

M1=|前一个月是 30 天|

M2=|前一个月是 31 天|

M3=|前一个月是 2 月|

Y1=|非闰年|

Y2=|闰年|

Y3=|2005 年|

- 无效等价类

D4=|＜本月的第一天|

D4=|＞本月的最后一天|

M4=|＜1|

M5=|＞12|

Y=|<0|

根据划分的有效等价类和无效等价类，设计相应的测试用例，如表6.11所示。注意一个测试用例只能

**表 6.11 测试用例**

| 用例编号 | 月 | 日 | 年 | 预期结果 |
|---|---|---|---|---|
| 1 | 7 | 19 | 1998 | 1998 年 7 月 18 日 |
| 2 | 9 | 19 | 2004 | 2004 年 9 月 18 日 |
| 3 | 3 | 19 | 2000 | 2000 年 3 月 18 日 |
| 4 | 7 | 1 | 1998 | 1998 年 6 月 30 日 |
| 5 | 9 | 1 | 2004 | 2004 年 8 月 31 日 |
| 6 | 3 | 1 | 1998 | 1998 年 2 月 28 日 |
| 7 | 3 | 1 | 2004 | 2004 年 2 月 29 日 |
| 8 | 1 | 1 | 1998 | 1997 年 12 月 31 日 |
| 9 | 1 | 1 | 2004 | 2003 年 12 月 31 日 |
| 10 | 1 | 1 | 2000 | 1999 年 12 月 31 日 |
| 11 | 7 | 0 | 1998 | 无效输入 |
| 12 | 7 | 32 | 1998 | 无效输入 |
| 13 | 9 | 31 | 2004 | 无效输入 |
| 14 | 2 | 29 | 1998 | 无效输入 |
| 15 | 2 | 30 | 2004 | 无效输入 |
| 16 | 0 | 19 | 1998 | 无效输入 |
| 17 | 0 | 0 | 1998 | 无效输入 |
| 18 | 13 | 19 | 2004 | 无效输入 |
| 19 | 13 | 0 | 2004 | 无效输入 |
| 20 | 7 | 19 | 0 | 无效输入 |
| 21 | 0 | 19 | 0 | 无效输入 |
| 22 | 0 | 0 | 0 | 无效输入 |

覆盖一个无效等价类。进行简化后，共考虑了22种情况。

#### 4. 类模型的测试

类模型是分析模型中的核心，它抽象出了问题域中的对象和实体，以及它们在问题域中的职责。为确保类模型的正确性和完整性，只根据问题域测试类模型。测试方法是评审会。

由于类图实际上是由类和类之间的关系组成的，评审会的检查单可根据以下两个方面来制定。

（1）针对每个类提问

① 该类在问题域中对应的实体（或对象）是什么？

② 履行什么职责？

③ 在类图中被赋予了哪些职责？

④ 该类在问题域中的职责和在类图中的职责能匹配吗？

⑤ 该类的每个数据属性都是问题域所关心的吗？

（2）针对类图中的类之间的关系提问

① 这种类关系是反映了问题域本质的关系还是为管理类模型而引入的关系？（如果类之间的关系并非反映问题域的本质，那么这个关系的存在就值得怀疑。）

② 仔细检查每个继承关系，到底是聚集关系还是继承关系？

③ 针对关联关系中的关联数目，提一些问题结合实际场景来考察。

### 6.6.5 面向对象的测试用例

目前关于面向对象软件的测试用例的设计方法仍然在研究之中，还没有一个统一、规范的方法。Berard 在 1993 年提出了关于面向对象测试用例设计方法的一些指导性意见：

① 每个测试用例都应定义明确的测试目的；

② 每个测试用例都应定义唯一的标识，并指明与之关联的被测试类；

③ 每个测试用例都应定义相应的测试步骤、被测对象的状态、测试所使用的消息和操作，以及测试可能产生的错误等。

在面向对象的测试用例的设计中，通常采用两种设计方法：

① 基于故障的方法。首先通过对面向对象分析模型和设计模型的理解，找出软件系统中可能存在的故障，并以此为基础设计相应的测试用例；最后通过使用这些测试用例确定在软件系统中相应的故障是否出现。

② 基于用例的方法。它是从用户的需求出发，首先获得软件系统需要满足的需求和完成的功能，并以此作为基础设计出相应的测试用例；最后通过使用这些测试用例确定所开发的软件系统是否能够实现相应的功能，满足用户的需求。

在设计面向对象的测试用例时，可以参考使用如下的设计步骤：

① 确定需要被测试的类；

② 确定测试所采用的覆盖标准；

③ 确定待测试类与其他类或外部系统的相互关联关系；

④ 设计相应的测试用例，完成对该类的测试工作。

## 6.7 自动化测试

随着软件系统日益复杂，对于软件功能、性能的要求不断提高，同时要求软件推出新版本的时间不断缩短。在这种情况下如何保证软件质量成为企业关注的重点。仅仅依靠以密集劳动为特征的传统手工测试，已经不能满足快节奏软件开发和测试的需求。自动化测试为此提供了成功的解决方案。

自动化测试是测试体系中新发展起来的一个分支，是将人工操纵的测试行为转化为机器自动执行的过程，利用软件测试工具自动实现全部或部分测试。实施正确合理的自动化测试能够分担手工测试特别是回归测试的工作量，降低性能测试的难度，从而在保证软件质量的前提下，缩短测试周期，降低软件成本。

### 6.7.1 自动化测试概述

20 世纪 90 年代以来，随着软件规模和复杂度的不断增加，测试工作量和难度越来越大，单纯靠手工测试已经远远无法保障其产品发布和发现问题的效率；为了提高软件测试的效率和质量，自动化测试逐渐成为一种趋势，国际上自动化测试在经历了很长的一段磨合期后，现正处于初步发展期。很多大型公司开始致力于自动化测试的开发和推广， 像微软、IBM 等巨头，都建立了一套自己的自动化测试体系和平台。我国的一些企业如华为、中兴等，也很早就开始投资自动化测试平台，如华为一套网管自动化测试平台，每年就能为华为节省数千万元以上的成本。

因此，测试活动的自动化在许多情况下可以获得最大的实用价值，尤其在自动化测试的测试用例开发和组装阶段，测试脚本可被重复调用、运行多次。因此，采用自动测试可以获得很高的回报。

#### 1. 自动化软件测试的定义

自动化软件测试（Automated Software Testing，AST）是借助于测试工具、测试规范，局部或全部代替人工进行测试，以提高测试效率的过程。自动测试相对于手工测试而言，其主要进步在于自动测试工具的引入。

自动化软件测试的定义包括了所有测试阶段，它是跨平台兼容的，并且是与进程无关的。一般来讲，当前作为手动测试部分的各种测试（如功能、性能、并发、压力等测试）都可以做自动化测试，还包括各种测试活动的管理与实施，以及测试脚本的开发与执行。

例如，系统测试级上的回归测试是有效应用自动化软件测试的情况。回归测试要验证改进后的系统提供的功能是否按照预期的改进目标执行，系统在运行中是否出现非预期变化。自动化测试几乎可以不加改动地重用先前的测试用例和测试脚本，以非常有效的方式执行回归测试。

因此，给出对 AST 的高层次定义：以改进软件测试生命周期（Software testing lifecycle，STL）的效率和有效性为目标，贯穿整个 STL 的应用程序和软件技术的实施。

#### 2. 自动化测试的特点

综上，自动化软件测试的主要特点如下：

（1）能更多、更频繁地执行测试，对某些测试任务的执行比手动方式更高效。

（2）能执行一些手动测试困难或不可能做的测试；

（3）更好地利用资源，可利用整夜或周末设备空闲时执行自动化测试；

（4）使测试人员从烦琐的手动测试中解放出来，投入更多的精力设计出更多更好的测试用例，提高测试准确性和测试人员的积极性；

（5）自动化测试具有一致性和可重复性，而且测试更客观，提高了软件的信任度。

虽然自动化测试有许多优点，但它仍然存在着一定的局限性，并不是任何测试都能或值得自动化。必须针对测试项目的具体情况，确定什么时候，对哪些部分进行自动化测试。如果对不适合自动化测试的部分，实施了自动化测试，不但会耗费大量资源，还得不到相应的回报。自动化测试不可能完全和手动测试分开，相反，自动化测试和手动测试是相辅相成的。自动化测试不可能完全替代手动测试。

### 6.7.2 实施自动化测试的前提条件

究竟哪些类型的测试适合自动化测试？什么情况可以进行自动化测试呢？

#### 1. 实施自动化测试的前提条件

实施自动化测试之前需要对软件开发过程进行分析，以观察其是否适合自动化测试。通常需要同时满足以下条件：

（1）软件需求变动不频繁

测试脚本的稳定性决定了自动化测试的维护成本。如果软件需求变动过于频繁，测试人员需要根据变动的需求来更新测试用例以及相关的测试脚本，而脚本的维护本身就是一个代码开发的过程，需要修改、调试，必要的时候还要修改自动化测试的框架，如果所花费的成本不低于利用其节省的测试成本，那么自动化测试便是失败的。

项目中的某些模块相对稳定，而某些模块需求变动很大，可对相对稳定的模块进行自动化测试，而变动较大的仍用手工测试。

（2）项目周期足够长

自动化测试过程本身就是一个测试软件的开发过程，需求的确定、自动化测试框架的设计、测试脚本的编写与调试均需要相当长的时间来完成。如果项目开发的周期比较短，没有足够的时间去支持这样一个过程，那么自动化测试毫无意义。

（3）自动化测试脚本可重复使用

自动化测试脚本的开发，需要耗费大量的人力、物力和财力，若脚本的重复使用率很低，致使其间所耗费的成本大于所创造的经济价值，则自动化测试便成了测试人员的练手之作，而并非是真正可产生效益的测试手段了。

另外，在手工测试无法完成，需要投入大量时间与人力时，也需要考虑引入自动化测试。比如性能测试、配置测试、大数据量输入测试等。

#### 2. 实施的场合

通常适合于软件测试自动化的场合有：

（1）回归测试，重复单一的数据录入或是击键等测试操作造成了不必要的时间浪费和人力浪费；

（2）此外测试人员对程序的理解和对设计文档的验证通常也要借助于测试自动化工具；

（3）采用自动化测试工具有利于测试报告文档的生成和版本的连贯性；

（4）自动化工具能够确定测试用例的覆盖路径，确定测试用例集对程序逻辑流程和控制流程的覆盖。

随着测试流程的不断规范以及软件测试技术的进一步发展，软件测试自动化已经日益受到软件企业的重视，如何利用自动化测试技术来规范企业的测试流程，提高测试活动的效率，是当前企业所关心的热门课题。

目前，软件测试自动化的研究领域主要集中在软件测试流程的自动化管理以及动态测试的自动化（如单元测试、功能测试及性能测试等）。在这两个领域，与手工测试相比，测试自动化的优势是明显的。首先自动化测试可以提高测试效率，使测试人员更加专注于新的测试模块的建立和开发，从而提高测试覆盖率；其次，自动化测试更便于测试资产的数字化管理，使得测试资产在整个测试生命周期内可以得到复用，这个特点在功能测试和回归测试中尤其具有意义；此外，测试流程自动化管理可以使机构测试活动的开展更加过程化，这符合 CMMI 过程改进的思想。根据 OppenheimerFunds 的调查，在 2001 年前后的 3 年中，全球范围内由于采用了测试自动化手段所实现的投资回报率高达 1500%。

### 3. 实施的注意事项

（1）一个企业实施测试自动化，不仅涉及测试工作本身在流程上、组织结构上的调整与改进，甚至也包括需求、设计、开发、维护及配置管理等其他方面的配合。如果对这些必要的因素没有考虑周全的话，必然在实施过程中处处碰壁，既定的实施方案也无法开展。

（2）尽管自动化测试可以降低人工测试的工作量，但并不能完全取代手工测试。100%的自动化测试只是一个理想目标，即便一些如 SAP、OracleERP 等测试库规划十分完善的套件，其测试自动化率也不会超过 70%。所以一味追求测试自动化只会给企业带来运作成本的急剧上升。

（3）实施测试自动化需要企业有相当规模的投入，对企业运作来说，投入回报率将是决定是否实施软件测试自动化的关键，因此企业在决定实施软件测试自动化之前，必须要做量化的投资回报分析。

（4）实施软件测试自动化并不意味着必须采购功能强大的自动化软件测试工具或自动化管理平台，毕竟软件质量的保证不是依靠的产品或技术，而在于高素质的人员和合理有效的流程。

## 6.7.3 自动化测试过程

应该把自动化测试看做一个开发项目，自动化测试与软件开发过程从本质上来讲是相同的，无非是利用自动化测试工具（相当于软件开发工具），经过对测试需求的分析（软件过程中的需求分析），设计出自动化测试用例（软件过程中的需求规格），从而搭建自动化测试的框架（软件过程中的概要设计），设计与编写自动化脚本（详细设计与编码），测试脚本的正确性，从而完成该套测试脚本（即主要功能为测试的应用软件）。

自动测试过程由开发者、测试设计工程师和测试工程师的共同参与。如图 6.21 所示，包括了测试计划、设计、开发、执行和评估等主要步骤，各个步骤分别又有不同的自动化工具提供支持。

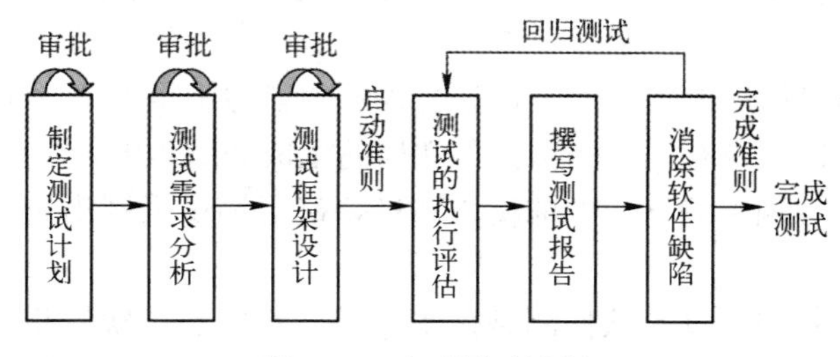


图 6.21　自动测试过程

### 1. 自动测试的计划及需求

测试计划是测试过程中最重要的活动，包括风险评估、鉴别和确定测试需求的优先级，估计测试资源的需求量，开发测试项目计划，以及给测试小组成员分配测试职责等。

制定测试计划的目的是收集从软件需求/设计文档中得到的信息，并将这些信息反映在测试需求中，而测试需求将在测试场景中得到实现。测试场景是测试计划的一部分，它直接提供给测试条件、测试用例、测试数据的开发。我们可以将测试计划看做从软件需求中抽出来的工作文档，且和测试需求及测试结果相联系。测试计划还会随着软件需求的更新而更新，是动态的文档。

这个阶段主要由测试设计工程师根据开发者提供的功能需求，总体设计文档及详细设计文档，使用如 Rational RequisitePro 这样的工具得到测试需求，测试计划，以及测试用例的 Excel 形式的列表。

### 2. 自动测试的框架设计

所谓自动化测试框架，与软件架构类似，一般是由一些假设、概念和为自动化测试提供支持的实践组成的集合。经过测试需求分析后，测试设计包括定义测试活动模型（确定测试所使用的测试技术），定义测试体系结构，完成测试程序的定义与映射，即建立测试程序与测试需求之间的联系，确定哪些测试使用自动测试，以及测试数据映射。

并不是一个自动化测试框架就能够应用于所有系统的自动化开发，而要根据被测程序的不同特点确定。所以自动化测试框架虽不需要每个系统单独开发一套，但是也很难做到用一个框架支持所有系统的测试，最好的办法就是根据开发技术划分所需要使用的测试框架种类。

下面介绍几种比较常用的自动化测试框架。

（1）数据驱动的自动化测试框架

当测试对象流程固定不变（仅仅数据发生变化）时，可以使用这种测试框架。数据驱动的自动化测试框架的测试数据是由外部提供的，是从某个数据文件（例如 ODBC 源文件、Excel 文件、Csv 文件、ADO 对象文件等）中读取输入、输出的测试数据，然后通过变量传入事先录制好的或手工编写的测试脚本中。即这些变量被用来传递（输入/输出）待验证应用程序的测试数据。在这个过程中，数据文件的读取、测试状态和所有测试信息都被编写进测试脚本中；测试数据只包含在数据文件中，而不是脚本中，测试脚本只是一个传送数据的机制。

优点：①应用程序和测试脚本可同步开发，而且当应用功能变动时，只需修改业务功能部分的脚本；②利用模型化的设计，避免重复的脚本；③测试输入数据、验证数据和预期的测试结果与脚本分开，有利于修改和维护，增加了测试脚本的健壮性。

缺点：①要求测试设计人员必须非常精通自动化测试工具里的脚本语言；②每个脚本都对应存放在不同目录的多个数据文件中，增加了使用的复杂性；③数据文件的编辑、维护困难。

（2）关键字驱动的框架

关键字驱动的自动化测试（也称为表驱动测试自动化），是数据驱动自动化测试的变种，可支持由不同序列或多个不同路径组成的测试。它是一种独立于应用程序的自动化框架，在处理自动化测试的同时也适合手工测试。这种自动化测试框架提供了一些通用的关键字，这些关键字适用于各种类型的系统。

这些测试被开发成使用关键字的数据表，它们独立于执行测试的自动化工具。关键字驱动的自动化测试是对数据驱动的自动化测试的有效改进和补充。

关键字驱动的自动化测试框架是一种截然不同的思想，它把传统测试脚本中变化的与不变的部分进行了分离，这种分离使得分工更明确，并且避免了它们相互之间的影响。

（3）混合自动化测试框架

目前最为成功的自动化测试框架应是综合使用数据驱动和关键字驱动的自动化测试框架：

以数据驱动的脚本作为输入，通过关键字驱动框架的处理得到测试结果，完成自动化测试过程。混合自动化测试框架同时具有数据驱动和关键字驱动框架的优点。这种测试框架不但具有通用的关键字，还有基于被测系统业务逻辑的关键字。这样可以使数据驱动的脚本利用关键字驱动框架所提供的库和工具。这些框架工具可以使数据驱动的脚本更为紧凑，而且也不容易失败。

3. 自动测试的开发

测试开发包括创建具有可维护性、可重用性、简单性、健壮性的测试程序。同时要注意确保自动测试开发的结构化和一致性。

这个阶段由测试设计工程师在上一阶段的基础上，根据详细测试表、映射关系定义表等电子数据表格，使用 Robot、WinRunner 等工具，生成手工测试脚本或自动化测试脚本。对自动测试脚本的开发，可采用线性脚本、结构化脚本、共享脚本、数据驱动脚本和关键字驱动脚本这几种脚本技术。

4. 自动测试的执行与评估

随着测试计划的建立和测试环境搭建完成，按照测试程序进度安排执行测试，可以通过手动、自动或半自动方式执行，不同方式可以发现不同类型的错误。测试执行结束后，需要对测试结果进行比较、分析以及结果验证，得出测试报告（包括总结性报告和详细报告）。其中总结性报告是提供给被测方中高层管理者及客户的，而详细报告，通过编辑整理后，将提供给开发小组成员。

这个阶段由测试设计工程师与测试工程师共同参与。最终得到测试结果日志、测试度量、缺陷报告及测试评估总结等。

### 6.7.4 自动化测试的原则

任何一种商品化的自动测试工具，都可能存在与某具体项目不甚贴切的地方。另外在企业内部通常存在多种不同的应用平台，和不同的应用开发技术，甚至在一个应用中就可能跨越多种平台；或同一应用的不同版本之间存在技术差异。所以选择软件测试自动化方案时必须特别注意这些差异可能带来的影响，以及可能造成的诸多方面的风险和成本开销。

下面给出企业用户进行软件测试自动化方案选型的参考性原则:

（1）选择尽可能少的自动化产品覆盖尽可能多的平台，以降低产品投资和团队的学习成本；

（2）通常应该优先考虑测试流程管理自动化，以满足为企业测试团队提供流程管理支持的需求；

（3）在投资有限的情况下，性能测试自动化产品将优先于功能测试自动化产品被考虑使用；

（4）在考虑产品性价比的同时，应充分关注产品的支持服务和售后服务的完善性；

（5）尽量选择趋于主流的产品，以便通过行业间交流甚至网络等方式获得更为广泛的经验和支持；

（6）应对测试自动化方案的可扩展性提出要求，以满足企业不断发展的技术和业务需求。

### 6.7.5 敏捷测试

敏捷测试（Agile testing）是敏捷开发方法的重要组成部分，由于自动测试是敏捷测试的重要特点，故将敏捷测试作为自动测试的一节来讨论。

埃森哲给出敏捷测试的定义：敏捷测试是遵从敏捷软件开发原则的一种测试实践。敏捷开发模式把测试集成到了整个开发流程中而不再把它当成一个独立的阶段。测试变成了整个软件开发过程中非常重要的环节。

按照上述定义，敏捷软件测试并不是一个与敏捷软件开发同一层次的划分，而是敏捷软件开发中的一部分，与传统的测试不同，敏捷软件测试并不是一个独立的过程，相反，它与整个敏捷开发中的其他活动交织在一起，处处都能看到它的影子。

根据这一定义，敏捷测试的核心内涵为：

（1）遵从敏捷开发的原则（强调遵守），如敏捷开发的价值观：简单、沟通、反馈、勇气、谦逊；敏捷测试也应遵循。

（2）测试被包含在整体开发流程中（强调融合），而不是独立于开发的过程。

（3）跨职能团队（强调协作），敏捷测试人员全程参与敏捷开发人员从开始设计到最后发布的所有活动，所有工作都以用户需求为准。

由于敏捷开发的最大特点是高度迭代，有周期性，并且能够及时、持续地响应客户的频繁反馈。而敏捷测试即是不断修正质量指标，正确建立测试策略，使客户的有效需求得以完全实现并确保整个开发过程安全，及时发布最终产品。

敏捷测试人员则需要在活动中关注产品需求，产品设计，解读源代码；独立完成各项测试计划、执行测试工作的同时，敏捷测试人员需要参与几乎所有的团队讨论，团队决策工作。

敏捷测试属于一种新的测试实践，其主要特点是：

① 更强的协作：敏捷开发人员和测试人员工作联系得更加紧密，沟通方式更直接，如面对面或者会议沟通模式。

② 更短的周期：需求验证或测试的时间不再是按月来计算，而是按天甚至按小时计算。用户验收测试在每个 sprint 的结尾都会进行。

③ 更灵活的计划：敏捷测试过程也会有所变化，测试计划不应是一成不变的文档，而要根据测试过程进行灵活的调整。

④ 更高效的自动化：相比传统测试，自动化在敏捷测试中扮演了极其重要的角色。它是实现快速交付确保质量的一种极其有效的手段。

由于敏捷测试的重要特点是强调自动测试，自动化是敏捷测试非常重要的技术。在敏捷开发这种极短的交付周期内，如果仅仅靠手工测试，则根本无法满足快速发布要求。所以自动化测试是必不可少的一种手段。

另外这里谈到的自动化不仅指单纯的自动化测试，还包括如何将自动化测试集成在整个开发过程中，缩减整个交付时间，实现持续集成，最终给项目带来价值。

## 小　　结

软件测试是保证软件质量、提高软件可靠性的最主要的手段之一，软件测试过程也是一个项目，无论怎样强调软件测试的重要性都不过分。在介绍软件测试的目的、测试原则的基础上，对白盒法的各种覆盖标准、各种黑盒法测试技术及测试用例的选择进行了详细的讨论，测试用例反映了测试的工作量，测试用例的选择是一种创造性的成果。本章还对单元测试、集成测试、功能测试及系统测试等各阶段的测试策略和过程进行了介绍。

面向对象的测试贯穿软件开发的全过程，在测试对象和内容及方法上与传统的测试方法既有联系也有很大不同。以分析模型中用例模型的测试和类测试为例说明面向对象的测试方法。

为了提高软件测试的效率和质量，近年来自动化测试越来越受到国内外软件企业的重视，本章简单介绍了自动化测试的特点、过程及使用条件等，以及敏捷测试的自动化测试技术。

## 习　题　六

### 一、选择题

1. 软件测试的主要特点是（　　）。

（A）开销大　　（B）要依靠工具

（C）不能进行“穷举”测试　　（D）要依靠人工

2. 整体测试又称为组装测试，其主要内容包括（　　）。

（A）对整体的性能进行测试　　（B）用白盒法设计测试用例进行测试

（C）确定组装策略和次序　　（D）对组装过程进行测试

3. 渐增式是将模块一个一个地连入系统，每连入一个模块（　　）。

（A）只需要对新连入的模块进行测试　　（B）都不需要再进行测试

（C）要对新子系统进行测试　　（D）都要进行回归测试

4. 静态测试是以人工的、非形式化的方法对程序进行分析和测试。常用的静态测试方法有（　　）。

（A）运行程序并分析运行结果　　（B）桌前检查与代码会审

（C）数据流分析图　　（D）调用图

5. 集成过程的原则是（　　）。

（A）按照模块的大小集成　　（B）尽早集成包含 I/O 的模块

（C）尽早集成关键模块　　（D）按照“输入—处理—输出”的次序进行集成

6. 面向对象的测试与传统测试方法的主要区别是（　　）。

（A）面向对象的测试可在编码前进行，传统测试方法在编码后进行。

（B）面向对象的测试以需求和设计阶段的测试为主，不需要进行代码测试。

（C）测试对象不同。

（D）面向对象的测试不需要设计测试用例，只需要进行会议评审。

7. 软件测试的基本原则是（　　）。

（A）注重选择高效的测试用例　　（B）选择尽可能多的测试用例

（C）尽量不由程序设计者进行测试　　（D）充分注意测试中的群集现象

8. 等价分类法的关键是（　　）。

（A）确定等价类的边界条件　　（B）按照用例来确定等价类

（C）划分等价类　　（D）确定系统中相同和不同的部分

### 二、判断题

1. 单元测试通常应该先进行“人工走查”，再以白盒法为主，辅以黑盒法进行动态测试。（　　）

2. 功能测试是系统测试的主要内容，检查系统的功能、性能是否与需求规格说明相同。（　　）

3. 白盒法是一种静态测试方法，主要用于模块测试。（　　）

4. 整体测试又称为逻辑覆盖测试，需要对系统模块的内部结构进行测试。（　　）

5. 在等价分类法中，为了提高测试效率，一个测试用例可以覆盖多个无效等价类。（　　）

6. 发现错误多的模块，残留在模块中的错误也多。 （ ）
7. 面向对象的测试不能采用黑盒法，因为它是一种全新的开发模式。 （ ）
8. 在发现错误后，则应按照一定的技术去纠正它，纠错的关键是“错误定位”。 （ ）

## 三、简答题

1. 等价分类法的基本思想是什么？
2. 自顶而下增值与自底而上增值各有什么优缺点？
3. 渐增式与非渐增式集成有何区别？为什么通常采用渐增式？
4. 什么是α测试和β测试？
5. 黑盒法与白盒法的区别是什么？各自运用在什么情况下？
6. 软件测试与其他软件开发活动相比具有什么特点？
7. 软件测试通常包含哪几个基本步骤？
8. 软件调试有哪些方法？各自有什么特点？
9. 面向对象的测试与传统的测试有什么相同和不同之处？
10. 面向对象的集成测试，与传统的集成测试有何区别？
11. 什么是自动测试？它有什么特点?自动测试能否全部替代手工测试？为什么？
12. 简述自动测试过程。

# 第7章　软件维护

## 7.1　软件维护的基本概念

软件开发完成交付用户使用后，就进入软件的运行和维护阶段。软件维护是指软件系统交付使用以后，为了改正软件运行错误，或者为满足新的需求而加入新功能的修改软件的过程。

软件维护工作处于软件生命期的最后阶段，维护阶段是软件生存期中最长的一个阶段，所花费的人力、物力最多，其花费约为整个软件生命期花费的 60%～70%。因为计算机程序总是会发生变化的，如对隐含错误的修改、新功能的加入、环境变化造成的程序变动等，因此，应该充分认识到维护工作的重要性和迫切性，提高软件的可维护性，减少维护的工作量和费用，延长已开发软件的生命期，以发挥其应有的效益。

### 7.1.1　软件维护的目的

软件维护是软件工程的一个重要任务，其主要工作就是在软件运行和维护阶段对软件产品进行必要的调整和修改。要求进行维护的原因主要有如下 5 种：

① 在运行中发现在测试阶段未能发现的潜在软件错误和设计缺陷；

② 根据实际情况，需要改进软件设计，以增强软件的功能，提高软件的性能；

③ 要求在某环境下已运行的软件能适应特定的硬件、软件、外部设备和通信设备等新的工作环境，或适应已变动的数据或文件；

④ 使投入运行的软件与其他相关的程序有良好的接口，以利于协同工作；

⑤ 使运行软件的应用范围得到必要的扩充。随着计算机功能越来越强，社会对计算机的需求越来越大，要求软件必须快速发展。在软件快速发展的同时，应该考虑软件的开发成本。显然，对软件进行维护的目的是为了纠正软件开发过程中未发现的错误，增强、改进和完善软件的功能和性能，以适应软件的发展，延长软件的寿命，使其创造更多的价值。

### 7.1.2　软件维护的分类

软件维护的分类比较复杂，角度不同，分类的方法不同，分类的结果也就不同。传统软件维护一般分为以下四类。各类维护比例如图 7.1 所示。

#### 1. 完善性维护（Perfective Maintenance）

为了满足用户在使用过程中对软件提出的新的功能与性能要求，需要对原来的软件的功能进行修改或扩充。这种扩充软件功能、增强软件性能、提高软件运行效率和可维护性而进行的维护活动称为完善性维护。此项维护活动工作量较大，占整个维护工作量的 50%。例如：对人事管理程序，在使用中要不断进行修改，使其增加或删除新的项目，满足新需求；原来软件的查询响应速度较慢，要提高软件的响应速度；改变原来软件的用户界面

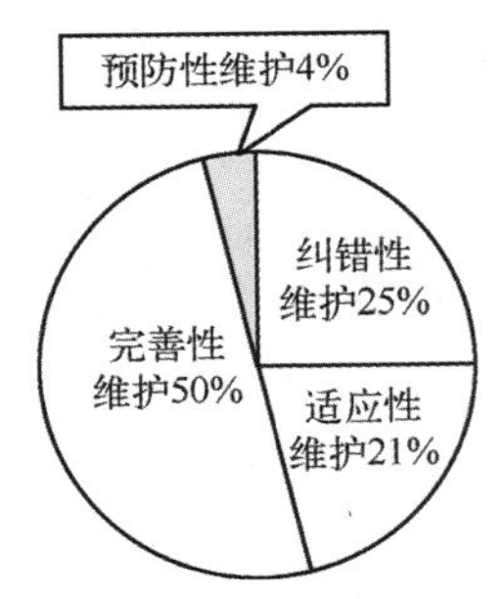

图 7.1　各类维护所占的比例

或增加联机帮助信息；为软件的运行增加监控设施等。

此项维护的策略是，可以使用功能强、使用方便的工具，或采用原型化方法开发等。

### 2．适应性维护（Adaptive Maintenance）

适应性维护是为了适应计算机的飞速发展，使软件适应外部新的硬件和软件环境或者数据环境（数据库、数据格式、数据输入/输出方式、数据存储介质）发生的变化，而进行修改软件的过程。它占整个维护工作量的 21%。例如：为现有的某个应用问题实现一个数据库管理系统；对某个指定代码进行修改，如从 3 个字符改为 4 个字符；缩短系统的应答时间，使其达到特定的要求；修改两个程序，使它们可以使用相同的记录结构；修改程序，使其适用于另外的终端。

它主要的维护策略是，对可能变化的因素进行配置管理，将因环境变化而必须修改的部分局部化，即局限于某些程序模块等。

### 3．纠错性维护（Corrective Maintenance）

软件测试不可能找出一个软件系统中所有潜伏的错误，所以当软件在特定情况下运行时，这些潜伏的错误可能会暴露出来。对在测试阶段未能发现的、在软件投入使用后才逐渐暴露出来的错误的测试、诊断、定位、纠错，以及验证、修改的回归测试过程，称为纠错性维护。它占整个维护工作量的 25%。例如，修正原来程序中并未使开关复原的错误；解决开发时未能测试到的条件带来的问题；解决原来程序中未处理文件最后一个记录的问题。

它的主要维护策略是，开发过程中采用新技术，利用应用软件包，提高系统结构化程度，进行周期性维护审查等。

### 4．预防性维护（Preventive Maintenance）

预防性维护是为了提高软件的可维护性和可靠性，采用先进的软件工程方法对需要维护的软件或软件中的某一部分重新进行设计、编制和测试，为以后进一步维护和运行打好基础。也就是软件开发组织选择在最近的将来可能变更的程序，做好变更它们的准备。由于该类维护工作必须采用先进的软件工程方法，对需要修改的软件或部分要重新进行设计、编码和测试，对该类维护工作的必要性有争议，所以它在整个维护活动中占较小的比例，约为 4%。例如，预先选定多年未使用的程序；当前正在成功地使用着的程序；可能在最近的将来要做重大修改或增强的程序。

它的维护策略主要是采用提前实现、软件重用等技术。

## 7.1.3　软件维护的特性

软件的维护过程是软件生存期中最长，并且相当困难的阶段。软件维护的工作量占整个软件生存期的 70%以上，而且还在逐年增加，如图 7.2 所示。因此，如何减少软件维护的工作量，降低软件维护的成本，就成为提高软件维护效率和质量的关键。

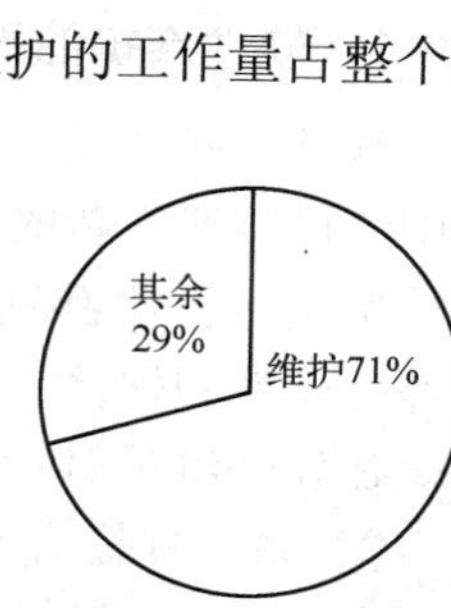

其余 29%
维护71%

图 7.2　维护工作比例

### 1．维护的副作用

通过维护可以延长软件的寿命，使其创造更多的价值。但是，修改软件是危险的，每修改一次，可能会产生新的潜在错误，因此，维护的副作用是指由于修改程序而导致新的错误或者新增加一些不必要的活动。一般维护产生的副作用表现在 4 个方面，如表 7.1 所示。

表 7.1　软件维护 4 个方面的副作用

| 序号 | 维护的方式 | 副作用的表现 |
| --- | --- | --- |
| 1 | 修改编码 | 使编码更加混乱，程序结构更不清晰，可读性更差，而且会有连锁反应 |
| 2 | 修改数据结构 | 数据结构是系统的骨架，修改数据结构是对系统伤筋动骨的大手术，在数据冗余与数据不一致方面，可能顾此失彼 |
| 3 | 修改用户数据 | 需要与用户协商，一旦有疏忽，可使系统发生意外 |
| 4 | 修改文档 | 对非结构化维护不适应，对结构化维护要严防程序与文档的不匹配 |

为了控制因修改而引起的副作用，人们在长期的实践中积累了如下经验：

① 用 CMMI 框架体系的思想来改善软件企业的软件过程管理。

② 在开发和维护中，尽量使用 CASE 工具。

③ 维护完成后，一定要进行回归测试。

④ 自始至终保持文档、数据、程序三者的一致性。

#### 2. 软件维护的困难

由于软件维护工作通常并不由软件的设计和开发人员来完成，维护人员首先要对软件各阶段的文档和代码进行分析、理解。因而出现了理解别人的程序困难、文档不齐等问题，尤其是对大型、复杂系统的维护，变得更加困难和复杂，甚至是不可能的。

（1）结构化维护和非结构化维护

① 非结构化维护是指只有源程序，缺乏必要的文档说明，难于确定数据结构、系统接口等特性。维护工作令人生畏，事倍功半。

② 结构化维护指软件开发过程按照软件工程方法进行，开发各阶段文档齐全，软件的维护过程，有一整套完整的方案、技术、审定过程。

可以看到，维护工作的难度及工作量的大小，明显的与前期的开发工作密切相关。

（2）维护的困难

软件维护的困难主要是由于软件需求分析和开发方法的缺陷造成的。这种困难主要体现在如下几个方面：

① 读懂别人编的程序困难。

② 文档的不一致性。

③ 软件开发人员和软件维护人员在时间上的差异。

④ 软件维护工作是一项难出成果，大家都不愿意干的工作。

### 7.1.4　软件维护的代价

#### 1. 软件维护的工作量

软件维护的费用占整个软件开发费用的 55%～70%，并且所占比例在逐年上升。而且维护中还可能产生新的潜在错误。例如 1970 年维护费用约占软件开发费用的 40%，到 1990 年维护费用所占比例就超过了 70%。另外维护还包含了无形的资源占用，包括大量地使用很多硬件、软件和软件工程师等资源。

在软件维护时，直接影响维护成本和工作量的因素很多，主要有：

① 系统规模大小。系统规模越大，看懂理解就越困难，维护的工作量就越大。系统规模主要由源代码行数、程序模块数、数据接口文件数、使用数据库规模大小等因素衡量。

② 程序设计语言。参与软件开发的人员都知道，解决相同的问题选择不同的程序设计语言，得到的程序的规模可能不同，由此应选择功能强且适合解决问题的程序设计语言，这样可

以使生成程序的指令数更少。

③ 系统使用年限。使用年限长的老系统的维护比新系统所需要的工作量更大。老系统已经进行过多次维护，参与维护的人员也不断变化，因此这样的系统结构更乱，如果没有系统说明和设计文档，维护就更加困难。

④ 软件开发新技术的应用。软件开发过程中，使用先进的分析和设计技术，以及程序设计技术，如面向对象技术、构件技术、可视化程序设计技术等，可以减少维护工作量。

⑤ 设计过程中的技术。在具体对软件进行维护时，影响维护工作量的其他因素还有很多，例如设计过程中应用的类型、数学模型、任务的难度、开关与标记、IF 嵌套深度、索引或下标数等。

### 2．软件维护工作量模型

维护活动分为生产性活动和非生产性活动。生产性活动包括分析评价、修改设计和编写程序代码等。非生产性活动包括理解程序代码、解释数据结构、接口特点和设计约束等。

Belady 和 Lehman 提出了软件维护工作模型：

$$M=P+K\times \mathrm{e}^{C-D}$$

式中，$M$ 表示维护总工作量，$P$ 表示生产性活动工作量，$K$ 为经验常数，$C$ 表示由非结构化维护引起的程序复杂度，$D$ 表示对维护软件熟悉程度的度量。

从上式可见，$C$ 越大，$D$ 越小，那么维护工作量就成指数增加。$C$ 增大主要因为软件采用非结构化设计，程序复杂性高；$D$ 减小表示维护人员不是原来的开发人员，不熟悉程序，理解程序需要花费太多时间。

# 7.2　软件维护的过程

软件维护是一件复杂而困难的事，必须在相应的技术指导下，按照一定的步骤进行。首先要建立一个维护的组织，建立维护活动的登记、申请制度，以及对维护方案的审批制度，规定复审的评价标准。

通过软件维护组织对维护过程进行有效的控制，如首先要对软件进行全面、准确、迅速的理解，这是决定维护工作成败和质量好坏的关键。

## 7.2.1　软件维护的组织和维护过程管理

### 1．维护组织

除了较大的软件公司外，通常在软件维护工作方面，并没有一个正式的组织。在软件开发部门，确立一个非正式的维护组织，即非正式的维护管理员来负责维护工作却是绝对必要的。图 7.3 给出了一种典型的维护组织方式。

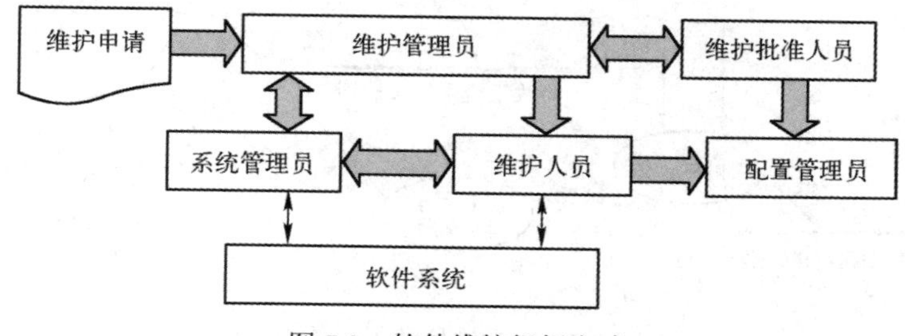


图 7.3　软件维护组织方式

维护管理员可以是某个人，也可以是一个包括管理人员、高级技术人员等在内的小组。维护管理员将维护申请提交给系统管理员进行评价，然后由修改批准人员决定如何修改，并交维护人员在系统管理人员的指导下对软件进行修改。在修改过程中，配置管理员对软件配置进行审查。

#### 2. 维护工作的组织管理

软件维护工作不仅是技术性的，它还需要大量的管理工作与之相配合，才能保证维护工作的质量。管理部门应对提交的修改方案进行分析和审查，并对修改带来的影响做充分的估计，对于不妥的修改予以撤销。当需要修改主文档时，管理部门更应仔细审查。

软件维护的管理流程如图 7.4 所示。

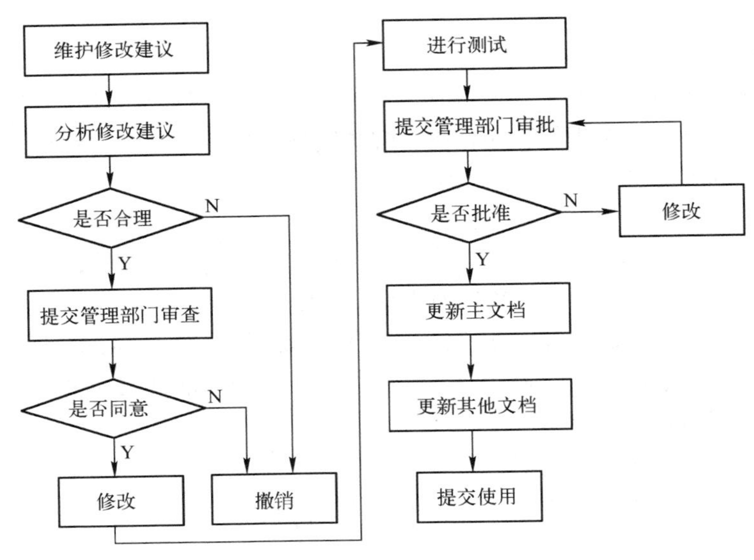


图 7.4　软件维护管理流程图

### 7.2.2　维护工作的流程

图 7.5 描述了实施软件维护的工作流程，根据用户或维护人员的更改要求，进行维护申请；经过评审后，首先要确定维护的类型，还要根据错误的严重程度或修改优先级的高低，分别处理。

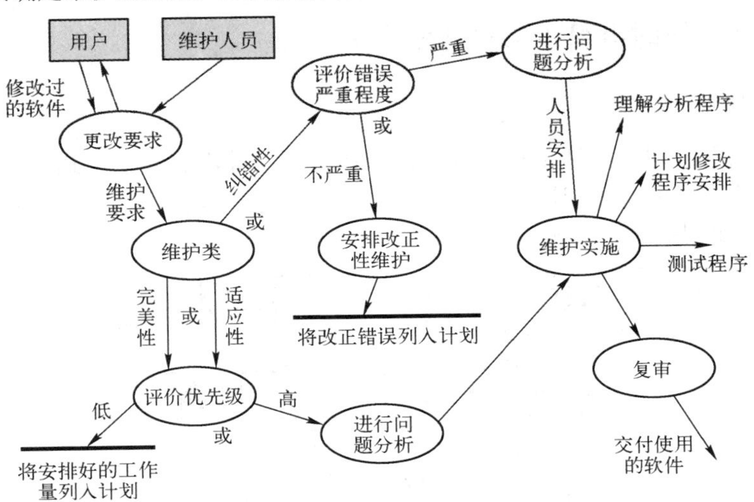


图 7.5　软件维护的工作流程

## 7.3 软件维护技术

正确、合理地使用软件维护技术，是提高维护的效率和质量的关键。软件维护技术包括：

① 面向维护的技术——涉及软件开发的所有阶段。

② 维护支援技术——支持软件维护阶段的技术。

③ 维护档案记录——为维护评价提供有效的数据。

④ 维护评价——确定维护的质量和成本。

### 1. 面向维护的技术

面向维护的技术是软件开发阶段用来减少错误、提高软件可维护性的技术。它涉及软件开发的所有阶段。

① 在需求分析阶段：对用户的需求进行严格的分析定义，使之没有矛盾和易于理解，可以减少软件中的错误。例如美国密歇根大学的 ISDOS 系统就是需求分析阶段使用的一种分析和文档化工具，可以用它来检查需求说明书的一致性和完备性。

② 在设计阶段：划分模块时充分考虑将来改动或扩充的可能性，采用结构化分析和结构化设计方法，以及通用的硬件和操作系统来设计。

③ 在编码阶段：使用灵活的数据结构，使程序相对独立于数据的物理结构，养成良好的程序设计风格。

④ 在测试阶段：尽可能多地发现错误，保存测试所用例子，以及测试数据等。

这样一些技术都可以减少软件错误，提高软件的可维护性。

### 2. 维护支援技术

维护支援技术是在软件维护阶段用来提高维护作业的效率和质量的技术。包括：

① 信息收集：收集有关系统在运行过程中的各种问题。

② 错误原因分析：分析所收集到的信息，分析出错的原因。

③ 软件分析与理解：只有对需要维护的软件进行认真的理解，才能保证软件维护正确进行。

④ 维护方案评价：在进行维护修改前，要确定维护方案，并由相关的组织评审通过后才能执行。

⑤ 代码与文档修改：实施维护方案。

⑥ 修改后的确认：经过修改的软件，需要重新进行测试。

⑦ 远距离的维护：对于网络系统，可以通过远程控制进行维护。

### 3. 维护档案记录

为了做好软件维护工作，包括估计维护的有效程度，确定软件产品的质量，确定维护的实际开销等，应该在维护的过程中做好完整的记录，建立维护档案。

维护档案记录应该全面详细地记录相关信息。Swanson 提出维护档案记录的内容包括：程序名称，源程序语句条数，机器代码指令条数，所用的程序设计语言，程序安装的日期，程序安装后的运行次数，程序安装后与运行次数有关的处理故障数，程序改变的层次及名称，修改程序所增加的源程序语句数，修改程序所减少的源程序语句数，每次修改所付出的“人时”数，修改程序的日期，软件维护人员的姓名，维护申请报告的名称，维护类型，维护开始时间和结束时间，花费在维护上的累计“人时”数，维护工作的净收益等。

对每项维护任务，都应该详细记录这些数据。

**4. 维护工作评价**

对于维护工作的评价一般较为困难，因为很多时候没有量化的数据，但可记录维护性能的度量值，这些度量值一般有：

① 记录维护申请报告的平均处理时间。

② 统计每类维护的总“人时”数的开销。

③ 统计每次程序运行时的平均出错次数。

④ 统计在维护中，增删每个源程序语句所花费的平均“人时”数。

⑤ 记录每段程序、每种语言、每种维护类型的程序平均修改次数。

⑥ 统计所用语言及用于每种语言的平均“人时”数。

⑦ 计算各类维护申请的百分比。

## 7.4 软件可维护性

许多软件的维护很困难，主要是因为软件的源程序和文档难于理解和修改。由于维护工作面广，维护的难度大，稍有不慎，就会在修改中给软件带来新的问题或引入新的错误，所以，为了使软件能够易于维护，必须考虑使软件具有可维护性。

### 7.4.1 软件可维护性的定义

软件可维护性是指软件能够被理解，并能纠正软件系统出现的错误和缺陷，以及为满足新的要求进行修改、扩充或压缩的容易程度。软件的可维护性、可使用性和可靠性是衡量软件质量的几个主要特性，也是用户最关心的问题之一。但影响软件质量的这些因素，目前还没有普遍适用的定量度量的方法。

软件的可维护性是软件开发阶段各个时期的关键目标。影响软件可维护性的因素很多，设计、编码和测试中的疏忽和低劣的软件配置，以及缺少文档等都会对软件的可维护性产生不良影响。目前广泛使用的衡量程序的可维护性的 7 种特性如表 7.2 所示。对于不同类型的维护，这 7 种特性的侧重点也不相同。这些质量特性通常体现在软件产品的许多方面。将这些特性作为基本要求，需要在软件开发的整个阶段都采用相应的保证措施，也就是说将这些质量要求渗透到软件开发的各个步骤中。因此，软件的可维护性是产品投入运行以前各阶段面临这 7 种质量特性要求进行开发的最终结果。

**表 7.2 衡量程序可维护性的 7 种特性**

| | 改正性维护 | 适应性维护 | 完善性维护 |
|---|---|---|---|
| 可理解性 | √ | | |
| 可测试性 | √ | | |
| 可修改性 | √ | √ | |
| 可靠性 | √ | | |
| 可移植性 | | √ | |
| 可使用性 | | √ | √ |
| 效率 | | | √ |

由于许多质量特性是相互抵触的，要考虑几种不同的度量标准，去度量不同的质量特性。

（1）可理解性

可理解性表明人们通过阅读源代码和相关文档，了解软件功能和运行状况的容易程度。一个可理解的软件主要应该具备的特性是：模块化，风格一致性，使用清晰明确的代码，使用有意义的数据名和过程名，结构化，完整性等。

对于可理解性，Shneiderman 提出一种叫做“90-10 测试法”来衡量。即让有经验的程序员阅读 10 分钟要测试的程序，然后如能凭记忆和理解写出 90%的程序，则称该程序是可理解的。

（2）可靠性

可靠性表明一个软件按照用户的要求和设计目标，在给定的一段时间内正确执行的概率。可靠性的主要度量标准有：平均失效间隔时间、平均修复时间、有效性。度量可靠性的方法，主要有两类：根据软件错误统计数字，进行可靠性预测；根据软件复杂性，预测软件可靠性。

（3）可测试性

可测试性用来论证软件正确性的容易程度。对于软件中的程序模块，可用程序复杂性来度量可测试性。明显地，程序的环路复杂性越大，程序的路径就越多，全面测试程序的难度也就越大。

（4）可修改性

可修改性表明软件容易修改的程度。一个可修改的软件应当是：可理解的、通用的、灵活的、简单的。其中，通用是指当软件适用的功能发生改变时而无须修改。灵活是指对软件进行修改很容易。

测试可修改性的一种定量方法是修改练习。基本思想是通过做几个简单的修改，来评价修改难度。设 $C$ 是程序中各个模块的平均复杂性，$n$ 是必须修改的模块数，$A$ 是要修改的模块的平均复杂性。则修改的难度表示为：

$$D=An/C$$

对于简单修改，当 $D>1$，说明该软件修改困难。$A$ 和 $C$ 可用任何一种度量程序复杂性的方法计算。

（5）可移植性

它表明软件转移到一个新的计算环境的可能性大小，或者软件能有效地在各种环境中运行的容易程度。一个可移植性好的软件应具有良好、灵活、不依赖于某一具体计算机或操作系统的性能。

（6）效率

效率表明一个软件能执行预定功能而又不浪费机器资源的程度。包括：内存容量、外存容量、通道容量和执行时间。

（7）可使用性

从用户的角度出发，可使用性是指软件方便、实用及易于使用的程度。一个可使用的程序应该易于使用，允许出错和修改，而且尽量保证用户在使用时不陷入混乱状态。

### 7.4.2 提高可维护性的方法

软件的可维护性对于延长软件的生存期具有决定意义，因此必须考虑怎样才能提高软件的可维护性。为此，可从以下 5 个方面着手。

#### 1. 建立明确的软件质量目标

如果要程序完全满足可维护性的 7 种质量特性，肯定是很难实现的。实际上，某些质量特性是相互促进的，如可理解性和可测试性，可理解性和可修改性；某些质量特性是相互抵触的，如效率和可移植性，效率和可修改性。因此，为保证程序的可维护性，应该在一定程度上满足可维护的各个特性，但各个特性的重要性又是随着程序的用途或计算机环境的不同而改变的。对编译程序来说，效率和可移植性是主要的；对信息管理系统来说，可使用性和可修改性可能是主要的。通过实验证明，强调效率的程序包含的错误比强调简明性的程序所包含的错误要高出 10 倍。所以，在提出目标的同时还必须规定它们的优先级，这样有助于提高软件的质量。

### 2. 使用先进的软件开发技术和工具

使用先进的软件开发技术是软件开发过程中提高软件质量，降低成本的有效方法之一，也是提高可维护性的有效技术。常用的技术有：模块化、结构化程序设计，自动重建结构和重新格式化的工具等。

例如，面向对象的软件开发方法就是一个常用的强而有力的软件开发方法。面向对象方法是按照人的思维方法，用现实世界的概念来思考问题的，这样能自然地解决问题。它强调模拟现实世界中的概念而不是强调算法，鼓励开发者在开发过程中按应用领域的实际概念来思考并建立模型，模拟客观世界，使描述问题的问题空间和解空间尽量一致，开发出尽量直观、自然地表现求解方法的软件系统。

面向对象方法开发的软件系统具有较好的稳定性。传统方法开发出来的软件系统的结构紧密程度依赖于系统所具有的功能。当功能发生变化时，会引起软件结构的整体修改，因此这样的软件结构是不稳定的。面向对象方法以对象为中心构造软件系统，用对象模拟问题中的实体，以对象间的联系表示实体间的联系，根据问题领域中的模型来建立软件系统的结构。由于客观世界的实体之间的联系是相对稳定的，因此建立的模型也相对稳定。当系统功能需求发生变化时，不会引起软件结构的整体变化，往往只需做一些局部修改。

面向对象方法构造的软件可重用性好。对象所固有的封装性和信息隐蔽机制，使得对象内部的实现和外界隔离，具有较强的独立性。因此，对象类提供了较为理想的模块化机制，其可重用性自然很好。

面向对象方法构建的软件模块的独立性好，修改一个类很少会影响其他类。如果类的接口不变就只需改内部，软件的其他部分都不会受影响。同时面向对象的软件符合人们习惯的思维方式，用此方法构造的软件结构与问题空间的结构基本一致，因此面向对象的软件系统比较容易理解。

对面向对象的软件进行维护，主要通过对从已有类中派生出的新类的维护来实现，因此，维护时的测试和调试工作也主要围绕这些新派生出来的类进行。对类的测试通常比较容易实现，如果发现错误也往往在类的内部，比较容易测试。

总之，面向对象方法开发出来的软件系统的稳定性好、容易修改、易于测试和调试，因此可维护性好。

### 3. 建立明确的质量保证工作

质量保证是提高软件质量所做的各种检查工作。在软件开发和软件维护的各阶段，质量保证检查是非常有效的方法。为了保证软件的可维护性，有四种类型的软件检查。

（1）在检查点进行复审

检查点是软件开发过程每一个阶段的终点。检查点进行检查的目标是，证实已开发的软件是满足设计要求的。保证软件质量的最佳方法是，在软件开发的最初阶段就把质量要求考虑进去，并在每个阶段的终点，设置检查点进行检查，如图 7.6 所示。在不同的检查点，检查的重点不完全相同，各阶段的检查重点、对象和方法如表 7.3 所示。

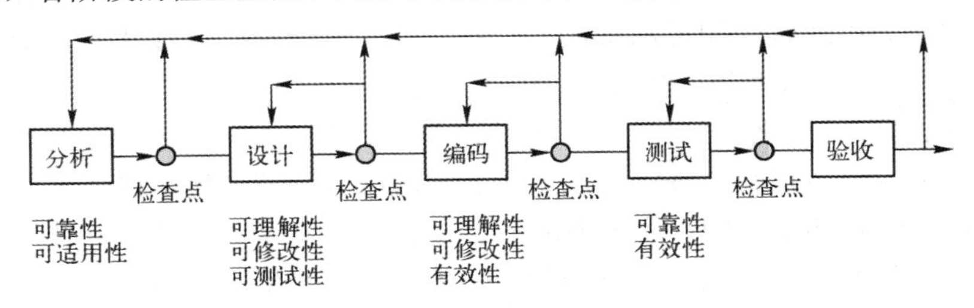


图 7.6　软件开发期间各个检查点的检查重点

表 7.3　各阶段的检查重点、对象和方法

| | 检查重点 | 检查项目 | 检查方法或工具 |
|---|---|---|---|
| 需求分析 | 对程序可维护性的要求是什么？如对可使用性：交互系统的响应时间 | ① 软件需求说明书<br>② 限制与条件，优先顺序<br>③ 进度计划<br>④ 测试计划 | 可使用性检查表 |
| 设计 | ① 程序是否可理解<br>② 程序是否可修改<br>③ 程序是否可测试 | ① 设计方法<br>② 设计内容<br>③ 进度<br>④ 运行、维护支持计划 | ① 复杂性度量、标准<br>② 修改练习<br>③ 耦合、内聚估算<br>④ 可测试性检查表 |
| 编码及单元测试 | ① 程序是否可理解<br>② 程序是否可修改<br>③ 程序是否可移植<br>④ 程序是否效率高 | ① 源程序清单<br>② 文档<br>③ 程序复杂性<br>④ 单元测试结果 | ① 复杂性度量、90-10 测试、自动结构检查程序<br>② 可修改性检查表、修改练习<br>③ 编译结果分析<br>④ 效率检查表、编译对时间和空间的要求 |
| 组装与测试 | ① 程序是否可靠<br>② 程序是否效率高<br>③ 程序是否可移植<br>④ 程序是否可使用 | ① 测试结果<br>② 用户文档<br>③ 程序和数据文档<br>④ 操作文档 | ① 调试、错误统计、可靠性模型<br>② 效率检查表<br>③ 比较在不同计算机上的运行结果<br>④ 验收测试结果、可使用性检查表 |

（2）验收检查

验收检查是一个特殊的检查点的检查，它是把软件从开发转移到维护的最后一次检查。它对减少维护费用，提高软件质量非常重要。

① 需求和规范标准。以需求规格说明书为标准，进行检查，区分必需的、任选的、将来的需求，包括对系统运行时的计算机设备的需求，对维护、测试、操作及维护人员的需求，对测试工具的需求等。

② 设计标准软件。应设计成分层的模块结构。每个模块应完成独立的功能，满足高内聚、低耦合的原则。通过一些知道预期变化的实例，说明设计的可扩充性、可缩减性和可适应性。

③ 源代码标准。所有的代码都必须具有良好的结构，所用的代码都必须文档化，在注释中说明它的输入/输出，以及便于测试/再测试的一些特点与风格。

④ 文档标准。文档中应说明程序的输入/输出、使用方法/算法、错误恢复方法、所有参数的范围，以及默认条件等。

（3）周期性的维护检查

上述两种软件检查可用来保证新的软件系统的可维护性。对已运行的软件应该进行周期性的维护检查。为了纠正在开发阶段未发现的错误和缺陷，使软件适应新的计算机环境并满足变化的用户要求，对正在使用的软件进行修改是不可避免的。修改程序可能引起新的错误并破坏原来程序概念的完整性。为了保证软件质量，应该对正在使用的软件进行周期性的维护检查。实际上，周期性的维护检查是开发阶段对检查点进行检查的继续，采用的检查方法和内容都是相同的。把多次检查的结果与以前进行的验收检查的结果和检查点检查的结果进行比较，对检查结果的任何变化进行分析，并找出原因。

（4）对软件包进行检查

上述三种方法适用于组织内部开发和维护的软件或专为少量用户设计的软件，很难适用于有很多用户的通用软件包。因软件包属于卖方的资产，用户很难获得软件包源代码和完整的文档。对软件包的维护通常采用单位的维护程序员在分析研究卖方提供的用户手册、操作手册、培训手册、新版本策略指导、计算机环境和验收测试的基础上，深入了解本单位的希望和要求，来编制软件包检验程序。软件包检测程序是一个测试程序，它检查软件包程序所执行的功能是否与用户的要求和条件相一致。

4. 选择可维护的程序设计语言

程序设计语言的选择对维护影响很大。程序设计语言对软件可维护性的影响，如图 7.7 所示。很明显，低级语言很难理解和掌握，维护当然很困难。高级语言比低级语言更容易理解，在各种高级语言中，一些语言可能比另一些语言更容易理解。

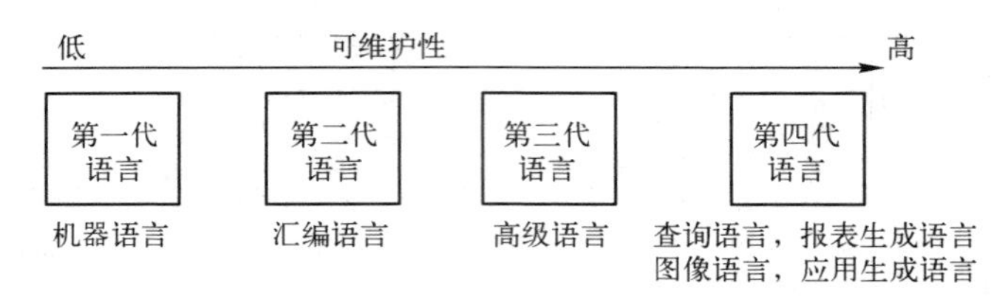


图 7.7 程序设计语言对软件可维护性的影响

第四代语言，例如查询语言、图像语言、报表生成语言和应用生成语言等，对减少维护费用来说是最有吸引力的语言。人们容易理解、使用和修改它们。例如，用户使用第四代语言开发商业应用程序比使用通常的高级语言快很多倍。有些第四代语言是过程语言，而另一些是非过程语言。对非过程语言，用户不需要指出实现算法，只需向编译程序或解释程序提出自己的要求。例如它能自动选择报表格式、文字字符类型等。自动生成指令能改进软件的可靠性。另外，第四代语言容易理解，容易编程，程序容易修改，因此改进了可维护性。

5. 改进程序的文档

（1）程序文档

程序员利用程序文档来解释和理解程序的内部结构，以及程序同系统内其他程序、操作系统和其他软件系统是如何相互作用的。程序文档包括源代码注释、设计文档、系统流程、程序流程图和交叉引用表等。

程序文档是对程序的总目标、程序的各组成部分之间的关系、程序设计策略、程序时间过程的历史数据等的说明和补充。程序文档能提高程序的可阅读性。为了维护程序，人们不得不阅读和理解程序文档。虽然大家对程序的看法不一，但大家普遍同意以下观点：

① 好的文档能使程序更容易阅读，坏的文档比没有更糟糕。

② 好的文档简明扼要，风格统一，容易修改。

③ 程序编码中加入必要的注释可提高程序的可理解性。

④ 程序越长、越复杂，越应该注重程序文档的编写。

（2）用户文档

用户文档提供用户怎样使用程序的命令和指示，通常是指用户手册。好的用户文档是指联机帮助信息，用户在使用它时在终端上就可获得必要的帮助和引导。

（3）操作文档

操作文档指导用户如何运行程序，它包括操作员手册、运行记录和备用文件目录等。

（4）数据文档

数据文档是程序数据部分的说明，它由数据模型和数据词典组成。数据模型表示数据内部结构和数据各部分之间的功能依赖性。通常数据模型是用图形表示的。数据词典列出了程序使用的全部数据项，包括数据项的定义、使用及其应用场合。

（5）历史文档

历史文档用于记录程序开发和维护的历史，虽然不少人还未意识到，其实它非常重要。历史文档包括三类，即系统开发日志、出错历史和系统维护日志。系统开发和维护历史对维护人员来说是非常有用的信息，因为系统开发者和维护者一般是分开的。利用历史文档可以简化维护工作，如理解设计意图，指导维护人员如何修改源代码而不破坏系统的完整性。

## 7.5 软件再工程技术

随着维护次数的增加，可能会造成软件结构的混乱，使软件的可维护性降低，束缚了新软件的开发。同时，那些待维护的软件又常是业务的关键，不可能废弃或重新开发。于是引出了软件再工程（Reengineering）的概念，即需要对旧的软件进行重新处理、调整，提高其可维护性。它是提高软件可维护性的一类重要的软件工程活动。

再工程也称复壮（修理）或再生。它不仅能从已存在的程序中重新获得设计信息，而且还能使用这些信息来改建或重构现有的系统，以改善它的综合质量。一般软件人员利用再工程重新实现已存在的程序，同时加进新的功能或改善它的性能。

下面讨论软件再工程的相关技术。

### 7.5.1 逆向工程

软件的逆向工程是分析程序，力图在比源代码更高抽象层次上建立程序表示的过程。逆向工程的过程如图 7.8 所示。

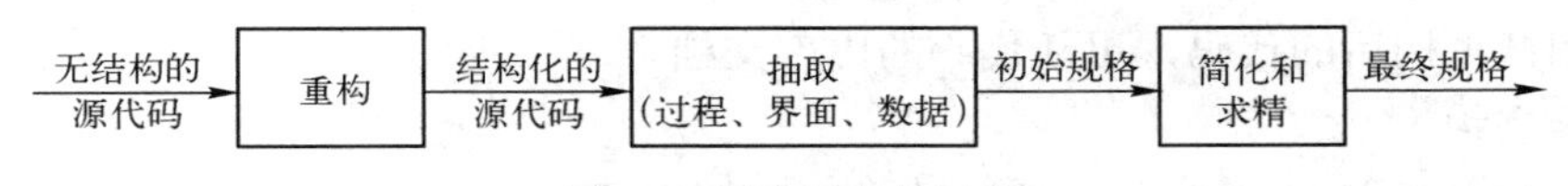


图 7.8 逆向工程的过程

逆向工程是一种设计恢复的过程，它是从现有系统的源代码中抽取数据结构、体系结构和程序设计信息。抽取是逆向工程的核心，根据源程序的类别不同，其内容包括过程处理抽取、界面抽取和数据抽取。

过程处理抽取：为了理解过程的抽象，代码的分析可在不同层次进行，如语句段、模块、子系统、系统。使用逆向工程工具，可以从已存在程序中抽取数据结构、体系结构和程序设计信息。

界面抽取：当准备对旧的软件进行用户界面的逆向工程时，必须先理解旧软件的用户界面，并且刻画出界面的结构和行为。

数据抽取：由于程序中存在许多不同种类的数据，其中对内部的数据结构的抽取可通过检查程序代码以及变量来完成；而对数据库结构的抽取则可通过建立一个初始的对象模型，确定候选键，精化实验性的类，定义一般化，以及发现关联来完成。

出于法律约束的原因，公司一般只对自己的软件做逆向工程。通过逆向工程所抽取的信息，既可用于软件维护的任何活动，也可用于重构原系统，以改善它的综合质量。

### 7.5.2 软件再工程过程

软件再工程以系统理解为基础，结合逆向工程、重构和正向工程等方法，将现有系统重新构造成为新的形式。典型的软件再工程的过程模型如图 7.9 所示，主要包括对象选择、逆向工程、文档重构、代码重构、数据重构和正向工程等活动。

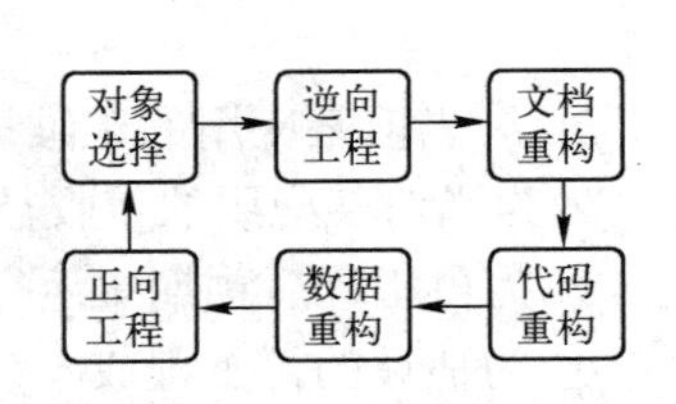


图 7.9 软件再工程的过程模型

（1）对象选择

软件再工程的基础是系统理解，一般包括对运行系统、源代码、设计与分析等文档的全面理解。但在大多数情况下，由于各类文档的丢失，人们主要是对程序进行理解。遗留系统通常拥有大量代码，对所有的程序代码都进行逆向工程或再工程是不现实和不必要的。因此，应根据业务关键程度、当前可维护性等准则，按一定优先次序选择再工程的对象。

（2）逆向工程

逆向工程是一种设计恢复的过程，它从现有系统的源代码中抽取数据结构、体系结构和程序设计信息。在逆向工程中，开发人员可以使用 CASE 工具自动处理，也可以手工分析已有的源代码，尽量找出程序的基本结构，并在进一步理解的基础上添加一些设计信息，逐步抽象，进而建立系统的设计模型。有关逆向工程的相关知识在 7.5.1 节讨论。

（3）文档重构

遗留系统通常都缺乏有效的文档，为了以后更好地维护系统，有必要更新或重建系统文档。但是，文档重构是一项非常耗时的工作，开发人员没有必要重建所有文档，应该采取“使用则建”的原则尽量将文档工作量降低到最低程度。

（4）代码重构

代码重构的目标是生成可提供功能相同，而质量更高的程序。由于需要重构的模块通常难以理解、测试和维护，因此，首先用重构工具分析代码，标注出需要重构的部分，然后进行重构，复审和测试重构后的代码，更新代码的内部文档。

（5）数据重构

它发生在较低的抽象层次上，是一种全局的再工程活动。数据重构通常始于逆向工程活动，理解现存的数据结构（又称数据分析），再重新设计数据，包括数据标准化、数据命名合理、文件格式转换、数据库格式转换等。

（6）正向工程

正向工程利用从现有程序中恢复的设计信息来修改或重构现有系统，以提高系统的整体质量。通常，正向工程并不简单地构造一个与原有系统功能等价的系统，而是结合新的用户需求和软件技术扩展原有系统的功能和性能。

### 7.5.3 再工程的成本及效益分析

再工程要耗费时间，占用资源。为了降低再工程的风险，必须进行成本及效益分析。Sneed 提出了再工程的成本及效益模型。

与未执行再工程的持续维护相关的成本：

$$C_{\text{maint}} = [p_3 - (p_1 + p_2)]L$$

与再工程相关的成本：

$$C_{\text{reeng}} = p_6 - (p_4 + p_5)(L - p_8) - p_7 \times p_9$$

再工程的整体收益：

$$C_{\text{benefit}} = C_{\text{reeng}} - C_{\text{maint}}$$

式中

$p_1$ 为当前某应用的年维护成本；　$p_2$ 为当前某应用的年运行成本；

$p_3$ 为当前某应用的年收益；　$p_4$ 为再工程后预期年维护成本；

$p_5$ 为再工程后预期年运行成本；　$p_6$ 为再工程后预期业务收益；

$p_7$ 为估计的再工程成本；　$p_8$ 为估计的再工程日程；

$p_9$ 为再工程的风险因子（=1.0）；　$L$ 为期望的系统生命期（年）。

### 7.5.4　再工程的风险分析

再工程与其他软件工程活动一样可能会遇到风险，软件管理人员必须在进行再工程活动之前对再工程的风险进行分析，对可能的风险提供对策。再工程的风险主要有以下几个方面：

① 过程风险：在进行再工程活动中，缺乏对投入人员的管理，以及对再工程方案的实施缺乏管理，未做成本及效益分析。

② 应用领域风险：对再工程项目中的业务知识不熟悉，缺少专业领域的专家支持。

③ 技术风险：缺乏再工程技术支持，恢复设计得到的信息无用等。

此外，还有人员风险，工具风险等。

软件再工程是提高软件可维护性的一类重要的软件工程活动。与软件开发相比，软件再工程不是从编写规格说明开始的，而是从原有的软件出发，通过再工程，获得可维护性好的新软件。

## 小　　结

维护是软件生存周期中的最后一个阶段，同时也是持续时间最长、代价最大的一个阶段。其主要目的就是在软件运行和维护阶段对软件产品进行必要的调整和修改。软件维护活动可分为纠错性维护、适应性维护、完善性维护和预防性维护 4 类。整个维护过程需要建立一套体系，即维护管理体系，才能保证维护工作的正确实施。

本章讨论了软件的可维护性、影响可维护性的因素，以及维护活动的过程，强调在软件开发的各个阶段都必须采取相应的保证措施，才能提高软件的可维护性，也就是说这些质量要求渗透到软件开发的各个步骤中。特别介绍了软件再工程和逆向工程的概念及一般方法，进行了成本/效益和风险分析，它们是目前对未按软件工程标准开发的软件实施维护的主要手段。

## 习 题 七

### 一、选择题

1. 软件维护的类型有（　　）。

（A）完善性维护　（B）纠错性维护　（C）适应性维护　（D）预防性维护

2. 各种软件维护的类型中最重要的是（　　）。

（A）完善性维护　（B）纠错性维护　（C）适应性维护　（D）预防性维护

3. 以下属于完善性维护的有（　　）。

（A）解决开发时未能测试各种可能条件带来的问题

（B）增加联机求助命令

（C）缩短系统的应答时间，使其达到特定要求

（D）为软件的运行增加监控设施

4. 进行系统修改时可能会产生维护的副作用，它们可能有（　　）。

（A）修改数据的副作用　（B）修改错误后，又引入了新的错误

（C）修改代码的副作用　（D）文档资料的副作用

5. 确定可维护性的因素主要有（　　）。

（A）文档　（B）可理解性　（C）可修改性　（D）可测试性

6. 软件维护阶段所产生的文档主要有（　　）。

（A）软件问题报告　（B）软件修改报告　（C）软件修改申请报告　（D）测试报告

## 二、判断题

1. 软件维护只需要校正性维护、适应性维护和完善性维护。（　）
2. 软件维护总工作量可用公式表示为：$M=P+K\cdot\exp(D-C)$。（　）
3. 生产性活动包括分析评价、修改设计、编写程序代码和设计约束。（　）
4. 改进程序的执行效率不会引入错误。（　）
5. 强调简明性的程序出错率低。（　）
6. 用面向对象方法开发的软件系统，可维护性好。（　）

## 三、简答题

1. 为什么要进行软件维护？
2. 怎样防止维护的副作用？
3. 什么是软件可维护性？可维护性度量的特性是什么？
4. 提高可维护性的方法有哪些？
5. 软件的可维护性与哪些因素有关？在软件开发过程中应该采取哪些措施才能提高软件产品的可维护性？

# 第 8 章　软件项目管理

软件项目管理是对软件项目开发全过程的管理，是对整个软件生存期的所有活动进行管理。任何工程的成败，都与管理的好坏密切相关。软件项目也不例外。尤其是软件产品，它具有特殊性，软件项目的管理对于保证软件产品的质量具有极为重要的作用，是软件项目开发成功的关键。

由软件危机引出软件工程，这是计算机发展史上一个重大进展。为了应对大型复杂的软件系统，必须采用传统的“分解”方法。软件项目的分解是从横向（空间）和纵向（时间）两个方面进行的。横向分解就是把一个大系统分解为若干个小系统，一个小系统分解为若干个子系统，一个子系统分解为若干个模块，一个模块分解为若干个过程。纵向分解就是生存期，把软件开发分解为几个阶段，每个阶段有不同的任务、特点和方法。为此，软件项目管理需要有相应的管理策略和技术。

随着软件的规模和复杂度的不断增大，开发人员的增加，以及开发时间的增长，这些都增加了软件项目管理的难度，同时也突出了软件项目管理的必要性和重要性。事实证明由管理失败造成的后果要比开发技术错误造成的后果更为严重。很少有软件项目的实施进程能准确地符合预定目标、进度和预算的，这也就足以说明软件管理的重要性。

## 8.1　软件项目管理概述

软件项目管理就是为了使软件项目能够按照预定的成本、进度、质量顺利完成，而对人员、产品、过程和项目进行分析和管理的活动。软件项目管理先于任何技术活动之前开始，并且贯穿于软件的整个生命周期。

软件项目的组织管理，不仅仅需要技术、工程或科研方面的知识，而且需要多方面的综合知识，这些知识涉及系统工程、管理学、统计学、心理学、社会学、经济学，乃至法律等方面的问题。尤其涉及社会因素、精神因素、人的因素，这些远远不是简单的技术问题。

### 8.1.1　软件项目管理的特点

软件产品与其他任何产业的产品不同，它是非物质性的产品，是知识密集型的逻辑思维产品。对于这样看不见摸不着的产品，将思想、概念、算法、流程、组织、效率和优化等因素综合在一起，它是难以理解和驾驭的产品。由于软件的这种独特性，使软件项目管理过程更加复杂和难以控制。

由此，可以归纳出软件项目管理的主要特点为：

① 软件项目管理涉及的范围广，它涉及软件开发进度与计划、人员配置与组织、项目跟踪与控制等。

② 综合应用多方面的知识，特别要涉及社会的因素、精神的因素、认知的因素，这比技术问题复杂得多。

③ 人员配备情况复杂多变，组织管理难度大。

④ 管理技术的基础是实践，为取得管理技术成果必须反复实践。

### 8.1.2 软件项目管理的主要活动

为使软件项目开发成功，必须对软件开发项目的工作范围、可能遇到的风险、需要的资源、要实现的任务、经历的里程碑、花费的工作量，以及进度的安排等做到心中有数。而软件项目管理可以提供这些信息。任何技术先进的大型项目的开发，如果没有一套科学的管理方法和严格的组织领导，是不可能取得成功的。即使在管理技术较成熟的发达国家中都尚且如此，在我国管理技术不高、资金比较紧缺的情况下，重视大型软件项目开发的管理方法及技术就显得尤为重要。

软件项目管理的对象是软件工程项目，因此软件项目管理涉及的范围将覆盖整个软件工程过程。软件项目管理的主要活动有：

（1）软件可行性分析

即从技术、经济和社会等方面对软件开发项目进行估算，避免盲目投资，减少损失。

（2）软件项目计划

为项目开发人员提供一个框架，使之能合理地估算软件项目开发所需的资源、经费和开发进度，并有效地控制软件项目开发过程，使开发过程能够按此计划进行。

（3）软件项目的成本估算

在开发前估算软件项目的成本，以减少盲目工作。

软件项目的成本估算，重要的是项目所需资源的估算。软件项目资源估算是指，在软件项目开发前，对软件项目所需的资源的估算。软件开发所需的资源，一般采用“金字塔”形，如图 8.1 所示。

① 人力资源。在考虑各种软件开发资源时，人是最重要的资源。在安排开发活动时必须考虑人员的技术水平、专业、人数，以及在开发过程中各阶段对各种人员的需求，如图 8.2 所示，可按照 Putnam-Norden 曲线来安排。

图 8.1 软件开发所需的资源

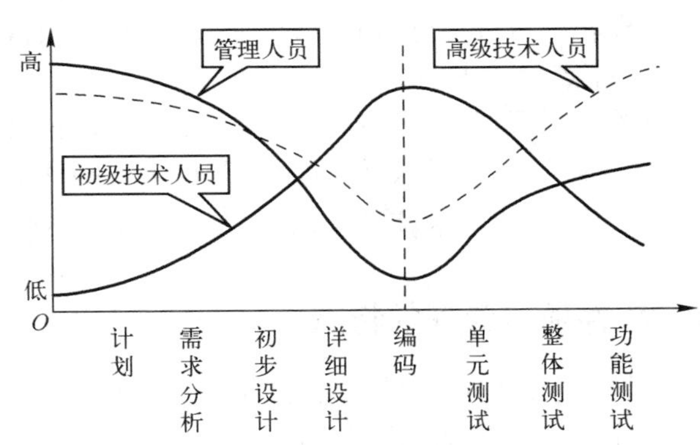


图 8.2 Putnam-Norden 曲线

② 硬件资源。硬件是作为软件开发项目的一种工具而投入的。在计划软件项目开发时，考虑三种硬件资源，主要包括宿主机（软件开发时使用的计算机及外围设备）、目标机（运行已开发成功的软件的计算机及外围设备）和其他硬件设备（专用软件开发时需要的特殊硬件资源）。

③ 软件资源。软件在开发期间使用了许多软件工具来帮助软件的开发。因此软件资源实际就是软件工具集，主要软件工具分为业务系统计划工具集、项目管理工具集、支援工具、分析和设计工具、编程工具、组装和测试工具、原型化和模拟工具、维护工具、框架工具等。

④ 软件复用性及软件部件库。为了促成软件的复用，以提高软件的生产率和软件产品的质

量，应建立可复用的软件部件库。对于软件的复用，人们经常忽略，但这却是相当重要的一环。

（4）软件项目人力资源管理

软件开发的主体是软件开发人员，对软件开发人员的管理十分重要，它直接关系到如何发挥最大的工作效率和软件项目是否开发成功。

（5）软件风险管理

通过对影响软件生产率的五种因素（人、问题、过程、产品和资源）进行分析，在软件开发时，尽量降低不利因素带来的风险。

（6）软件项目质量保证

软件项目的质量管理也是软件项目开发的重要内容，对于影响软件质量的因素和质量的度量都是质量管理的基本内容。

（7）软件配置管理

软件产品会随着时间的推移而演化，从而产生多个版本。软件配置管理就是对这些版本的错误进行修订，以及对不同软硬平台的适应做出改变。

## 8.2 软件项目可行性研究

可行性研究又称为可行性分析。进行可行性分析的目的是避免盲目投资，减少不必要的损失，即以最小的代价在最短的时间内确定该项目是否能够开发、是否值得开发。

任何软件的开发，都会受到开发时间、经费及开发环境及技术的限制。尽早对软件项目的可行性做出细致而谨慎的评估是十分必要的。若在定义阶段尽早发现将来开发工作中可能出现的问题，尽早做出决定，可将项目开发的风险降到最低。

### 8.2.1 可行性研究的任务

可行性分析的任务主要有三方面：第一是技术上可行，主要是现有技术、资源及限制能否支持和实现系统的功能、性能，主要是技术风险问题；第二是经济上可行，主要进行成本估算及效益评估，确定项目是否值得开发；第三是社会上可行，主要指系统开发后能否运行，是否存在合同、责任、侵权、用户组织管理等方面的问题。

可行性分析步骤必须按照一定的规范进行，主要包含如下过程：

① 确定项目规模和目标。

② 研究现行系统（如果存在）。

③ 建立系统的高级逻辑模型，用系统流程图或数据流图（DFD 图）描述。

④ 提出实现高层逻辑模型的各种方案，并对各方案进行评价。

⑤ 推荐可行的方案。

⑥ 编写可行性报告。

### 8.2.2 可行性研究报告

下面给出可行性研究报告的参考格式，它是进行可行性研究的结果。

（1）引言

包括系统名称、目标、功能、开发组织单位、服务对象等。

（2）系统开发的背景，必要性和意义

① 现行系统的调查研究。包括组织机构、业务流程、工作负荷、费用、人员、设备、计

算机应用情况、存在的问题等。

② 需求调查和分析。

（3）新系统的几种方案介绍

① 拟建系统目标

② 系统规模及初步方案（粗略的逻辑模型）

③ 系统的实施方案（计划安排）

④ 投资方案

⑤ 人员培训及补充方案

⑥ 其他可供选择的方案

（4）可行性研究

1）技术上的可行性（按系统目标衡量）

① 对现有技术的估价

② 使用现有技术进行系统开发的可行性

③ 对技术发展可能产生影响的预测

④ 关键技术人员的数量和水平估计

2）经济上的可行性（估算成本/效益比）

① 现有的经济条件

② 开发、运行费用

③ 对系统效益的估计

④ 投资回收期

⑤ 成本/效益比

3）系统运行的可行性

① 对组织机构的影响

② 人员适应的可行性

③ 环境条件的可行性

（5）几种方案的比较分析

分析各种方案的优缺点，对方案进行优选，或者融合。

（6）结论

可行性分析报告经审批后，方可进行需求分析工作。

## 8.3 软件项目计划

软件项目计划是一个软件项目进入系统实施的启动阶段，主要工作包括：确定详细的项目实施范围、定义最终的工作成果、评估实施过程中主要的风险、制定项目实施的时间计划、成本和预算计划、人力资源计划等。

### 8.3.1 软件项目计划内容

软件项目计划的目标是为项目开发人员提供一个框架，使之能合理地估算软件项目开发所需的资源、经费和开发进度，并有效地控制软件项目开发过程，使开发过程能够按此计划进行。在做计划时，必须就需要的人力、项目持续时间及成本做出估算。

软件项目计划其实就是一个用来协调软件项目中其他所有计划，指导项目组对项目进行执行和监控的文件。一个好的软件项目计划可为项目的成功实施打下坚实的基础。软件项目计划的主要内容如下。

(1) 项目范围

对该软件项目进行综合描述，定义软件所要做的工作。包括对以下开发内容的概述：项目目标、主要功能、性能限制、系统接口、项目的特殊要求等。

(2) 项目资源

包括人力资源、硬件资源、软件资源和其他可能需要的资源。着重强调对项目规模和资源的估算，这是因为低质量的项目资源估算将不可避免地造成资源短缺，进度延迟和预算超支。

(3) 项目进度安排

项目进度安排是软件计划的重要内容。直接影响到整个项目能否按期完成，因此这一环节是十分重要的。

在制定软件项目进度安排时，主要依据的是合同书和项目计划。通常的做法是把复杂的软件项目分解成许多可以准确描述、度量、可独立操作的相对简单的任务，然后安排这些任务的执行顺序，确定每个任务的完成期限、开始时间和结束时间。软件项目进度安排考虑的主要因素有：

① 项目可以支配的人力及资源

② 项目的关键路径

③ 生存周期各个阶段工作量的划分

④ 工程进展如何度量

⑤ 各个阶段任务完成标志

⑥ 如何自然过渡到下一阶段的任务等

### 8.3.2 软件开发进度计划

软件开发进度计划安排是一项困难的任务，进度安排的好坏往往会影响整个软件项目能否按期完成，因此在安排软件开发进度时，既要考虑各个子任务之间的相互联系，尽可能并行地安排任务，又要预见潜在的问题，提供意外事件的处理意见。

#### 1. 一般的表格工具

一般采用进度表来描述，它非常简单明了。表 8.1 直观地给出了一个需要一年时间开发的软件项目各项子任务的进度安排。

表 8.1 进度表

| 任务＼月份 | 1 | 2 | 3 | 4 | 5 | 6 | 7 | 8 | 9 | 10 | 11 | 12 |
|---|---|---|---|---|---|---|---|---|---|---|---|---|
| 需求分析 | ▲ | ▲ | ▲ | | | | | | | | | |
| 总体设计 | | ▲ | ▲ | ▲ | | | | | | | | |
| 详细设计 | | | | ▲ | ▲ | | | | | | | |
| 编码 | | | | | ▲ | ▲ | ▲ | ▲ | ▲ | | | |
| 软件测试 | | | ▲ | ▲ | ▲ | ▲ | ▲ | ▲ | ▲ | ▲ | ▲ | ▲ |

#### 2. 甘特图

甘特图（Gantt Chart）是先把任务分解成子任务，再用水平线段描述各个任务的工作阶段，线段的起点和终点分别表示任务的开始和完成时间，线段的长度表示完成任务所需的时间。图 8.3 给出了具有五个任务的甘特图。

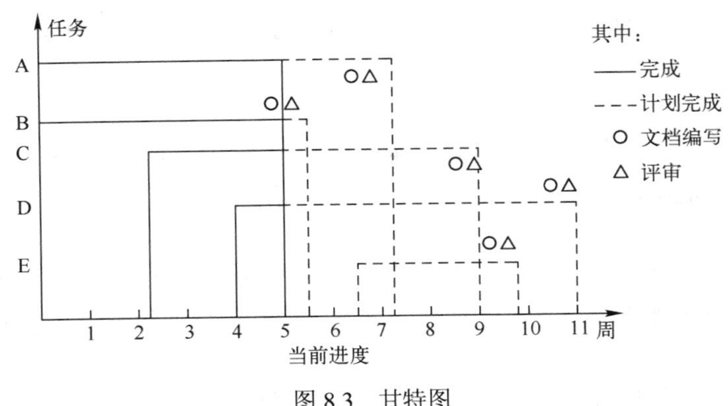

图 8.3　甘特图

甘特图只能表示任务之间的并行和串行关系，它标明了各任务的计划进度和当前进度，能够动态反映软件开发的进展情况，但是它不能够反映多个任务之间的复杂逻辑关系。

### 3. 时标网状图

时标网状图（timescalar network）也称为改进的 Gantt 图，主要增加了各子任务之间的逻辑依赖关系。如图 8.4 所示，它表示 A～E 共 5 个任务之间在进度上的依赖关系，如 E2 的开始取决于 A3 的完成，虚线箭头表示虚任务。

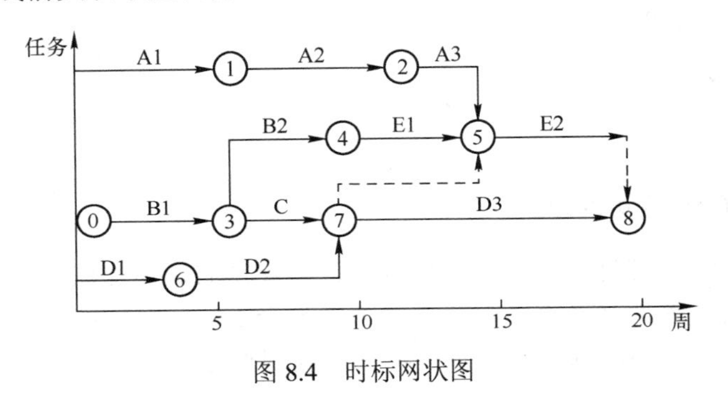

图 8.4　时标网状图

### 4. PERT 技术和 CPM 方法

计划评审技术（Program Evaluation & Review Technique，PERT）或关键路径法（Critical Path Method，CPM），都是采用网络图来描述项目的进度安排的。例如，图 8.5 描述了开发模块 A、B、C 的任务网络图。其中模块 A 是公用模块，模块 B 和模块 C 的测试有助于模块 A 调试的完成。模块 C 利用了现有的模块，但对它要在理解之后做部分修改。最后直到模块 A、B 和 C 做组装测试为止。整个工作步骤如图 8.5 所示，图中各边上所标注的数字为该任务所持续的时间，单位为周。数字结点为任务的起点和终点。

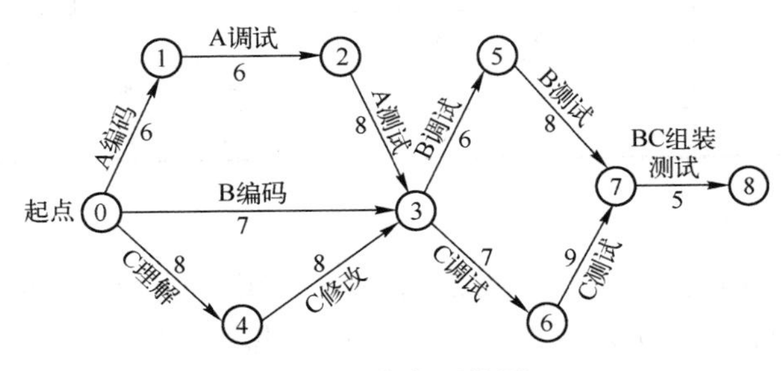

图 8.5　任务网络图

最后，在软件工程项目中必须处理好进度与质量的关系。在软件开发过程中，常常会遇到为了赶任务，而追求进度，在这种进度的压力下，有可能牺牲软件质量。同时产品质量和生产率也有着密切的关系。

## 8.4 软件项目成本估算技术

在计算机技术发展的早期，软件成本在基于计算机系统的总成本中占很小的比例，因此在软件成本的估算上，即使出现极大的误差，其影响也非常小。现在的软件在计算机系统中已成为最贵和最有价值的部分，因此要求软件的成本估算不能再出现较大的误差。软件的成本估算是可行性分析的重要依据，也是软件管理的重要内容，直接影响到软件开发的风险。

软件的成本和工作量的估算从来都没有成为一门精确的科学，因为变化和影响的因素太多，人、技术、环境等都会影响软件开发的最终成本和工作量。但是软件的成本估算又非常重要，因此人们不断地从理论和统计等方面归纳总结出一些估算方法和技术，尽可能降低盲目开发软件的风险。

### 8.4.1 影响成本估算的因素

由于成本估算是软件项目开发管理的重要内容，是可行性分析的重要依据。为了正确地进行成本估算，首先应该充分了解影响成本估算的主要因素，从而更有效地进行成本估算。主要影响因素如下：

（1）开发软件人员的业务水平

软件开发人员的素质、经验、掌握知识水平的不同，会在工作中表现出很大的差异，直接影响到软件的质量与成本。

（2）软件产品的规模及复杂度

按 YOURDON 分类法，软件产品按规模分类如表 8.2 所示，每一类都具有不同的特点，在管理时要分别对待。

表 8.2 软件产品规模分类表

| 类别 | 参加人员 | 研制时间 | 产品规模（源代码行） |
|---|---|---|---|
| 微型 | 1 | 1～4 周 | 0.5k |
| 小型 | 1 | 1～6 月 | 1～2k |
| 中型 | 2～5 | 1～2 年 | 5～20k |
| 大型 | 5～20 | 2～3 年 | 50～100k |
| 超大型 | 100～1000 | 4～5 年 | 1M |
| 极大型 | 2000～5000 | 5～10 年 | 1～10M |

对于软件产品的规模的度量，一般是以开发时间和产品规模作为主要的分类指标。

① 微型：可不做严格的系统分析和设计，在开发过程中应用软件工程的方法。

② 小型：如数值计算或数据处理问题，程序往往是独立的，与其他程序无接口，应按标准化技术开发。

③ 中型：如应用程序及系统程序，存在软件人员之间、软件人员与用户之间的密切联系、协调配合。应严格按照软件工程方法开发。

④ 大型：如编译程序、小型分时系统、应用软件包、实时控制系统等。必须采用统一标准，严格复审，但由于软件规模庞大，开发过程可能出现不可预知的问题。

⑤ 超大型：如远程通信系统、多任务系统、大型操作系统、大型数据库管理系统、军事指挥系统等。子项目间有复杂的接口，若无软件工程方法支持，开发工作不可想象。

⑥ 极大型：如大型军事指挥系统、弹道防御系统等。这类系统极少见，更加复杂。

软件的复杂性即软件解决问题的复杂程度，主要按照应用程序、实用程序和系统程序的顺序由低到高排列。

(3) 软件产品开发所需时间

很明显软件产品开发时间越长成本越高。对确定规模和复杂度的软件存在一个“最佳开发时间”，也就是完成整个项目的最短时间。选取最佳开发时间来计划开发过程，可以取得最佳经济效益。

(4) 软件开发的技术水平

软件开发的技术水平主要指软件开发方法、工具、语言等，技术水平越高，效率越高。

(5) 软件可靠性要求

一般在软件开发过程中对可靠性要求越高，成本响应也就越高。一般根据软件解决问题的特点，制定合理的可靠性。

### 8.4.2 成本估算模型

软件开发成本主要是指软件开发过程中所花费的工作量及相应的代价，其中主要是人的劳动的消耗，因此，软件产品开发成本的计算方法不同于其他物理产品的成本的计算。

软件产品不存在重复制造过程，它的开发成本是以一次性开发过程所花费的代价来计算的。因此软件成本估算，应以软件计划、需求分析、设计、编码到测试等软件开发全过程所花费的代价为依据。

必须指出的是对于一个大型软件项目，由于其项目本身非常复杂，参与开发的人员众多，而且各子系统的问题难度、要求可能都有区别，因此软件项目的成本估算是一件复杂和困难的事，必须建立相应的估算模型，按照一定的方法、技术来进行估算。

无论采取哪种估算模型，当一个问题过于复杂时，可将它进一步分解，以降低其问题的难度。可在估算每一个子问题的成本的基础上，再加以综合，最后得到整个软件项目的成本估算量。这是在进行成本估算中常用的“分而治之”的策略。

软件成本估算通常是估算软件的下列指标。

① 源代码行（LOC）估算。源代码行是指机器指令行/非机器语言的执行步，使用它们可以作为度量生产率的基本数据。

② 开发工作量估算。它是估算任何项目开发成本最常用的技术方法。根据项目开发过程，通常使用的度量单位是人月（PM）、人年（PY）或人日（PD）。

③ 软件生产率估算。它是指单位劳动量所能完成的软件数量，度量单位常用 LOC/PM，￥/LOC 或￥/PM。

同时，软件开发时间估算也是很重要的，在软件项目开发前必须进行估算。

软件成本估算模型可分为两大类：理论模型和统计模型。下面将具体介绍一些具有代表性的软件开发成本估算模型，如专家估算模型、IBM 估算模型和 Putnam 估算模型等。需要说明的是，还没有一种软件成本估算模型能够适用于所有软件类型和开发环境。

#### 1. 专家估算模型

专家估算模型是由 Rand 公司提出的，又称为 Deiphi 技术，是由多位专家共同进行成本估算，这样就避免了单独一位专家的偏见。

该模型是由多位专家对软件的源代码行数反复进行估算的结果。例如，由 $n$ 位专家进行成本估算，每位专家根据系统规格说明书，开会反复进行讨论，然后每位专家独立地进行估算，给出自己所认为的软件的最小源代码行数、最大源代码行数和最可能的源代码行数。并根据下列公式计算每位专家估算的源代码的期望值 $L_i$。

$$L_i = \frac{a_i + 4m_i + b_i}{6}，\quad L = \frac{1}{n}\sum_{i=1}^{n} L_i$$

式中，$a_i$ 表示估计的最小行数，$b_i$ 表示估计的最大行数，$m_i$ 表示最可能的行数。之所以进行独立估算，是为了避免专家的相互影响或因权威等因素产生的影响，造成估算结果的缺陷。

再根据每位专家所估算的期望值 $L_i$，计算第 1 次的期望中值 $L$。在此基础上，再反复召开小组讨论会，每位专家再反复独立地估算源代码行数的期望值 $L_i$，反复计算期望中值 $L$。

当前后两次计算的期望中值 $L$ 之差的绝对值小于预先指定的小正数时，则取后一次的期望中值 $L$ 为软件的源代码行数。通常以千行计。

至于预先指定的小正数，可以通过与历史资料进行类比确定，也可以根据软件项目的应用领域及性能要求确定。

推算出该软件的源代码行数后，参考这类软件的历史资料，推算出每行源代码所需成本，将估算的源代码行数，乘以推算出的每行源代码所需成本，就得到该软件的成本估算值。

### 2. IBM 估算模型

1977 年由 Walston 和 Felix 总结了 IBM 联合系统分部（FSD）负责的 60 个项目的数据。其中各项目的源代码行数 $L$ 为 400～467000 行，开发工作量为 12～11758PM，共使用 29 种不同语言和 66 种计算机。利用最小二乘法拟合，得到如下估算公式（源代码行数 $L$，以千行计）：

工作量：$E = 5.2$（PM）；　　项目持续时间：$D = 4.1$（月）；

人员需要量：$S = 0.54$（人）；　　文档数：$DOC = 49$（页）

IBM 模型利用已估算的特性（如源代码行数）来估算各种资源的需要量。模型一般是在可收集到足够有效的历史数据的局部环境中推导出来的。在处理过程中一般一条机器指令为一行源代码，源代码不包含程序的注释、作业命令和调试程序。对于非机器指令编写的源程序，如汇编语言或高级语言程序，应通过：转换系数=机器指令条数/非机器语言执行步数，将其转换为机器指令源代码行数来考虑。

IBM 模型是一个静态单变量模型，但不是一种通用模型，因此应用中应根据实际情况调整模型中的参数。

### 3. Putnam 估算模型

这是 1978 年由 Putnam 提出的估算模型，该模型是一种动态多变量模型，它用于估算在软件开发的整个生存期中工作量的分布。根据一些大型项目（如 30 人年以上）中工作量的分布情况（如图 8.6 所示）推导出如下估算公式：

$$L = C_K K^{1/3} t_{\mathrm{d}}^{4/3}$$

式中，$L$ 表示源代码行数，$K$ 表示所需人力（PY），$t_{\mathrm{d}}$ 表示开发时间，$C_K$ 表示技术水平常数。$C_K$ 值与开发环境有关：对于差的开发环境，$C_K$ =2000～2500；对于正常的开发环境，$C_K$ =8000～10000；对于好的开发环境，$C_K$ =11000～12500。

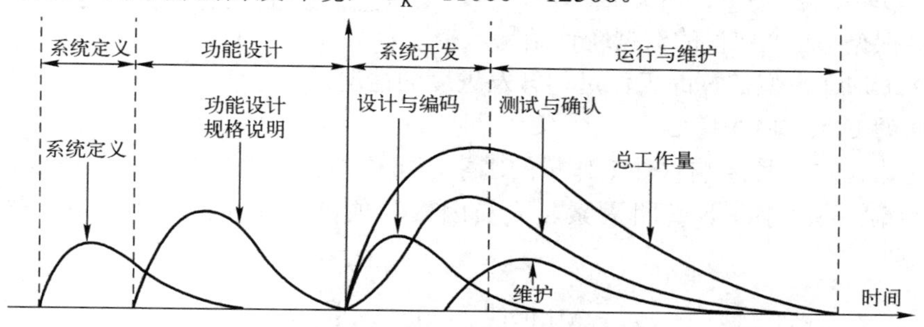


图 8.6　工作量的分布情况

由上述公式可以得到所需开发工作量的公式：

$$K = L^3 C_K^{-3} t_d^{-4} \text{（人年）}$$

其中，$K$ 表示人力使用的情况，单位为人年，即一个人工作 1 年所完成的工作量。

4. COCOMO 模型

由 TRW 公司开发的结构型成本模型（Constructive Cost Model，COCOMO 模型）是最精确、最易于使用的成本估算方法之一。它是由 Boehm 提出的结构型成本估算模型。

COCOMO 模型是一种层次模型，按照其详细程度分为以下三级。

① 基本的 COCOMO 模型，它是一个静态单变量模型，对整个软件系统进行估算。

② 中间的 COCOMO 模型，它是一个静态多变量模型，将整个软件系统分为系统和部件两个层次，系统由部件构成，它把软件开发所需的成本看成程序大小和一系列“成本驱动属性”的函数，用于部件级的估算，更为精确。

③ 详细的 COCOMO 模型，它将软件系统分为系统、子系统和模块三个层次，除包括中间模型中所考虑的因素外，还考虑了在需求分析、软件设计等每一阶段的成本驱动属性的影响。

该模型主要对工作量 MM（单位：PM）和进度 TDEP（单位：月）进行估算，模型中考虑到估算量与开发环境有关，将开发项目分为以下三类：

① 组织型（Organic）：相对较小、较简单的软件项目。程序规模不是很大（小于 5 万行），开发人员对产品目标理解充分，经验丰富，熟悉开发环境。大多数应用软件及老的操作系统、编译系统属于此种类型。

② 嵌入型（Embedded）：此种软件要求在紧密联系的硬件、软件和操作的限制条件下运行，通常与某些硬件设备紧密结合在一起。因此，对接口、数据结构、算法要求较高。如大型复杂的事务处理系统，大型、超大型的操作系统，军事指挥系统，航天控制系统等。

③ 半独立型（Semidetached）：对项目要求介于上述两者之间，规模复杂度属中等以上，最大可达 30 万行。如大多数事务处理系统、新操作系统、大型数据库系统、生产控制系统等软件属此种类型。

下面分别讨论三级 COCOMO 模型：

（1）基本的 COCOMO 模型

其估算公式为 $\text{MM} = C_l \cdot \text{kloc}^a$

式中，MM 是工作量（PM），kloc 是估计的源代码行，$C_l$ 是模型系数，$a$ 是模型指数。$C_l$、$a$ 取决于开发项目的模式为组织型、半独立型或嵌入型。

表 8.3 基本 COCOMO 模型的工作量和开发进度

| 总体类型 | 工作量 | 进度 |
|---|---|---|
| 组织型 | $\text{MM}=10.4(\text{kloc})^{1.05}$ | $\text{TDEV}=10.5(\text{MM})^{0.38}$ |
| 半独立型 | $\text{MM}=3.0(\text{kloc})^{1.12}$ | $\text{TDEV}=10.5(\text{MM})^{0.35}$ |
| 嵌入型 | $\text{MM}=3.6(\text{kloc})^{1.20}$ | $\text{TDEV}=10.5(\text{MM})^{0.32}$ |

表 8.3 是根据 63 个项目的数据统计结果，按照基本的 COCOMO 模型估算的工作量和开发进度的情况。

（2）中间的 COCOMO 模型

进一步考虑了 15 种影响软件工作量的因素，可更加合理地估算软件工作量和进度等。将 15 种因素分属产品因素、计算机因素、人员因素和项目工程因素几类。下式描述了中间的 COCOMO 模型。

$$\text{MM} = C_l \times \text{kloc}^a \times \prod_{i=1}^{15} f_i$$

式中，$f_i$是成本因素，内容如表 8.4 所示，表中列出了对 15 种影响软件工作量的因素，按等级打分的情况。

（3）详细的 COCOMO 模型

详细 COCOMO 模型的名义工作量公式和进度公式与中间 COCOMO 模型相同。只是在考虑成本因素 $f_i$ 时，按照开发阶段分别给出各层次更加详细的值。针对每个影响因素，按模块层、子系统层、系统层，有 3 张工作量因素分级表，供不同层次的估算使用。每一张表中工作量因素又按开发的各个不同阶段给出。

**表 8.4　15 种影响软件工作量的因素 $f_i$ 的等级分**

| 工作量因素 $f_i$ | | 非常低 | 低 | 正常 | 高 | 非常高 | 超高 |
|---|---|---|---|---|---|---|---|
| 产品因素 | 软件可靠性 | 0.75 | 0.88 | 1.00 | 1.15 | 1.40 | |
| | 数据库规模 | | 0.94 | 1.00 | 1.08 | 1.16 | |
| | 软件复杂度 | 0.70 | 0.85 | 1.00 | 1.15 | 1.30 | 1.65 |
| 计算机因素 | 时间约束 | | | 1.00 | 1.11 | 1.30 | 1.66 |
| | 存储约束 | | | 1.00 | 1.06 | 1.21 | 1.56 |
| | 环境变更率 | | 0.87 | 1.00 | 1.15 | 1.30 | |
| | 计算机换向时间 | | 0.87 | 1.00 | 1.07 | 1.15 | |
| 人员因素 | 系统分析员能力 | | 1.46 | 1.00 | 0.86 | | |
| | 应用领域实际经验 | 1.29 | 1.13 | 1.00 | 0.91 | 0.71 | |
| | 程序员能力 | 1.42 | 1.17 | 1.00 | 0.86 | 0.82 | |
| | 开发人员环境知识 | 1.21 | 1.10 | 1.00 | 0.90 | 0.70 | |
| | 程序时间语言知识 | 1.41 | 1.07 | 1.00 | 0.95 | | |
| 项目工程因素 | 设计技术 | 1.24 | 1.10 | 1.00 | 0.91 | 0.82 | |
| | 软件工具 | 1.24 | 1.10 | 1.00 | 0.91 | 0.83 | |
| | 进度限制约束 | 1.23 | 1.08 | 1.00 | 1.04 | 1.10 | |

### 8.4.3　成本/效益分析

成本/效益分析的目的是从经济角度评价开发一个新的软件项目是否可行。分析的第一步是估算待开发系统的开发成本和运行费用（系统的操作费用和维护费用），与系统可能取得的效益（有形的和无形的）进行比较。系统的经济效益则等于因使用新系统而增加的收入，加上使用新系统可以节省的运行费用。以下介绍几种度量效益的模型：

（1）货币的时间价值

成本估算是要对项目投资。因投资先于取得效益，因此要考虑货币的时间价值。通常以利率形式表示。假设，年利率为 $i$，$P$ 元钱在 $n$ 年后的价值为：$F = P\,(1+I)^n$。

（2）投资回收期

投资回收期是衡量工程价值的经济指标，是指工程累计经济效益等于最初投资所需要的时间。投资回收期越短，就能越快地获得利润，由此这项工程就越值得投资。

（3）纯收入

工程的纯收入是衡量工程价值的另一项经济指标。将在整个生存周期内新系统的累计经济效益与投资之差称为纯收入。

（4）投资回收率

投资回收率主要用于衡量投资效益的大小，并且可以用它和年利率比较，衡量工程是否有投资价值。设现在的投资额为

$$P = F_1/(1+j) + F_2/(1+j)^2 + \cdots + F_n/(1+j)^n$$

式中，$F_i$是第 $i$ 年年底的效益，$i$=1,2,3,⋯ ,$n$；$n$ 是系统的使用寿命；$j$ 是投资回收率。

## 8.5　软件项目人力资源管理

现代的软件项目总是以团队的方式进行开发的，而团队中的人就是这个团队最大的财富，也是它最不确定的因素。这就要求项目管理者应解决技术和非技术层面两方面的问题。管理者必须仔细规划和安排成员的工作，并时常鼓励他们，以保证项目的正常进行并取得成功。而糟糕的团队管理肯定会导致团队的混乱，成员分工不明确、互相猜疑指责，最后的结果是团队中只有一两位能干的成员在为团队做贡献，而其他人则明显地在“打酱油”。所以，必须对项目团队进行卓有成效的管理。

### 8.5.1 软件团队建设

团队建设是现代软件开发中的一项关键任务，如何做好团队建设工作是所有项目管理者首先应该考虑的问题。

成功的团队应该具有一种团队精神（Team Spirit），团队的成功与个人的目标是一致的。因此，管理者需要对团队进行建设，而非简单地把人员召集在一起就行。

根据专家的建议，团队建设一般包含四项工作：

（1）团队构成

团队应该在成员的技能、经验和个性中找到一个平衡点。团队管理者应该善用三类人员：事业型的成为技术骨干；自我实现型的推动项目的进展；交际型的帮助内部交流。

可以看到，团队管理者是一个非常重要的角色。他们必须追踪每日的工作，保证项目的有效推进，并向更高级别的管理者汇报工作。

遴选团队负责人的常见方式是任用那个技术能力最强的成员。这意味着，他们将肩负两项任务：技术领导和项目监管。这似乎是一种自然的、服众的和安全的策略。然而，一个不争的事实是，烦琐的日常管理会使负责人分心，从而降低他们真正的价值。所以，很多时候将技术领导和项目监管这两项工作由不同的成员来担任将更有利于项目开展。

（2）团队凝聚力

一个好的团队的外在表现为：所有成员对团队的忠诚。忠诚带来凝聚，凝聚带来优势。团队凝聚力依赖于多项因素：文化性的、个性的，等等。团队管理者可以用多种方式提升凝聚力，例如拓展活动、有家人参与的社会活动等。给予成员足够的信任，成员间的相互信任可以使成员有强烈的归属感，这也是提升凝聚力的关键。

（3）团队交流和沟通

团队成员间的交流是项目开发过程中非常重要并且是必需的环节。成员间没有沟通而各自为战将会为项目带来灾难性的后果。良好的沟通能使成员互相了解各自的开发状态，从而避免不好结果的发生，同时还能提升凝聚力。

可能会影响沟通的因素有：

① 团队规模。团队越大，团队成员间的单向沟通途径会急剧增加。如图 8.7 所示，团队成员从 4 名增加到 6 名后，沟通路径数量增加，导致成员间的充分沟通也就越困难。所以，团队的规模以 3～5 人为宜。如果项目较大，可以采用层级的方式组织人员。

② 团队结构。团队结构往往采用层级结构，这意味着信息的向下广播。当团队规模较大时，这可能导致信息延迟甚至被误解。实践显示，非正式结构的交流也许比正式层级结构的交流更有效。

③ 团队构成。团队中相同/相近个性或同性别的成员越多，冲突就越多，交流也就越困难。因此，管理者应考虑在团队中加入不同个性或性别的成员。

④ 工作环境。团队成员的工作环境应该是利于交流的。

（4）团队组织结构

团队内部人员的组织形式对生产率有影响。如图 8.8 所示，常用的团队组织形式有主程序员制、民主制和层次式三种。

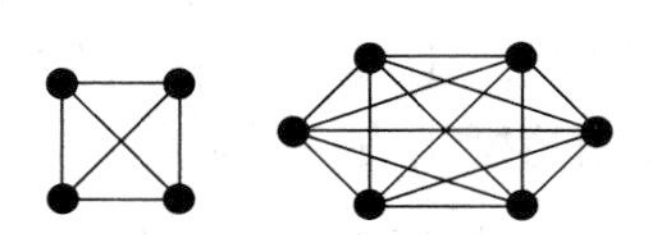

图 8.7 团队成员增加后沟通路径数量增加

(a) 主程序员制

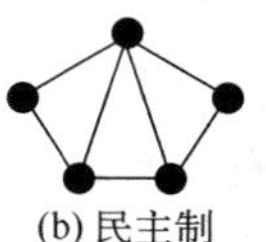

(b) 民主制

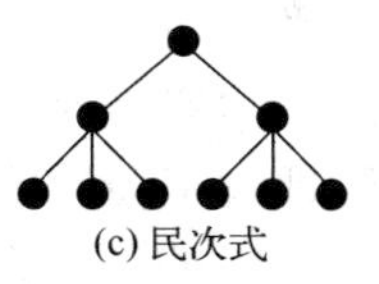

(c) 民次式

图 8.8 团队组织形式

### 8.5.2 团队人员的选择

如何合理地选择团队人员是成功完成软件项目的切实保证。

（1）人员配备遵循的原则

人员配备主要遵循三个原则：

① 重质量。软件项目是技术性很强的工作，对于关键性的任务应安排少量有能力和经验的人员去完成。

② 重培训。必须花费精力培养所需的技术人员和管理人员。

③ 双阶梯提升。人员的提升应分别按技术职务和管理职务进行。

（2）选择人员的途径

在一个项目中，人员的来源途径一般有三种：

① 候选人自荐。通过他们的简历或 CV 可以粗略了解候选人的背景和经历。

② 面试。通过面试可以获得候选人更直观的信息。

③ 他人推荐。通过曾和候选人共事过的人员推荐，也可以获得相应的信息。

其他任何合适的方式也可以被采用。一个需要把握的原则是：选合适的人放在合适的位置上。

（3）选择/评价人员的条件

软件项目对人的因素越来越重视。在评价和任用软件人员时，必须掌握一定的标准。人员素质的优劣会直接影响到项目的成败。评价的主要条件是：

① 应用领域经验。具备应用领域的基础知识。

② 开发经验。善于分析和综合问题，具有严密的逻辑思维能力。

③ 教育背景。能在一定程度上展示候选人的基础。需要说明的是，在现代的项目中，只选择那些具有计算机专业背景的人员是不够的，特别是在跨专业、行业的项目中。

④ 适应能力。善于听取意见，善于团结协作，有良好的人际关系。

⑤ 沟通能力。具有良好的书面和口头表达能力，掌握多媒体演示工具。

⑥ 工作态度。工作踏实、细致，不靠运气，遵循标准和规范，具有严格的科学作风。

⑦ 个性。有耐心、有毅力、有责任心。

## 8.6 软件项目风险管理

近年来软件开发技术、工具都有了很大的进步，但是软件项目开发超时、超支、甚至不能满足用户需求而根本没有得到实际使用的情况仍然比比皆是。软件项目开发和管理中一直存在着种种不确定性，严重影响着项目的顺利完成和提交。因此，对软件风险的研究、管理已经成为软件项目管理的重要内容。

### 8.6.1 软件项目风险管理概述

#### 1. 风险的定义

风险（Risk）是一种潜在的危险。软件项目由于其自身的特点而存在风险，甚至是灾难性的风险。风险管理指预测、控制和管理项目风险。

20 世纪 80 年代，Boehm 首先对软件开发中的风险进行了论述，并提出软件风险管理的方法。Boehm 认为，软件风险管理指的是“试图以一种可行的原则和实践，规范化地控制影响项目成功的风险”，其目的是“辨识、描述和消除风险因素，以免它们威胁软件的成功运作”。

软件项目风险不仅会影响项目计划的实现，影响项目的进度，增加项目的成本，甚至使软件项目不能实现。因此风险管理决定了软件项目的成败。

所以，软件项目的风险管理是软件项目管理的重要内容。在进行软件项目风险管理时，要辨识风险，评估它们出现的概率及产生的影响，然后设计一个规划来管理风险。

### 2. 软件项目中的风险

风险管理的主要目标是预防风险。软件项目的风险无非体现在以下四个方面：需求、技术、成本和进度。项目开发中常见的风险有如下几类：

（1）需求风险

引起需求的风险可能有以下几种情况：

① 需求过程中由于客户参与不够，因此需求定义不完整，或者有二义性。

② 需求的继续不断变化，又缺少有效的需求变化管理过程。

（2）计划编制风险

① 计划、资源和产品定义缺乏有效依据，全凭客户或上层领导口头指令，并且不完全一致。

② 虽然制定了相应计划，但计划不现实。

③ 产品规模比估计的要大，但又没有相应地调整产品范围或可用资源。

④ 涉足不熟悉的产品领域，花费在设计和实现上的时间比预期的要多。

（3）组织和管理风险

① 仅由管理层或市场人员进行技术决策，管理层审查、决策的周期比预期的时间长，导致计划进度缓慢，计划时间延长。

② 低效的项目组结构降低了生产率；缺乏必要的规范，导致工作失误与重复工作。

③ 非技术的第三方的工作（预算批准、设备采购批准、法律方面的审查、安全保证等）时间比预期的延长或者预算削减，打乱了项目计划。

（4）人员风险

① 开发人员和管理层之间关系不佳，影响全局；项目组成员之间发生冲突，沟通不畅，导致设计、接口出现错误。

② 某些开发人员不熟悉软件工具和环境，或项目后期加入新的开发人员，使工作效率降低。

③ 缺乏项目急需的具有特定技能的人，又缺乏激励措施，士气低下，降低了生产能力。

（5）其他风险

① 设施、工具等不具备的“开发环境风险”。

② 客户对于最终产品不符合用户需求而要求重新设计开发的“客户风险”。

③ 质量低劣的“产品风险”。

④ 设计质量低下，有些必要的功能无法使用现有的代码和库实现的“设计和实现风险”。

⑤ 在执行过程中出现的“过程风险”。

## 8.6.2 软件项目风险管理过程

风险管理包括：风险识别、风险估算、风险评价、风险监控和管理。

### 1. 风险识别

识别风险是系统化地识别已知的和可预测的风险，在可能时避免这些风险，且当必要时控制这些风险。识别潜在的风险，是进行项目风险管理的基础。风险识别包括确定风险的来源，风险产生的条件，描述其风险特征和确定哪些风险事件有可能影响本项目。风险识别不是一次就可以完成的事，应当在项目开发过程的自始至终定期进行。

根据风险内容，通常可分别对以下三类风险进行提取和分析。

（1）项目风险。与项目有关的预算、进度、人力、资源、用户需求、项目规模、复杂性等方面的问题，都属于这类风险。

（2）技术风险。是指影响开发质量和交付时间的设计、实现、验证、维护、接口等方面的问题。

（3）商业风险。包括与产品的商业运作有关的市场风险、预算风险、决策风险、销售风险等。

在进行具体的软件项目风险识别时，可以根据实际情况对风险进行分类。但简单的分类并不是总行得通的，某些风险根本无法预测。在这里，我们介绍一下美国空军软件项目风险管理手册中指出的如何识别软件风险。这种识别方法要求项目管理者根据项目实际情况来标识影响软件风险因素的风险驱动因子，这些因素包括以下几个方面。

① 性能风险：产品能够满足需求和符合使用目的的不确定程度。

② 成本风险：项目预算能够被维持的不确定的程度。

③ 支持风险：软件易于纠错、适应及增强的不确定的程度。

④ 进度风险：项目进度能够被维持且产品能按时交付的不确定的程度。

每一个风险驱动因子对风险因素的影响均可分为四个影响类别——可忽略的、轻微的、严重的及灾难性的。

### 2. 风险估算

在进行了风险辨识后，就要进行风险估算，风险估算也称为风险评估，一般从两方面进行估算：

① 从影响风险的因素考虑风险发生的可能性，即风险发生的概率。

② 风险发生所带来的损失的严重程度，评价如果风险一旦发生所产生的后果。

需要强调的是如何评估风险的影响，如果风险真的发生了，它所产生的后果会对三个因素产生影响：风险的性质、范围及时间。风险的性质是指当风险发生时可能产生的问题。风险的范围是指风险的严重性及其整体分布情况。风险的时间是指何时能够感受到风险及持续多长时间。另外，评估每一个风险，以确定新的情况是否引起风险的概率及影响发生改变。

为了反映风险产生的可能程度和风险产生后果的严重程度，需要建立风险度量的指标体系。例如一种简单的风险评估技术是建立如表 8.5 所示的风险评估表。

**表 8.5 风险评估表**

| 类别<br>成本 | | 性能 | 支持 | 成本 | 进度 |
|---|---|---|---|---|---|
| 灾难性的 | 1 | 无法满足需求而导致任务失败 | | 错误导致成本增加，资金短缺超出预算 | |
| | 2 | 性能严重下降，达不到技术要求 | 无法响应或无法支持的软件 | 资金严重短缺，很可能超出预算 | 无法按期交付完成 |
| 严重的 | 1 | 无法满足需求而导致系统性能下降，任务能否完成受到质疑 | | 错误导致运行延迟和成本增加 | |
| | 2 | 技术性能有所下降 | 在软件修改中有所延后 | 资金不足，可能超支 | 交付日期可能延后 |
| 轻微的 | 1 | 不能满足需求而导致次要任务性能下降 | | 对成本和进度都有影响 | |
| | 2 | 技术性能稍微降低 | 能响应软件支持 | 有较充足的资金来源 | 计划进度可完成 |
| 可忽略的 | 1 | 无法满足需求而导致使用不方便或操作不易 | | 错误对成本和进度影响不大 | |
| | 2 | 技术性能不会减低 | 易于软件支持 | 可能低于预算 | 交付日期可能提前 |

从表中可见，按照风险产生后果的严重程度分为灾难性的、严重的、轻微的和可忽略的4类。从性能、支持、成本和进度四方面对风险进行评估，表中给出了这4方面的评估标准，综合考虑可以确定所产生风险的严重程度。

### 3．风险评价

风险评价是在风险估算的基础上，对所确定的风险做进一步的确认。定义项目的风险参考水准，进一步验证风险评估结果的准确性，并按照风险发生概率高低和后果严重的程度进行排序。一般可定义成本、性能和进度作为三个典型的参考量。

进行风险评价，通常由下列三元组的形式描述：

$$(\mathrm{r}i, \mathrm{l}i, \mathrm{x}i) \qquad i=1,2,3,\ldots,l$$

其中，r$i$ 为风险，l$i$ 为风险发生的概率，x$i$ 为风险发生后的影响。$i$ 为风险的种类。

图 8.9 描述了受成本超支和进度延迟影响的风险参考水准，给出了受这两个因素影响的参考点，达到参考点，将造成项目终止。

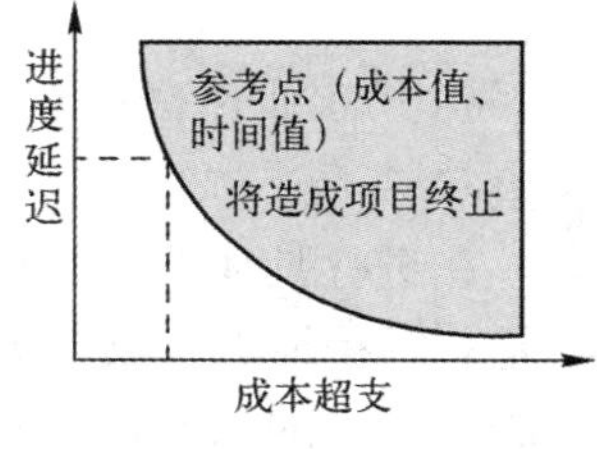

图 8.9　风险参考水准

### 4．风险监控和管理

一个有效的策略必须考虑风险避免、风险监控和风险管理及意外事件计划这样三个问题。风险的策略管理可以包含在软件项目计划中，或者风险管理步骤也可以组成一个独立的风险缓解、监控和管理计划。

（1）避免风险

是一种主动避免风险的活动。是在风险发生前分析引起风险的原因，采取措施，避免风险发生。

（2）风险监控

软件开发是高风险的活动。如果项目采取积极风险管理的方式，就可以避免或降低许多风险，而这些风险如果没有处理好，就可能使项目陷入瘫痪中。因此在软件项目管理中要进行风险跟踪。对已识别的风险在系统开发过程中进行跟踪管理，

风险监控贯穿在软件开发的全过程，是一种项目跟踪活动。主要监控对项目风险产生主要影响的因素，并随时记录项目的执行情况，确定还会有哪些变化，以便及时修正计划。

（3）风险管理监控计划

制订风险监控计划（Risk Management and Monitoring Plan，RMMP），保证文档的正确性，按监控计划记录、管理风险分析的全过程。

RMMP 将所有风险分析工作文档化，并且由项目管理者作为整个项目计划的一部分来使用，RMMP 的大纲主要包括：主要风险，风险管理者，项目风险清单，风险缓解的一般策略、特定步骤，监控的因素和方法，意外事件和特殊考虑的风险管理等。制定相应的解决方案和措施，以便在发生风险时能够主动应对。

## 8.6.3　风险管理的理论和模型

讨论风险管理中，常用的经典的理论和模型。

### 1．Boehm 模型

对风险管理，Boehm 模型基本沿袭了传统的项目风险管理理论，指出风险管理由风险评估和风险控制两大部分组成，风险评估又可分为识别、分析、设置优先级 3 个步骤，风险控制则包括制定管理计划、解决和监督风险 3 步。

Boehm 用以下模型对风险进行定义：

$$RE=P(UO)*L(UO)$$

其中，RE 表示风险或者风险所造成的影响，P(UO)表示令人不满意的结果所发生的概率，L(UO)表示糟糕的结果产生的破坏性程度。

Boehm 理论的核心是基于包括人员短缺、不合理的进度安排和预算、不断的需求变动等 10 大风险因素列表，该列表是通过对美国几个大型航空或国防系统软件项目的深入调查，编辑整理而成的，因此有一定的普遍性和实用性。

针对每个风险因素，Boehm 都给出了一系列的风险管理策略。且将管理层的注意力有效地集中在高风险、高权重、严重影响项目成功的关键因素上，而不需要考虑众多的低优先级的细节问题。

该理论存在一些不足，没有清晰明确地说明风险管理模型到底要捕获哪些软件风险的特殊方面，因为列举的风险因素会随着风险管理方法而变动，同时也会互相影响。这就是说风险列表需要改进和扩充，管理步骤也需要优化。

### 2．CRM 模型

该模型由 SEI（Software Engineering Institution）提出，作为世界上著名的旨在改善软件工程管理实践的组织，提出了持续风险管理（Continuous Risk Management，CRM）模型。

CRM 的基本思想是：不断地评估可能造成恶劣后果的因素；决定最迫切需要处理的风险；实现控制风险的策略；评测并确保风险策略实施的有效性。

CRM 模型要求在项目生命期的所有阶段都关注风险识别和管理，它将风险管理划分为 5 个步骤：风险识别、分析、计划、跟踪、控制。框架显示了应用 CRM 的基础活动及其交互关系，强调了这是一个在项目开发过程中反复持续进行的活动序列。每个风险因素一般都需要按顺序经过这些活动，但是对不同风险因素开展的不同活动可以是并发的或者交替的。

### 3．Leavitt 模型

SEI 和 Boehm 模型都以风险管理的过程为主体，研究每个步骤所需的参考信息及其操作。而 1964 年由 Aalborg 大学提出的 Leavitt 模型则不同，其基本思想是着重从导致软件开发风险的不同角度出发来探讨风险管理。

Leavitt 模型将形成各种系统的组织划分为 4 个组成部分：任务、结构、角色和技术。这 4 个组成部分分别代表了软件开发的各因素。

① 角色：表示所有的项目参与者，例如软件用户、项目经理和设计人员等；

② 结构：表示项目组织和其他制度上的安排；

③ 技术：包括开发工具、方法、硬件软件平台；

④ 任务：描述了项目的目标和预期结果。

Leavitt 模型的关键思路是：模型的各组成部分是密切相关的，一个组成部分的变化会影响其他的组成部分，即一个系统开发过程中任何 Leavitt 组成成分的修改都会产生一些问题，可能导致风险发生，甚至导致软件修改的失败。

因此，使用 Leavitt 模型从 4 个方面分别识别和分析软件项目的风险是极有条理性和比较全面的。在进行软件项目管理时，可以采用不同的方法对不同的方面进行风险管理。

Leavitt 模型实际上是提出了一个框架，可以更加广泛和系统地将软件风险的相关信息组织起来。Leavitt 理论的设计方法和实现研究已经广泛应用于信息系统中，它所考虑的都是软件风险管理中十分重要的环节，而且简单、定义良好，适用于分析风险管理的步骤是否有效。

## 8.7　软件质量保证

软件质量反映了软件的本质。软件质量是一个软件企业成功的必要条件，其重要性怎样强调都不过分。而软件产品生产周期长，耗资巨大，如何有效地管理软件产品质量一直是软件企业面临的挑战。由于软件质量具有难以进行定量度量的属性，这里主要从管理的角度讨论影响软件质量的因素。

我们把影响软件质量的因素分成三组，分别反映用户在使用软件产品时的三种不同倾向或观点。这三种倾向是：产品运行、产品修改和产品转移，如图 8.10 所示。

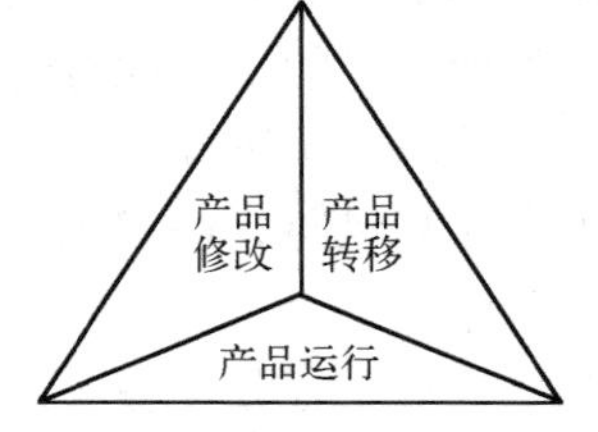

图 8.10　软件质量因素

### 1. 软件质量因素

软件质量因素及其定义如表 8.6 所示。

表 8.6　软件质量因素及其定义

| 质量因素 | | 定　　义 |
|---|---|---|
| 产品运行 | 正确性 | 系统满足规格说明和优化目标的程度，即在预定环境下能正确地完成预期功能的程度 |
| | 健壮性 | 在硬件故障、操作错误等意外情况下，系统能做出适当反应的程度 |
| | 效率 | 为完成预定功能，系统需要的计算资源的多少 |
| | 完整性 | 即安全性，对非法使用软件或数据，系统能够控制（禁止）的程度 |
| | 可用性 | 对系统完成预定功能的满意程度 |
| | 风险性 | 能否按照预定成本和进度完成系统开发，并为用户满意的程度 |
| 产品修改 | 可理解性 | 理解和使用该系统的容易程度 |
| | 可修性 | 诊断和改正运行时发现的错误所需工作量的大小 |
| | 灵活性 | 即适应性，修改或改进正在运行的系统所需工作量的大小 |
| | 可测试性 | 软件易测试的程度 |
| 产品转移 | 可移植性 | 改变系统的软、硬件环境及配置时，所需工作量的大小 |
| | 可重用性 | 软件在其他系统中可被再次使用的程度(或范围) |
| | 互运行性 | 把该系统与另一个系统结合起来所需的工作量 |

### 2. 软件质量保证工作

可以从两个方面来理解软件质量保证工作。

（1）从顾客驱动观点看，注重于复审和校正的方法并保证一致性，其关键是需要一种客观的标准来确定并报告软件开发过程及其成果的质量，一般由“软件质量保证小组”完成。

（2）从管理者驱动观点看，注重于明确为了产品质量必须做些什么，并且建立管理和控制机制来确保这些活动能够得到执行。关键步骤如下：

① 以客户对于质量的需求为基础，对项目开发周期的各个阶段，建立质量目标。

② 定义质量度量。以衡量项目活动的结果，协助评价有关的质量目标是否达到。

③ 确定质量活动。对于每一个质量目标，确定那些能够帮助实现该质量目标的活动，并将这些活动集成到软件生命周期模型中去。

④ 执行已经确定的质量活动。

⑤ 评价质量。在项目开发周期的各阶段，利用已经定义好的质量度量来评价有关的质量目标是否达到。

⑥ 若质量目标没有达到，采取修正行动。

#### 3. 软件项目的跟踪与控制

在软件项目实施过程中进行跟踪与控制，是软件项目管理的重要内容，也是保证软件质量的重要措施。可根据具体情况采用不同的方法进行追踪。

软件度量和保证的条件通常包括：适应性、易学性、可靠性、针对性、客观性和经济性。

软件质量度量方法有以下三种：

① 精确度量。使用质量度量评价准则进行详细度量，工作量大，但度量精确度也高。

② 全面度量。可以与简易度量并用，对各个质量设计评价准则进行度量，工作量可以控制在一定的范围内。

③ 简易度量。顾名思义，就是对各个质量评价进行简单的工作量度量。

## 8.8 软件配置管理

软件产品不是静态的、一成不变的系统，它会随着时间的推移而演化，从而产生多个版本。这些版本包含对错误的修订，以及对不同软硬件平台的适应。另一种可能是在开发过程中就存在多个并行的版本。所以，管理者必须对软件进行配置管理。

### 8.8.1 软件配置管理的基本概念

软件配置管理（Configuration Management，CM）应用于整个软件工程过程，是一种标识、组织和控制变更/修改的技术。开发过程中软件的变更是不可避免的，而变更可能加剧项目开发者之间的混乱。CM 活动的目标就是为了标识变更、控制变更、确保变更正确实现并向其他有关人员报告变更，其目的是使错误率降到最低并最有效地提高生产效率。

软件配置管理常用到 CM 工具。它们被用于保存系统的不同版本、整合系统以及跟踪用户版本。

软件配置管理有时被认为是软件质量管理的一部分。当开发团队将软件交付给质量保证团队后，后者负责检查系统的质量，并将受检后的系统交付给配置管理团队去控制软件的变更。

配置管理过程以及相关的文档应当遵循严格的标准，例如 IEEE 828-1983、ISO 9000 或者 CMM。但无论如何，为了确保软件的质量，开发团队必须形成内部的正式 CM 标准。

图 8.11 示意了一个典型的 CM 过程。

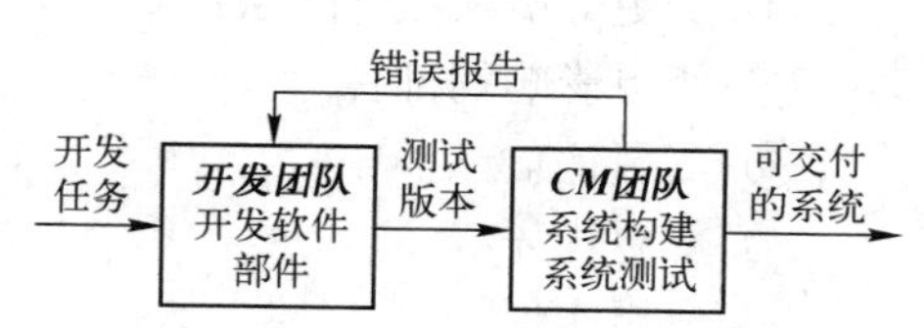


图 8.11 典型的 CM 过程

开发团队每次交付给 CM 团队的系统都是基于前一个的修改版本。在增量开发模式中，交付的除了包含已完成的部件，可能还包含一些未完成但已具备基本功能并能用于测试的软件部件；在 CM 团队进行测试的同时，开发团队可以并行地为那些未完成的部件添加功能。这个过程将反复进行直到整个系统完成并被测试。

### 8.8.2 软件配置管理的活动

软件配置管理的关键活动包括：制定配置计划、配置项标识、变更控制、版本控制、系统整合等。

### 1. 配置计划（Configuration Management Planning）

配置计划详细描述了配置管理过程中的标准和过程。该计划应当是通用的，由开发机构高层制定的，并能适应于该机构的每一个项目，其中应当包括：

① 被管理的软件实体的定义和标识实体的正式框架；

② 任命负责实施配置管理过程以及向管理团队提交软件实体的人员；

③ 用于变更控制和版本控制的策略；

④ 对管理过程文档的描述；

⑤ 对管理工具的描述；

⑥ 对管理数据库的定义。

其中，一个重要的部分是任命负责人。除了上面提到的两名负责人外，可能还会确定文档的复检人。在常见的人员配置结构中，项目经理或者团队负责人将担负起这些责任。

### 2. 配置项标识（Configuration Item Identification）

一个大型的软件项目会产生相当多的、会经常性和规律性变更的文档。这些文档或相关文档的分组称为“配置项”。

标识配置项应当仔细规划。所有受控的配置项都应当采用统一的、唯一的命名方式。这些文档之间的关系也必须用某种方式明确地标识出来。常采用树形结构，这种结构能非常清晰地展示项目之间的关系。

与之配套的设施是配置数据库。配置数据库用于保存与配置相关的信息，它的主要功能是帮助解决系统变更的冲突以及提供管理信息。在该数据库中，应该能够查询到诸如系统运行的软硬平台、系统创建了多少个版本、某个版本的错误信息等。

### 3. 变更控制（Change Control）

软件一定会因某些原因变更。因此，为了让变更能被平滑处理，在变更之前，应当提交一份变更提案表（Change Request Form，CRF），该表包含如下内容：

① 项目名称/编号

② 变更提案人/日期

③ 变更内容

④ 变更分析人/分析日期

⑤ 变更影响的部件

⑥ 变更评估

⑦ 变更优先级

⑧ 变更实现

⑨ 预估成本

⑩ 提交到 CCB 的日期/CCB 裁决日期。CCB 是变更控制委员会（Change Control Board）的缩写。CCB 可以根据项目的规模灵活组建。

⑪ CCB 的裁决

⑫ 变更实现人/变更日期

⑬ 提交 QA 日期/QA 裁决

⑭ 提交 CM 日期

⑮ 注释

图 8.12 描述了变更控制的过程。

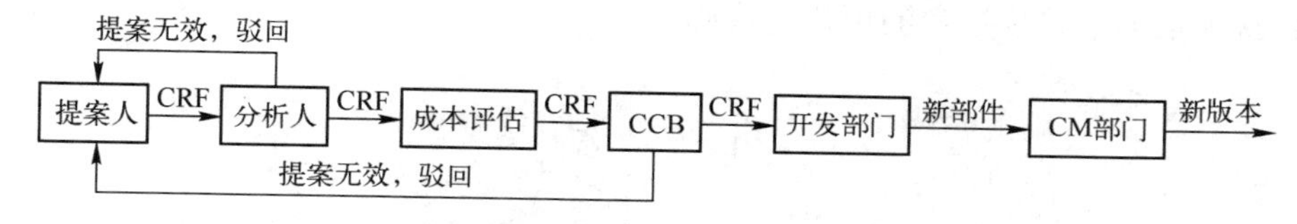


图 8.12　变更控制的过程

提案无效的原因有多种，例如：变更已被处理、变更将导致成本增加等。

#### 4. 版本控制（Version & Release Control）

版本控制用于标识和跟踪系统开发过程中产生的不同版本。

现代的版本控制总是借助于 CASE 工具来实现的。CASE 工具往往包含一个数据库，开发人员从库中借出（Check Out）系统部件并对其进行编辑，然后再将编辑好的部件归还（Check In）到库中。此时，版本控制系统会创建一个新的版本，该版本被赋予唯一标识。

（1）版本标识

版本标识的主要技术为版本编号（Version Numbering）。图 8.13 是版本编号变迁的示例。

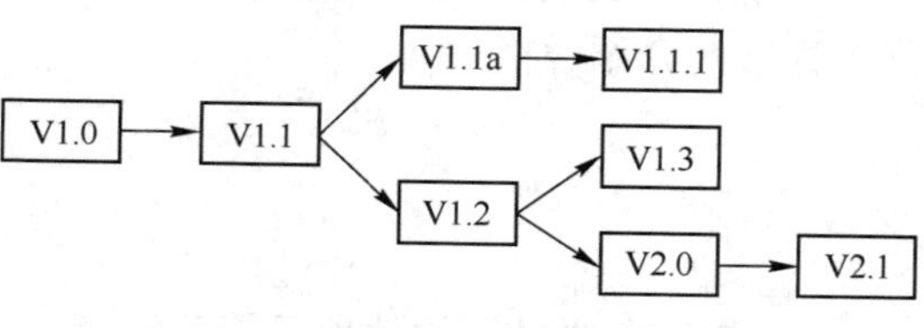


图 8.13　版本编号变迁的示例

（2）发行版管理

发行版面向的是最终客户。因此，一个系统的发行版绝不仅仅是一套可执行代码，它还应该包括：

① 系统配置文件：用于定义安装配置；

② 数据文件：安装程序用到的数据，包括系统的可执行代码；

③ 安装程序：运行此程序可以将系统安装到指定的目标软硬件平台上；

④ 纸质或电子文档：系统的功能性描述文档，供用户阅读；

⑤ 与发行版相关的其他信息包。

在向用户交付发行版时，不能使现行版本依赖于旧版本。否则，应该交付的是一个升级、修复或者更新版本。

此外，软件产品的发布日期、发行介质等也是需要考虑的因素。发布日期主要基于市场营销方面的考虑。发行介质以前主要是 CD-ROM 或者 DVD，而现在主要以网络下载为主。

#### 5. 系统构建（System Building）

系统构建的任务是将所有系统部件组装成一套可以在特定目标平台上运行的完整系统。因此，系统构建需要如下保障因素：① 所有系统需要的软件部件；② 构建系统所需的适合版本；③ 所需的数据文件；④ 适合的构建工具。

目前，自动化的 CM 工具被用于系统构建。CM 团队会编写一个构建脚本（Build Script），其中定义了各系统部件之间的依赖关系，指定了所需的整合工具。系统构建工具凭此整合脚本驱动，将部件组装成最后的完整系统。图 8.14 是系统构建的框图。

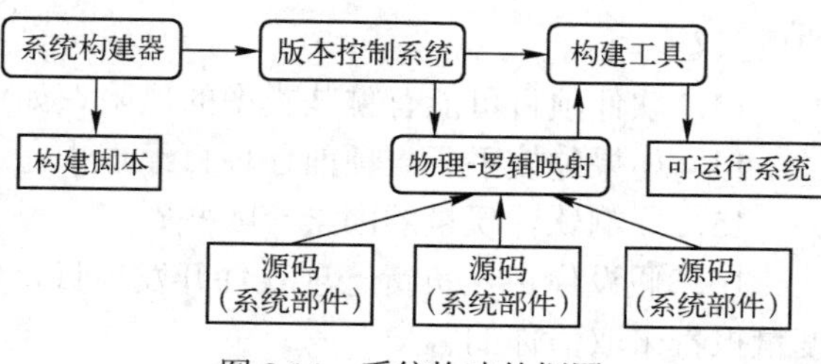


图 8.14　系统构建的框图

图中，物理-逻辑映射部件用于将系统部件源码的物理存储映射成不依赖于物理结构的逻辑结构。在使用编译型语言编写系统部件的情况下，构建工具包括依赖于目标软硬件平台（例如操作系统）的编译器和连接器，它们可以将源码转换为依赖于目标平台的可执行代码。

## 小　结

大量的工程实践证明，软件项目管理是保证软件产品质量，以及保证软件项目开发成功的关键。现代软件开发特别强调对软件开发全过程的跟踪和控制，因此软件项目管理贯穿了整个软件生命周期。项目管理的实施，可以对软件开发成本进行有效控制，避免或控制项目风险。

本章在介绍项目管理的主要特点和内容的基础上，对软件项目的可行性研究、软件成本估算技术及如何保证软件质量等项目管理的重要问题进行了讨论。特别是对项目的组织及人员管理进行了较详细的讨论，因为人员既是开发过程中最不确定的因素，又是最重要的因素。

软件项目的风险管理是软件项目管理的重要内容。本章还对风险识别、风险估算、风险评价、风险监控和管理进行了详细的讨论。

在现代化的软件生产过程中，软件配置也是非常重要的项目管理活动之一，本章也对此进行了详细的介绍。

## 习　题　八

1．为什么要进行软件项目管理？

2．软件项目管理有哪些特点？

3．软件项目管理主要对哪些方面进行管理？

4．项目可行性报告包括哪几部分的内容？

5．一个公司为它的电子商务网站建设发出标书，你的公司准备投标。作为项目负责人，请你估算这个项目的成本。

6．竞标的对手实力很强，你准备采用压价的方式来争取这个项目吗？

7．考察一个实际的项目，看看项目涉及的人员有哪几类？他们各自负责什么样的工作？

8．如果你是培训经理，负责对项目中的程序员进行程序设计语言 C#的培训。那些接受培训的程序员有刚从学校毕业的学生，也有从其他公司跳槽过来的人员。请根据他们的不同特点制定一套合理的培训方案。

9．请设计一份问卷调查表，其内容主要涉及各类人员在项目进行过程中的心理和生理需求，然后进行抽样调查。

10．分析你的问卷表结果，看看能得出什么样的结论。

11．有这样一个项目，参与人员较多，公司分配给项目组的办公面积也有 $1000m^2$，还有各种开发设备。假设你是项目负责人，请根据你得出的调查结论，提出一套方案对项目中涉及的硬件设施和人员进行分配和管理。

12．为什么说软件项目风险管理是项目管理的重要内容？风险管理有效地保证了软件产品的质量？

13．软件项目可能有哪些类型的风险？如何识别？

14．如果你接手了一项前任项目经理未完成的项目，那么你打算如何对项目进行管理？

15．影响软件质量的因素有哪些？

16．假设你正在负责一项软件开发项目，你的客户对软件的质量非常关心。请写一份质量度量报告来取信你的客户。

# 第 9 章　软件能力成熟度模型

## 9.1　CMM 概 述

软件能力成熟度模型（Capacity Maturity Model，CMM），是由美国卡内基-梅隆大学软件工程研究所（CMU/SEI）推出的评估软件能力与成熟度的一套标准，该标准基于众多软件专家的实践经验，侧重于软件开发过程的管理及工程能力的提高与评估，是国际上流行的软件生产过程标准和软件企业成熟度等级认证标准，它更代表了一种管理哲学在软件工业中的应用。而 CMM 正是这些思想和方法的体现，给软件机构提供了度量软件过程的尺子；同时，CMM 也是一个指南，起到指导软件机构的作用。

### 9.1.1　软件过程成熟度的基本概念

CMM 强调的是软件机构能一致地、可预测地生产高质量软件产品的能力。下面首先介绍有关软件过程成熟度及其相关的基本概念。

（1）什么是软件过程

软件过程是指软件开发人员开发和维护软件及其相关产品所进行的一系列活动。其中软件相关产品包括项目计划、设计文档、源代码、测试用例和用户手册等。软件产品的质量主要取决于产品开发和维护的软件过程的质量。一个有效的、可视的软件过程能够将人力资源、物理设备和实施方法结合成一个有机的整体，并为软件工程师和高级管理者提供项目的实际状态和性能，从而可以监督和控制软件过程的进行。图 9.1 描述了构成软件过程的三要素。

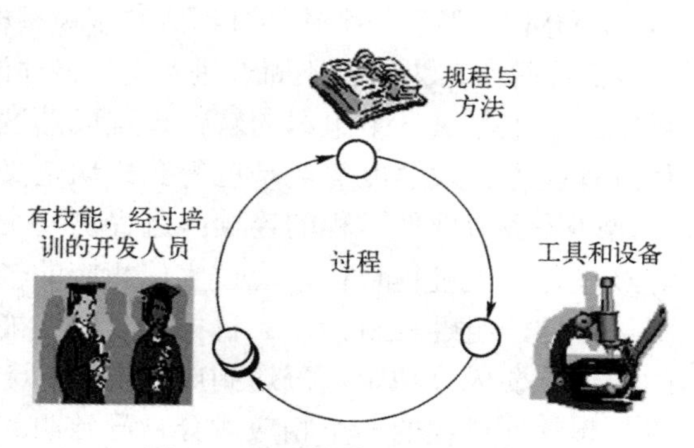


图 9.1　构成软件过程的三要素

（2）软件过程能力与性能

软件过程能力是软件过程本身具有的按预定计划生产产品的固有能力。而一个组织的软件过程能力为该组织提供了预测软件项目开发的数据基础。

软件过程性能是软件过程执行的实际结果。一个项目的软件过程性能决定于内部子过程的执行状态，只有每个子过程的性能得到改善，相应的成本、进度、功能和质量等性能指标才能得到控制。由于特定项目的属性和环境限制，项目的实际性能并不能充分反映组织的软件过程能力，但成熟的软件过程可弱化和预见不可控制的过程因素（如客户需求变化或技术变革等）。

（3）软件过程成熟度

软件过程成熟度是指对某个具体软件过程进行明确定义、管理、度量和控制的有效程度。成熟度代表软件过程能力改善的潜力。

成熟度等级用来描述某一成熟度等级上的组织特征，每一等级都为下一等级奠定基础，过程的潜力只有在一定的基础之上才能够被充分发挥。成熟度级别的改善，包括管理者和软件从业者基本工作方式的改变，组织成员依据建立的软件过程标准执行并监控软件过程，一旦来自组织和管理上的障碍被清除，有关技术和过程的改善进程就能迅速推进。

（4）关键过程域

关键过程域是指互相关联的若干软件实践活动和有关基础设施的一个集合。每个软件能力成熟度等级包括若干个对该成熟度等级至关重要的过程域。这些过程域的实施对达到该成熟度等级的目标起到关键作用。这些过程域就称为该成熟度等级的关键过程域。反之非关键过程域对达到相应软件成熟度等级的目标不起关键作用。

（5）关键实践

关键实践是对关键过程域的实践起关键作用的方针、规程、措施、活动及相关基础设施的建立。关键实践一般只描述“做什么”，而不强制规定“如何做”。整个软件过程的改进是基于许多小的、渐进的步骤，而不是通过一次突破性的创新来实现的，这些小的渐进步骤是通过一些关键实践来实现的。

（6）软件能力成熟度模型

软件能力成熟度模型是指对软件组织进化阶段的描述。随着软件组织定义、实施、测量、控制和改进其软件过程，软件组织能力经过这些阶段逐步前进，从而完成对软件组织进化阶段的模型描述。

### 9.1.2　软件过程的成熟度等级

CMM 提供了一个软件过程成熟度模型框架，如图 9.2 所示，将软件过程改进并组织成 5 个成熟度等级，为过程不断改进奠定了循序渐进的基础。这 5 个成熟度等级定义了一个有序的尺度，用来测量一个组织的软件过程成熟度和评价其软件过程能力。成熟度等级是已得到确切定义的，每一个成熟度等级为软件过程的连续改进提供一个平台。每一等级包含一组过程目标，通过实施相应的一组关键过程域达到这一组过程目标，当目标满足时，能使软件过程的一个重要成分稳定。每达到成熟框架的一个等级，就建立起软件过程的一个相应成分，导致组织能力一定程度的增强。下面分别介绍这 5 个等级。

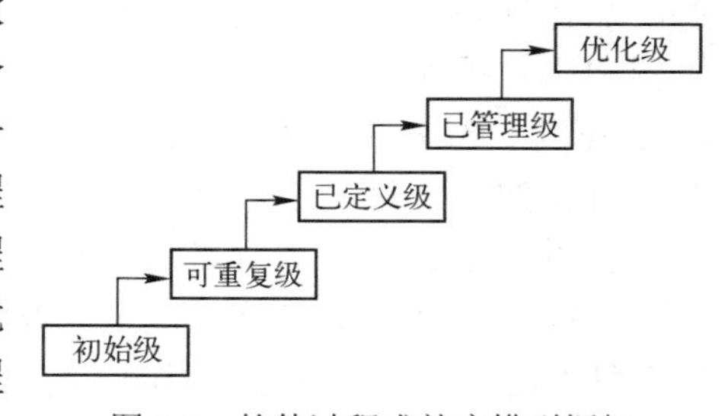

图 9.2　软件过程成熟度模型框架

（1）初始级（Initial）

软件过程的特点是无秩序的，甚至是混乱的。企业一般不具备稳定的软件开发与维护环境。项目成功与否在很大程度上取决于是否有杰出的项目经理和经验丰富的开发团队。此时，项目经常超出预算和不能按期完成，组织的软件过程能力不可预测。

虽然这些过程无序，也经常开发出能发挥作用的软件产品，但其成功依赖于机构中具有能力较强的个人和少数精英，如果这些人不参加下一个项目，就可能造成这些项目的失败，产品的稳定性较差。

（2）可重复级（Repeatable）

建立基本的项目管理过程来跟踪成本、进度和功能特性。组织建立了管理软件项目的方针，以及为贯彻执行这些方针的措施。组织基于在类似项目上的经验对新项目进行策划和管理。组织的软件过程能力可描述为有纪律的，并且项目过程处于项目管理系统的有效控制之下。因为软件项目的计划和跟踪是稳定的，并能重复以前的成功。

（3）已定义级（Defined）

已将管理和工程活动这两方面的软件过程文档化、标准化，并综合成该机构的标准软件过程。组织形成了管理软件开发和维护活动的组织标准软件过程，包括软件工程过程和软件管理过程。项目依据标准定义自己的软件过程进行管理和控制。

组织的软件过程能力可描述为标准的和一致的，因为无论是软件工程活动还是管理活动，过程都是稳定的、可重复的。在已建立的产品生产线上，成本、进度和功能均已得到控制，对软件质量也进行了跟踪。项目的这种过程能力是建立在整个机构对项目定义的软件过程中的活动、任务和职责具有共同的理解的基础上的。

（4）已管理级（Managed）

收集对软件过程和产品质量的详细度量值，对软件过程和产品都有定量的理解和控制。组织对软件产品和过程都设置定量的质量目标。项目通过把过程性能的变化限制在可接受的范围内，实现对产品和过程的控制。

组织的软件过程能力是可预测的，因为该过程是可测量的，且可限制在定量范围内运行。因此，当发生意外情况时，可明确指出产生意外的原因。当超过预计界限阈值时，可采取相应的措施纠正错误。

（5）优化级（Optimizing）

过程的量化反馈和先进的新思想、新技术促使过程不断改进。在此基础上，组织通过预防缺陷、技术创新和更改过程等多种方式，不断提高项目的过程性能，以持续改善组织软件过程能力。在以预防缺陷为目的的过程中，组织能有效地主动确定软件过程的优势和薄弱环节，并预先加强防范。

处于优化级的软件开发组织的软件过程能力的特点是，过程可以不断得到改进，因为这一级别的组织能够不断扩大过程能力提高的范围，所以组织的软件过程能力就可以得到改进，从而提高项目的软件过程效能。

除初始级以外，其余的成熟度等级都包含了若干个关键过程区域，每个关键过程区域又包含了若干个关键实践，这些关键实践按照 5 个共同特性加以组织。

表 9.1 描述了对 SW-CMM 不同成熟度等级的可视性和过程能力的比较。

**表 9.1　可视性与过程能力的比较**

| 等级 | 成熟度 | 可　视　性 | 过 程 能 力 |
|---|---|---|---|
| 1 | 初始级 | 有限的可视性 | 一般达不到进度和成本的目标 |
| 2 | 可重复级 | 里程碑上具有管理可视性 | 由于基于过去的性能，项目开发计划比较现实可行 |
| 3 | 已定义级 | 项目定义软件过程的活动具有可视性 | 基于已定义的软件过程，组织持续地改善过程能力 |
| 4 | 已管理级 | 定量地控制软件过程 | 基于对过程和产品的度量，组织持续地改善过程能力 |
| 5 | 优化级 | 不断地改善软件过程 | 组织持续地改善过程能力 |

## 9.2　CMM 的结构

CMM 的每个等级都被分解为 3 个层次加以定义。这 3 个层次是关键过程域、公共特性和关键实践。每个等级由几个关键过程域组成，这几个关键过程域共同形成一种软件过程能力。每个关键过程域按 4 个关键实践加以组织，并且都有一些特定的目标，通过相应的关键实践来实现。除了初始级外，每一成熟度等级都是按完全相同的内部结构构成的。

### 9.2.1 关键过程域

在 CMM 中一共有 18 个关键过程域，分布在 2～5 个级别中，每个关键过程域只与特定的成熟度等级直接相关。

关键过程域是一组相关的活动，完成了这些活动，就达到了被认为是对改进过程能力非常重要的一组目标。图 9.3 给出了每个成熟度级别所包含的关键过程域。对于基于不同应用领域及环境的不同项目，实现关键过程域目标的途径也不同。达到一个成熟度等级，必须实现该等级上的全部关键过程域。要实现一个关键过程域，就必须达到该关键过程域的所有目标。每个关键域的目标总结了它的关键实践，可以用来判断一个机构或项目是否有效地实现了关键过程域。目标说明了每一个关键过程域的范围、界限和内容。在一个具体的项目或机构环境中，当调整关键过程域的关键实践时，可以根据关键过程域的目标判断这种调整是否合理。类似地，当评价完成关键过程域的替代方法是否恰当时，可以使用目标来确定这种方法是否符合关键过程域的内容。

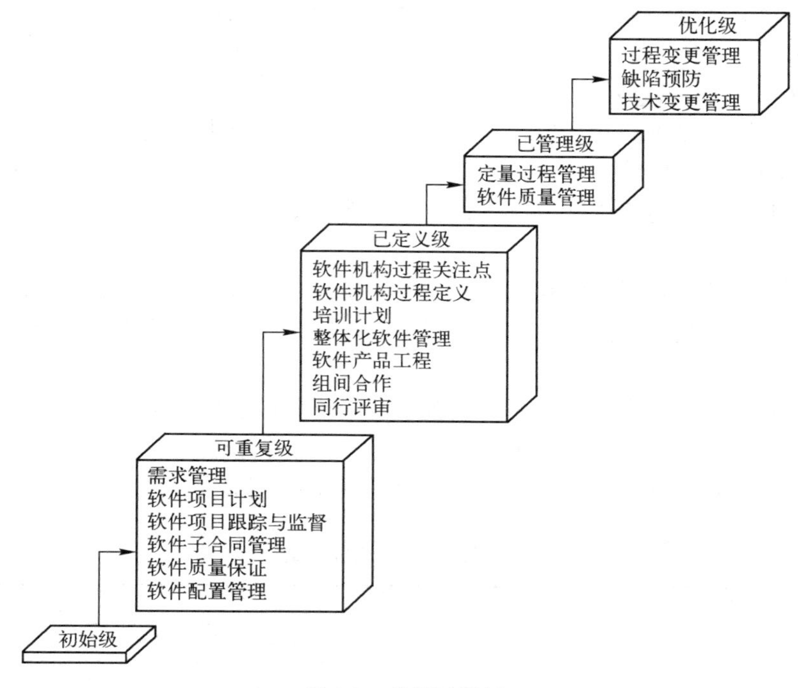


图 9.3 关键过程域

对关键过程域简单说明如下：

① 可重复级中的关键过程域集中关注从非软件工程化向软件工程化转变初期必须做好的事情。其中包括它的 6 个关键过程域。

② 已定义级中的关键过程域既涉及项目，又涉及组织，这是因为组织建立了对所有项目都有效的软件工程过程和管理过程的规范化基础设施。该等级包括 7 个关键过程域。

③ 已管理级中的关键过程域的主要任务是，为软件过程和软件产品建立一种可以理解的定量的方式。该等级中有两个关键过程域，即定量过程管理和软件质量管理。

④ 优化级有 3 个关键过程域，涉及的主要内容是软件组织和项目中如何实现持续不断的过程改进。

### 9.2.2 关键实践

关键过程域的目标概括了该关键过程域的关键实践。关键实践是指在基础设施，以及其他前提条件均满足的情况下，对关键过程域的规范实施起重要作用的活动。每个关键过程域都有若干个关键实践，实施这些关键实践，就实现了关键过程域的目标。

关键实践描述应该做“什么”，而不是强制要求应该“如何”实现目标。其他可代替的实践也可能实现该关键过程域的目标。

每个关键实践的描述由两部分组成：前一部分说明关键过程域的基本方针、规程和活动，这称为顶层关键实践；后一部分是详细描述，可能包括例子，称为子实践。

### 9.2.3 共同特性

不同成熟度级别中的关键过程域执行的具体实践不同。这些实践分别组成关键过程域的 5 个属性，即 5 个共同特性。

共同特性用来指明一个关键过程域的执行和制度化是否有效、可重复和可持续。

① 执行约定：机构为确保过程的建立和持续而采取的一些措施。典型内容包括建立机构的策略和领导关系。

② 执行能力：项目或机构完整地执行软件过程而必须有的先决条件，典型内容包括资源、机构的组织和培训。

③ 执行活动：执行一个关键过程域所必须的活动、任务和规程的描述，典型内容包括制定计划和规程，执行和追踪，必要时采取纠正措施。

④ 测量和分析：为确定与过程有关的状态所必需的基本测量实践的描述。这些测量用于控制和改进过程，典型内容包括可能采用的测量实例。

⑤ 验证执行：为确保活动执行与已建立的过程一致所采取的步骤，典型内容包括管理部门和软件质量保证组实施的评审和审核。

## 9.3 CMM 的实施与评估

许多 IT 组织已经开始采纳 CMM，事实上，它已经成为软件行业主要的过程管理大纲之一。目前大多数加入 CMM 行列的公司开始时都处于等级 1 或等级 2，然后按 CMM 的台阶攀登。那么如何从起始点达到要实现的等级呢？每个公司都以自己的方式做出了回答。

软件过程改进的范围比 CMM 要大。过程改进是一个宽广的、分层的概念。CMM 只是实施软件过程改进的一个行动地图。实施 CMM，实际上是以行业评估为最终目标的实施，也就是说，以行业评估为最终目标的实施。最终如何实施 CMM，很大程度上依赖于组织究竟需要做什么，也就是说，这个过程总是需要某种程度的定制。

另外，人们可以在任何时刻、按所选择的任何方式评估自己的软件开发组织。不存在唯一的评估方式。但是，如果想让评估工作和结果得到 SEI 的承认，那就必须按 SEI 认可的方式执行评估。

一般来说，评估是一种协调的和客观的测量，是对在组织软件过程改进大纲中所发现的强项和弱项的测量。评估的主要目的是标识、改进应聚焦的区域，即可能需要提供资源支持或需要重新定义工作方式的区域。为此，评估过程需要在工作状态下查看过程和实践。其目标是得到组织大纲的一个代表性的图像，并以此为基础，将观察写成文档，做出结论并提出建议。

### 9.3.1 软件过程评估的必要性

CMM 可用来评估软件过程成熟度，有效地改进软件过程，提供软件过程能力，降低软件开发风险。软件过程评估的必要性如下。

（1）软件特殊性的需要

通常所说的软件一般分为系统软件和应用软件。随着软件需求量的快速增长，软件应用中出现的问题也越来越多。这主要体现在以下 5 点。

- 软件成本的提高。
- 软件开发进度难于控制。
- 软件工作量的估计较困难。
- 软件质量难于保证。
- 软件的个性与维护比较困难。

（2）改进软件过程的需要

不断改进软件开发过程是软件工程的基本原理之一。在 ISO/IEC122-07《信息技术与软件生存周期过程》中，就把软件过程改进列为软件生存周期的 17 个过程之一。实践表明，软件过程需要不断完善，从而不断提高软件过程能力。

改进软件过程需要分析当前的过程状态，确定其需要改进之处，制定适当的改进策略。首先要对当前的软件过程进行评估，找出其中的弱点；然后依据科学的改进来制定适当的策略。

（3）降低软件风险的需要

软件产品开发的风险主要表现在开发成本和进度方面，特别是产品质量方面。为了降低风险，首先要对软件产品提供者的软件过程进行评估，进而评价其软件过程能力。随着软件过程的成熟，软件过程能力得到提高，相应的风险将不断降低。降低软件风险要符合以下两条最基本的要求：软件采购者的需要；软件承制者的需要。

一个软件组织随着其软件过程能力的提高，在完成软件产品时的预算、进度，特别是产品质量方面的风险会逐步降低。随着软件过程的改进，开发周期的缩短，产品可靠性明显提高。

（4）CMM 对软件需求管理的需要

软件的质量管理从软件需求阶段就开始了。需求是系统或软件必须达到的目标和能力；需求管理是一种系统方法，用来获取、组织和记录需求，建立并维护客户、用户和开发机构之间针对需求变化的协议。针对如何提高软件质量和开发效率，CMM 为我们提供了一套综合的见解和完整的框架，其对软件开发机构投入产出比的卓著贡献，已经得到业界的广泛认可。软件需求管理是 CMM2 级的首要关键过程（KPA），是软件开发过程活动中不可缺少的组成部分。需求管理的目的是，在客户和开发机构之间建立一个共识，形成软件工程所必需的管理基线，从而对需求实施有效的控制。

为了达到有效管理软件需求的目标，开发者必须投入必要的人力、资金和管理层的支持。软件工程团队的成员应当接受必要的培训，以便完成与角色相应的需求管理任务。CMM 建议至少要掌握 3 个方面的信息：软件需求的状态；软件需求的变更内容；累计变更次数。

根据 CMM 的建议，不应将需求管理当做瀑布式的简单文档化流程。CMM 的一个显著特征是，将软件需求作为一个活跃的实体贯穿于整个开发过程中。事实上，实施有效的需求管理将渗透在 CMM 的不同层次和众多关键过程域中。根据 CMM 的指导，各种有价值的软件工件都需要归档和维护以确保其可用。软件需求的变更被看成软件开发活动中的一个必然组成部分。

软件过程成熟度水平是衡量机构开发流程成熟度的标准，开发机构应该以现有流程为基础，实事求是地改进、优化各项具体工作，参照过程成熟度模型全面提升开发机构的需求管理能力。

### 9.3.2 软件过程评估及参考模型

#### 1. 软件过程评估

软件过程评估所关注的是软件组织自身对软件过程的改进，目的在于发现缺陷，提出改进的方向。评估组采用 CMM 模型来指导调查、分析和排优先秩序。组织可利用这些调查结果，参照 CMM 中的关键实践所提供的指导，规划本组织软件过程的改进策略。

CMM 为进行软件过程评估和软件能力评价建立了一个共同的参考框架。如图 9.4 所示。

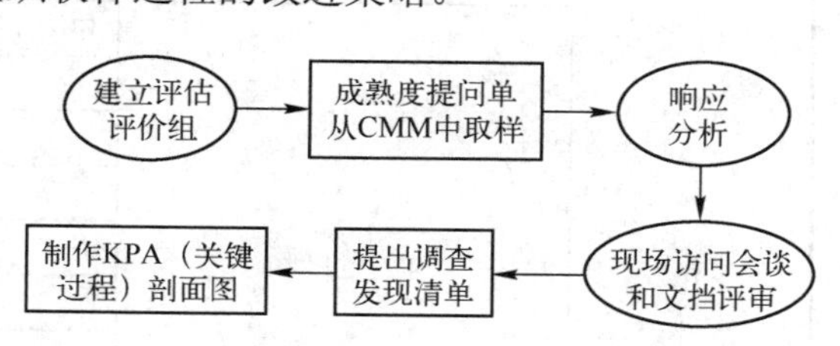

图 9.4 软件过程评估和能力评价的共同参考框架

对图 9.4 中的操作步骤说明如下：

第一，建立一个评估评价组。该组的成员应是具有丰富的软件工程和管理知识的专业人员，并接受过 CMM 模型基本概念和评估及评价方法方面的培训。

第二，让来自被评估单位的代表完成软件过程成熟度问卷，回答评估评价组提出的诊断性问题。

第三，让评价小组进行响应分析，对提问响应进行统计，并识别必须做进一步探查的区域。待探查的区域与 CMM 的关键过程区域相对应。

第四，进行现场访问。以分析结果为依据，小组进行座谈和文档复审，以进一步了解软件开发所需遵循的软件过程。所有工作都是以 CMM 模型关键过程域和主要实践活动为指导，进行提问、检查以及协商等工作。评估组对存在的问题、理论与实践的差异、是否满足目标等进行详细记录，并运用专业性判断得出结论。

第五，提出调查发现清单。该清单明确了机构软件过程中的强项与弱项。在软件过程评估中，该调查发现清单作为提出过程改进建议的基础；在软件能力评价中，该调查发现清单作为软件采购单位所做风险分析的参考资料。

第六，制作关键过程域（KPA）剖面图。评估评价组依据关键过程的基本情况列出评估提纲，指出被评估单位已经满足的软件过程区域目标和尚未满足的软件过程区域目标。一个关键过程域可能是已满足要求的，但仍存在一些相关的问题，这些问题不是实现关键过程域目标中的主要问题。

#### 2. 评估参考模型

参考模型由二维组成：过程维，可以用于测量的主要过程目标来描述；过程能力维，以适用于任何过程的一系列过程属性来描述。这一系列过程属性表示管理一个过程和改进过程实施能力所必需的可测量的特性。

（1）过程维

过程维包含 5 个过程类，共 40 个过程，分别属于 3 个软件生存周期过程组，如表 9.2 所示。

表 9.2　过程和过程类别

| 软件生存周期过程组 | 过 程 类 | 过 程 名 | 子 过 程 名 |
|---|---|---|---|
| 基本过程组 | CUS（顾客供方过程类） | CUS.1 获取（基本的） | — |
| | | — | CUS.1.1 获取准备 |
| | | — | CUS.1.2 对供方的选择 |
| | | — | CUS.1.3 对供方的监督 |
| | | — | CUS.1.4 顾客验收 |
| | | CUS.2 供应（基本的） | — |
| | | CUS.3 需求推导（新的） | — |
| | | CUS.4 操作（扩展的） | — |
| | | — | CUS.4.1 运行使用（扩展的） |
| | | — | CUS.4.2 顾客支持（扩展的） |
| | ENG（工程过程类） | ENG.1 开发（基本的） | — |
| | | — | ENG.1.1 系统需求分析和设计 |
| | | — | ENG.1.2 软件需求分析 |
| | | — | ENG.1.3 软件设计 |
| | | — | ENG.1.4 软件构造 |
| | | — | ENG.1.5 软件集成 |
| | | — | ENG.1.6 软件测试 |
| | | — | ENG.1.7 系统集成和测试 |
| | | ENG.2 系统和软件维护（基本的） | — |
| 支持过程组 | SUP（支持过程类） | SUP.1 文档编制（扩展的） | — |
| | | SUP.2 配置管理（基本的） | — |
| | | SUP.3 质量保证（基本的） | — |
| | | SUP.4 验证（基本的） | — |
| | | SUP.5 确认（基本的） | — |
| | | SUP.6 联合评审（基本的） | — |
| | | SUP.7 审计（基本的） | — |
| | | SUP.8 问题解决（基本的） | — |
| 组织过程组 | MAN（管理过程类） | MAN.1 管理（基本的） | — |
| | | MAN.2 项目管理（新的） | — |
| | | MAN.3 质量管理（新的） | — |
| | | MAN.4 风险管理（新的） | — |
| | ORG（组织过程类） | ORG.1 组织调整（新的） | — |
| | | ORG.2 改进过程（基本的） | — |
| | | — | ORG.2.1 过程建立 |
| | | — | ORG.2.2 过程评估 |
| | | — | ORG.2.3 过程改进 |
| | | ORG.3 人力资源管理（扩展的） | — |
| | | ORG.4 基础设施（基本的） | — |
| | | ORG.5 测量（新的） | — |
| | | ORG.6 重用（新的） | — |

（2）过程能力维

参考模型的过程能力维为任何过程的过程能力定义一个测量标准。过程的能力等级和相应的过程属性如表9.3所示。

表 9.3　过程的能力等级和过程属性

| 能力等级 | 名　称 | 过 程 属 性 |
| --- | --- | --- |
| 0级 | 不完备的过程 | — |
| 1级 | 已实施的过程 | PA1.1 过程性能属性 |
| 2级 | 已管理的过程 | PA2.1 性能管理属性 |
| | | PA2.2 工作产品管理属性 |
| 3级 | 已建立的过程 | PA3.1 过程定义属性 |
| | | PA3.2 过程资源属性 |
| 4级 | 可预测的过程 | PA4.1 过程测量属性 |
| | | PA4.2 过程控制属性 |
| 5级 | 优化过程 | PA5.1 过程变更属性 |
| | | PA5.2 持续改进属性 |

随着等级的提高，所实施过程的能力也逐步增长。能力的度量以一组过程属性（PA）为基础，过程属性用来确定某个过程是否达到了某个规定的能力。每一个过程属性测量过程能力的一个具体方面。

（3）指示

评估模型的基本原则是，一个过程的能力可借助于过程属性的实现程度来进行评估。过程维中的每个过程有一组相关联的基本实践，这些基本实践的实效就指示该过程目的的实现程度。而过程能力维中的每个过程属性有一组相关联的管理实践，这些管理实践的实效就指示具体过程某个属性的实现程度。

过程实效和过程能力的指示一般采用与被评过程相关联的工作产品和实践的特殊形式。也就是说，指示是实践或工作产品的某个客观属性或特性的量化表示，它支持对某个过程实施的实效或能力进行判断。一个完整的过程评估模型必须包含要用的所有指示值的细节。

### 9.3.3　软件过程改进

软件过程改进是一个持续的、全员参与的过程，其最终目的是改进软件工程师和项目经理的实践，因此是一个改变的计划。CMM 在策划改进措施、措施计划的实施和定义过程方面，具有特殊的价值。

CMM 实施软件过程改进（Software Process Improvement）采用的方法称为 IDEAL 模型，分五步：初始化（Initiating）、诊断（Diagnosing）、建立（Establishing）、行动（Acting）、推进（Leveraging），如图 9.5 所示。

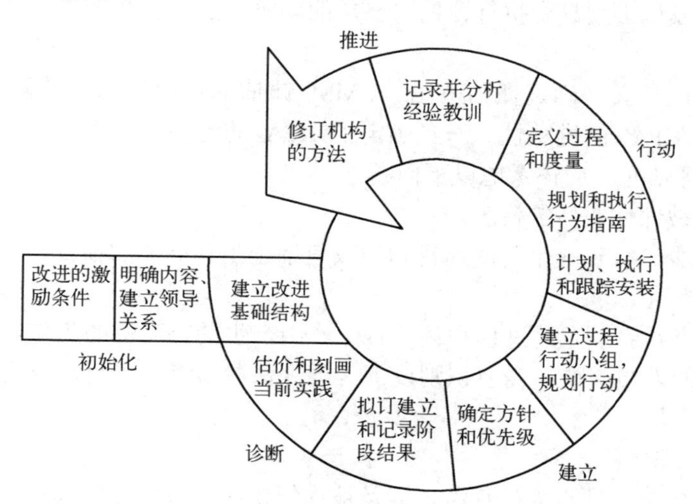


图 9.5　进行软件过程改进的 IDEAL 方法

### 9.3.4　CMM 评估的执行步骤

当组织开始考虑 CMM 评估的价值和优点时，应该对它的范围和需求有所了解。评估中应该遵循的步骤共有20个。

（1）决定执行评估

为了进行评估，组织必须有要评估的东西。理想情况下，评估将测量全生存周期的各种过程在多个项目上正工作得如何。这样一种综合的考虑将给出综合的结果。当存在以下条件时，评估产生最好的结果：

- 过程到位时间足够长，项目团队已经积极主动地使用了它们。
- 当所查看的项目正在其生存周期中很好地进行着的时候，评估会产生最好的结果。
- 寻求从全局上阐述组织的评估，应该查看能全面代表组织的项目。
- 评估要求由高层管理者倡导。

一旦组织已经考虑以上全部因素，就可以确定，确实已为评估做好了准备。

（2）与主任评估师签订合同

为使组织的评估能被 SEI 承认和记录在案，就需要使用由 SEI 授权的评估师。当组织考虑与一个评估服务企业签订合同时，应该意识到，当前的评估过程本质上具有某种程度的主观性。

（3）选择评估团队

按 CMM 的定义，一个评估团队应该由 4～10 人组成。评估团队的规模依赖于以下几个因素：在该组织中谁可以参加此工作，评估师可能带来的人员，被评估的项目数，被评估项目的规模和评估进度。评估团队的组建必须满足以下条件：

- 所有团队成员必须接受过 CMM 培训。
- 评估团队的总计软件工程经验必须不少于 25 年。
- 评估团队合计起来必须有至少 10 年的管理经验，而且其中每一个成员至少有 6 年的经验。
- 75%的团队成员需要经历过组织的至少三分之一的开发生存周期。
- 至少团队中有一个成员必须非常熟悉被评估实体的组织结构、工作和文化。
- 评估团队成员必须有被评估的 CMM KPA 的知识。
- 最后，团队成员必须具有执行评估所要求的动机、能力和客观性。

（4）选择项目

选择项目的潜在含义是确定评估范围。CMM 评估的核心目的，是测量被评组织对特定 CMM 关键过程域（KPA）的遵从性。一旦确定了 KPA 的范围，被评组织就可以选择项目。当开始选择项目进行评估时，应该考虑以下问题：

- 项目应该是被评估实体的代表。
- 最好选择至少进行了 6 个月的项目和争取包括全生存周期的项目。

（5）选择参与者

评估并不只是查看已发布的过程和从项目工作中产生的补充性的工作。它需要花大量的时间与在项目中工作的人员交谈。需要识别以下三类评估参与者：项目领导，提问单响应者，参加功能领域访谈的人员。

（6）创建评估计划

因为 CMM 评估是一项重大的任务，涉及被评组织的方方面面的人员，要求有时间和工作量的投入，所以评估计划非常重要。计划通常必须阐述 7 个区域：目的、CMM 范围、事件进度、团队成员、参与者、报告和风险/偶然性。

（7）批准计划

对评估来说非常重要的一点是：计划要得到管理者正式的批准和采纳。通常建议评审计划的最终草稿通过以下 5 个过程：执行行动评审；向高级管理者提交；修订；发布；散发。

（8）培训 CMM 团队

在已选择了评估团队成员的基础之上，最终的目标是要形成一个团队，它在经验和技术方面至少有一组基本的才能。评估团队的全部成员，必须同时或分两次，令人满意地完成 SEI 设计的两门课程："CMM 引论"和"CBA IPI 团队培训"。CMM 评估是一个非常严密的过程。评估团队将采用标准的成熟度提问单以培育共同性。团队需要在 CMM 方面有最小的共同背景。评估培训将有助于保证这一点。

（9）使团队做好准备

对评估团队来说，目前的评估都是新评估。所以在评估项目的早期阶段，应将团队集中起来进行一次一般的定向培训。定向培训的目的有两个方面，一是仔细审查计划的细节，二是使成员在某些行为举止的技术方面有所准备。最终使团队做好准备，以恰当的方式开始评估。

（10）举行启动会议

评估启动会议包括评估团队成员和那些可以到会的评估参与者。会议的真正意义是标志评估的开始。此外，启动会议还要求参与者提供第一轮的文档，它们是评估分析所需要的。

（11）散发和填写成熟度提问单

在评估调查中，一个合乎逻辑的开始点是高层次地查看项目处于 CMM 的什么等级。一个得到这个视图的工具是 CMM 提问单，这是评估的基本开始点。这个提问单是一系列的提问，它帮助澄清软件项目开发中哪些过程和实践已到位。

（12）考查提问单结果

当团队收集到提问单时，分析提问单结果的过程就开始了。对于每个提问单结果，团队应该首先检查它的清晰性，要保证结果是齐全的和不含糊的。在分析了各个提问单后，团队可将结果作为一个整体查看。这里要比较的是从每一个结果中得出的高层 CMM 映射。基于对提问单的分析，评估团队能够生成一张 CMM 遵从性的整体地图。

（13）考查过程和实践文档

评估过程中的下一步是证实提问单所反映的事。这将包括考查两个区域：开发规则是否控制了项目对 CMM 的遵从性？项目是否真正按照这些规则动作？文档化的过程和实践应该揭示第一个答案。查看项目的工件和与团队成员的讨论应该揭示第二个答案。

（14）进行现场访谈

进行现场访谈将形成真实和完整的 CMM 图像。在访谈期间，不仅要确定弱项区域，而且要得到指明 CMM 实施的强项区域的一个完整图像。这是验证工作的价值所在。

（15）提炼信息

进一步精细地调整数据，能更好地理解结果。现在，团队应对记录进行重组、比较，提炼其发现的时刻。此时，应该将团队聚集在一起，针对要评估的事项评审对每个 KPA 的发现。

（16）编制评估发现的草稿

评估发现可能出现也可能不出现在最终评估报告中。但是它们必须是完全的、组织良好的和受到恰当类型的数据支持的。编制评估发现的草稿，其目的是使评估发现的表示接近其最终形式。

（17）陈述评估发现的草稿

在评估中最后的数据采集会议是向评估参与者陈述评估发现的草稿。这项评审一般要在多个会议中处理，以避免相同报告链上的人同时出席。其目的是，评估团队要让参与者知道他们的结论是什么，以及他们对结论的解释。

（18）发布正式评估报告

最终评估报告可采用任何一种评估团队认为的最好形式。但是它应该在某种程度上模仿组织的评估计划。报告中应该包括：重新陈述评估的目的，重新指明被评估的项目和 KPA，标识强项区域，标识弱项区域，KPA 满足情况的总结和一个最终的等级得分。

（19）交付报告

当完成最终报告时，评估团队能够将其交付给倡导者，倡导者拥有评估的结果。这时，应将全部材料的所有权移交给倡导者。

（20）举行高层管理者会议

通常在报告交付之后，紧跟着就向倡导方的高层管理者做陈述，在陈述中提出发现和讨论发现蕴涵的意思。这通常能在一次总结会中完成。会议的目的应该是明确组织相对于 CMM 的位置，然后建立组织下一步的前进目标。

### 9.3.5 软件企业如何实施 CMM

软件是促进我国电子信息产业发展的关键技术。而要发展我国的软件产业，在策略上，必须走软件过程管理专业化的道路。但目前国内的绝大部分软件企业处于 CMM 的初级阶段，没有基础和经验。本节讨论软件企业实施 CMM 或通过 CMM 评估所必须经历的步骤。企业实施 CMM 的主要步骤如下。

（1）提高思想认识

中国这样的一个大国，软件销售额还不到世界市场的 0.5%。我国软件企业除少数几家规模在 500 人以上，多数仍然是规模在 50 人以下的民营、集体和个人的软件公司。以开发技术和规范化程序来衡量，总体上仍是相当落后的，大多数企业仍为手工作坊式制作，产品缺乏市场竞争力。因此，软件过程管理已成为发展软件产业的一个关键性问题。

实施 CMM 对软件企业的发展起着至关重要的作用，CMM 过程本身就是对软件企业发展历程的一个完整而准确的描述，企业通过实施 CMM，可以更好地规范软件生产和管理流程，使企业组织规范化。而且，企业只有在国际市场取得成功才能具有长久的竞争力和生命力。

（2）进行 CMM 培训和咨询工作

根据 CMM 模型的要求，一个项目的开发一定要有章可循，而且要做到有章必循，这两点都离不开培训。培训工作需要投入很大的人力、物力和财力，只有企业的管理人员和软件开发人员对 CMM 真正了解和认识了，自觉地按 CMM 的方法进行工作，才能真正实施 CMM，培训的内容需要精心准备，主要有两个方面：第一，对所有员工（包括经理在内）进行最基本的软件工程和 CMM 知识培训；第二，对各个工作组的有关人员提供专业领域知识等方面的培训。此外，在每次开发过程中，还要对普通人员进行软件过程方面的培训。

（3）确定合理的目标

CMM 模型划分为 5 个级别，共计 18 个关键过程域，52 个目标，300 多个关键实践。每一个 CMM 等级的评估周期（从准备到完成）约需 12～30 个月。无论一个软件企业的软件过程处于什么样的水平，都可以在 CMM 框架的 5 个级别中找到自己的位置。

因此，要实施 CMM，首先应该对本企业的现状有一个准确的评估，然后再结合企业的实际情况选择 CMM 的切入点，确定总体目标。这个目标包括在多长时间之内，需要投入多少人力、物力和财力，要达到哪一级。由于软件过程的建立和改进是一个渐进的、分轻重缓急的、逐步完善的过程，所以，在总体目标已经确定的前提下，还要制定近期目标和长期目标。

（4）成立工作组

在 CMM 的实施过程中，工作组的成立是一个关键步骤。有几个必不可少的重要的组织，包括：软件工程过程组、软件工程组、系统工程组、系统测试组、需求管理组、软件项目计划组、软件项目跟踪与监督组、软件配置管理组、软件质量保证组、培训组。例如：软件工程过程组由专家组成，统领CMM实施活动，协调全组织软件过程的开发和改进活动，制定、维护和跟踪与软件过程开发和改进活动有关的计划，定义用于过程的标准和模板，负责对全体人员培训有关软件过程及其相关的活动。软件工程组负责一个项目的软件开发和维护活动（即需求分析、设计、编码和测试）。系统工程组负责规定系统需求；将系统需求分配给硬件、软件和其他成分；规定硬件、软件和其他成分的界面；以及监控这些成分的设计和开发，以保证它们符合其规格说明。

（5）制定和完善软件过程

CMM模型强调软件过程的改进。如果企业还没有一个文档形式的软件过程，那么首要任务是对当前的工作流程进行分析、整理及文档化，从而制定出一个具有本企业风格的软件过程，并用该文档化的过程指导软件项目的开发。如果已经具备了软件过程，则要对这个过程做内部评估，对照CMM的要求，找出问题，然后对这个过程进行补充修改。在具体实施的过程中，可以选择有一定代表性和完善性的项目组或项目进行试点，跟踪、监督改进后的软件过程的实施情况，执行改进活动的状态。

（6）内部评审

CMM每一级别的评估都由卡内基－梅隆大学的软件工程研究所（CMU/SEI）授权的主任评估师领导一个评审小组进行。目前，全世界一共只有300多个主任评估师，大部分在美国，而我国大陆还没有一个主任评估师。CMM评估中要聘请外籍主任评估师费用较高。据估计，要通过一个级别的CMM评估，费用是通过ISO 9000认证的十多倍。因此，建议软件企业在进行正式评估之前，先进行内部评审或评估。这种内部评审包含两层含义：

一是软件企业组织自己内部成员，严格、认真地按照CMM规范评估过程，对自己的软件过程进行评审，找出其中的不足并进行改进。

二是在全国范围内，由有关软件工程和CMM专家组成一个专门的“内部评审”机构，负责指导协调实施CMM的活动，对国内软件企业CMM评估进行“预先评估”。这种预先评估，可降低软件企业通过正式CMM评估的风险，减小软件企业实施CMM的成本，为企业最终获得国际CMM认证打下基础。

（7）正式评估

目前主要有两种基于CMM的评估方法：

一种是CBA-SCE（CMM-Based Appraisal for Software Capability Estimation），它是基于CMM对组织的软件能力进行评估的，是由组织外部的评估小组对该组织的软件能力进行的评估。

另一种是CBA-IPI（CMM-Based Appraisal for Internal Process Improvement），它是基于CMM对内部的过程改进进行的评估，由组织内部的小组对软件组织本身进行评估以改进质量，结果归组织所有，目的是引导组织不断改进质量。

CBA评估过程主要分成两个阶段：准备阶段和评估阶段。在评估的最初几天，小组成员的主要任务是采集数据，回答SEI的CMM提问单，文档审阅，以及进行交谈，对整个组织中的应用有一个全面的了解。然后进行数据分析。评估员要对记录进行整理，把这些数据与CMM模型进行比较，最后给出一个评估报告。在评估报告的基础上，评估小组成员起草一个评估结果。

（8）根据评估结果改进软件过程

根据IDEAL模型，成熟度的评估只是软件过程改进中的一个环节，如果这个环节与软件过程改进的其他环节不能很好地结合，那么，CMM评估对于软件过程改进所应具有的作用就得不到发挥。

一般来说，应该在评估之后很快地做出软件过程改进的计划，因为这时大家对评估结果和存在的问题仍有一个深刻的认识。计划在软件过程改进中是一个非常必要的阶段，只有有效的计划，才能确保软件过程得到有效的改进。

### 9.3.6 CMM 与 ISO 9000 标准

CMM 与 ISO 9000 系列都是在国际上很有影响的质量评估体系，它们在降低软件开发风险、诊断与评价软件产品质量等诸多方面都做出了突出贡献。然而，两者在研究范畴、评估的侧重面、论证的级别、质量管理应用的程度，以及应用领域的范围等方面存在着差异。

（1）适用行业范围不同

ISO 9000 标准系列适用的范围很广，它不是为软件产品而专门制作的，但它却特别增设了软件产品评价的标准 ISO 9000-3。而 CMM 是专门针对软件产品定做的能力成熟度评估模型，它和 ISO 9000-3 之间既有相关又有相互不能代替的内容，如图 9.6 所示。

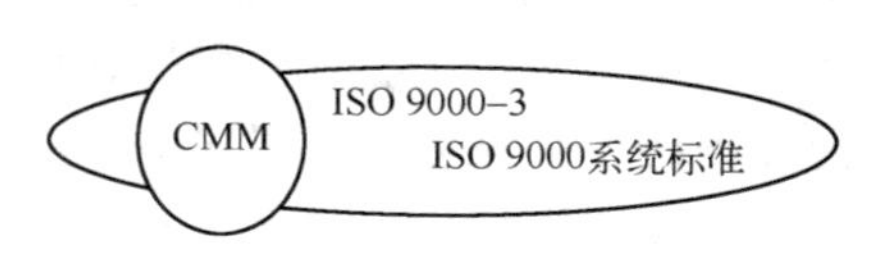


图 9.6　ISO 9000 与 CMM 的关系

（2）标准的侧重面不同

ISO 9000 标准涉及从原料供应到产品销售的每一个环节，CMM 侧重软件开发和改进过程，但 ISO 9001 的有些条款和 CMM 关键过程域之间确实存在较强的相关性。

在 CMM 中没有包括客户供应商的产品控制、处理、储藏、包装、保存和分发等内容。同样，在 CMM 模型中有许多具体的较细致的条款在 ISO 9000 中得不到具体的体现。而且，即使有些条款在两个体系中能找到相关映射，不同体系中标准要求的程度也存在差异。

（3）论证结果包括的层次不同

ISO 9000 标准论证只有两种结果，即通过和不通过；而 CMM 将软件成熟能力可以评价为 5 个级别，通过论证，企业符合哪一等级的要求就将被评定为哪一级的企业。

如果从映射的理论分析，一般达到 CMM2.5 级以上的企业才能通过 ISO 9000 的论证。ISO 9000 在实际评估过程中，有些被 CMM 论证为第一级的企业也能通过 ISO 9000 的论证，主要原因是 ISO 9000 的抽象性和概括性很强，审核员对标准的理解不同，在审核中很容易带有个人的主观性。因此，可以看出 ISO 9000 在软件方面的论证有待进一步细化。否则，它论证的可信任程度会受到影响。

（4）质量管理应用的程度不同

ISO 9000-3 属于软件质量保证的水平。ISO 9000 仅论述了用户可接受的产品质量的最小集合，也可以说是可接受的质量体系的基本标准。

CMM 强调过程控制和过程管理，它是一把衡量软件开发过程的尺子，它更符合软件产品的开发特点。软件维护的特点决定了软件的开发不仅要考虑到用户目前的需求，而且要兼顾用户未来的需要，企业长期发展的需要，以及软件维护者的要求。CMM 既能帮助企业诊断与定位，又能帮助开发单位找出缺陷，从而帮助企业明确其发展的方向。

（5）应用领域的不同

ISO 9000 标准可以作为质量评估机构的主要工具；而 CMM 可以帮助软件开发企业进行自我诊断，也可以作为软件质量评估机构咨询、诊断、评价的重要工具。

随着信息技术的不断发展，计算机软件已渗透到各个行业，许多企业往往不只是生产单一的产品，而是生产和经营包含软件产品在内的多种产品。对于这样的企业，评估应以理论和实际相结合的思想为指导，在总体上的评估可以采用 ISO 9000 标准，而其中软件产品的评估则可应用 CMM 模型。

## 9.4 软件能力成熟度模型集成

CMMI（Capability Maturity Model Integration）是软件工程模型、系统工程模型、集成化产品和过程开发模型，以及集成供应商管理模型等多个模型的集合。这是一套包括多个学科、可扩充的模型系列。

### 9.4.1 CMMI 的产生与发展

能力成熟度模型（CMM）的成功，导致了各种模型的衍生，并且每一种模型都探讨了某一特定领域中的过程改进问题。但是，随着软件复杂性的不断提高，工程实践的执行越来越多地依赖于交叉学科群组、并行工程，以及其他一些高度自动化的过程。面向不同学科领域的过程，改进模型已经不能很好地支持并行工程这种混合式的开发环境。在这种情况下，产生了基于 CMMI 的集成化过程改进。

CMMI 是卡内基－梅隆大学软件工程研究所 CMU/SEI（Software Engineering Institute）于 2001 年 9 月推出的系统工程和软件工程的集成成熟度模型。同时它也是工程实施与管理方法。2001 年 12 月，CMU/SEI 正式发布 CMMI 1.1 版本，宣称它是 CMM2.0 的新版本。2006 年 8 月，CMU/SEI 发布了面向开发的 CMMI-DEV1.2 版本，2007 年 11 月发布了 CMMI-ACQ1.2 版本采购模型，以及正在规划发展中的服务模型 CMMI-SVC1.2 版本。可见，CMMI 是 CMM 的继承与发展。

与原有的能力成熟度相比，CMMI 涉及面更广，专业领域覆盖软件工程、系统工程、集成产品开发和系统采购。据美国国防部资料显示，运用 CMMI 模型管理的项目，不仅降低了项目的成本，而且提高了项目的质量与按期完成率。因此，美国政府规定在国防工程项目中全面推广 CMMI 模型，规定在国防工程项目的招标中，只有达到 CMMI 一定等级才有参加竞标的资格。该模型包括了连续模型和阶段模型这两种表示方法，一个组织根据自己的过程改进要求可以自由选择合适的表示方法来使用。

目前国内有一种片面的认识，即 CMMI 是应用于软件业项目的管理方法。实际上，CMMI 在软件与系统集成外的领域，如科研、工程，甚至于日常的管理等方面都得到了广泛的应用，并取得了相当好的效果。

CMMI 虽然源于美国，但在世界各地得到了广泛的推广与接受。在日本、欧洲、中国台湾、印度等地都有很多企业在推广与应用 CMMI 模型。尤其在印度，CMMI 的应用甚至超过了美国。有专家预测，在未来的几年内，CMMI 将成为 ISO 9000 之后的又一个国际上普遍接受的标准。

### 9.4.2 CMMI 的模型

CMMI 是一套包括多个学科、可扩充的模型系列，其前身主要包括 4 个成熟度模型，分别是：面向软件开发的 SW-CMM、面向系统工程的 SE-CMM、面向产品集成的 IPPD-CMM，以及涉及外购协作的 SS-CMM。从长期考虑，CMMI 产品开发群组建立了一个自动的、可扩充的框架，以便于以后将其他的一些学科的过程改进模型也逐步添加到 CMMI 产品集中。总的说来，CMMI 集成达到了两个目的：一是提炼出了多学科之间的一些公共过程域，二是减少了过程域的数量。

（1）CMMI 模型系列

分以下 4 个学科：

① CMMI-SW（Capability Maturity Model Integration for Software），是软件工程能力模型集成，该模型中对于软件开发过程中需求的建立、项目计划的制定和实施，以及对软件的测试等过程都有详尽的描述。

② CMMI-SE/SW（Capability Maturity Model Integration for Systems Engineering and Software Engineering），是系统工程和软件工程能力模型集成，该模型中对于软件开发过程中需求的建立、项目计划的制定和实施，以及对软件的测试等过程都有详尽的描述。

③ CMMI-SE/SW/IPPD（Capability Maturity Model Integration for Systems Engineering，Software Engineering，and Integrated Product and Process Development）是系统工程、软件工程、集成化产品和过程开发能力模型集成，该模型为在项目开发中需要使用交叉学科群组，需要解决对项目群组的使用、计划和组织，需要解决学科或组之间的沟通，以及与集成化产品和过程开发相关的一些问题，提供了解决方案模型。

④ CMMI-SE/SW/IPPD/SS（Capability Maturity Model Integration for Systems Engineering，Software Engineering，Integrated Product and Process Development，and Supplier Soucing），是系统工程、软件工程、集成化产品和过程开发、供应商管理能力模型集成，该模型中对于供应商的选择和监督、集成化供应商，以及供应商定量管理等方面给出了详尽描述。

在上述 4 个 CMMI 模型中，它们之间是有关系的。CMMI-SE/SW 是 CMMI-SW 的扩充，CMMI-SE/SW/IPPD 是 CMMI-SE/SW 的扩充，而 CMMI-SE/SW/IPPD/SS 是 CMMI-SE/SW/IPPD 的扩充。

（2）CMMI 的过程域

CMMI 模型中，最基本的概念是“过程域（Process Area）”，每个过程域分别表示了整个过程改进活动中应侧重关注或改进的某个方面的问题。模型的全部描述就是按过程域作为基本构件而展开的，针对每个过程域分别规定了应达到什么目标，以及为了达到这些目标应该做些什么“实践”，但模型并不规定这些实践由谁做、如何做等。过程域具体又可分为 4 类：过程管理类、项目管理类、工程类和支持类。

过程管理类中包含了机构过程定义、机构过程聚焦、机构过程性能、机构培训、机构改进和部署；项目管理类包括了供方协议管理、项目计划、风险管理、项目监督与控制、集成化项目管理和项目定量管理；工程类则包括了技术解决方案、需求开发、产品集成、需求管理、验证和确认；支持类包括了配置管理、度量分析、过程和产品质量保证、决策分析和解决方案、成果分析与解决方案。

CMMI-SW 和 CMMI-SE/SW 的过程域数量（22 个）和名称均相同，仅在某些过程域中所提供的信息资源有所不同。CMMI-SE/SW/IPPD 比 CMMI-SE/SW 增加了 2 个过程域，并扩充了 CMMI-SE/SW 的 1 个过程域，共有 24 个过程域，CMMI-SE/SW/IPPD/SS 比 CMMI-SE/SW/IPPD 增加了 1 个过程域，共有 25 个过程域。

（3）CMMI 的表示法

每一种 CMMI 学科模型都有两种表示法，一是阶梯式表示法（Staged Representation），二是连续式表示法（Continuous Representation）。

连续式表示法强调的是单个过程域的能力，从过程域的角度考查基线和度量结果的改善，其关键术语是“能力”；而阶梯式表示法强调的是组织的成熟度，从过程域集合的角度考查整个组织的过程成熟度阶段，其关键术语是“成熟度”。

尽管两种表示法的模型在结构上有所不同，但 CMMI 产品开发群组仍然尽最大努力确保两者在逻辑上的一致性，二者需要的构件和期望的部件基本上都是一样的，过程域、目标也是一样的，特定实践和共性实践在两种表示法中也不存在根本区别。因此，模型的两种表示法没有本质的不同。从实用角度讲，这两种表示法各有优点，各有适用范围。

（4）CMMI 的内部结构

CMMI 以过程域 PA 为纲，以特定目标 SG（Specific Goals）、特定实践 SP（Specific Practices）、共性目标 GG（Generic Goals）、共性实践 GP（Generic Practices）为目，分阶梯式和连续式两种方式来定义。特定实践 SP 是为了实现特定目标 SG，共性实践 GP 是为了实现共性目标 GG。CMMI 阶段模型的内部结构如图 9.7 所示。

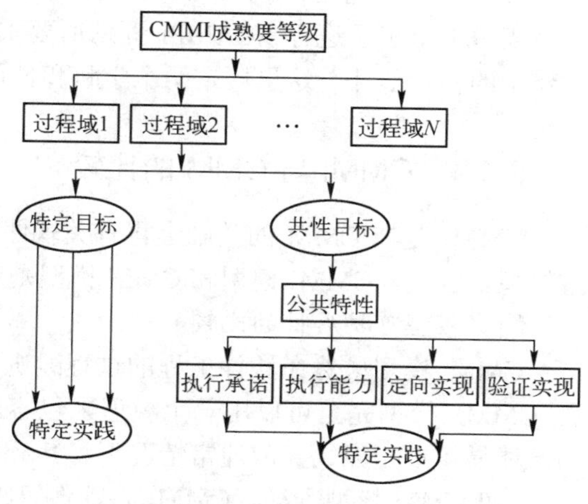


图 9.7　CMMI 阶段模型的内部结构

### 9.4.3　CMMI 的评估

#### 1. CMMI 的评估类型

CMMI 评估是判断软件组织软件过程改进程度的重要手段。在 CMMI 中有两种类型的评估：一是软件组织的关于具体的软件过程能力的评估，二是软件组织整体软件能力的评估。后一种也就是软件组织的软件能力成熟度等级的评估，也是目标软件组织最感兴趣的评估，因而也是目前应用最广泛的一种评估。

#### 2. CMMI 的评估方法

标准 CMMI 评估方法（Standard CMMI Appraisal Method for Process Improvement，SCAMPI）是由 CMMI 产品开发群组开发的，用来对软件组织的 CMMI 过程改进的结果进行评估，以判断软件组织的软件过程能力等级。SCAMPI 继承了原有基于 CMM 的内部过程改进（CMM-Based Appraisal for Internal Process Improvement，CBA IPI）评估方法的大部分特征，是指导 CMMI 评估过程的标准评估方法。

由于 CMMI 模型是跨学科集成的，因此 SCAMPI 提供了有着单独或组合结论的多学科评估选择，并且遵循以下一些原则：

- 高级主管部门支持。
- 关注组织的业务目标。
- 使用已文档化的评估方法。
- 使用过程参考模型。
- 为被采访者保密。
- 采用分工协作的方法。
- 集中于过程改进的后续措施。

SCAMPI 评估分为以下 3 个阶段，每个阶段包括多个步骤。

（1）计划和准备阶段，包括：标识评估范围、拟定计划、准备评估群组、向参与者做简要介绍、提供并检查评估调查表，以及进行最初的文档评审。

（2）现场评估阶段，包括：现场调查、进行访谈、综合信息、准备和提交评估草案、综合结论并确定评定，以及准备最终结论的提交。

（3）报告结果阶段，包括：向主办者和现场主管提交最终结论、收集 CMMI 管理机构（SEI）需要的所有信息。

表 9.4 给出了进行 SCAMPI 评估所要求的 CMMI 评估小组的工作量的初步估计，这里假定两个学科和使用全面的模型范围。

表 9.4　SCAMPI 工作量评估

| 人 | 工作量 |
|---|---|
| 评估组组长 | 30 天 |
| 主办者 | 8 天 |
| 组织级单位的协调人 | 25 天 |
| 评估群组成员 | 16 天/人 |
| 评估参与者 | 0.17 天/人 |

### 9.4.4　CMMI 与 CMM 的比较

CMMI 是在 CMM 的基础上将有关软件方面的多种 CMM 模型集成起来形成的一个过程改进模型。因此，CMMI 模型和 CMM 模型是应该有所差别的。

（1）模型可扩展性的比较

CMM 模型虽然在软件工程的过程改进中取得了巨大成功，但它是一个不可扩展的模型。而 CMMI 模型完全可以用一个模型来包容，是一个可扩展的模型。当然，这样会使这个模型的表述显得过于庞大，故通常情况下将其分成 4 个模型来表述。

和 CMM 模型一样，CMMI 将软件组织的能力成熟度分为 5 个等级，其中等级 2～5 的每个等级均由若干个过程域来支持。在 CMMI 的 4 个模型中，每个模型的 2、4、5 级中的过程域都是相同的，仅在模型的 3 级中的过程域有所不同。

在 CMMI-SW 和 CMMI-SE/SW 模型中，3 级的过程域是一样的，仅有部分参考资料不同，但 CMMI-SE/SW 却是 CMMI-SW 的扩展。在 CMMI-SE/SW/IPPD 中，它的 3 级成熟度中的过程域比 CMMI-SE/SW 增加了 2 个，扩充了 1 个过程域，其他过程域均和 CMMI-SE/SW 相同。同样，在 CMMI-SE/SW/IPPD/SS 中，它的 3 级成熟度中的过程域比 CMMI-SE/SW/IPPD 又增加了 1 个。

这样，若一个软件企业达到了 CMMI 的某个模型的某个成熟度等级，则只要对所增加和扩充的过程域进行改进，就能很快达到下一个扩展的模型的同样成熟度等级。

（2）模型学科兼容的比较

自 CMM 模型得到广泛应用后，工程和产品开发的组织进行了巨大的变革，其主要目标是为了消除与分段开发有关的低效。在 CMMI 中，交叉学科群组、交叉功能群组、集成化产品群组，以及集成化产品和过程开发等，都代表了在产品或服务的整个生命周期的合适时间处理这类问题的不同方法。在实践中，这种倾向意味着设计人员要与制造人员、测试人员和用户共同工作，以支持开发需求的制造组织。这也蕴涵着所有关键的相关人员要支持产品或服务开发的所有阶段。

在 CMM 中，为了协调不同学科之间的关系，特别设置了一个称为“组间协调”的过程域来处理不同学科交叉问题，而在 CMMI 模型中，则把学科交叉问题融入具体的过程域中去了，因此不再需要另外进行所谓的“组件协调”了。此外，在 CMMI 中，多学科技术人员的结合，使工程的并行工作问题得到了合理的解决，不再需要其他的过程域来处理 CMMI 中的并行开发问题。

（3）模型表示法的比较

CMMI 和 CMM 一样，均旨在指导软件企业通过过程改进而提高其软件质量和生产效率。在 CMM 中，提出了 18 个关键过程域(Key Process Area，KPA)，并将它们划分为 5 个等级，每个等级包括 2～7 个关键过程域。而在 CMMI 中，也通过若干类似于 CMM 中的关键过程域来促进过程的改进，但在 CMMI 中仅称为“过程域”。另外，在 CMMI 模型中，各个扩展模型中的过程域的数量是变化的。

在 CMM 中，该模型采用阶段式表示法。该表示法将软件组织的成熟度划分为 5 个等级，即 5 个阶段。这种表示法使得软件组织的过程改进呈跳跃式发展。一个软件从其软件能力成熟度的一个等级向高等级跳跃，同时需要进行大量的过程改进工作。这样，软件组织就必须投入大量人力、物力和财力来同时进行多个过程改进，因而存在较大风险。

而在 CMMI 中，模型采用两种表示法：阶段式表示法和连续式表示法。

首先，为了保持软件组织之间的能力成熟度的比较，CMMI 模型保留了 CMM 中的阶段式表示法。但是，为了促进软件组织更加切合实际地进行内部软件过程改进，CMMI 同时也采用连续式表示法。连续式表示法便于软件组织针对自己的软件产品开发的具体情况选择最需要进行改进的过程，而不必同时进行许多过程的改进。这样，就可以节省大量的人力、物力、财力的消耗。另外，由于 CMMI 的连续式表示法规定了软件过程的能力等级，因此软件组织可以根据自己的实际情况将其过程能力改进到不同的级别，而不必要使所有的过程改进都达到同一级别。这样，就给予了软件组织过程改进的灵活性。

（4）评估模型的比较

由于 CMMI 采用了两种表示法，从而导致了两种评估模型，这就是阶段式评估模型和连续式评估模型。

在 CMMI 中，阶段式评估模型和 CMM 的评估模型相同，用于确定软件组织的软件能力成熟度等级。而 CMMI 中的连续式评估模型则主要用于评估软件组织的过程能力级别，从而确定软件组织的某个过程的能力高低。

因为有的软件组织只需要进行某些过程的改进，而不一定需要评估其软件能力成熟度等级，以便和其他的软件组织的软件能力等级进行比较，因此连续式评估模型不但是一种新的评估模型，更是一个适应软件组织自身商业目标的灵活的过程改进模型。CMMI 的连续式模型不但可以帮助软件组织进行部分适合自身实际需要的规程改进，而且也不需要消耗大量的人力、物力、财力。另外，采用 CMMI 的连续式模型进行过程改进也需要进行评估，但这种评估的目的是为了检查过程改进的具体效果。这种评估只要在软件组织中选择适当的人员进行评估即可，而不需要消耗大量的经费。

## 小　结

软件过程成熟度模型 CMM 是一个管理软件过程改进活动的框架，用来测量一个组织的软件过程成熟度和评价其软件过程能力。实际上，当一个组织采用 CMM 时，便已经有意识地做出努力，了解自身，开始分析如何做软件，如何改进过程。为使组织能方便地做到这点，CMM 建议了一种具有 5 层结构的框架：从 CMM 等级 1，尚无过程可言的初始级，到可以持续优化其实践的等级 5。

本章讨论了 CMM 的 5 层结构框架，以及该框架内部的结构，同时还介绍了如何应用、评估与实施 CMM。此外，还介绍了 CMMI 的基本思想和内容及其模型评估方法，并且与 CMM 进行了对比分析。

## 习　题　九

**一、选择题**

1. CMM 表示（　　）。

（A）软件过程成熟度模型　　（B）软件过程工业化控制

（C）国际软件质量认证　　（D）软件统一性标准

2. 软件过程和产品质量有详细的度量标准，并且得到了定量的认识和控制。以下哪一级具有上述特征。（　　）。

（A）可重复级　　（B）已定义级　　（C）已管理级　　（D）优化级

3. CMM 是开发高效率、高质量和低成本软件时，普遍采用的软件生产过程标准，它的主要用途不包括（　　）。

（A）软件过程评估　　（B）软件过程改进　　（C）软件过程控制　　（D）软件能力评价

4. CMMI 的开发和应用的主要原因是（　　）。

（A）解决软件项目的过程改进难度增大问题

（B）实现软件工程的并行与多学科组合

（C）降低软件风险的需要

（D）实现过程改进的最佳效益

## 二、判断题

1. CMM 是指导软件开发的一种面向对象的新技术。（　　）

2. CMM 将软件过程的成熟度分为以下五个级别：初始级、可重复级、已定义级、已管理级和优化级。（　　）

3. CMM 对开发一个软件所做的基本要求是“有章可循、有章必循”。（　　）

4. CMM 侧重评价软件产品的各项指标是否已达到了标准；ISO 9000 则强调软件开发的过程控制和预见性。（　　）

5. CMM 的两个基本用途分别是软件过程评估和软件能力评价。（　　）

6. 每个关键过程域所包含的关键实践仅涉及 4 个方面：执行约定、执行能力、实施活动和验证实施。（　　）

## 三、简答题

1. CMM 将软件过程的成熟度分为哪几个级别？

2. 如何描述 CMM 软件能力成熟度模型分级结构及主要特征？

3. 简述基于 CMM 评估的内容、评估过程和评估模型。

4. CMM 的关键过程域是如何划分的？如何将这些过程域在 CMM 中进行分类？

5. CMMI 有哪些特点？

6 .目前 CMMI 包括哪些子模型？

# 第 10 章　软件工程课程设计

软件工程作为一门指导计算机软件开发和维护的工程学科，已逐步形成了一系列各具特色的、富有成效的方法、工具和组织管理措施，成为计算机科学的重要组成部分。但要真正掌握并熟练运用软件工程的方法进行软件开发，并非易事，必须有针对性地进行专门训练。软件工程课程设计是一个综合性的设计型实验，旨在培养学生的实践能力及创新能力。

## 10.1　课程设计的目的和要求

### 1. 目的和要求

“软件工程课程设计”是一个综合性的设计型实验，主要倡导启发式教学和研究性学习，激发学生的兴趣和潜能，培养学生的团队协作意识和创新精神，提高学生实际的软件开发能力和工程素养。主要是以现代教学理念为指导，精心进行教学设计，引入由卡内基-梅隆大学提出的“Learning by doing”（做中学）这一行之有效的先进教学理念，体现教师为主导、学生为主体的思想。其主要目的是使学生通过软件开发的实践训练，进一步掌握软件工程的方法和技术，提高软件开发的实际能力，培养学生创造性的工程设计能力和分析、解决问题的能力。

课程设计要求学生组成开发小组，以小组为单位选择并完成一个规模适度的软件项目，在教师的指导下以软件设计为中心，独立地完成从需求分析到软件测试的软件开发全过程。

同时以课程设计，即软件项目开发实践带动“软件工程”课程的学习，通过软件开发实践，促进学生有针对性地、主动地去学习和查阅有关软件工程的基本教学内容及相关资料。实现以下教学目标：

① 深化已学的知识，完成从理论到实践的转化。通过软件开发的实践，进一步加深对软件工程方法和技术的了解，将软件工程的理论知识运用于开发实践，并在实践中逐步掌握软件工具的使用。

② 提高分析和解决实际问题的能力。课程设计不仅是软件工程实践的一次模拟训练，同时也能通过软件开发的实践，积累经验，提高分析和解决问题的能力。

③ 培养“开拓创新”能力。大力提倡和鼓励在开发过程中使用新方法、新技术，激发学生实践的积极性与创造性，开拓思路，设计新算法，进行新创意，培养创造性的工程设计能力。

### 2. 命题原则

设计的课题应尽量结合教学、科研的实际，反映新技术，以获得更好的工程设计实践的训练。同时课程设计受到时间及开发环境、条件等的限制，应从实际出发，设计课题的大小、规模、难易适度。课题应具有一定复杂度，通过激发学生参加软件开发实践的积极性与创造性，达到综合应用所学知识的目的。

## 10.2　课程设计步骤及安排

软件工程课程设计是培养和训练学生软件开发能力的重要实践教学环节，软件工程课堂教学内容与课程设计内容紧密配合，基本同步进行，时间为 17～18 周。课程设计一般在学完第

1 章后即可开始。由于采用的软件开发方法不同，开发各阶段的模型、文档会有所区别。

下面，以使用 UML 建模为例，说明课程设计的步骤、安排及各阶段的主要任务，注意在各阶段的时间安排上会互相重叠。

### 1. 确定课题

由教师命题并给出各课题的具体需求，课题小组根据课题所涉及的知识领域及自己对该领域的熟悉程度和对该课题的兴趣，选择课题。经教师调整审查后确定。这个阶段需要 1～2 周。

### 2. 需求分析

需求分析的总体目标是建立系统的分析模型，这是软件开发的重要阶段。其具体过程如下。

① 深入调查研究，认真了解用户的需求，分析确定系统应具备的功能、性能，并进行成本估算，从经济上、技术上进行可行性分析，写出可行性分析报告，确定软件开发计划。

② 在初步分析的基础上，按照系统的功能及性能要求，系统的作用范围等，确定用例和角色，建立系统的 Use Case 模型，并对用例进行分解和改进。

③ 确定软件系统的类，建立系统的静态模型（类图、包图）和动态模型（状态图、顺序图、活动图和协作图）。

④ 分析阶段要进行 1～2 次课堂讨论，内容为：陈述需求获取和分析结果，评审需求分析模型。

讨论的方式可采取先由课题小组介绍本组所建立的“需求分析模型”，然后由教师及其他小组进行评审。这阶段需要 3～4 周时间。

### 3. 软件设计

软件设计分为总体设计和详细设计两个阶段，课程设计主要考虑总体设计，详细设计由小组成员在课后自行完成。由于在面向对象的方法中，分析与设计阶段没有明显的界限，因此 OOD 是对系统模型的精化。总体设计阶段的主要任务包括：对问题域部件、人机交互部件、任务管理部件和数据管理部件的设计。具体任务是：

① 对系统的分析模型进行修改、细化，对系统的对象、类做进一步设计，包括添加在分析阶段未出现的类。

② 进行系统体系结构设计，通常采用基于模式的软件体系结构。

③ 用户界面设计。对用户界面进行任务分析，建立任务模型；对用户特性进行分析，建立用户模型；确定任务类型；建立用户界面原型。

④ 数据管理部件设计。如果系统涉及数据库，要对数据库结构进行设计。

⑤ 审查确定总体设计方案。设计方案的审定采用课题分组讨论的形式，每个小组都必须报告自己的设计方案，并按照所给的讨论提纲发言，在对各种设计方案进行对比分析，互相取长补短的基础上，确定总体设计方案。软件设计阶段的时间为 3～4 周。

### 4. 编码与测试

根据项目的应用领域及语言的特点，选择编程语言进行编码，要求给出程序的详细注释，包括：模块名，模块功能，中间过程的功能，变量说明等。

除验收测试外，主要的测试工作由开发小组自行完成，包括单元测试（测试单元为封装的类和对象）、组装测试与确认测试（系统测试）。所有测试过程都要求采用综合测试策略，应先做静态分析，再做动态测试。应首先制定测试计划，记录测试过程与结果，要求保留所有测试用例，并写出测试报告。编码与测试阶段所需的时间为 5～6 周，其时间划分由开发小组自行确定。

### 5. 验收测试

验收测试由教师组织实施，时间为 1～2 周。测试内容包括：

① 系统能否正确运行。

② 实际系统与设计方案是否一致，是否实现了需求所确定的功能及性能。

③ 系统设计有无特色，算法有无创新，系统结构是否合理、新颖。

④ 系统界面是否友好、美观，操作是否简单，使用是否方便。

**6. 其他**

几点说明如下。

① 课程设计过程，可结合使用“软件工程网络课程”中的“课程设计”，完成设计中的部分工作，如教师发布信息、发布课题、发布资料，学生选择课题、上传文档及相互讨论等活动。网上的课程设计不受时间、空间的限制，增强了师生的相互交流。同时，“软件工程网络课程”也为学生提供了课后学习的网络课件。

② 在需求分析和总体设计阶段安排 1～2 次专题讲座，如介绍网络环境下的软件开发工具及技术等。此外，在总体设计阶段结束时，安排一次方案评审。

③ 验收测试结束后，除了要交付（上传）所完成的软件系统，还应交付各阶段的电子文档，包括：系统的简要说明书（系统名称、开发及运行环境、系统的功能性能要求、软件体系结构、系统完成情况等），需求分析文档（USE CASE 分层模型，使用者和用例的模板描述，分析类模型及类的描述）、设计文档（静态模型、动态模型、详细设计等）、测试文档、数据结构设计文档及编码源文件等。

## 10.3 可视化建模工具 Rational Rose

### 10.3.1 Rose 工具简介

Rational Rose 是 Rational 公司出品的基于 UML 的功能强大的可视化建模工具，它可以与多种开发环境无缝集成并支持多种开发语言，其中包括 Visual Basic、Java、PowerBuilder、C++、Ada、Smalltalk、XML DTD 等。可以运行 Rational Rose 的系统平台包括了目前大多数的主流操作系统，其中有 Windows 9X、Windows 2000、Solaris、AIX 和 HP-UX 等。利用 Rose 可以开发出几种不同的模型图，用以在不同的开发阶段、从不同的方面为软件系统的开发建立模型图，如表 10.1 所示。

表 10.1 ROSE 可视化建模的模型图

| 模型图 | 描述 | 建模角度 |
|---|---|---|
| 类图<br>Class diagram | 显示系统中的类和包，提供系统构件及其相互关系 | 静态结构建模 |
| 业务用例图<br>Business Use Case Diagram | 用于建立机构的业务模型，包括描述整个机构业务执行的流程和所提供的功能等内容 | 系统功能建模 |
| 用例图<br>Use case diagram | 用例图从用户的角度描述系统功能的使用者和主要的系统操作流程。显示用例与参与者及其相互关系 | 系统功能建模 |
| 协作图<br>Collaboration diagram | 从对象组织结构的角度显示用例中特定情形的操作流程 | 动态行为建模 |
| 顺序图<br>Sequence diagram | 按时间顺序显示用例中特定情形的操作流程 | 动态行为建模 |
| 状态图<br>Statechart diagram | 显示系统中类的对象所有可能的状态，以及事件发生时状态的转换条件 | 动态行为建模 |
| 活动图<br>Activity diagram | 描述满足用例要求所需进行的活动，以及活动间的关系的图 | 动态行为建模 |
| 构件图<br>Component diagram | 描述代码构件的物理结构，以及构件之间的依赖关系。构件图有助于分析和理解组件之间的影响程度 | 静态结构建模 |
| 部署图<br>Deployment diagram | 描述系统中的物理结构 | 静态结构建模 |

这些模型图包括：业务用例图（Business Use Case Diagram），用例图（Use Case Diagram），类图（Class Diagram），协作图（Collaboration Diagram），顺序图（Sequence Diagram），活动图（Activity Diagram），状态图（Statechart Diagram），构件图（Component Diagram），部署图（Deployment Diagram）。

Rational Rose 不仅拥有强大的功能，而且具有方便友好的用户界面，可以帮助软件开发人员进行高效的软件开发。Rational Rose 的用户界面如图 10.1 所示。

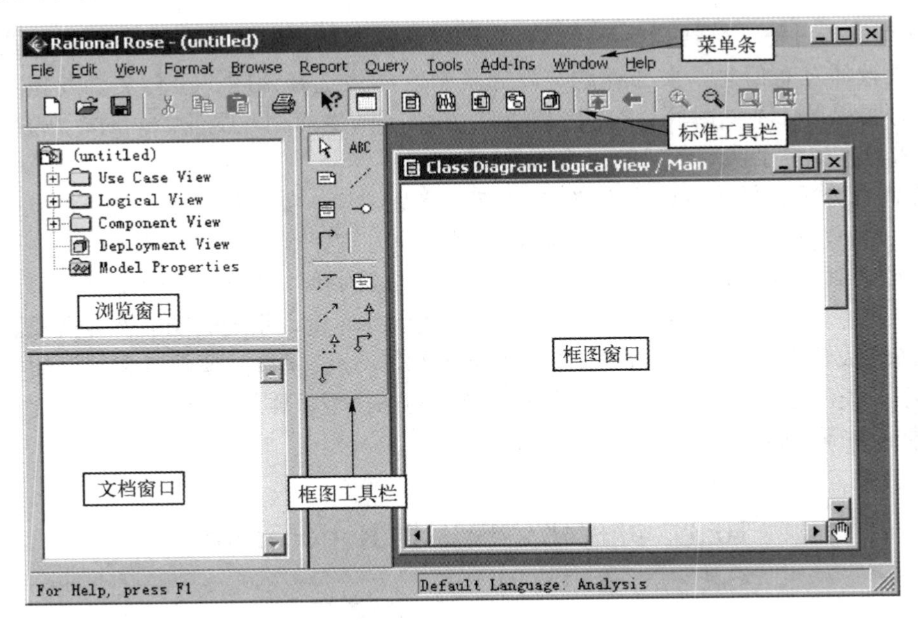


图 10.1　Rose 的用户界面

Rose 的用户界面包括以下几个部分：

（1）菜单条：包含了所有的 Rose 命令和操作；

（2）标准工具栏：用于快速访问 Rose 中的常用命令和操作；

（3）浏览窗口：采用树型的层次结构，用于在 Rose 模型中进行浏览，通过浏览窗口可以快速访问到 Rose 模型中的各个模型元素；

（4）文档窗口：用于为模型元素建立说明文档；

（5）框图工具栏：用于在模型图中添加各种模型元素，其内容随打开的 UML 模型图的类型不同而有所不同；

（6）框图窗口：用于显示和编辑 Rose 模型中的各种 UML 模型图。当增删框图窗口中的模型元素时，Rose 会自动更新浏览窗口中的内容；同样当修改浏览窗口中的模型元素时，相应的修改也会自动反映在框图窗口中。

## 10.3.2　绘制业务用例图

业务用例图（Business Use Case Diagram）用于建立机构的业务模型，包括描述整个机构业务执行的流程和所提供的功能等内容。其中涉及的模型元素有：业务执行者、业务工人、业务用例、业务实体和机构单元，业务用例图对这些元素及其相互关系加以描述。

如图 10.2 所示，通过在浏览窗口中，用鼠标右键单击“Use Case View”项目，在弹出的菜单选择“New►Use Case Diagram”菜单项，就可以在模型中增加业务用例图。

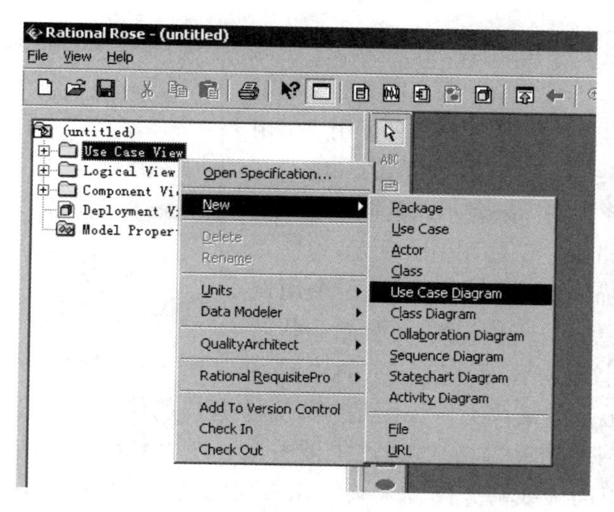


图 10.2 创建业务用例图

在业务用例图中包括以下几类模型元素：

① 业务用例：表示机构中的一组业务的执行和工作流程。

② 业务执行者：表示处于机构之外与机构进行交互的实体。

③ 业务工人：表示处于机构之内参与了业务执行流程的角色。

④ 业务实体：表示机构业务流程中需要使用的物理实体，例如资金账目、客户定单、客户资料等。

⑤ 机构单元：表示业务工人、业务实体和其他相关模型元素的集合，是组织业务模型的机制。

业务用例图中模型元素之间存在以下两种关系：

（1）关联关系：描述业务执行者或业务工人与业务用例之间的通信和联系。Rose 中使用带箭头的线段表示各模型元素之间的关联关系，箭头的方向是从通信的发起者指向通信的接收者。图 10.3 所示描述了一个图书销售管理系统中各个模型元素之间的关联关系。

（2）泛化关系：描述模型元素之间抽象与具体、一般与特殊的关系。Rose 中使用带空心箭头的线段表示各模型元素之间的泛化关系。

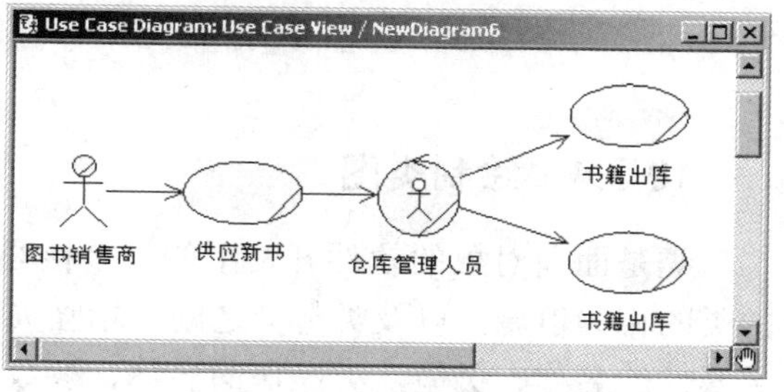


图 10.3 业务用例图中的关联关系

### 10.3.3 绘制用例图

用例图（Use Case Diagram）用于对软件系统进行需求分析，即用于描述一个软件系统需要完成什么样的功能。用例图中的信息包括系统中的执行者和用例的描述，以及两者之间的相互关系的描述。

在用例图中主要包括用例和执行者两类模型元素。其中，用例表示软件系统中的功能模块；而执行者表示与所创建的系统进行交互的人或物。

同时，用例图中的模型元素之间可以建立以下 4 种关系：

（1）关联关系。描述执行者和用例之间的交互关系。例如对于图书销售管理系统，“客户”执行者需要与“网上购书”用例进行交互，而“网上购书”用例又需要与“物流系统”执行者进行交互。在 Rose 中使用单向箭头图标来表示模型元素彼此之间的关联关系。

（2）包含关系。描述一个用例需要利用另一个用例提供的功能，本质上是以一种使用关系。例如对于图书销售管理系统中的“网上购书”用例就需要使用“信用卡验证”用例和“网络结算”用例所提供的功能。在 Rose 中使用单向虚线箭头图标来表示元素彼此之间的包含关系，并标注<<include>>，如图 10.4 所示。

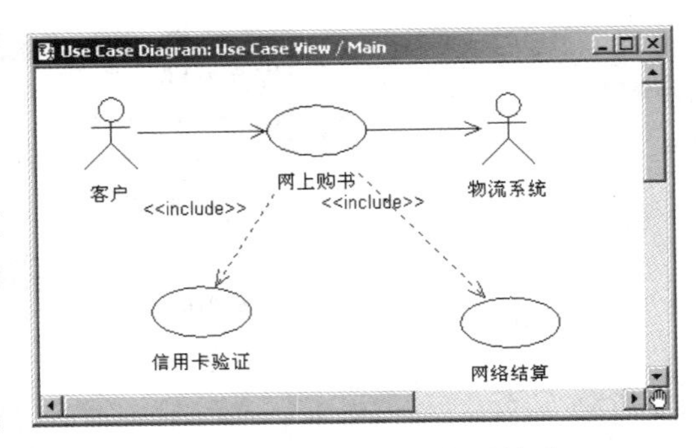


图 10.4　用例图中的使用关系

（3）扩展关系。描述一个用例对另外一个用例的功能进行扩展，在原有功能的基础上增加一些新的功能。例如对于图书销售管理系统，它的“网络结算”用例用于描述正常的结算工作，但是如果某个客户的信用卡是在异地银行办理的，那么就不能进行普通的“网络结算”，此时通过扩展关系，在“异地银行结算”用例中处理此种情况。在 Rose 中使用单向虚线箭头图标来表示元素彼此之间的扩展关系，并标注<<extend>>，如图 10.5 所示。

（4）泛化关系。描述执行者之间或用例之间的抽象与具体、一般与特殊的关系。例如对于网络购书的客户可以将其分为两类，一类是网络书店的会员客户，另外一类是普通客户。对于这两类客户可能需要有不同的销售价格。在这里客户是抽象的执行者，会员客户和普通客户是更为具体的执行者，他们之间存在着泛化关系，如图 10.6 所示。

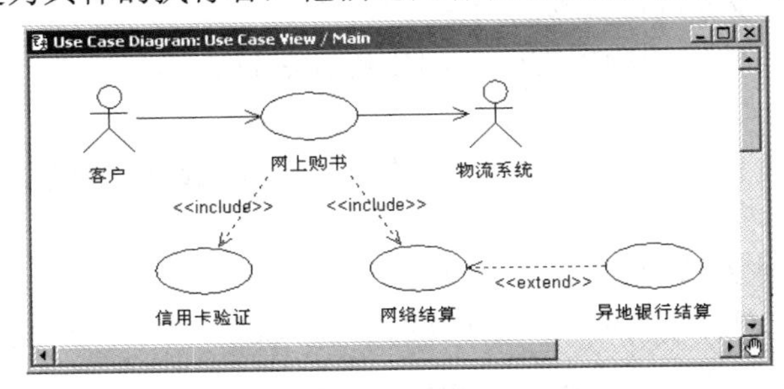


图 10.5　用例图中的扩展关系

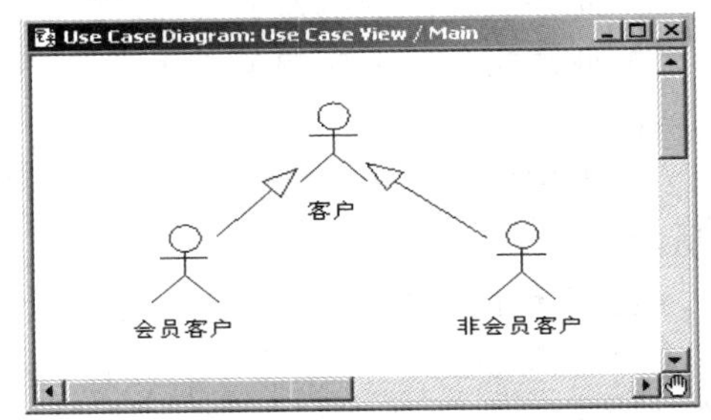


图 10.6　用例图中的扩展关系

### 10.3.4　绘制类图

类是面向对象的软件开发中的一个核心概念。Rose 中的类图用于描述软件系统中所涉及的类的相关信息，以及类与类之间的相互关系。类的信息包括类的属性和操作，类图需要描述类属性的名称、类型，类操作的名称、参数列表、返回类型，以及类与类之间的聚集、泛化、依赖和泛化关系。

类图创建在浏览窗口的逻辑视图（Logic View）下面，并且逻辑视图中一般已有一个自动创建的名为“Main”的类图。用鼠标双击浏览窗口中的类图图标 Main 可以打开该类图；也可以通过右键菜单选择“New►Class Diagram”创建新的类图。

类图中最主要的模型元素就是类，通过选择类图右侧的工具栏中的“类”（Class）按钮，可以在类图中创建一个新的类。类创建以后，首先必须为其指定一个类名，接着需要为其增加相应的属性和行为。

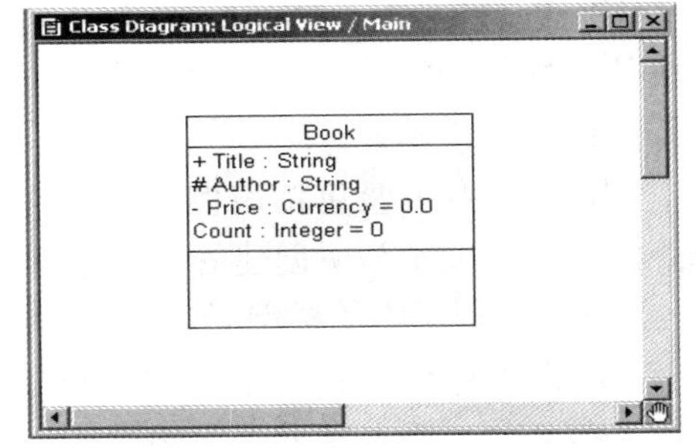


图 10.7　“Book”类的属性设置

类属性的设置包括设置该属性的名称、数据类型、初始值、访问控制属性等相关规范。如图 10.7 所示，一个类名为“Book”的类拥有四个属性“Title”“Author”“Price”“Count”，它们有不同的可见性、数据类型和初始值。

类除了拥有属性以外，还可以为其定义相应的操作或者行为。为类定义操作需要设置该操作的名称、参数表和返回值的数据类型等相关规范。其格式如下：

操作名称（参数 1：数据类型，参数 2：数据类型，……)：操作的返回数据类型

在一个类图中的多个类之间还可能存在着彼此的相互关系，Rose 中可以在类之间定义关联、聚集、泛化、依赖关系。

（1）关联关系是类与类之间的一种词法连接，使得一个类可以访问或使用另一个类的公共属性和操作，实现在不同类之间的交互和通信。关联关系又分为单向关联和双向关联，分别使用和按钮创建。

（2）依赖关系表示一个类需要引用另一个类的定义，其目的也是为了实现不同类之间的信息交换。但依赖关系与关联关系不同之处在于：它们对程序代码有不同的影响；依赖关系只能是单向的，而关联关系可以是单向的也可以是双向的；依赖关系使用虚线箭头表示。

（3）聚集关系表示的是类之间“整体与部分”的关系。如图 10.8 所示，该图描述了“Sale List”（定单列表）类和“Sale Order”（定单）类之间的聚集关系。

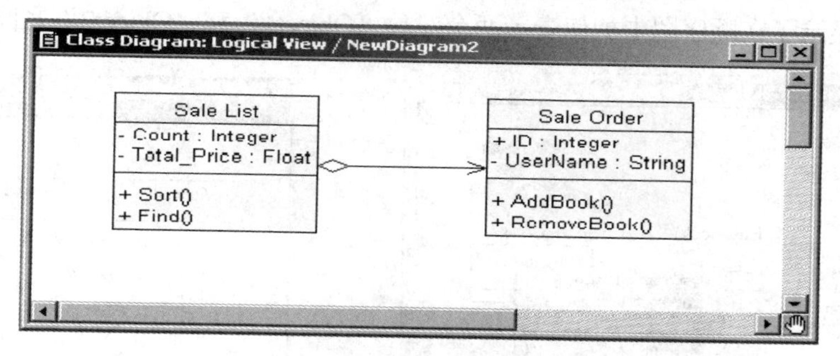


图 10.8　类之间的聚集关系

要注意的是箭头的方向是由表示“整体”的类指向表示“部分”的类。

（4）泛化关系表示类之间“一般与特殊”、“抽象与具体”的关系，即不同类之间的继承关系。如图 11.9 所示，该图表示了“Sale Order”（定单）类与“Wholesale Sale Order”（批发定单）类“Retail Sale Order”（零售定单）类之间的泛化关系。

需要注意的是箭头的方向由表示“具体”或“特殊”的类指向表示“一般”或“抽象”的类。

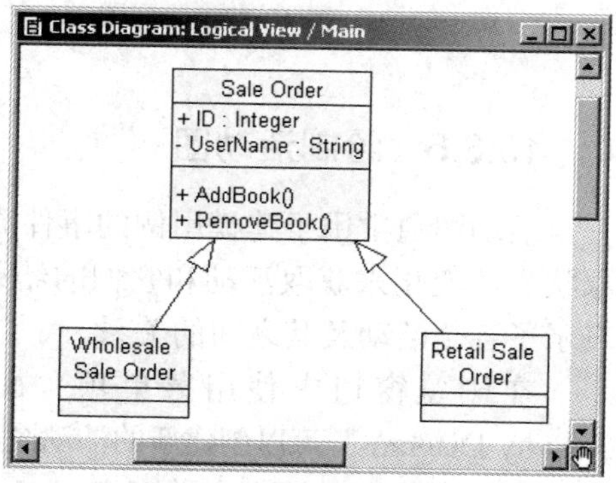

图 10.9　类之间的泛化关系

## 10.3.5　绘制协作图与顺序图

在 Rose 中，表示模型系统中对象之间交互行为的图有两种：协作图和顺序图。其中协作图按照对象本身进行组织，展示了对象之间的连接，以及连接的对象之间如何发送/接收消息。而顺序图则用来描述对象之间动态的交互行为，着重体现对象间消息传递的时间顺序。所以又称顺序图。

通过菜单“New▶Collaboration Diagram”在 Rose 的逻辑视图（Logical View）中创建了一个协作图以后，接着就是在其中增加对象，同时需要为新增的对象设置规范，其中包括设置该

对象的名称、对应的类名、说明文档等。

为了描述系统中对象之间的交互关系，在协作图中的对象被设置以后，需要在对象之间建立连接，对象之间的连接用实线表示。除了可以在不同的对象之间建立连接，在同一个对象之上也可以建立特殊的“反身连接”（Link to Self）。

连接建立以后，需要为连接上添加消息，表示对象之间传送的信息的内容。消息的类型可以是“连接消息”（Link Message）、“反向连接消息”（Reverse Link Message）。

最后，Roes 还允许开发人员将对象之间传送的消息映射为对象的操作。需要注意的是消息是被映射为接收该消息对象的操作，而不是发送该消息对象的操作。

在图 10.10 中，可以看到一个协作图的例子，其中有两个对象之间的连接及在它们之间传送的 3 个消息，以及把消息映射为对象的操作。

通过菜单“New ▶ Sequence Diagram”，可以在 Rose 的逻辑视图（Logical View）中创建顺序图。打开顺序图以后，可以在其中增加对象，并为该对象设置对象所在的类、对象的持续性等属性。对象设置以后，按照时间顺序，在顺序图中从上到下，依次在对象之间添加表示消息传送的箭头符号。与协作图相同，在顺序图中同样可以为对象之间的消息指定其映射的对象操作。方法是在消息上点击鼠标右键，从弹出菜单中选择该消息所映射的操作或者输入一个新操作。

图 10.11 中显示了在顺序图中如何表示两个对象“Object1”和“Object2”之间的交互行为。

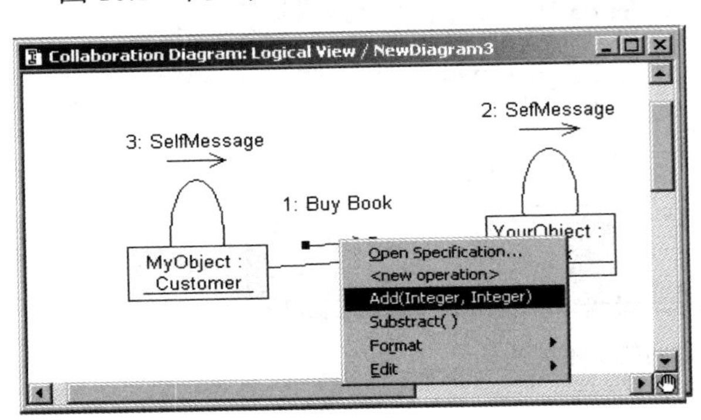


图 10.10　协作图

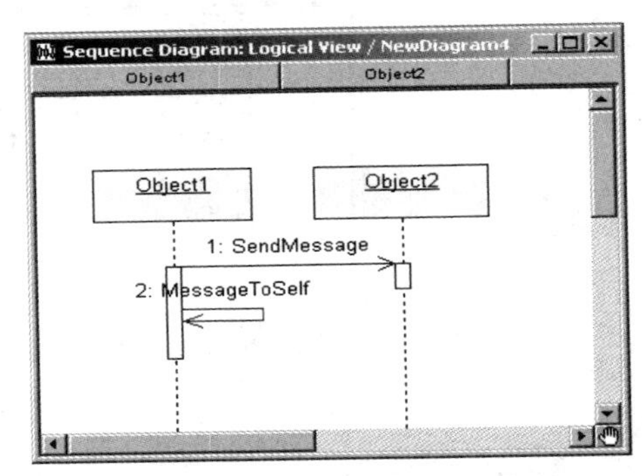


图 10.11　顺序图

### 10.3.6　绘制活动图

活动图通常用于建模用例的事件流，描述一个操作完成所需要的活动步骤。活动图根据对象状态的变化来获取活动和它们的结果，它表示了各个活动及其之间的关系。

在浏览窗口中使用菜单项“New ▶ Activity Diagram”可以创建新的活动图。在活动图中首先需要增加“泳道”（SwimLane），并在其顶部为其命名；接着需要在相应的“泳道”中增加开始状态和结束状态；根据用例的事件流添加相应的活动；同时还需要在活动之间设置转换和转换发生需要具备的条件。

图 10.12 所示为“定单处理”操作的活动图。

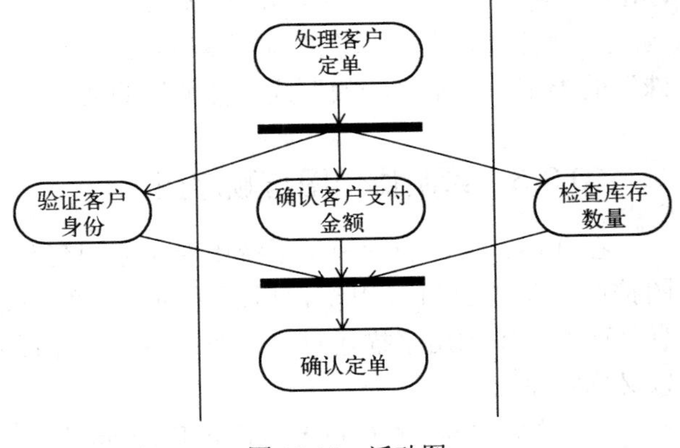


图 10.12　活动图

## 10.3.7 绘制状态图

一个状态图用于描述一个类的实例（对象）在其生命期中所处的不同状态，以及对象在不同状态之间进行的转换和进行这些转换的条件。这些信息可以用于类的详细设计，开发人员可以使用类的状态信息设计和编制类。

在浏览窗口中使用菜单项“New ► Statechart Diagram”可以创建新的状态图。状态图中可以加入对象的各种不同状态，其中包括两种特殊的状态：“初始状态”和“结束状态”。图 10.13 示意了图书销售管理系统中“Book”类对象的各种不同状态。

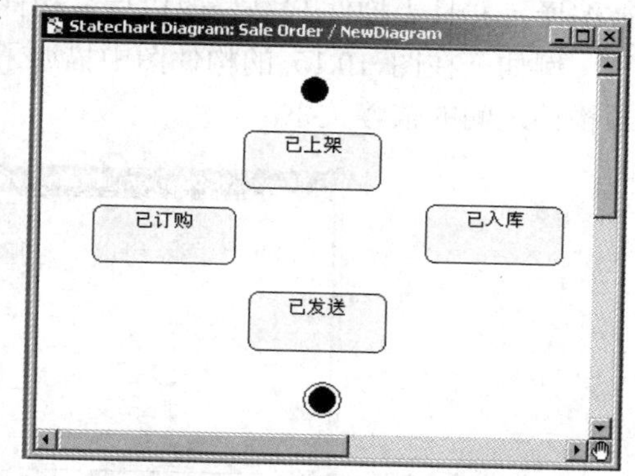


图 10.13　增加状态

在状态图中，还可以对状态的各种规范和相关属性进行增加和设置。其中包括该状态的名称、原型和说明文档，以及与该状态有关的活动。这里的活动是指对象在特定状态时的行为。

状态设置完成以后，需要在状态之间增加彼此的转换和设置与转换有关的属性。状态之间的转换使用带箭头的线段表示，箭头的方向由转换之前的状态指向转换之后的状态。也可以为某个状态增加一个到自身的状态转换，称之为“反身转换”。对新增加的状态转换，可以为其设置属性和规范。其中包括：导致状态转换的事件名称、原型、相关参数、该转换的说明文档、该状态转换发生时需要满足的条件、该状态转换进行时发生的动作、转换的初始状态和结束状态等信息。

图 10.14 示意了在图书销售管理系统中“Book”类对象的完整状态图。

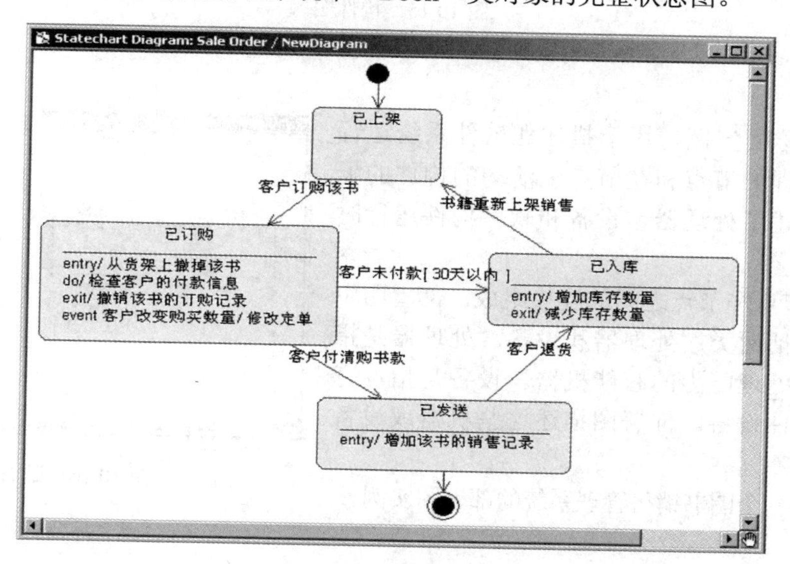


图 10.14　状态图

## 10.3.8 绘制构件图和部署图

### 1. 构件图

构件图用于描述组成软件系统的各个构件之间的依赖关系。构件是代码的物理模块，主要包括：源代码文件、二进制目标文件和可执行文件等。

在浏览窗口中的“Component View”项目上使用菜单项“New▶ Component Diagram”可以创建新的构件图。构件图由构件和构件之间的依赖关系组成。

在增加新的构件时，可以为该构件设置相应的规范，其中包括：构件的原型、构件使用的语言、构件的说明文档等构件的配置属性。

构件之间的依赖关系描述的是构件之间在编译、连接或执行时的相互关系。例如，如果构件 A 依赖构件 B，意味着构件 A 需要使用构件 B 提供的功能，那么构件 B 需要在构件 A 之前被编译，并且当构件 B 被修改以后，构件 A 需要重新编译。

例如，在图 10.15 的构件图中描述了主程序构件与书籍管理构件、定单管理构件和账户管理构件之间的依赖关系。

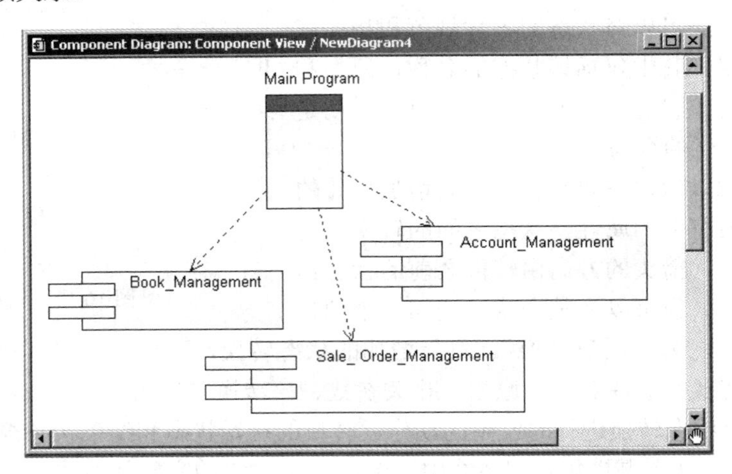


图 10.15　构件图

### 2. 部署图

部署图也称配置图，用于描述在软件系统运行时进行计算处理的节点和在节点上活动的构件的配置情况，它描述了处理器、设备和软件构件运行时的体系结构。

部署图由节点和节点之间的连接组成。部署图中的节点主要包括两类：处理器和设备。处理器是指具有独立数据处理能力的智能机器。设备是指没有处理能力的硬件设备。部署图描述这些机器或设备之间的物理连接。

图 10.16 为一个图书销售管理系统的部署图实例。

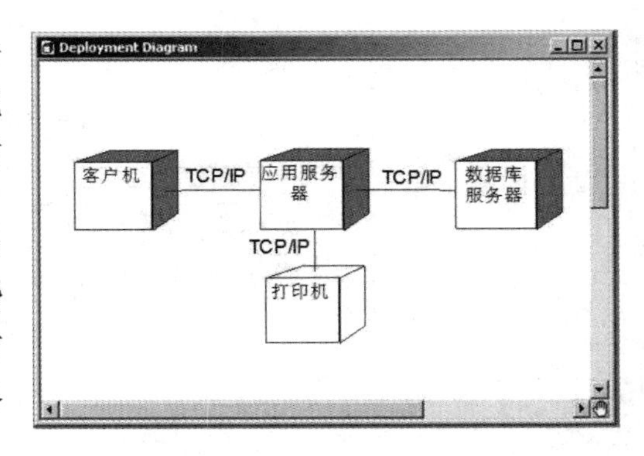


图 10.16　部署图

## 10.4　案 例 分 析

### 10.4.1　案例一：ATM 系统

#### 1. 问题陈述

ATM（Auto Trade Machine）自动出纳机业务是银行网络系统的重要组成部分，包括人工出纳和分行共享的自动出纳机；各分理处用自己的计算机处理业务（保存账户、处理事务等）；各分理处与出纳站通过网络通信；出纳站录入账户和事务数据；自动出纳机与分行计算机通信；自动出纳机与用户接口，接受现金卡，发放现金，打印收据；分行计算机与拨款分理处结账。

要求系统正确处理同一账户的并发访问；网络费用平均摊派给各分理处。图 10.17 给出了银行网络系统的示意图。

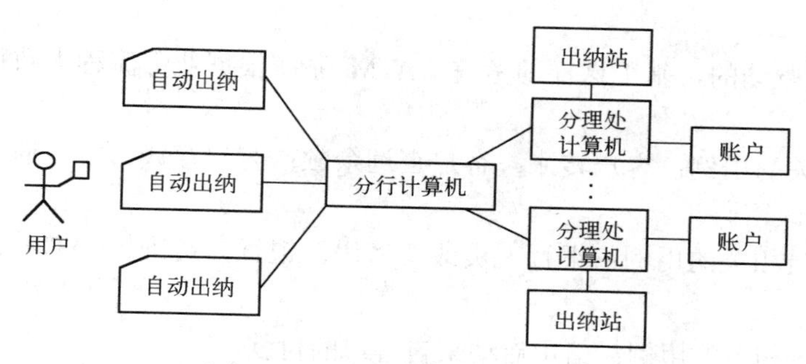


图 10.17　银行网络系统的示意图

## 2. 系统需求分析

ATM 系统包括软件和硬件控制部分，因此了解外部设备如何协调工作是整个建模的基础。ATM 取款机的业务大致分为 4 部分：查询余额、取款、存款和更改密码。根据具体的业务对系统进行建模，一个功能完整的 ATM 系统必须包括以下几个模块：

① 读卡机模块。在这个功能模块中，允许客户将银行卡插入读卡机，读卡机识别卡的种类并在显示器上提示输入密码。

② 输入模块。在该功能模块中，客户可以输入密码和取款、存款金额等，并选择要完成的事务。通常在键盘上只设置数字键和选择键，目的是方便客户使用。在该功能模块中，需要客户的交互。

③ IC 认证模块。这个功能模块主要用于鉴别卡的真伪。基于 IC 卡的安全授权系统，要求从技术上严格保证卡的唯一性与防伪性，使基于数字化形式的电子政务和电子商务安全运转，保证网络系统安全。

④ 显示模块。在该功能模块中，显示一切与客户有关的信息，包括客户交互时所需的提示信息和确认信息。

⑤ 吐钱机模块。该模块的功能是按照客户的需求，选择合适面值的钞票给客户，这是比较关键的模块。

⑥ 查询打印模块。该模块为客户提供查询余额、打印交易明细及取款凭据的功能。

⑦ 监视器模块。该功能模块的设置，是为防止意外事件产生。设置了监控摄像头，以保证户外交易的安全性。银行有权调查取款记录。

ATM 系统功能需求如图 10.18 所示。

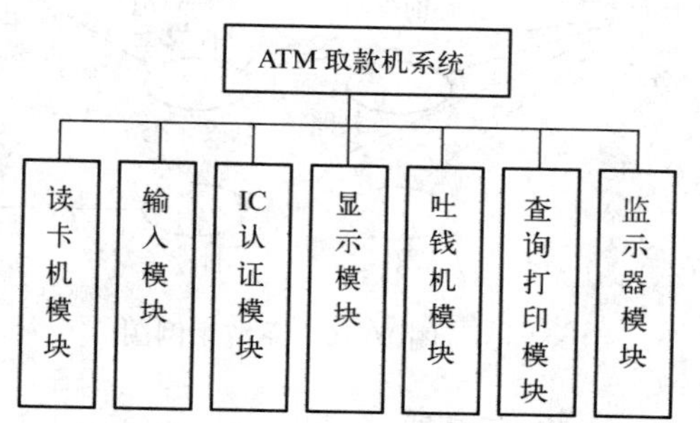


图 10.18　ATM 系统功能需求

## 3. 建立系统用例模型

（1）角色的确定

首先考察 ATM 系统需要为哪些人服务，可有如下角色：

① 客户使用 ATM 系统进行现金交易；

② 银行有关人员更改 ATM 的设置，放置现金，维护机器等；

③ 信用系统作为外部的角色参与整个交易过程。

ATM 作为一个独立的系统，与客户、银行人员和信用系统这 3 个角色产生交互，最终确定以下角色：客户；银行人员；信用系统。

（2）确定用例

用例是由角色驱动的，基于这样的考虑，ATM 系统根据业务流程大致可以分为以下几个用例：

① 与客户相关的用例：客户转账；客户查询余额；客户存钱；客户通过信用系统付款；客户取钱；客户修改密码。

② 与银行人员相关的用例：银行人员改变密码；银行人员维护 ATM 硬件；银行人员为 ATM 添加现金。

③ 与信用系统相关的用例：信用启动来自客户的付款。

（3）建立系统用例图

系统用例图如图 10.19 所示。

### 4. 建立系统动态模型

动态模型包括活动图、顺序图和协作图等。这些 UML 图是对系统动态特征的描述。

（1）活动图

活动图展示了系统中的功能流，可以在业务模型中显示业务工作流；可以在收集需求时显示一个使用案例的事件流。活动图可以分为垂直泳道，每个泳道表示工作流中不同的角色。通过不同泳道中活动之间的过渡，可以了解角色之间的通信流程。图 10.20 示意了开户过程的活动图。经过这样的可视化建模，读者可以比较清楚地知道整个开户过程的业务流程，以便为将来的细化工作做准备。

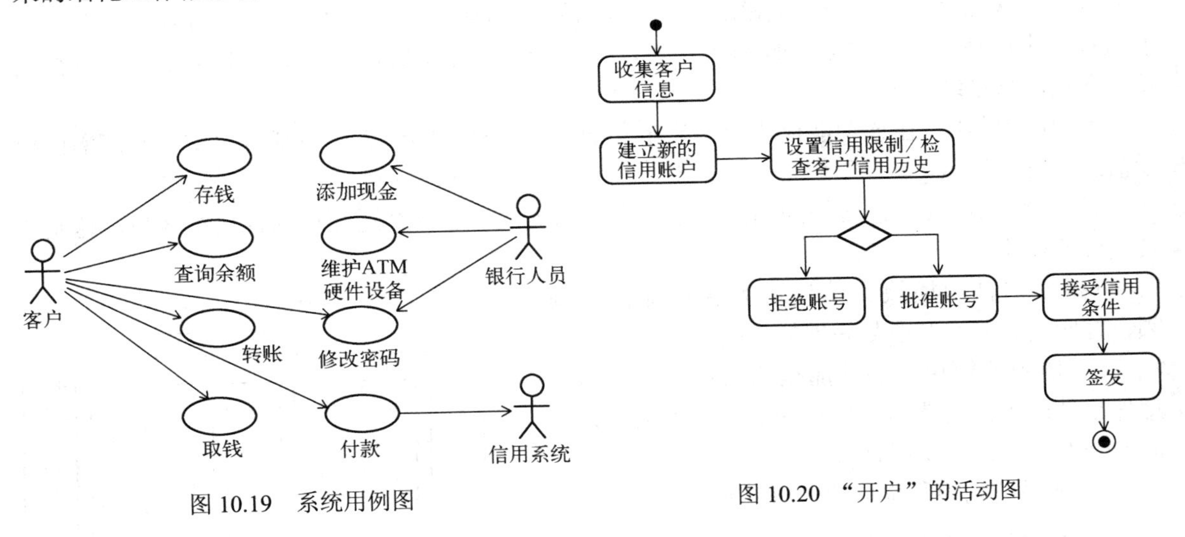


图 10.19　系统用例图

图 10.20　“开户”的活动图

（2）顺序图

表现系统流程及系统元素之间的交互关系可以用顺序图与协作图，它们能够清晰地表达系统流程，以及系统元素之间的交互关系，在时间与空间顺序上说明系统元素之间的关系。顺序图的功能是按时间顺序描述系统元素间的交互。

图 10.21 所示为客户取款的顺序图。

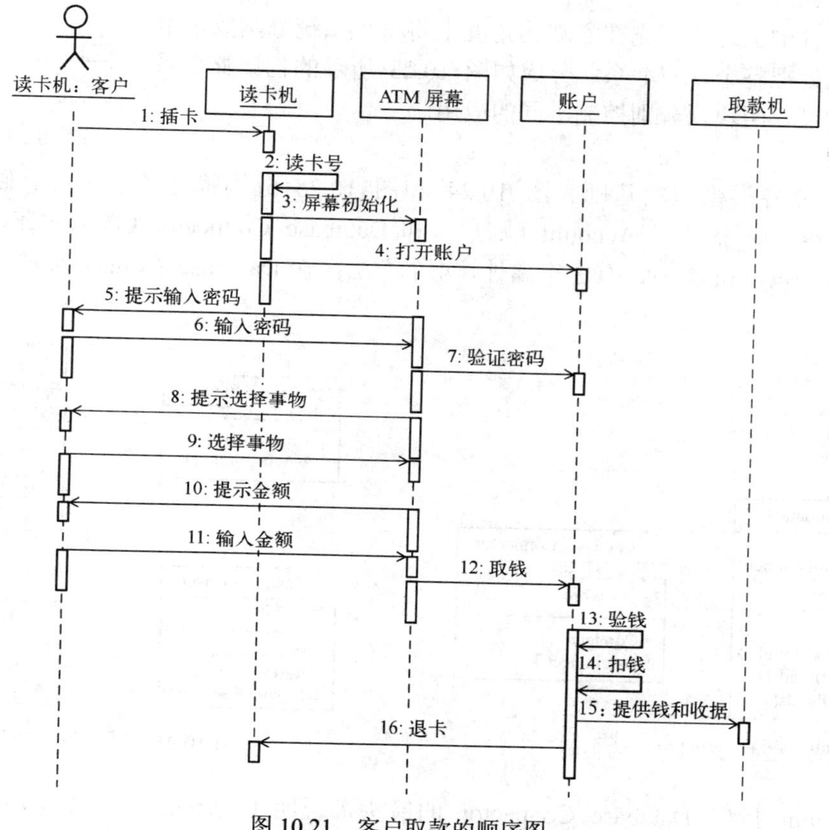


图 10.21　客户取款的顺序图

（3）协作图

图 10.22 描述了客户取款的协作图。参与交互的对象有 ATM 屏幕、客户的账户、取款机、读卡机。消息的编号给出了取款过程的执行顺序。

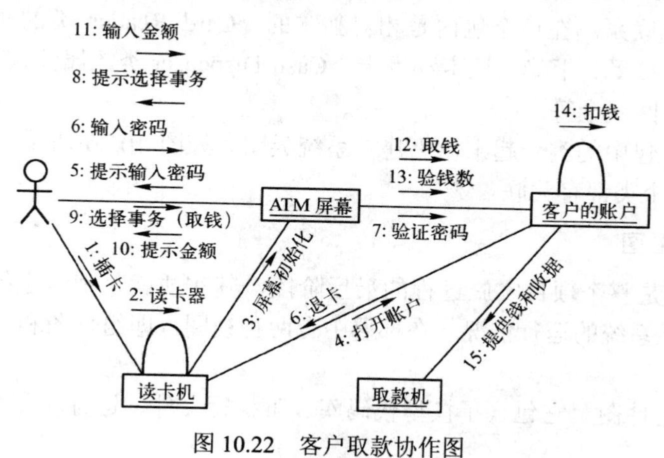


图 10.22　客户取款协作图

协作图与顺序图都是交互图，但两种图具有不同的作用。顺序图强调对象之间交互的时间顺序，而协作图则主要考虑通过对象之间的交互，共同协作完成任务的过程。

### 5. 系统类模型

（1）系统包图

在定义具体的类之前，先在宏观的角度上将整个系统分割成多个独立的包。此处把整个 ATM 系统分成如图 10.23 所示的包。整个系统分为硬件和逻辑两块，分别控制不同的应用。

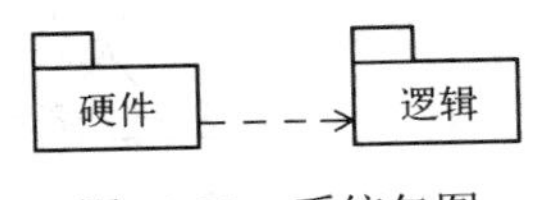


图 10.23　系统包图

（2）类图

类图是建立各类模型的基础。图 10.24 和图 10.25 分别描述了逻辑包、硬件包中的类图。在图 10.24 中，描述了 Account（账户）和 Database Connector（数据库连接）两个类之间的关系。在 Account 类中，有 3 个属性，4 个方法；在 Database Connector 类中有 2 个属性和 2 个方法。

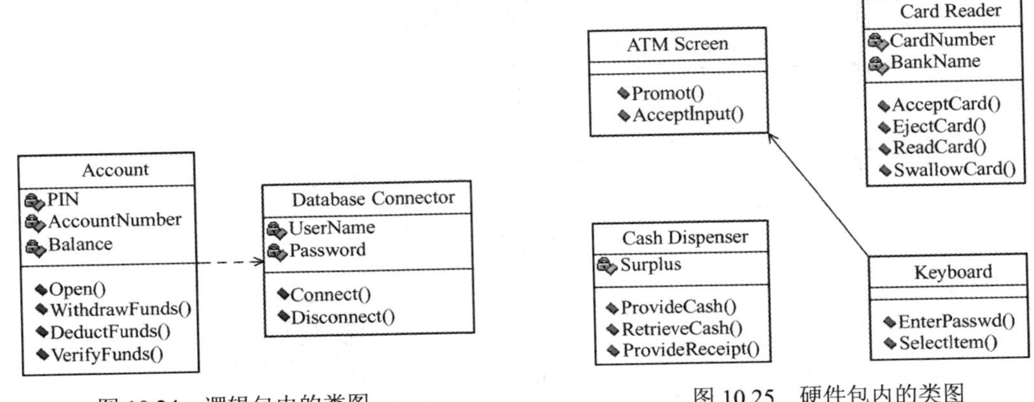


图 10.24　逻辑包内的类图　　　　图 10.25　硬件包内的类图

从 Account 指向 Database Connector 的箭头，说明了 Account 类要发消息给 Database Connector 类，请求得到消息。当用户名和密码经过验证后，就可以访问数据库了。

在硬件包内，有 4 个类，其中 Keyboard（键盘）类通过发送消息来传递客户发出的指令，例如客户输入的密码、选择存钱还是取钱等操作。

类 Cash Dispenser（吐钱机）和 Card Reader（读卡器）都跟逻辑包中的 Account 类有联系，但彼此之间没有消息联系。在这个包内是相对独立的。Card Reader 类的属性是卡号和银行代号，有 4 个方法，即接受、拒绝、读卡和吞卡。Cash Dispenser 类的属性只有 Surplus（金额），方法有提供现金、收回现金等。

将逻辑包与硬件包中的类合起来，可建立系统类图。如图 10.26 所示，共有 6 个类，其中 Account 类跟其他 4 个类都有关联。

### 6. 建立系统部署图

ATM 系统部署是整个项目实施过程的最后阶段，其实质就是把该系统中涉及的硬件、软件整合到一起，描述系统的运行情况。在部署中有两种视图，即组件图和部署图。

（1）组件图

组件图也称为构件图，它包含了模型代码库、可执行文件、运行库和其他组件的信息。它是代码的实际模块。

组件图分为两部分：Client 和 Server。

如图 10.27 所示，ATM 系统 Server 的组件图中，Account 类跟 Server 服务器有紧密的联系。深灰色表示是账目类的一个实例。

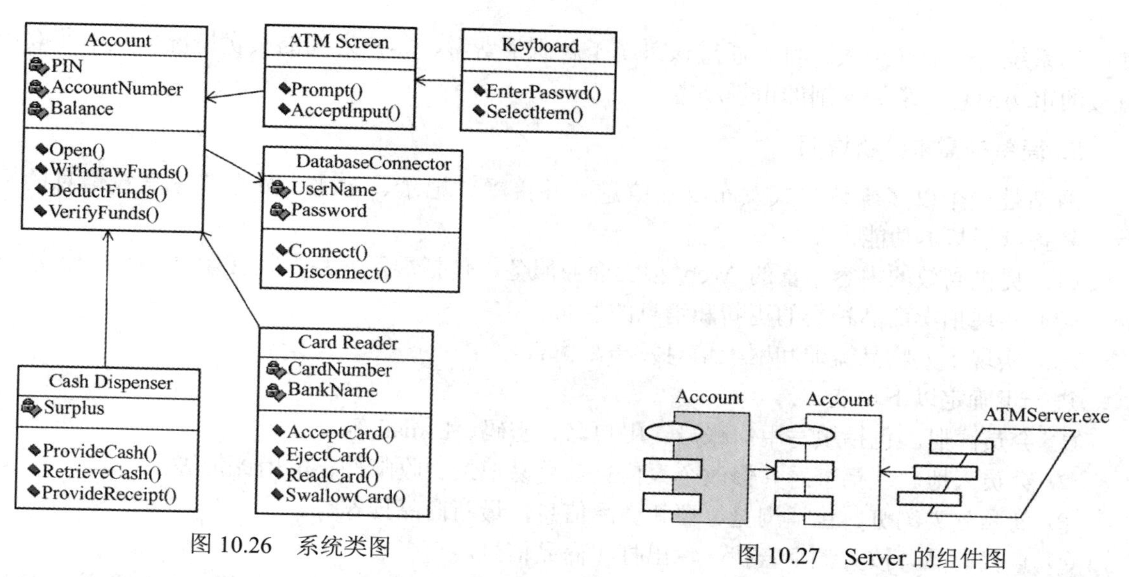


图 10.26　系统类图

图 10.27　Server 的组件图

ATM 系统中 Client 的组件图，如图 10.28 所示，在 Client 中包含了 ATM 取款机的基本硬件。最终将客户端打包成一个 exe 应用程序，包括 3 个组件：Card Reader、ATM Screen 和 Card Dispenser。深灰色表示它们所对应的实例。

（2）部署图

ATM 系统的部署图如图 10.29 所示。在该部署图中只画出了一个 ATM Client，一个地区的 ATM 服务器，银行数据库服务器，以及一台打印机，它大致上描述了整个系统的物理部署情况。

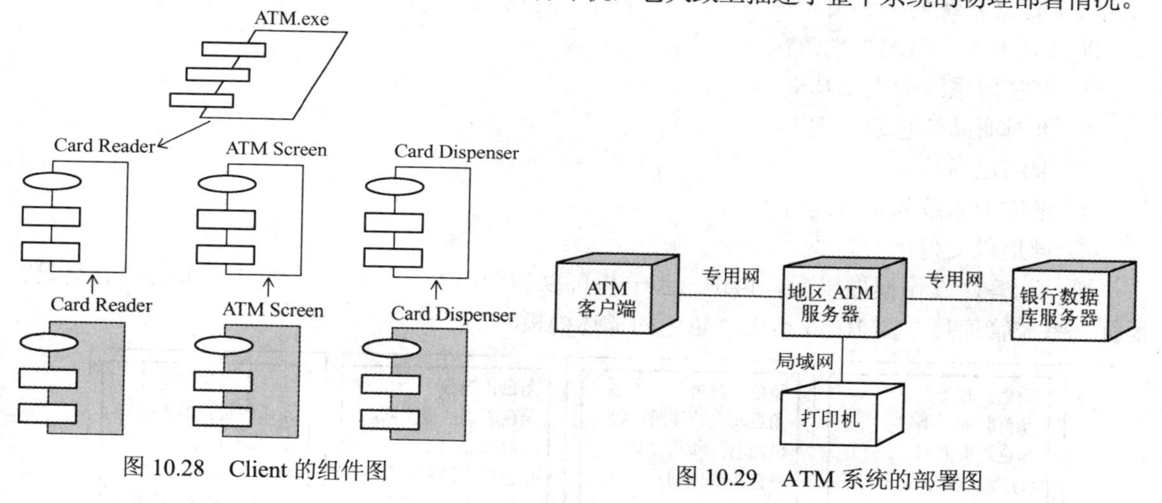


图 10.28　Client 的组件图

图 10.29　ATM 系统的部署图

## 10.4.2　案例二：网上拍卖系统

### 1. 问题的描述

随着 Internet 技术的发展和互联网的日益普及，互联网用户中约 1/4 的用户使用 Internet 进行互联网通信或经贸活动。

网上拍卖系统是一个在互联网上模拟拍卖环境的典型的范例。可实现从展示产品、相互竞价到最后产品成交等一系列功能；用户可以轻松实现在线商品拍卖和竞标。

该系统为用户提供了一个网上交易的平台，企业（个人）可以以拍卖的方式出售自己的产品；可以进行商品展示、拍卖竞投、网上支付和新商品发布等。网上的用户可以安全、便捷地使用该系统。企业（个人）可以通过该系统了解到消费者、客户之间的买卖情况，从中获取最直接的市场消息，掌握详细的市场动态。

### 2. 简单的需求分析说明

网站是一个以多媒体方式发布物品信息，并接受、记录、对比、处理买家竞投信息的平台，具备以下基本功能：

（1）提供高效的内容丰富的 Web 拍卖商业服务，包括展示产品、相互竞价、产品成交。

（2）实现拍卖商品种类的更新和消息的发布。

（3）实现个人物品流通和网上信息发布、留言。

进一步确定以下功能：

① 会员注册。包括填写用户账号、用户名、密码、E-mail 等。

② 会员天地。包括查看并修改个人信息、交易记录、收邮件、信用评价等。

③ 商品分类浏览。包括浏览、更新商品信息，最新商品推荐等。

④ 查找商品。按关键字查找、输出打印商品信息。

⑤ 拍卖商品。包括提供商品信息：商品名称、类别、图片、起拍价格、新旧程度、使用时间。

⑥ 购买商品。包括超级搜索查找商品、填写竞价、登记需购商品等。

⑦ 网上支付。通过银行系统进行交易。

### 3. 用 UML 的静态建模机制定义并描述本系统的静态结构

（1）建立系统的用例图

通过以下 5 个问题识别角色：

① 谁使用系统的主要功能？

② 谁对商品信息感兴趣？

③ 谁浏览商品？

④ 谁维护系统的正常运行？

⑤ 谁提供支付平台？

通过回答这 5 个问题以后，再进一步分析可以识别出本系统的 4 个角色：非会员、会员、银行、系统管理员。图 10.30 给出了角色的描述模板。

| 角色：非会员 | 角色：会员 | 角色：银行 | 角色：系统管理员 |
| --- | --- | --- | --- |
| 角色职责：浏览。<br>角色职责识别：<br>(1) 浏览商品。<br>(2) 对商品信息感兴趣。 | 角色职责：注册、提供商品、购买商品。<br>角色职责识别：<br>(1) 浏览商品。<br>(2) 使用系统主要功能。<br>(3) 对商品信息感兴趣。 | 角色职责：提供网上支付功能。<br>角色职责识别：负责提供网上支付平台。 | 角色职责：维护系统正常运行。<br>角色职责识别：<br>(1) 负责保持系统的正常运行。<br>(2) 维持系统完整性。 |

图 10.30　角色的描述模板

通过对问题的分析，根据业务流程可以分为以下几个用例：

① 与会员相关的用例：会员注册；会员天地；分类浏览；查找商品；卖商品；支付。

② 与非会员相关的用例：分类浏览；查找商品；会员注册。

③ 与系统管理员相关的用例：商品类别管理；拍卖商品管理；会员管理；公告栏管理。

④ 与银行相关的用例：在线支付。

根据对以上角色、用例的分析，画出网上竞价拍卖系统用例图，如图 10.31 所示。

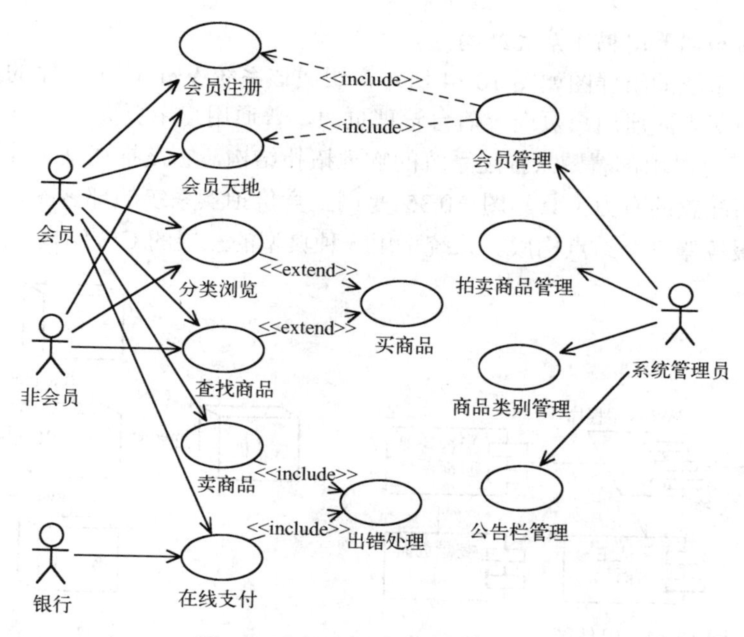


图 10.31　网上拍卖系统的用例图

（2）识别系统的类

从用例图中和系统分析说明中采用名词和实体识别法识别出：会员，非会员，系统管理员，银行，商品，商品信息库，会员信息库，广告，广告信息库这几个类。

图 10.32 对识别的类进行了描述，分别标识了类的名称、属性和操作。在确定类的基础上，再进一步标识类之间的关系，建立类图，如图 10.33 所示。

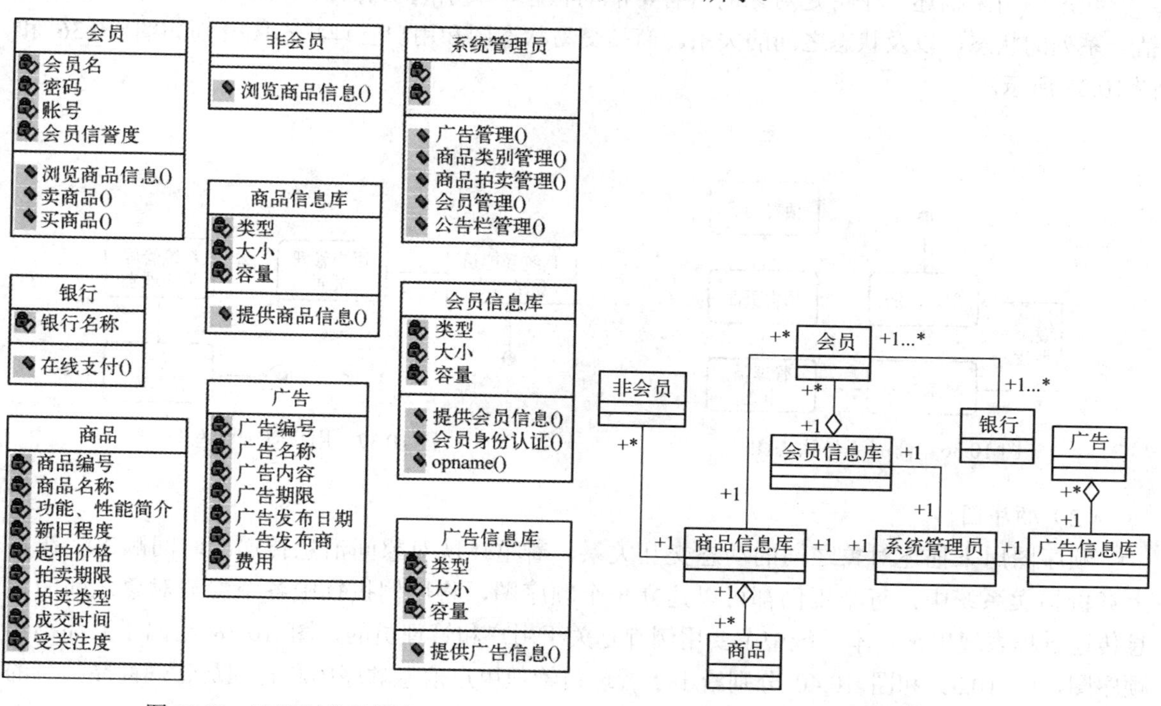


图 10.32　已识别类的描述

图 10.33　系统类图

（3）用组件图和部署图描述系统结构

网上竞价拍卖系统的组件图如图 10.34 所示，组成该系统 Web 应用程序的页面包括：登录页面，系统主页面即未注册用户页面，后台管理页面，普通用户主页面。

在 UML 中还可以用部署图来描述系统的物理拓扑结构，它是描述基于计算机的应用系统的物理配置或逻辑配置的有力工具。图 10.35 是网上竞价拍卖系统的部署图，由客户端、应用服务器和数据库服务器三个结点构成。系统采用一种典型的三层的 C/S 结构。

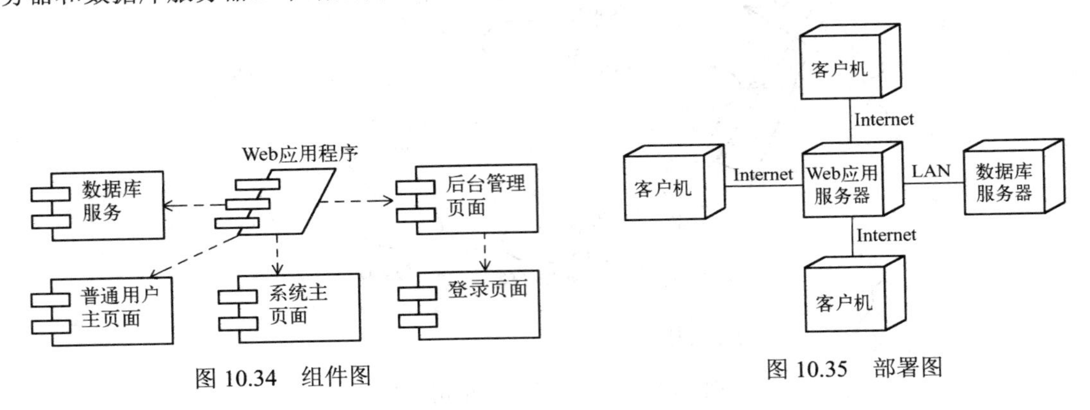


图 10.34　组件图

图 10.35　部署图

## 4. 建立动态模型

用 UML 的动态建模机制定义并描述系统结构元素的动态特性及行为。分别建立重要类的状态图、顺序图和合作图。

（1）状态图

状态图用来描述一个特定对象的所有可能的状态及其引起状态转移的事件。一个状态图包括一系列的状态，以及状态之间的关系。商品交易状态图和用户管理状态图分别如图 10.36 和图 10.37 所示。

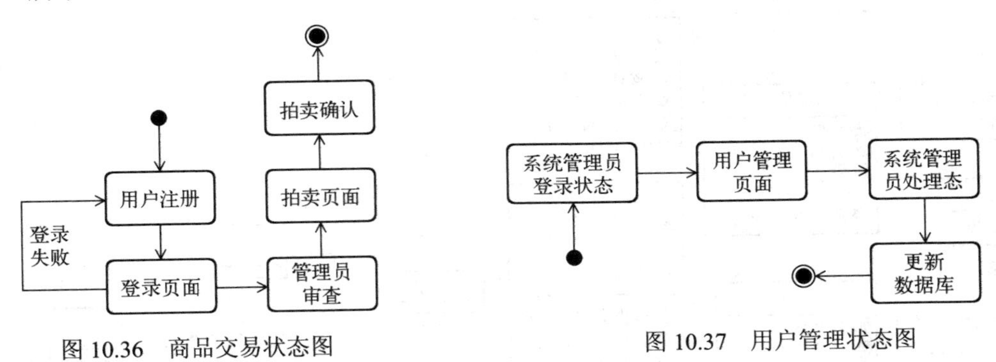


图 10.36　商品交易状态图

图 10.37　用户管理状态图

（2）顺序图

顺序图用来描述对象之间的动态交互关系，着重体现对象间消息传递的时间顺序。在网上竞价拍卖系统中，每个用例都可以建立一个顺序图，将用例执行中各个参与对象之间的消息传递过程表现出来。本系统中主要用例都是关于用户和管理员的，图 10.38 给出了商品拍卖顺序图，图 10.39 和图 10.40 分别给出了管理员管理用户信息顺序图和管理员管理商品信息的顺序图。

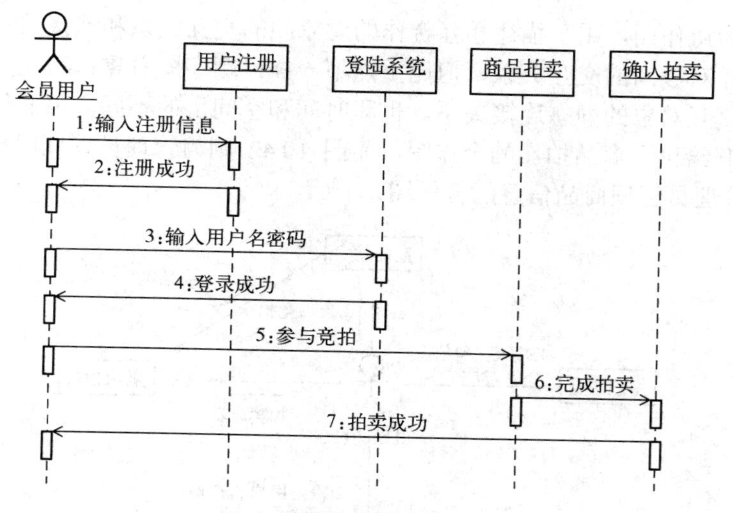


图 10.38　商品拍卖顺序图

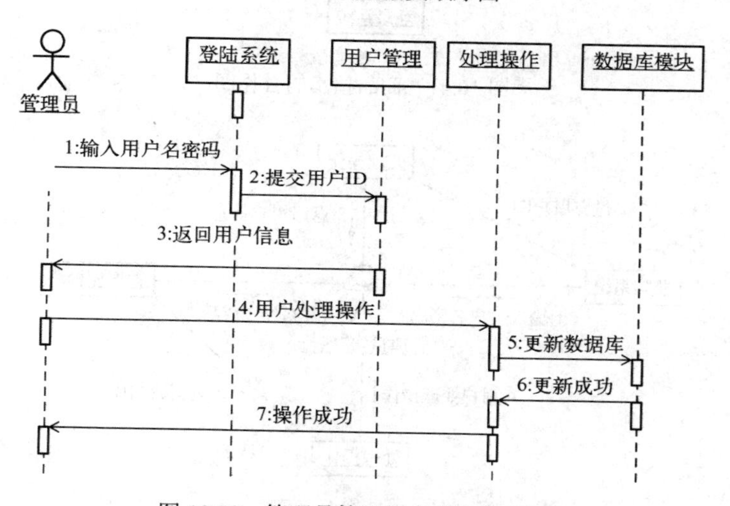


图 10.39　管理员管理用户信息顺序图

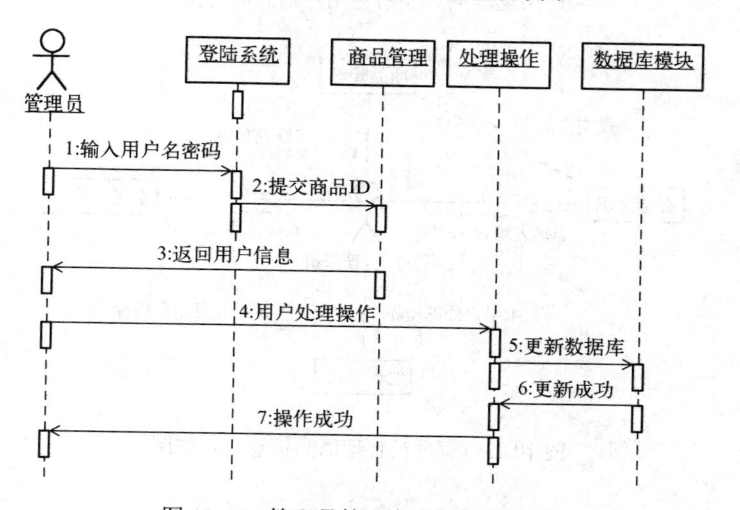


图 10.40　管理员管理商品信息顺序图

（3）合作图

合作图也称为协作图，用于描述相互合作的对象间的交互关系和连接关系。虽然顺序图和合作图都用来描述对象间的交互关系，但侧重点不一样，顺序图着重体现交互的时间顺序，合作图则着重体现交互对象的静态连接关系。也即时间和空间上的不同。下面仍以顺序图中的过程为例，图 10.41 给出了商品拍卖的合作图，而图 10.42 则为管理员管理用户信息的合作图，图 10.43 描述了管理员管理商品信息的合作图。

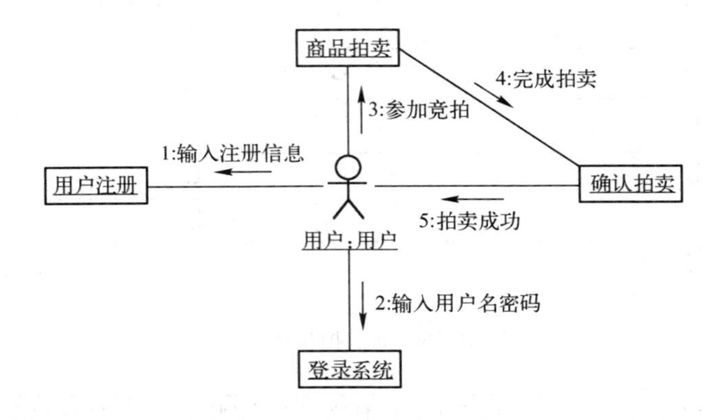


图 10.41　商品拍卖的合作图

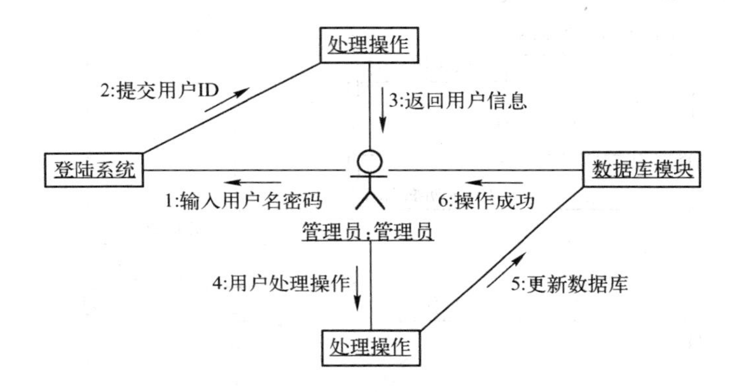


图 10.42　管理员管理用户信息的合作图

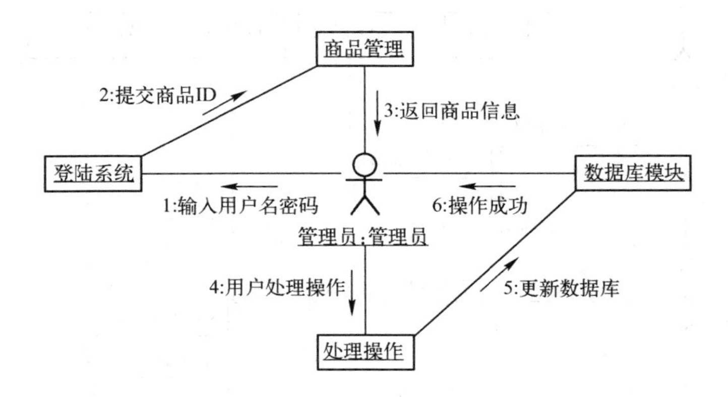


图 10.43　管理员管理商品信息的合作图

（4）活动图

活动图模型主要用于描述系统在问题域空间中的活动流程，活动图可以方便地描述系统中的并发活动。由于本例中并没有复杂的并发活动，而且也没有明显的基于核心的、具有复杂状态和行为的对象，所以可以不必画出活动图。

### 10.4.3 案例三：会议管理系统

#### 1. 问题陈述

有一个对外营业的会议中心，有各种不同规格的会议室，为用户提供以下服务：

（1）用户可以按照会议人数、时间预订会议室。可以只预订 1 次，也可预订定期召开的会议。

（2）开会前允许修改会议时间、人数，重新选择会议室，甚至取消预订的会议。

（3）确定会议预订后，会议中心负责会务管理，包括通过邮寄或电子邮件，通知开会人员有关会议信息，制作代表证等。

（4）系统根据会议室的使用情况（紧张与否），调整、更改会议室和会议时间，并调整修改预订会议的时间。

#### 2. 建立用例模型

（1）识别角色

找出所有可能与系统发生交互行为的外部实体、对象、系统。

考虑系统的主要功能的使用者，就会想到用户和系统管理者，但如果直接将用户定义为角色，系统的所有功能几乎都由用户使用。根据问题的描述，系统要求将会议和会议的召开分开来。

从会议的角度看，允许用户定义、更改或删除一个会议。

从会议召开的角度看，允许用户为某个会议定义召开的时间、参加人数，更改相应的数据或删除已定义的会议的召开。

因此，将用户识别为“会议管理者”和“会议申请者”两个角色。

本系统定义以下角色：

- 会议管理者（Meeting Administrator）。
- 会议申请者（Meeting Instance Requester）。
- 邮局（Post Office）。
- 会议人员管理（Attendee Management）。
- 系统维护者（System Maintainer）。

（2）用例识别

在识别角色的基础上，列出与角色相关的用例，有的用例与多个角色相关，经过分析，排除重复的用例，确定系统的用例（打 ▲）。

① 与会议管理者相关的用例：

- 定义一个会议（Define Meeting）▲。
- 更改一个会议（Alter Meeting）▲。
- 删除一个会议（Remove Meeting）▲。

② 与会议申请者相关的用例：

- 申请会议召开（Request Meeting Instance）▲。
- 更改申请（Chang Request）▲。
- 取消申请（Cancel Request）▲。

- 定义参加人员（Add Attendee）▲。
- 归还会议室（Release Room）▲。

③ 与邮局相关的用例：

- 申请会议召开（Request Meeting Instance）。
- 更改申请（Modify Request）。
- 取消申请（Cancel Request）。

④ 与会议人员管理相关的用例：

- 定义参加人员（Add Attendee）。
- 取消申请（Cancel Request）。
- 申请会议召开（Request Meeting Instance）▲。
- 更改申请（Modify Request）。

⑤ 与系统维护者相关的用例：

- 会议室维护（Meeting Room Maintenance）▲。
- 设定预定时限（Set Reservation Tome Limit）▲。

（3）会议管理系统的用例图

在确定角色和用例的基础上，画出用例图如图 10.44 所示。

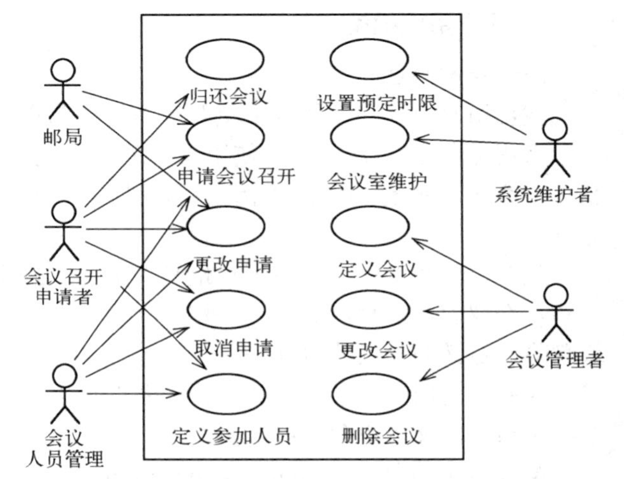


图 10.44　会议管理系统的用例图

（4）对用例的进一步描述

① 用例1：定义会议（Define Meeting）

- 输入会议名称。
- 确定会议规模，即参会人数范围。
- 确定会议类型。

② 用例2：更改会议（Alter Meeting）

- 改变会议名称。
- 改变会议规模。
- 改变会议召开频度。

③ 用例3：删除会议（Remove Meeting）

- 如果该会议没有召开申请，从会议列表中删除。
- 如果该会议有召开申请，取消与之相关的会议召开信息，删除该会议。

包含用例18、用例6。

④ 用例4：申请会议召开（Request Meeting Instance）

- 确定召开时间（年、月、日）。
- 确定参加人员。
- 确定候选会议室。
- 发会议通知。

包含用例11、用例13。

扩展：如果召开时间在申请时限之外，用例12；如果还没定义参加人员，用例7。

⑤ 用例5：更改申请（Modify Request）

- 更改召开时间。
- 更改参加人员。
- 更改分配的会议室。

● 发会议更改通知。
使用用例13、用例11。
扩展：如果更改的时间不合法，用例12，用例7。
⑥ 用例 6：取消会议召开（Cancel Request）
● 取消申请。
● 归还会议室。
● 发会议取消通知。
包含用例 8、用例 14。
如果会议已召开，扩展用例 12。
⑦ 用例 7：定义参加人员（Add Attendee）
● 输入参加人员的详细信息。
● 定义参加组。
⑧ 用例 8：归还会议室（Release Room）
● 输入会议室号码。
● 输入使用时间。
● 删除参加人员。
● 归还会议室。
包含：用例 9、用例 18。
⑨ 用例 9：会议维护（Meeting Room Maintenance）
● 加入一个会议室（用例 15）。
● 标记一个会议室不可用（用例 16）。
● 查询会议室预定情况（用例 17）。
⑩ 用例 10：设置预定时限制（Set Reservation Time Limit）。设置时间限。
⑪ 用例 11：发会议通知（Inform of Meeting）
● 从会议人员管理处获得参加人员的投递地址。
● 填写通知（会议召开时间、会议室号码）。
● 发送通知。
⑫ 用例 12：申请拒绝（Request Rejection）
● 取消当前的一切输入。
● 中止用户当前的操作。
⑬ 用例 13：选择会议参加人员组（Select Group Attendee）
● 浏览会议组成员。
● 选择参加组。
⑭ 用例 14：会议取消通知（Inform of Cancellation）
● 从会议人员管理处获取参加人员地址。
● 填写通知。
● 发送通知。
⑮ 用例 15：增加会议室（Add Meeting Room）
● 输入会议室号码。
● 输入会议室规模。
● 输入会议室可使用状态（可使用、不可使用）。

● 加入该会议室。

⑯ 用例 16: 设置会议室不可使用（Set Unusable Flag）

● 输入会议室号码。

● 通知该会议室的预订者。

● 标记该会议室的状态为不可用。

⑰ 用例 17: 查询会议室的使用情况（Browse Meeting Room usage）

● 输入会议室号码。

● 查询。

本用例返回会议室的使用状态（已使用、空闲）和会议室可否使用情况。

⑱ 用例 18：删除会议参加人员（Remove Attendee）

● 删除参加人员。

● 删除参加组。

（5）完整的会议管理系统的用例图

由于新版的 UML 中，用包含（<<include>>）替代了使用（<<use>>），本案例中，使用<<include>>。完整的会议管理系统的用例图如图 10.45 所示。

### 3. 建立类模型

除了用例模型外，其他模型都依赖于类模型，因此，类模型是 OO 方法的核心。类模型从对象的角度描述系统的组成，描述类（对象）及相互间的关系。为了建立类模型，首先要识别类，鉴于篇幅，这里就不再讨论类的识别过程。

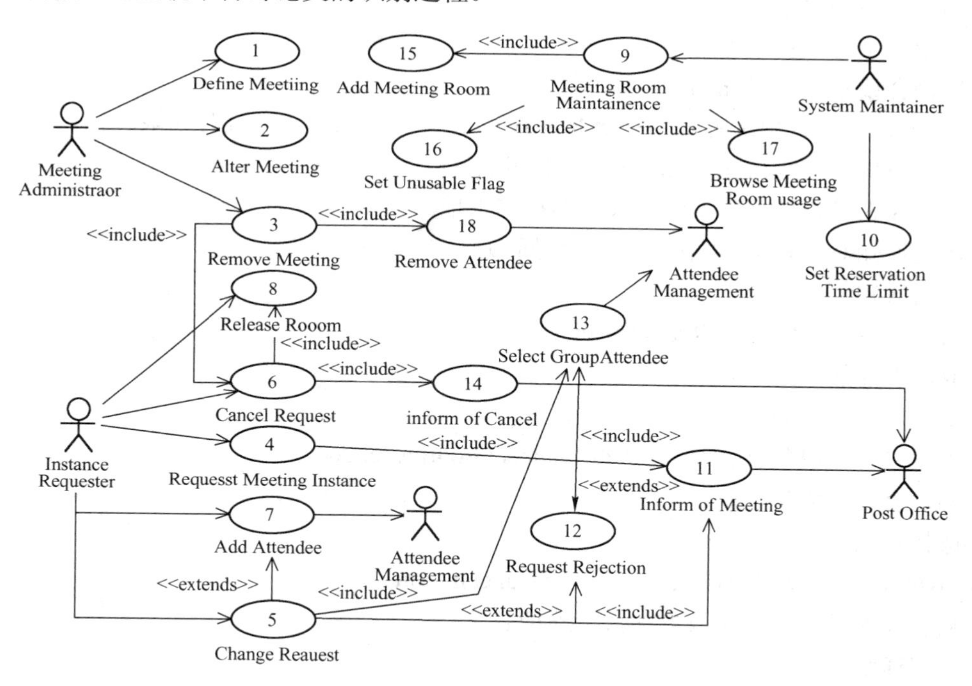


图 10.45 完整的会议管理用例图

下面对所识别的类进行描述：

（1）Meeting 类

该类与会议召开不同，它标识了一个会议，如图 10.46 所示。因此，其属性包括会议名称、类型、规模（参加会议的人数），其操作则有：增加会议、取消会议。一个会议往往有多个子会议（子类）的召开，因此，必须描述 Meeting 类与其子类（MeetingInstance 类）之间的关联，如图 10.47 所示。

（2）MeetingInstance 类

MeetingInstance 类是 Meeting 类的子类，用来描述会议的具体情况，会议开始时间（Start Time），结束时间（End Time），参会人数（AttendeeNumber）。其操作有：添加参加人员 AddAttendee ()、添加参加人员组 AddGroupAttendee ()，AttachMeetingRoom ()为该类分配一个会议室，Cancel()为取消该会议的召开。

（3）MeetingRoom 类

该类描述了有关会议室的情况，如图 10.48 所示。MeetingRoom 类的属性包括：会议室的规模 Capacity，位置 BuildingCode、DoorCode，使用状态 Status（正在使用、已预定、空闲和不可用）等。

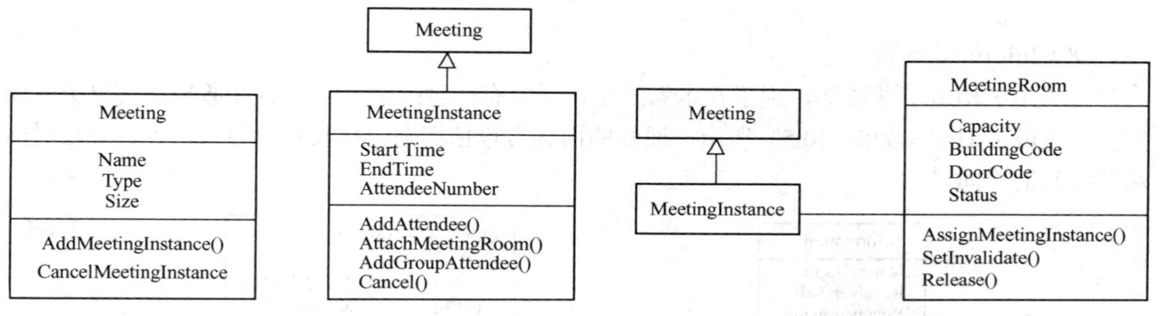


图 10.46　Meeting 类图　图 10.47　MeetingInstance 类图　图 10.48　MeetingRoom 类图

该类的操作有：AssignMeetingInstance ()将 MeetingRoom 分配给 MeetingInstance 对象，而 SetInvalidate () 则表示当会议室出现故障时，将其状态设置为不可用。Release ()为归还会议室。

当会议被预定后，为了便于查询某个会议室预定给了哪个会议，应建立类 MeetingRoom 与类 MeetingInstanc 之间的双向关联，这里定义为 1∶1。

（4）Attendee 类

Attendee 类描述参加会议人员的有关信息，如姓名、性别、地址、E-mail 地址、头衔等。MeetingInstance 类与 Attendee 类之间有一对多的关联“1..*”，如图 10.49 所示。

（5）GroupAttendee 类

该类可创建一个参加会议的组，便于按照小组选择参加会议的人员。MeetingInstance 类与 GroupAttendee 类之间有一对多的关联 “0..*”，如图 10.50 所示。

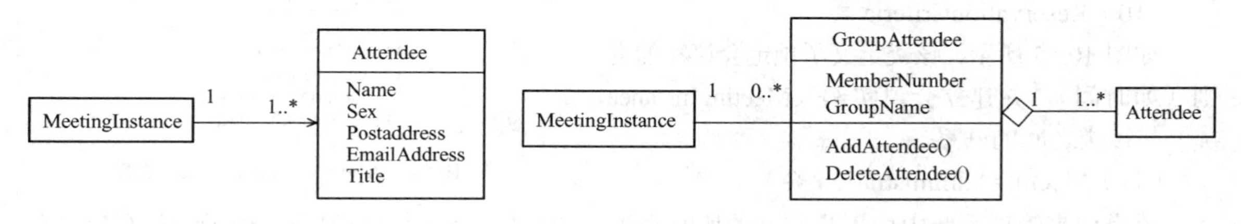


图 10.49　Attendee 类图　图 10.50　GroupAttendee 类图

（6）Address 类

系统中有两种地址：电子邮件地址（E-mailAddress）和邮寄地址（PostAddress），而且，每个参加会议的人，可以有 1 个或者多个邮寄地址，有 0 个或多个 E-mail 地址，如图 10.51 所示。有关地址的属性，在这里不再讨论。

（7）PostOffice 类

它负责发送邮寄通知。PostOffice 类分别与 PostAddress、E-mailAddress 和 Information 之间有一对多的关联。将 PostOffice 类表示为一个角色，如图 10.52 所示，是因为在构造用例模型时已定义了该角色。

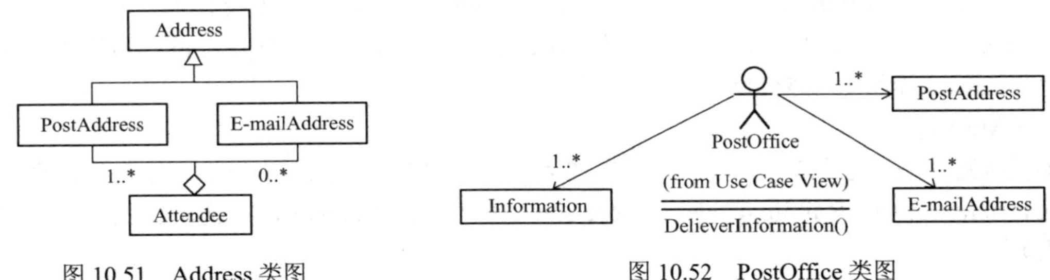


图 10.51　Address 类图　　　　图 10.52　PostOffice 类图

（8）Information 类

该类用于构造一条通知，由于在本系统中，通常有三种通知：会议召开通知，会议更改通知，会议取消通知。如图 10.53 所示，通知的内容常包括标题、接收者、会议内容、会议时间及发通知的时间等。

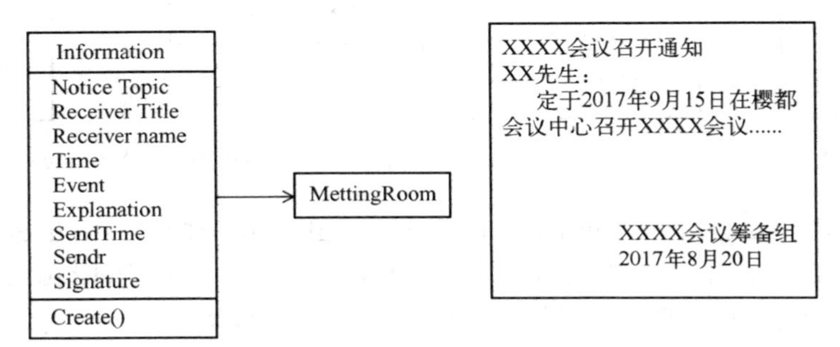


图 10.53　Information 类图

（9）AttendeeManagement 类

该类使用数据库对参加会议的人员进行管理。分析阶段只确定该类与系统的接口，有关数据库的设计在设计阶段解决。该类与 GroupAttendee 类及 Attendee 类的关联如图 10.54 所示。

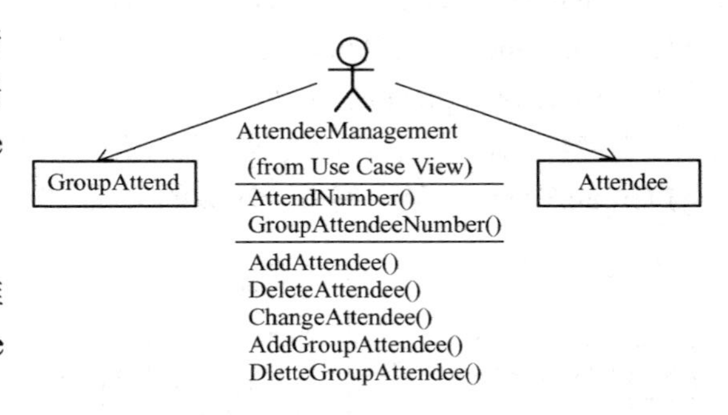


图 10.54　AttendeeManagement 类图

（10）ReservationCriteria 类

如图 10.55 所示，该类定义了预定会议室的准则（如时间），并建立会议实例（MeetingInstanee 类）与该类之间的联系。

（11）MeetingAdministration 类

该类用来管理系统中由用户定义的所有会议，并提供友好的用户界面。由于该类有定义会议（DefineMeeting）、更改会议（AlterMeeting）、删除会议（RemoveMeeting）等操作，因此建立与 Meeting 类之间的关联关系，如图 10.56 所示。

MeetingAdministration 类以当前所有会议名称为关键字来管理这些会议，即可将 MeetingName 看做 MeetingAdministration 类的限定词。

根据以上确定的类，建立系统的类图，如图 10.57 所示。

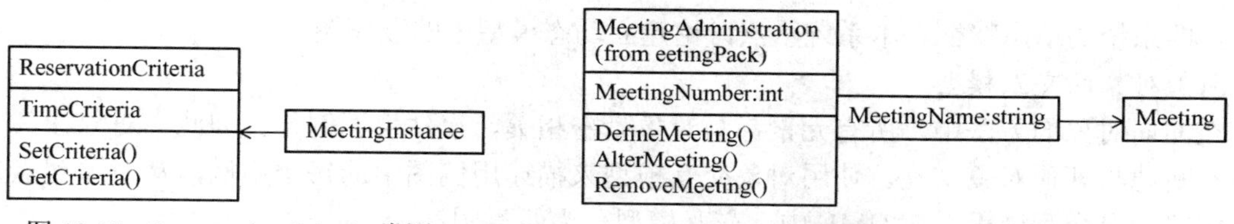


图 10.55　ReservationCriteria 类图　　图 10.56　MeetingAdministration 类图

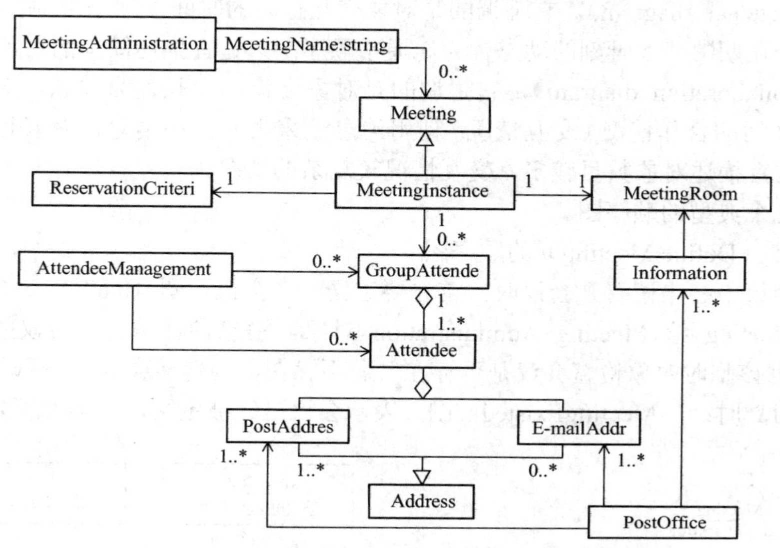


图 10.57　会议管理系统类图

### 4. 建立系统的包图

引入包图来对类进行管理，使系统结构更加清晰。图 10.58 描述了本系统的包图。

系统由会议包（MeetingPack）、人员包（AttendeePack）和邮寄包（PostOfficePack）三类包组成。图 10.59、图 10.60、图 10.61 分别描述了这三类包的构成。

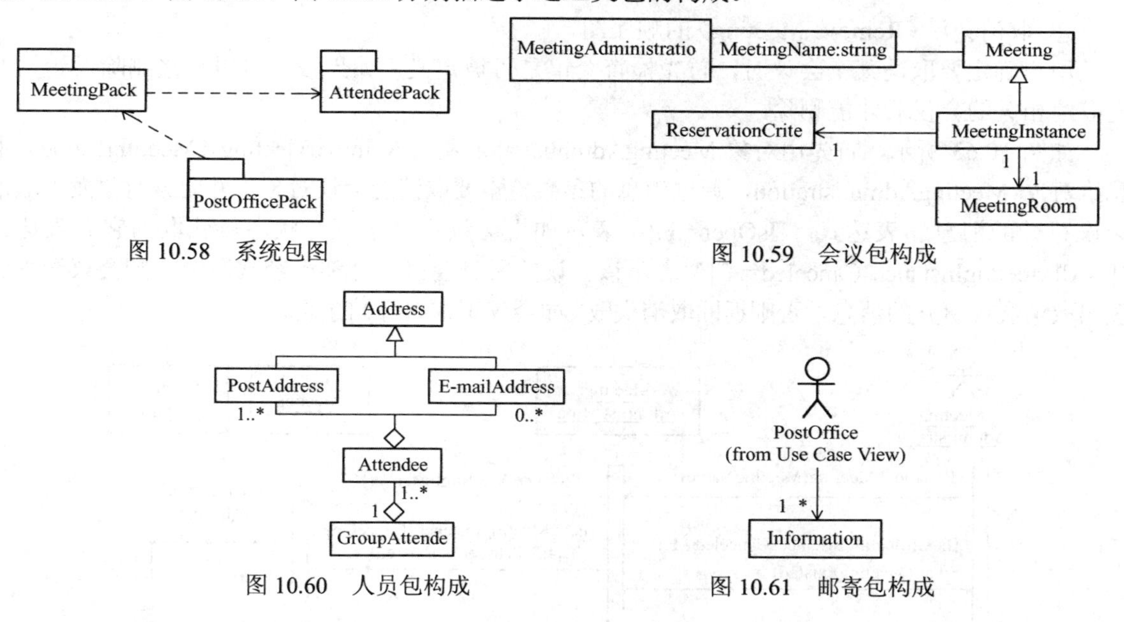


图 10.58　系统包图

图 10.59　会议包构成

图 10.60　人员包构成

图 10.61　邮寄包构成

### 5. 建立动态模型

静态模型关注的是系统各成分的组织结构，而动态模型则用来描述系统各成分之间的交互行为，即系统的动态特征。本系统重点讨论建立动态模型中的顺序图。

（1）对象的交互模型

在面向对象的方法中，所有元素都与对象紧密相关，事件也不例外。因此，对象在其生命期中不断地与其他对象交互。使用对象交互模型来描述用例图中的每个用例，从对象观点来描述用例的动态交互过程。在 UML 中，交互模型分为两类图：

顺序图（Sequence diagram），它强调的是对象交互行为的时间“顺序”，用消息传送来清晰地描述在对象生存期中某一时刻的动态行为。通常顺序图只适宜描述简单的对象交互情况。

合作图（Collaboration diagram），它强调的是对象合作的交互行为关系，对象间由各种关联连接。对象之间的合作情况（交互情况）使用消息流来表示，但消息没有发送时间和传送时间的概念。它适宜描述对象数目较多，交互情况较复杂的情况。

下面建立几个典型的顺序图。

① 定义会议（Define Meeting）的顺序图

当用户向会议中心申请召开会议时，首先要定义一个会议。图 10.62 中，会议管理者发送消息 1:DefineMeeting 给 Meeting Administration 对象，消息参数是有关会议的一个临时对象（meeting），根据该临时对象检查会议是否存在？若不存在，创建新会议 2:{new（meeting）}，当条件表达式为真时：[IsMeetingExisted=.T.]，表示会议已经被定义，不需要再定义。

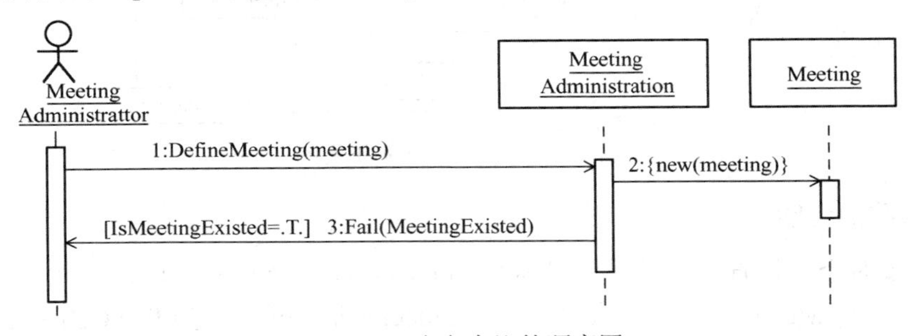


图 10.62 定义会议的顺序图

② 取消会议（Remove Meeting）的顺序图

用户确定要取消某个会议时，首先检查会议是否被定义，如果没有可以直接删除，否则要先取消相关的会议后才能删除。

如图 10.63 所示，首先由对象 MeetingAdministrator 发出 RemoveMeeting（MeetingName）消息给对象 MeetingAdministration，通过消息的参数检索要取消的会议对象，并向该对象发出取消会议召开的消息。表达式“[IsOpen=.F.]”表示如果会议不处于召开状态，就取消它。表达式“[IsAllMeetingInstancesCanceled=.T.]”表示该会议的所有会议召开都已经被取消，则会议管理就发出取消会议召开的消息。否则返回取消失败（如会议正在召开）的消息。

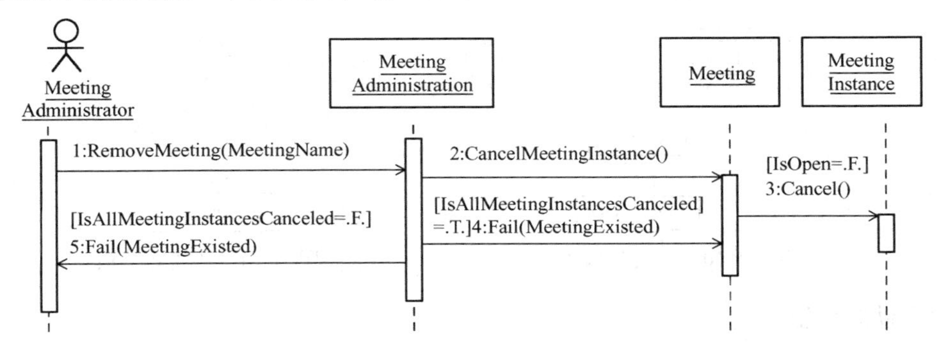


图 10.63 取消会议的顺序图

③ 撤销会议召开（Cancel Requestment）的顺序图

要撤销某个会议的召开，发送 Cancel 信息给 MeetingInstance 对象。该对象先要在 Meeting 对象中注销自己，再归还已分配的会议室，并向参会人员发撤销会议的通知。

图 10.64 中会议管理对象发送给会议对象的消息 CancelMeetingInstance（Instance）中的参数用于检索会议召开。条件表达式[IsOpen=.F.]表示如会议召开未进行，则撤销会议召开。如果会议已进行，则返回失败消息（图中未列出）。

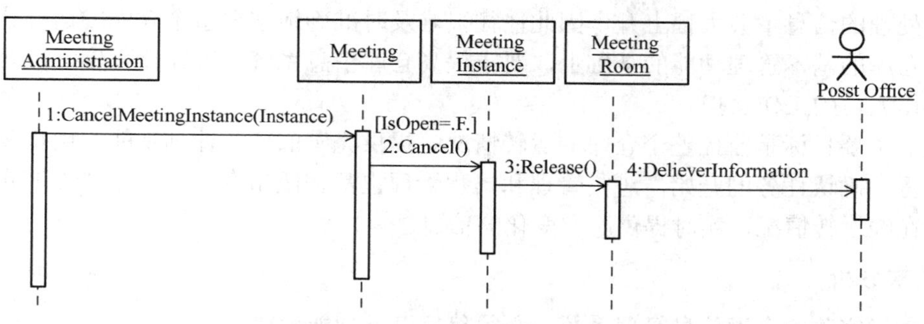


图 10.64 撤销会议召开的顺序图

④ 用例：申请会议召开（Request Meeting Instance）的顺序图

用户申请一个会议召开时，应该指定会议召开的名称、召开的时间及会议参加人员。图 10.65 中，instance、member、group、room、info 都是临时对象，instance 记录了用户指定的会议属性（时间、参加人数等），member 为一个参会代表，是 Attendee group 参会人员组的对象，而 room 是满足要求的会议室。

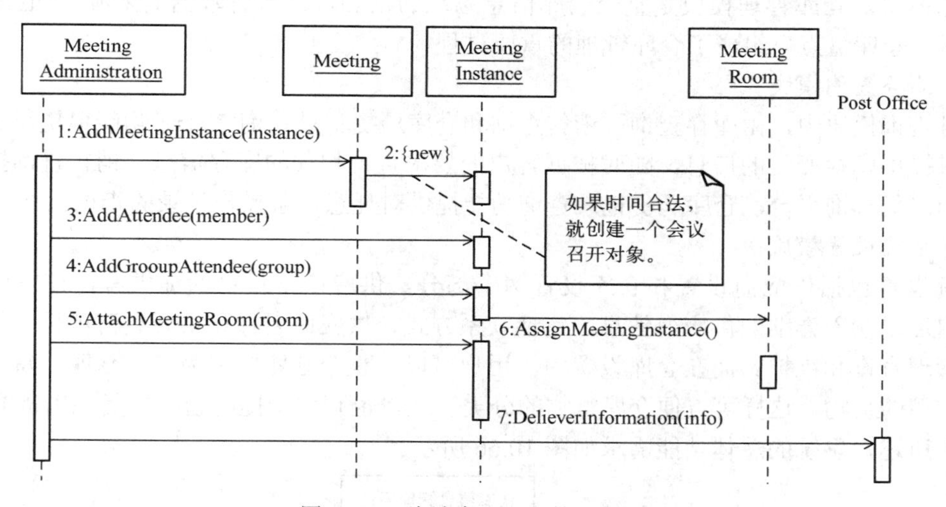


图 10.65 申请会议召开的顺序图

（2）协作图

对于简单的对象交互情况，顺序图可以做很好的描述。但当交互对象数目增加，交互情况复杂时，顺序图就很难描述清楚了，可用合作图来描述。

协作图描述了系统中所有对象之间的交互合作关系，注重对象之间的整体交互情况，交互关系由消息流来表示。在 Rose 中，还可以将顺序图与合作图进行转换。本案例不再给出合作图。

（3）活动图

活动图模型主要用于描述系统在问题域空间中的活动流程，它可以方便地描述系统中的并发活动。由于本例中并没有复杂的并发活动，而且也没有明显的基于核心的、具有复杂状态和行为的对象，所以可以不必画出合作图和活动图。

### 10.4.4 案例四：仓库信息管理系统

#### 1. 系统概述

仓库存放的货物品种繁多，存放方式及处理过程也非常复杂，随着业务量的增加，仓库管理者需要处理的信息量会大幅上升，因此往往很难及时准确地掌握整个仓库的运行状态。本系统在满足仓库的基本管理功能的基础上，要求提高仓库信息系统的智能化程度，减轻仓库管理人员和操作人员的工作负担。

系统的主要目标是监控整个仓库的运转情况；提供完善的任务计划功能，由指令中心来安排进出任务，确认任务的开始，进货管理和出货管理也都按照指令执行；系统能够实时监控所有货物的在线运转情况，实时提供库存变化的信息。

#### 2. 需求分析

一个功能完善的仓库信息管理系统，必须包括以下功能模块。

（1）用户登录模块

由用户注册登录、用户注销、退出系统 3 个部分组成。用户可以用两种身份登录本系统：普通操作员或管理人员。不同身份登录被系统授予不同的权限，以便提高本系统的安全性。

（2）仓库管理模块

仓库管理模块，包括仓库进货、仓库退货、仓库领料、仓库退料、商品调拨和仓库盘点 6 个子功能模块。仓库管理模块是整个仓库信息系统的核心，是所有数据的来源。“仓库进货、仓库领料、仓库盘点”组成了仓库管理的重要过程。

（3）业务查询模块

业务查询模块中，由库存查询、销售查询和仓库历史记录查询 3 个子功能模块组成。库存查询实时提供库存变化的信息，随时根据客户的要求查询相关的库存信息。销售查询提供了一个完整的出货查询平台，仓库历史记录查询功能提供对任意一条操作记录的查询。

（4）系统设置模块

系统设置包括供应商设置和仓库设置两个部分。供应商是货物的提供者，在供应商设置中，用户可以输入详细的供应商信息，包括联系方式、供应商名称和主要经营项目等信息，方便企业管理查询和维护。而在仓库设置中，用户可以将整个仓库虚拟为多个仓库，每个仓库存储不同类型的货物，这样可方便仓库货物的分类管理，也有利于提高仓库进货、出货的效率。

综上所述，系统的总体功能需求如图 10.66 所示。

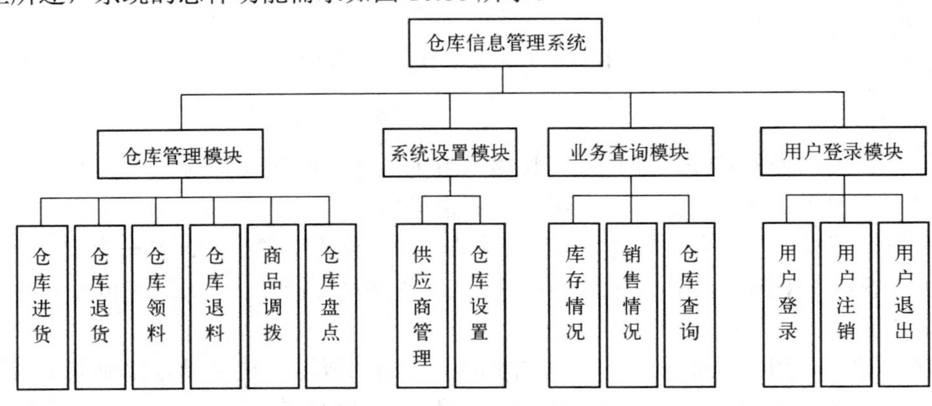


图 10.66　系统总体功能需求框图

### 3. 建立系统用例模型

（1）角色的确定

在 UML 中，角色代表位于系统之外和系统进行交互的一类对象，用它可以对软件系统与外界发生的交互进行分析和描述。

在仓库信息管理系统中，可以归纳出来的主要问题有：

- 购买的商品入库；
- 将积压的商品退给供应商；
- 将商品移送到销售部门；
- 销售部门将商品移送到仓库；
- 管理员盘点仓库；
- 供应商提供各种货物；
- 用户查询销售部门的营销记录；
- 用户查询仓库中的所有变动记录。

从上面所归纳出的问题可以看出，本系统所涉及的操作主要是仓库信息的管理、维护及各种信息的分析查询。

在本系统的 UML 建模中，可以创建以下角色：操作员；管理员；供应商；商品领料人；商品退料人。

（2）创建用例

仓库信息管理系统根据业务流程可以分为以下几个用例。

① 与操作员相关的用例：用户登录；仓库领料；仓库进货；仓库退货；商品调拨；仓库退料；用户注销；推出系统。

② 与管理员相关的用例：用户登录；用户注销；退出系统；供应商信息维护；仓库信息维护；仓库盘点；库存查询；业务分析；历史记录查询。

③ 与商品领料人相关的用例：仓库领料。

④ 与商品退料人相关的用例：仓库退料。

⑤ 与供应商相关的用例：仓库进货；仓库退货。

（3）建立用例图

整个系统的用例图如图 10.67 所示。

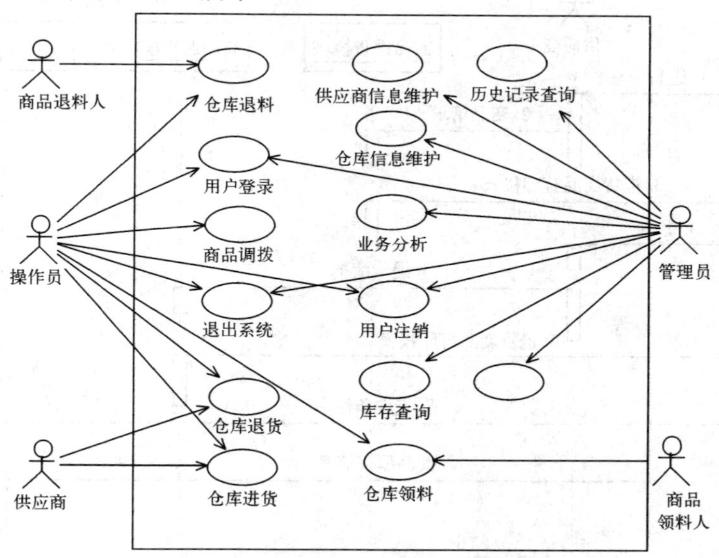


图 10.67　仓库管理系统的用例图

## 4. 建立系统动态模型

（1）活动图

图 10.68 是描述进货过程的活动图。在图中，管理员、操作员和供应商三者发生了相互的关系。首先管理员查看销售记录判断商品销售情况，然后查看商品库存情况。若发现仓库中商品库存充足，则操作完毕；若库存不足，则通知操作员缺货商品清单，操作员领取清单后立即联系相应的供应商，供应商提供相应的商品，操作员接受货物，更新数据库，操作完成。用泳道对这三类对象的活动进行描述。

经过可视化建模可以比较清楚地了解整个进货过程的业务流程。

（2）顺序图

管理员盘点过程顺序图如图 10.69 所示。

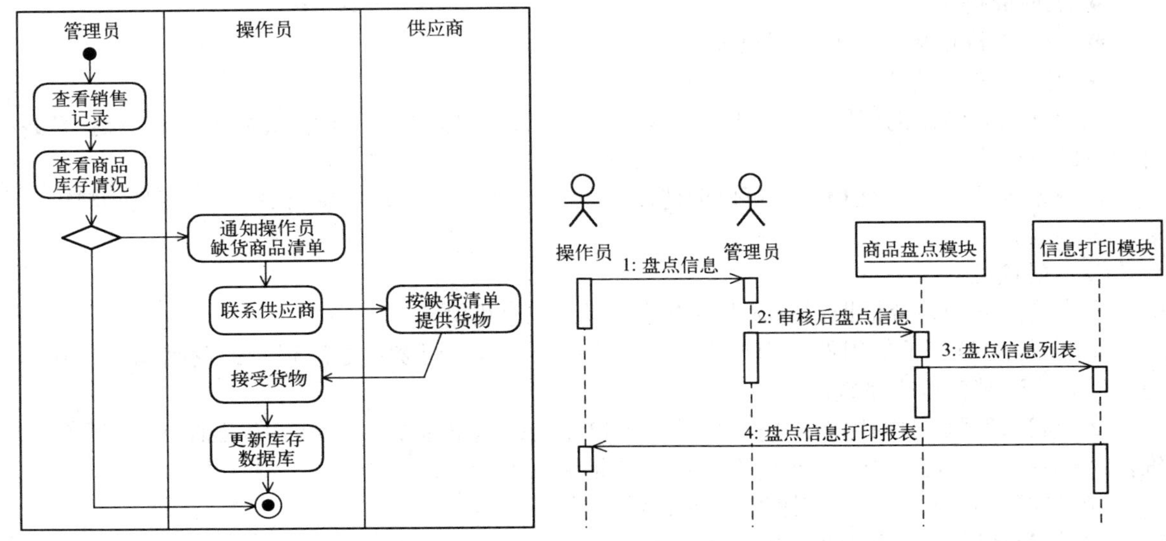


图 10.68　进货过程的活动图　　　　图 10.69　仓库盘点过程顺序图

商品管理顺序图如图 10.70 所示。

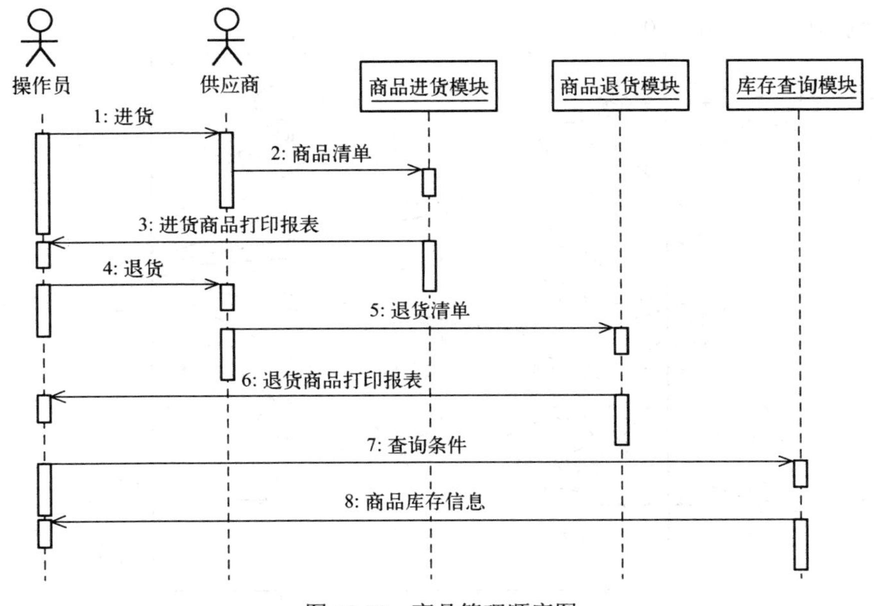


图 10.70　商品管理顺序图

仓库历史记录查询顺序图如图 10.71 所示。

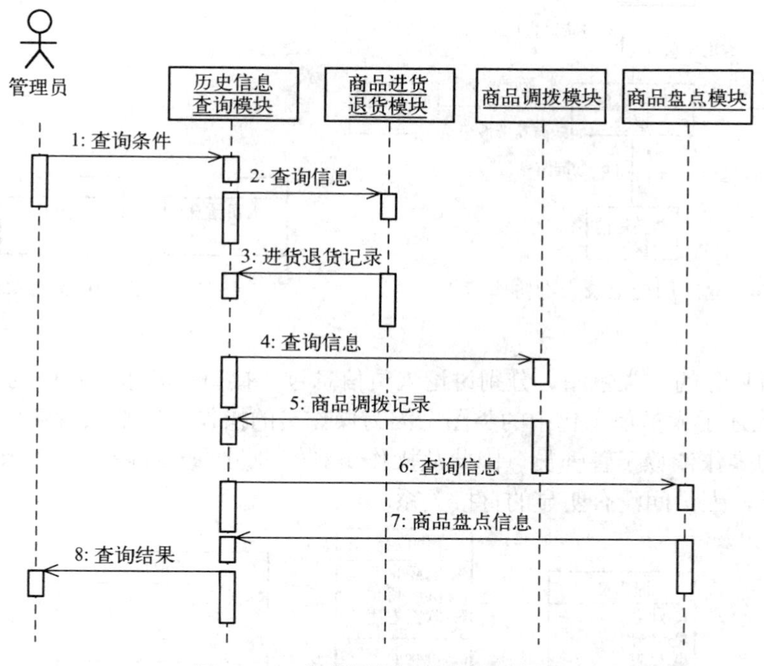


图 10.71　仓库历史记录查询顺序图

（3）协作图

管理员盘点过程协作图如图 10.72 所示。

商品管理协作图如图 10.73 所示。

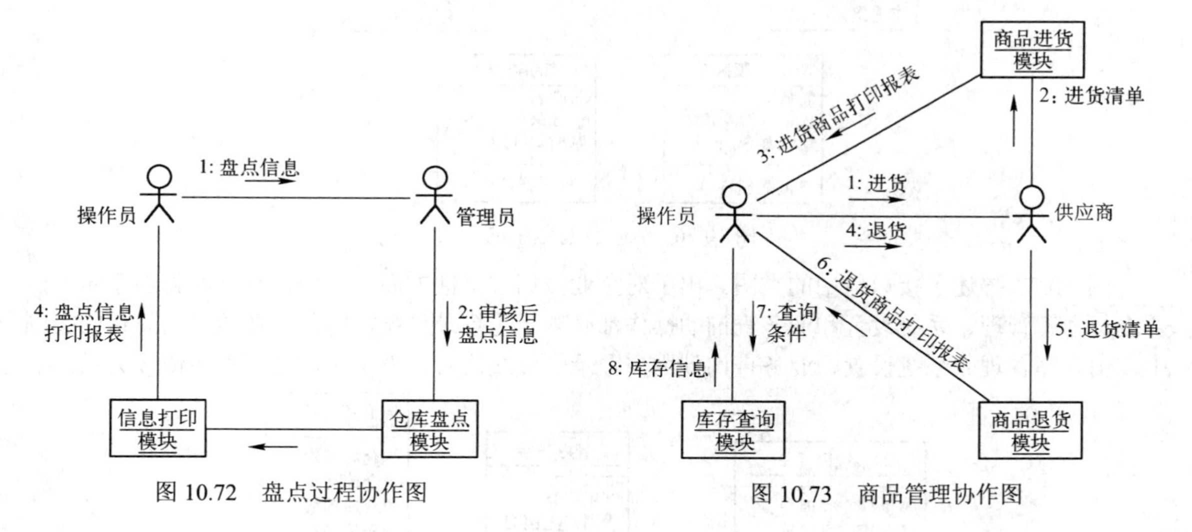


图 10.72　盘点过程协作图　　　　图 10.73　商品管理协作图

仓库历史记录查询协作图如图 10.74 所示。

## 5. 系统类模型

（1）系统包图

如图 10.75 所示，将整个仓库管理系统划分为人员信息、事务和接口 3 个包，分别控制不同的应用。

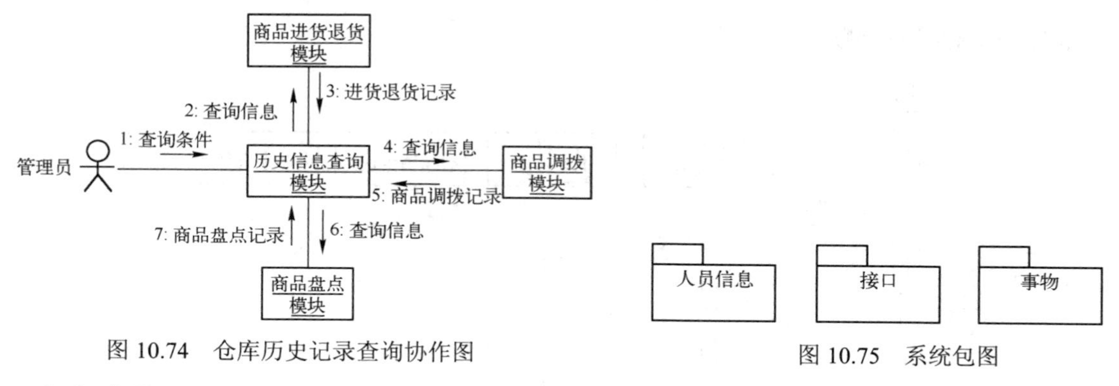


图 10.74　仓库历史记录查询协作图

图 10.75　系统包图

（2）类图

根据系统所划分的三类包图，分别讨论人员信息包、接口包和事务包中的类图。

图 10.76 描述了人员信息包中的类图。因为操作员的操作往往都来自管理员的指令，可以理解成操作员的操作依赖于管理员，因此从操作员到管理员的虚线箭头，表示两者之间的依赖关系。除此之外，人员间没有明显的直接关系。

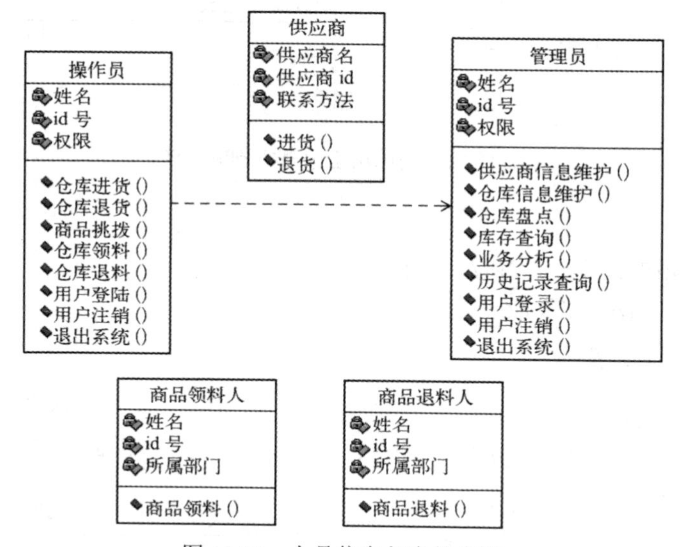


图 10.76　人员信息包中的类图

图 10.77 描述了接口包中的类图。出于对企业数据安全性方面的考虑，在仓库管理系统中，要进行仓库管理、系统设置和业务查询的操作都必须事先登录系统，因此，在接口信息包的类图中，由仓库管理、系统设置、业务查询到用户登录的虚线箭头，表示它们之间存在依赖关系。

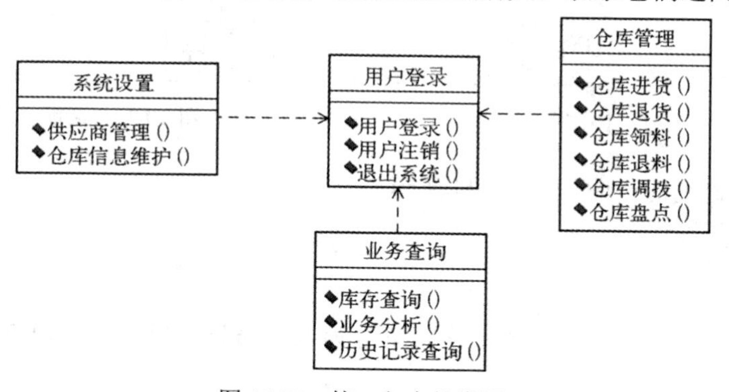


图 10.77　接口包中的类图

图 10.78 所示为事务包中的类图。仓库管理系统中的任何操作都必须在用户登录的前提下进行，因此在系统事务包的类图中，所有事务都依赖于用户登录的事务。仓库进货、退货、领料、退料、调拨和盘点都会影响到仓库中商品的库存，因此上述操作都依赖于库存查询操作，它们之间也用虚线箭头相连。

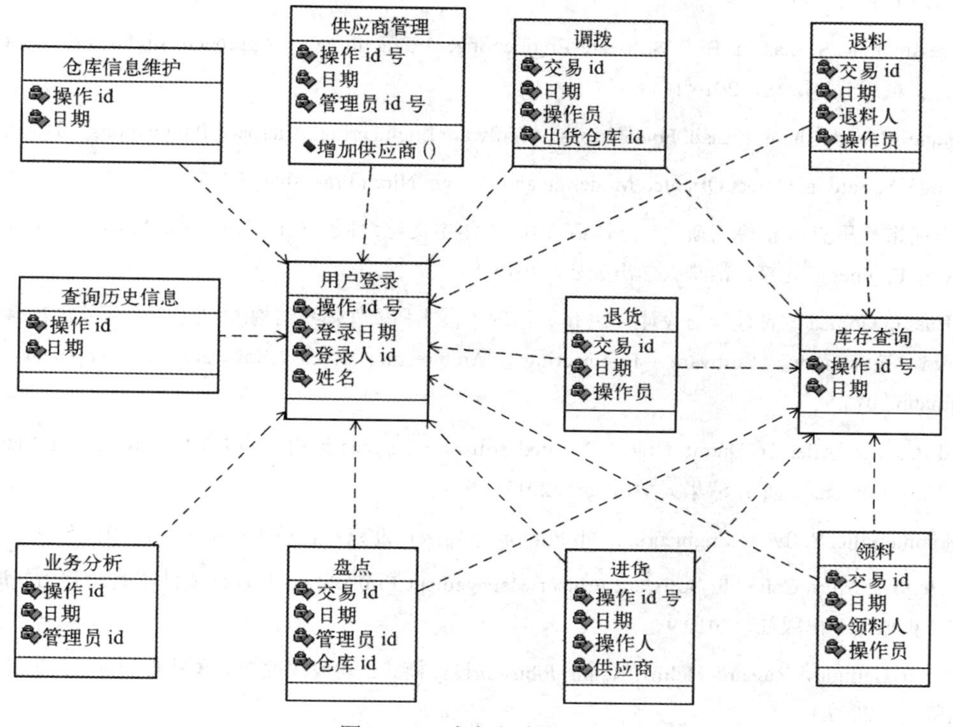


图 10.78　事务包中的类图

## 6. 系统部署

仓库管理系统部署是整个项目实施过程中的最后阶段，它把该系统中涉及的硬件、软件整合到一起，可以描述系统运行时的状态。在部署中有以下两个视图。

（1）组件图

组件图包含了模型代码库、可执行文件、运行库和其他组件的信息。组件是代码的实际模块。图 10.79 所示为仓库信息管理系统的组件图。

（2）部署图

部署图考虑应用程序的物理部署，如网络布局和组件在网络上的位置等问题。仓库信息管理系统的部署图如图 10.80 所示。

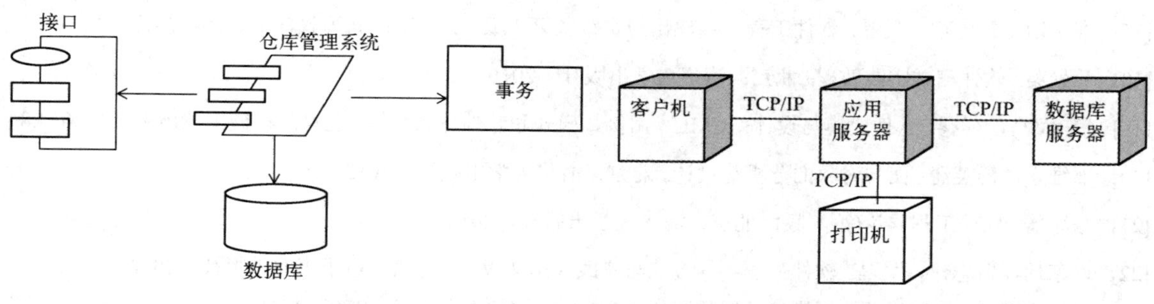


图 10.79　仓库信息管理系统的组件图

图 10.80　仓库信息管理系统的部署图

# 参 考 文 献


[1] IEEE .SWEBOK V3.0. 2014.2

[2] (美)Pressman, R. S, maxim, B. R. Software Engineering: A Practitioner's Approach, Eighth Edition, (影印版). 北京：机械工业出版社，2016.11

[3] Ashfaque Ahmed, Bhanu Prasad. Foundations of Software Engineering. Auerbach Publications, 2016

[4] P. Sarode, S. Sarode. Object Oriented Modeling and Design. Nirali Prakashan, 2015

[5] (美)小弗雷德里克·布鲁克斯. 人月神话（40 周年中文纪念版）(The Mythical Man-Month: Essays on Software Enginee). 北京：清华大学出版社，2015.4

[6] (美) Hassan Gomaa 软件建模与设计：UML、用例、模式和软件体系结构.机械工业出版社，2014.8

[7] Richard F.Schmidt. Software Engineering: Architecture-driven Software Development. Morgan Kaufmann,2013.5

[8] Bernd Bruegge, Allen H. Dutoit. Object Oriented Software Engineering Using UML, Patterns , and Java（影印版）Third Edition. 北京：清华大学出版社, 2011

[9] Ian Sommerville. Software Engineering, 9th Edition(影印版). 北京：机械工业出版社，2011.5

[10] Bob Hughes, Mike Cotterell. Software Project Management Fifth Edition. 软件项目管理.廖彬山，周卫华译. 北京：机械工业出版社，2010.9

[11] (美)Erich Gamma，Richard Helm，Ralph Johnson.设计模式：可复用面向对象软件的基础. 北京：机械工业出版社，2007.1

[12] Panichella A, Oliveto R, Penta MD, Lucia AD. Improving multi-objective test case selection by injecting diversity in genetic algorithms. IEEE Trans. On Software Engineering, 2015, 41(4): 358～383.

[13] Capilla R. Variability realization techniques and product derivation. In: Proc. of the Systems and Software Variability Management. Springer-Verlag, 2013. 87−99

[14] Asadi M, Bagheri E, Mohabbati B, Gasevic D. Requirements engineering in feature oriented software product lines: An initial analytical study. In: Proc. of the 16th Int'l Conf. on Software Product Line. New York: ACM Press, 2012. 36～44

[15] Guo JM, Wang YL, Zhang Z, Nummenmaa J, Niu N. Model driven approach to developing domain functional requirements in software product lines. IET Software, 2012，6(4):391～401

[16] 郑天明. 系统架构设计. 北京：人民邮电出版社，2017.5

[17] 许家珆，白忠建，吴磊. 软件工程——理论与实践（第 3 版）. 北京：高等教育出版社，2017

[18] 兰景英. 软件测试实践教程. 北京：清华大学出版社，2016.7

[19] (美)戈马，彭鑫. 软件建模与设计：UML、用例、模式和软件体系结构. 北京：机械工业出版社，2014.8

[20] 邵维忠，杨芙清. 面向对象的分析与设计. 北京：清华大学出版社，2013

[21] 张海藩. 软件工程导论(第 6 版). 北京：清华大学出版社，2013.8

[22] 许家珆，白忠建，吴磊. 软件工程——方法与实践（第 2 版）. 北京：电子工业出版社，2012

[23] 胡洁，王青. 一种软件特征模型扩展和演化分析方法. 软件学报, 2016, 27(5): 1212～1229

[24] 汤恩义，周岩，欧建生，陈鑫. 面向条件判定覆盖的线性拟合制导测试生成. 软件学报，2016. 27(3)：593～610

[25] 聂坤明，张莉，樊志强. 软件产品线可变性建模技术形态综述. 软件学报, 2016.3, 24(9): 2001～2019

[26] 张伟，梅宏. 面向特征的软件复用技术——发展与现状. 科学通报, 2014,59(1):21～42

[27] http://www.sei.cmu.edu 卡内基梅大学软件工程研究所

[28] https://www.ibm.com/software/rational IBM Rational 软件开发平台

[29] http://www.rational.com Rational 公司

# 反侵权盗版声明